ÉTUDES

SUR LE

TRAVAIL DES LINS

(CULTURE, ROUISSAGE, TEILLAGE, PEIGNAGE & FILATURE)

PAR

Alfred RENOUARD Fils

Filateur et Fabricant de toiles à Lille.

« Non utilis scientia, nisi vulgaris. »

TEXTE

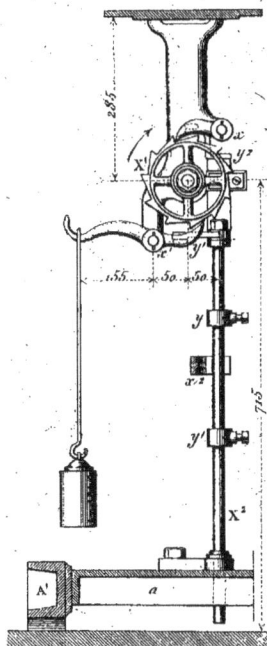

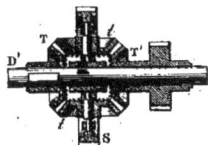

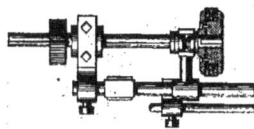

PLANCHES

LILLE

J. CARON, LIBRAIRE-ÉDITEUR

Place de Strasbourg, 1, et rue des Arts, 63.

IMPRIMERIE CAMILLE ROBBE

Rue Notre-Dame, 209.

1874

« Jacques Bonhomme avait deux francs qu'il faisait gagner à deux ouvriers, mais voici qu'il imagine un arrangement de cordes et de poids qui abrège le travail de moitié, donc il obtient la même satisfaction, épargne un franc et congédie un ouvrier. Il congédie un ouvrier, *c'est ce qu'on voit*... Mais derrière la moitié du phénomène *qu'on voit*, il y a l'autre moitié *qu'on ne voit pas*. On ne voit pas le franc épargné par Jacques Bonhomme et les effets nécessaires de cette épargne, puisque, par suite de son invention, Jacques Bonhomme ne dépense plus qu'un franc en main-d'œuvre, à la poursuite d'une satisfaction déterminée, il lui reste un autre franc. Si donc il y a dans le monde un ouvrier qui offre ses bras inoccupés, il y a aussi dans le monde un capitaliste qui offre son franc inoccupé... L'invention et un ouvrier payé avec le premier franc, font maintenant l'œuvre qu'accomplissaient auparavant deux ouvriers. Le second ouvrier, payé avec le second franc réalise une œuvre nouvelle. Qu'y a-t-il donc de changé dans le monde ? Il y a une satisfaction nouvelle de plus ; en d'autres termes, l'invention est une conquête gratuite, un profit gratuit pour l'humanité... Elle donne pour résultat définitif un accroissement de satisfaction à travail égal.

Qui recueille cet excédant de satisfaction ? C'est d'abord l'inventeur, le capitaliste le premier qui se sert avec succès de la machine, et c'est là la récompense de son génie et de son audace. Dans ce cas, ainsi que nous venons de le voir, il réalise sur les frais de production une économie, laquelle de quelque manière qu'elle soit dépensée (et elle l'est toujours) occupe juste autant de bras que la machine en a fait renvoyer. Mais bientôt la concurrence le force à baisser son prix de vente dans la mesure de cette économie elle-même. Et alors ce n'est plus l'inventeur qui recueille le bénéfice de l'invention, c'est l'acheteur du produit, le consommateur, le public y compris les ouvriers, en un mot l'humanité, et ce *qu'on ne voit pas*, c'est que l'épargne ainsi procurée à tous les consommateurs forme un fonds où le salaire puise un élément qui remplace celui que la machine a tari. »

FRÉDÉRIC BASTIAT. — (*Ce qu'on voit et ce qu'on ne voit pas*
ou *l'Économie politique en une leçon*).

SOUS PRESSE :

ESSAI SUR LA FILATURE D'ÉTOUPES

Ⓒ

17056

DÉDIÉ

A LA

SOCIÉTÉ INDUSTRIELLE DU NORD

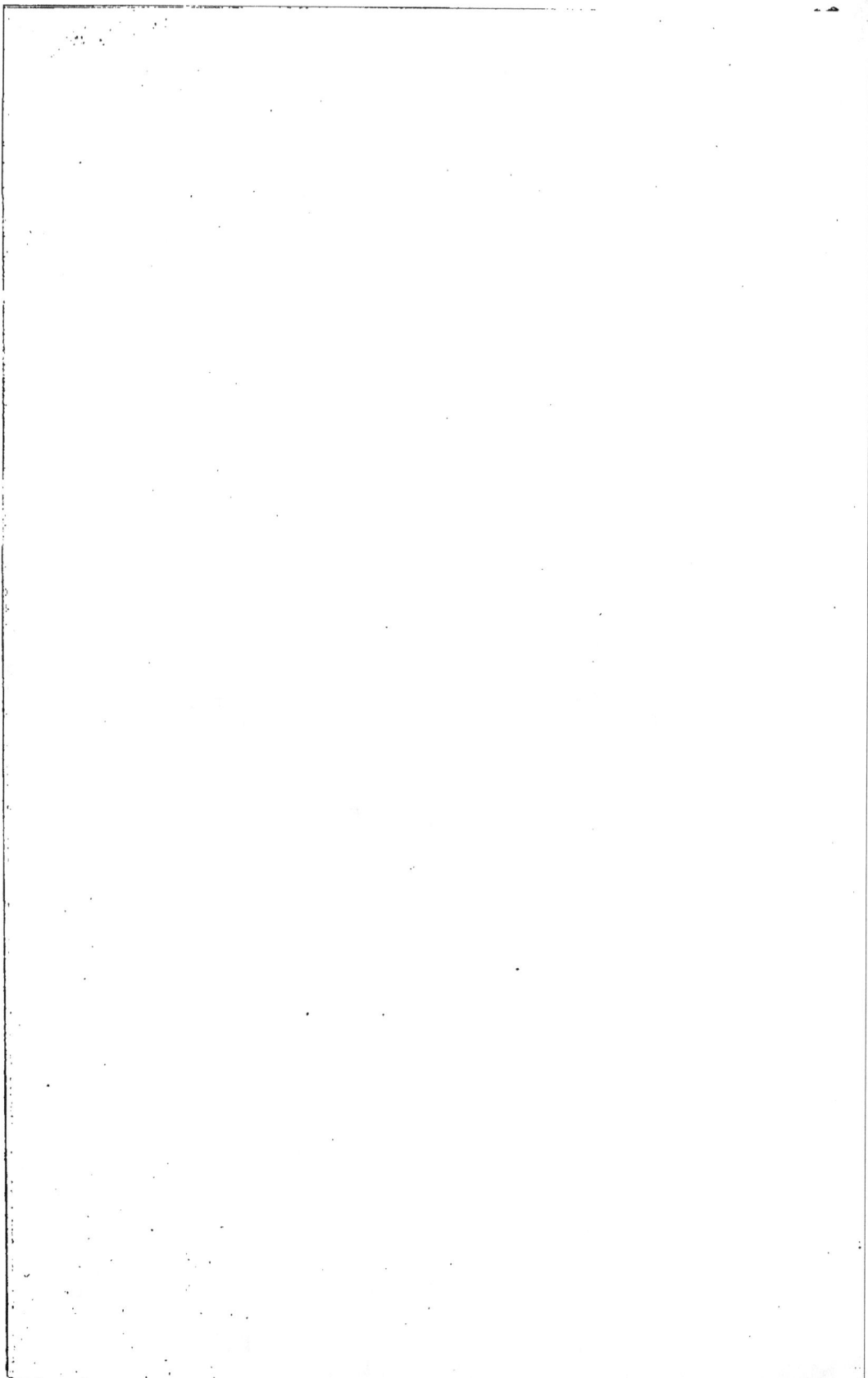

AVANT-PROPOS

———

Après avoir subi les opérations préliminaires du rouissage et du teillage, le lin est livré aux manufacturiers pour être transformé en fil. On en sépare d'abord les étoupes au moyen du peignage. Les préparations, c'est-à-dire la table à étaler, les étirages et le banc-à-broches, le transforment ensuite en un ruban continu, puis en une mêche tordue qui doit être portée directement sur le métier à filer.

Dans la filature au sec, les règles de l'étirage se trouvent aussi bien suivies pour le filage que pour la préparation, c'est-à-dire que l'écartement entre les cylindres est subordonné à la longueur de la filasse. Néanmoins, il arrive que le lin qui, jusqu'au métier à filer, avait été soutenu par des barrettes munies de gills, n'a plus besoin de ce support. Il est de fait que, sauf cette légère différence, les choses suivent à peu près leur cours rationnel. Toutefois, on ne peut guère par ce mode de travail, arriver *pratiquement* au-dessus du N° 35.

Mais dès qu'il s'agit d'obtenir un fil plus fin, non-seulement il y a suppression de barrettes au métier à filer, mais il n'est plus possible de suivre le même mode de fabrication. Le fil doit alors être décomposé par l'eau chaude et l'écartement entre les cylindres n'est plus en rapport avec la longueur du brin.

La laine et le coton, dont le travail, à première vue, semble devoir se rapporter à celui du lin, n'ont aucunement besoin du secours d'éléments étrangers pour arriver aux plus hautes finesses. Il existe donc entre la préparation du lin et la filature proprement dite de ce produit une anomalie réelle.

Ajoutons que, sous tous les rapports, la filature de lin, comparée aux autres industries similaires, est restée assez arriérée. D'après une communication faite en 1872 à la Société d'Encouragement (1), il résulte tout d'abord que, dans le mouvement commercial réellement applicable à la production française, elle tient depuis longtemps l'un des derniers rangs :

« En 1812, la France consommait de 7 à 8 millions de laine lavée à fond. En 1869, cette consommation s'était élevée à 64 millions, c'est-à-dire que l'augmentation était de 700 à 800 °/₀.

Le coton transformé passait de 10 à 12 millions de kilogrammes, en 1812, à 90 millions dans la dernière période. L'augmentation est encore ici dans le même rapport.

La soie se chiffrait par 1 million de kilogrammes en 1812, et 3 millions de kilogrammes dans les dernières années.

Enfin, pour le chanvre et le lin, on trouve 80 millions de kilogrammes en 1812, et 240 millions en 1869.

---

(1) Séance du 26 Janvier.

Ainsi donc, pendant que les industries de la laine et du coton s'étaient développées dans la proportion de 800 à 900 p. %, les industries de la soie, du chanvre et du lin n'avaient que triplé. »

Il y a là un écart qui a sa signification.

Si, de notre côté, nous voulons établir une comparaison entre la filature mécanique du lin et celle des matières dont nous venons de parler, nous trouverons une différence non moins évidente, au point de vue de la limitation des finesses, de la dépense générale et de la force exigée.

En France, les numéros les plus élevés qui entrent dans la pratique courante, ne dépassent guère en lin le 200 (titrage anglais), soit au kilogramme 121,000 mètres. En Angleterre, et surtout en Irlande, quelques filatures arrivent, quoique avec difficulté, à filer couramment jusque 400, soit 259,300 au kilogramme.

Si nous nous reportons à la filature de la laine et du coton, nous trouvons que la moyenne pour la laine peignée est de 200,000 mètres au kilog., que le coton fournit régulièrement le N° 300 $^m/_m$ (titrage français) et peut aller jusqu'au 600 $^m/_m$. L'écart est évident (1).

Au point de vue de la dépense générale, chacun des deux élements comporte encore des différences notoires. D'une part, l'établissement d'une filature de lin coûte environ 150 fr. par broche pour le mouillé, et 175 fr. pour le sec (2); et si nous

---

(1) Il s'est fait à Lille, en coton, jusqu'au N° 900 $^m/_m$, mais la pratique ne peut évidemment admettre cette donnée.

(2) La broche au sec coûte en moyenne 35 fr., et la broche au mouillé 23 fr. 50. Le reste se répartit par broche entre le coût des machines de préparation et les frais de premier établissement.

mettons en regard la filature de coton, nous ne trouvons pas plus de 50 fr. pour une broche. Pour les laines, la même unité revient à 60 fr.

D'autre part, la transformation d'un paquet de moyenne finesse (1) exige une dépense de 15 fr. environ pour le lin, tandis qu'il ne faut que 3 fr. 50 à 4 fr. pour le coton, 8 à 9 fr. pour la laine. L'écart serait encore plus grand, si notre comparaison portait sur les fils de lin les plus fins, à cause des frais considérables qu'exige alors la transformation de la matière première. Pour la laine et le coton, ces frais diminuent par unité de longueur avec l'élévation des numéros.

Au point de vue de la force motrice employée, les données peuvent être établies dans le même rapport. Ainsi, lorsqu'il s'agit de filer sur une longueur identique l'unité de poids, un cheval kilogrammétrique fait mouvoir 125 broches de coton (2), 140 broches en laine (3), 50 broches environ pour le lin mouillé, et 25 à 30 pour le lin sec.

M. Alcan évalue que pour produire en 12 heures un paquet du N° 45 ou 330,000 mèt. (4) pesant 12 kil., on compte, en moyenne, 80 broches, 2 chevaux de force motrice et 3 à 4 personnes (5).

---

(1) Le numéro 40 lin par exemple, et le poids correspondant au même titre en coton.

(2) *Archives de la Chambre de commerce de Lille*, tome IX.— Réponse à l'enquête parlementaire de 1870.

(3) Estimation de M. Alcan.

(4) 360,000 yards de 0,914.

(5) Quoique sous le rapport de l'évaluation du nombre d'ouvriers, ces données semblent inexactes au premier abord, elles sont pourtant très-justes, attendu qu'il ne faut compter ces personnes employées aux préparations que par quarts et huitièmes, en vue de l'alimentation d'un certain nombre de broches de lin.

Pour filer le même poids en coton à un titre équivalent, il faut à peine 1/4 de cheval et une demi-personne.

Il est a remarquer cependant que l'importance de la force motrice exigée (1) tient au faible effet utile de toutes les machines à lin ; les plus favorisées à cet égard rendent à peine un tiers de la force transmise ; les métiers à filer sont dans ce cas (2), c'est-à-dire qu'ils exigent pour marcher à vide les 2/3 de la force qu'ils consomment en pleine charge. Les bancs-à-broches n'utilisent que 4 p. %, et la moyenne pour les machines préparatoires peut être évaluée à 10 p. % ; comme celles-ci entrent dans la consommation de la force motrice totale, pour un tiers environ, lorsqu'il s'agit du long brin, que le filage ainsi que le peignage donnent un effet utile de 30 à 33 p. %, il s'ensuit que, sur une dépense de 100 fr. pour faire tourner les machines, 30 à 33, soit $31,50 + 10$ ou 41,50 sont employés à la production effective et 59,50 à l'entraînement des machines. Il n'existe pas de semblables écarts dans les autres industries textiles.

S'agit-il du personnel, les mêmes différences se présentent. Le nombre des ouvriers employés varie, suivant le genre de filature ; sur 1,000 broches il est pour le lin de (3)

90 à 120 pour les gros numéros.

60 à 70   »   moyens.

40 à 55   »   fins.

---

(1) *Moniteur des fils.* — Numéro du 15 Décembre 1869.

(2) Pour comparer la force motrice exigée par chacune des machines de filature, voir pour le coton, les essais dynamométriques de M. Brylinski ; pour la laine, ceux du docteur Harting ; pour le lin, les tableaux du même expérimentateur, et la communication faite dernièrement par M. Cornut à la *Société Industrielle du Nord*.

(3) *Archives de la Chambre de commerce de Lille*, tome IX. — Enquête parlementaire de 1870.

Pour le même nombre de broches, la filature de coton demande (1).

6 personnes pour les gros numéros.

10   »   fins.

De son côté, la laine exige 10 à 12 personnes.

En considérant d'autre part, les résultats auxquels on est arrivé avec la même matière filée à la main, on rencontre encore un écart considérable. Le plus haut numéro mécanique que l'on ait eu en lin est le 600, exposé en 1867, lequel doit plutôt être regardé comme un tour de force exécuté en vue d'un concours public, et qui depuis n'a jamais été réalisé. Or, en poussant à la plus grande finesse possible, on est arrivé à filer à la main jusqu'au N° 1800 !

Et l'on a été naturellement appelé à se poser cette question : — Pourquoi ce lin ne pourrait-il pas mécaniquement arriver à la finesse des numéros de fil de main, ou à celle qu'on atteint avec les fibres du coton ?

Frappés des différences qui existaient à ce sujet, plusieurs hommes compétents ont essayé la solution du problème, et tous ont semblé tomber d'accord sur ce point : que si le lin ne se prêtait pas aussi facilement aux opérations de la filature, c'est que sa constitution y mettait obstacle. Vaincre cet obstacle, tel était le but.

On proposa donc la *cotonisation* du lin. Le comte Berthollet, qui s'occupa le premier de cette question, en fit, en 1799, un rapport resté célèbre, mais qui n'aboutit à rien. Plus tard, en 1851, le chevalier Claussen présenta à la Société royale d'agriculture, en Angleterre, un produit qui, sous le nom de *flax-coton*, semblait

---

(1) *Archives de la Chambre de commerce de Lille*, tome IX. — Enquête parlementaire de 1870.

devoir réunir toutes les qualités des textiles les plus souples ; après deux séances consacrées à l'examen de cette matière, on reconnut qu'il n'en était rien. Il fallut attendre dix ans après pour rencontrer une nouvelle substance, le *fibrilia*, à laquelle son inventeur Jonathan Knowlès prêtait aussi toute vertu. Tout ceci n'eut aucun résultat, et toutes les expériences reprises avec acharnement lors de la crise américaine ne purent amener aucune découverte utile (1).

Peu de temps après, on crut approcher du but en proposant de soumettre directement le lin au crêmage. Car, outre qu'elle présenterait un plus bel aspect, la matière perdrait à cette opération environ 25 p. % de substances étrangères, dont la présence nuit beaucoup dans la manipulation de filature. Il est à croire que cette nouvelle opération, qui, sans doute, devrait être partiellement renouvelée après filage, augmenterait singulièrement le prix de revient de la toile. La question serait en outre de savoir si le lin, qui est altéré par un contact humide, supporterait l'action de l'eau, du chlore, etc.

Le fil peut être quelquefois mouillé sans trop d'inconvénients, mais le lin mouillé perd de sa nature, de sa souplesse, et parfois de sa force. Quoi qu'il en soit, les expériences faites à cet égard, qui ont pu être mal conduites, n'ont été nullement concluantes.

On le voit, toutes ces tentatives n'avaient qu'un but, changer la constitution du lin ; et alors, au lieu d'une matière peu élastique, chargée de gomme et relativement dure, en faire un duvet soyeux, une suite de fibres ténues et légères, que la couleur seule pourrait distinguer du coton.

---

(1) Voir au chapitre III, quelques détails sur ces expériences.

A notre sens, ceci est d'une impossibilité réelle, et voici pourquoi :

Une fois dépouillé des ordures dont il est chargé, le coton reste ce qu'il est, c'est-à-dire une matière douce au toucher, soyeuse et élastique. En est-il de même pour le lin ? Evidemment non. Déchargé de toute la gomme dont il est enduit, et qui forme une de ses parties constituantes, le lin perdrait toute sa consistance et sa vertu. Ce serait un mauvais produit, se détachant par lambeaux courts et cassants, et n'ayant en définitive aucun rapport avec le lin primitif. En outre, le lin étant formé de fibres cylindriques et allongés, et le coton de filaments plats successivement contournés en forme de huit, les fibres du premier ne pourraient se retenir ensemble même par une très-forte torsion, tandis que celles du second s'accrocheraient en quelque sorte naturellement.

De ce que nous venons de dire on peut inférer, que si le lin ne peut se prêter à toutes les combinaisons par lesquelles passent les autres matières textiles, c'est que sa constitution comme matière même y met obstacle. Et d'ailleurs, pourrait-on faire entrer dans la pratique courante, et avec autant de facilité qu'on le fait pour le coton, des numéros égaux en finesse à ceux que produit ce textile, quand il est avéré que les tissus faits avec des numéros moyens en beau lin sont préférés aux étoffes de coton les plus fines.

Il y a autant de difficultés à atteindre en lin les numéros les plus élevés du coton, qu'il en existe dans le même ordre de choses entre le chanvre et le lin. Quelles que soient les manipulations qu'on leur fasse subir, la rigidité relative des fibres qui constituent ces substances, leur adhérence, l'inégalité de leur diamètre, sont choses immuables, et constituent un obstacle insurmontable.

La filature de lin est encore susceptible d'immenses perfectionnements, nous ne le nions pas. Mais ces perfectionnements doivent porter, non pas sur la matière première, mais sur l'agencement et la disposition des machines qui mettent cette matière en œuvre. Comme nous venons de le montrer, l'industrie du lin, comparée aux industries similaires, est certainement arriérée, mais comparée à ce qu'elle était il y a vingt ans par exemple, elle a fait de véritables progrès. A l'appui de ce que j'avance, je prendrai comme exemple les peigneuses : à cette époque, ces machines donnaient un mauvais travail et coûtaient fort cher, aujourd'hui, on peut se procurer des machines à peigner à un prix raisonnable, et donnant un travail sinon très-satisfaisant, du moins bien supérieur à l'ancien. Modicité de prix d'un côté, meilleur résultat de l'autre, n'est-ce pas là un véritable progrès? Je pourrais encore citer les étoupes qui étaient autrefois regardées comme rebut, et qui, sans avoir pourtant changé de nature, donnent aujourd'hui des fils égaux en beauté à ceux du lin lui-même.

Quant à atteindre par la mécanique la finesse des numéros de fil de main, il n'y faut guère penser. Sous ce rapport, on peut approcher, mais non égaler. Il est de toute évidence qu'on ne peut comparer la rapidité de production et le mécanisme automatique d'une machine, à l'intelligence de l'ouvrière et à l'agilité des doigts.

ALFRED RENOUARD.

ÉTUDES

SUR LE TRAVAIL DES LINS

NOTIONS PRÉLIMINAIRES

On désigne sous le nom de *Lins* un groupe de plantes qui se trouvait il y a quelques années dans la famille des *Cariophyllées* et que De Candolle en a séparé plus tard pour en faire la famille des *Linées*. Le nombre des espèces qui le composent s'élève environ à 100. De Candolle en avait décrit 54 dans le premier volume du *Prodomus*, et depuis cette époque, Walpers en avait déjà relevé 38 nouvelles dans ses deux premiers suppléments. Néanmoins, la seule espèce vraiment cultivée est celle que l'on connaît en histoire naturelle sous le nom de *Lin à fleurs bleues*, *Linum usitatissimum*, *Lin commun*.

Le lin remonte à une époque très-ancienne. C'est une plante originaire du plateau de la Haute-Asie, d'où elle se répandit à une époque reculée dans plusieurs contrées de l'Orient et du nord de l'Afrique ; elle nous vint en Europe par l'Italie et de là se propagea dans le monde entier.

Les Égyptiens, qui avaient l'habitude d'honorer leurs grands hommes en les déïfiant, adorèrent sous le nom d'Isis, celle qu'ils supposaient avoir découvert le lin sur les bords du Nil et qui leur avait enseigné la culture de cette plante.

Aujourd'hui, les principaux pays liniers sont la France, la Belgique, l'Allemagne, la Russie et l'Irlande.

3

DU LIN EN GÉNÉRAL.

Cette plante est haute de 0,60 cent. à 1 m.; sa *tige* est simple, lisse et cylindrique, elle porte de petites *feuilles* aiguës disposées en corinde et semblables à celle des graminées.

Fig. 2. — Fleur du lin.

La *fleur* du lin est petite, d'un bleu violacé, et présente, au point de vue botanique, un calice à cinq cépales entiers, une corolle à cinq pétales unguiculés, renfermant cinq étamines et un pistil.

Le *fruit* est une petite capsule à cinq lobes dont chacune renferme une *graine*.

Cette graine est une matière commerciale très-importante; elle est petite, brune, brillante, et contient sous l'épiderme une amande très-huileuse. On obtient de ces semences une

Fig. 3. — Fruit du lin.

Fig. 1. — Lin.

huile siccative très-employée en peinture et dans le broyage des couleurs, et qui diffère de propriétés selon que l'on extrait à froid et à chaud. A froid, elle est douce, entre dans l'industrie et est toujours employée en médecine. A chaud, elle a un goût âcre et nauséabond, une odeur faible et une consistance visqueuse. On utilise encore cette semence pour faire de la *farine de lin*.

Si nous examinons au microscope la structure d'une tige, nous la trouverons formée de fibres tubulaires et longitudinales, retenues ensemble par une *matière* visqueuse, dite *gommo-résineuse*, et enveloppées d'un tissu excessivement mince appelé *chenevotte*.

Ce sont les débris de ce tissu que dans l'art du filateur on appelle la *paille* du lin.

COMPOSITION DU LIN.

Les tiges de lin, desséchées à 100 dégrés, contiennent d'après M. Robert-Kane :

Carbone.	38,72
Hydrogène.	7,33
Azote	0,56
Oxygène	48,39
Cendres ou substances minérales. .	5,00
	100,00

La composition des cendres est variable suivant les terrains, le tableau suivant en fait foi :

	Lin de Belgique précoce et de bonne qualité	Lin cultivé en Hollande	Lin des environs de Dublin	Lin du comté d'Armagh en Irlande
Potasse	29,897	18,410	9,78	6,332
Soude	"	18,912	9,82	6,350
Chaux	16,483	18,374	12,33	22,699
Magnésie	3,322	3,023	7,79	4,053
Peroxyde de fer . . .	1,523	2,360	"	13,520
Alumine	438	1,439	6,08	"
Oxide de manganèse .	traces	"	"	"
Acide sulfurique . . .	6,174	9,676	2,65	1,092
Acide phosphorique . .	11,802	11,058	10,84	8,929
Acide carbonique . .	25,235	13,750	16,95	1,002
Chlorure de sodium . .	8,701	5,655	"	4,107
Chlore	"	"	2,41	"
Silice	3,409	5,327	21,35	24,968

On voit par ce tableau que les lins sont très-riches en alcalis, en chaux et en acide phosphorique, on s'explique alors facilement pourquoi leur culture épuise si rapidement le sol. Il est à remarquer aussi que les lins d'Irlande contiennent 21 à 25 p. % de silice, tandis que les lins de Belgique et de Hollande n'en renferment que de 3 à 5 p. %.

PROPRIÉTÉS DISTINCTIVES

Il est assez facile de distinguer les unes des autres les matières textiles végétales, lorsqu'elles sont en masse. L'odeur et l'aspect du jute, la souplesse du coton, la force et le toucher du chanvre, mille qualités en un mot en constituent des corps spéciaux de caractères tellement définis, qu'un œil peu exercé sait encore en faire la différence.

Mais lorsque ces substances sont ou mélangées ou en petites parties, lorsque les caractères qui les distinguent sont en quelque sorte voilés l'un par l'autre, on ne peut qu'employer le microscope ou les réactifs chimiques. La première méthode est moins pratique, mais plus à la portée de ceux qui sont familiarisés avec ce genre d'observations ; la seconde est d'un usage plus général.

D'après M. Vétillart, le lin, examiné au microscope présente la forme d'un tube de cellulose rempli intérieurement de matière colorable en jaune sous la double action de l'iode et de l'acide sulfurique.

Ce textile semble alors prendre une coloration bleue, mais on remarque en observant la fibre dans sa coupe transversale que les tubes de lin forment un anneau bleu à l'extérieur et jaune à l'intérieur.

Le chanvre semble se colorer au vert, mais en coupe transversale on s'aperçoit qu'il est entouré de jaune et qu'il est blanc au centre. Ce qui semble indiquer que la matière colorable en jaune forme une mince membrane extérieure au tube, et qui par transparence est verte.

Dans le coton, la coloration est bleue, et la matière jaune éparse forme ça et là quelques tâches.

Dans le jute, la proportion de matière colorable est très-considérable, et elle domine partout. Elle semble cependant plus foncée à l'extérieur qu'à l'intérieur.

Le china-grass se colore extérieurement en bleu, et intérieurement en jaune brun.

Enfin, le chanvre de Nouvelle-Hollande (ph. tenax) se colore en jaune comme le jute, mais d'une nuance toute autre.

Considérés dans leur forme, les lins présentent une suite de tubes cylindriques engagés les uns dans les autres, les cotons ont plutôt l'aspect de rubans continus et très-aplatis. Chacun des deux textiles est creux, mais la fibre du coton est fermée à ses extrémités tandis que celle du lin est ouverte. C'est ce qui fait comprendre pourquoi la charpie du lin jouit d'une faculté d'absorption bien supérieure à celle du coton.

On doit encore faire remarquer que la longueur des fibres ne dépasse jamais 6 centimètres pour le lin et le chanvre, 4 centimètres pour le coton longue soie, et n'arrive qu'à 5 millimètres pour le jute. Dans le phormium tenax et le china-grass, on atteint jusque 12 centimètres.

La disposition relative et la forme particulière de chaque espèce de fibres doivent aussi attirer l'attention.

Ainsi, ces fibres peuvent être isolées (coton, china-grass) ou réunies en faisceaux; et ces faisceaux peuvent être ou peu adhérents et faciles à séparer avec une aiguille (lin, phormium) ou fortement agrégés (chanvre, jute).

Pour ce qui est de la forme, les fibres du lin sont lisses, d'un diamètre uniforme et pointues à leurs extrémités.

Celles du chanvre sont moins lisses, plus fortes et de diamètre variable; les extrémités en sont grosses et aplaties en forme de spatule.

Le coton présente une masse de fibres tortillées sur elles-mêmes et fortement aplaties.

Dans le jute, les tubes ont les bords ondulés, le canal intérieur très-large, inégal et vide.

Les fibres du china-grass sont tirées obliquement, et complètement remplies d'une substance grenue.

Quant au phormium, il ne présente sous ce rapport que peu de différence avec le lin.

Généralement, lorsqu'on veut distinguer un mélange de fibres textiles de divers genres, on se rapporte plutôt aux propriétés que font découvrir les réactifs chimiques, qu'aux propriétés physiques, données par le microscope. Quelques hommes compétents ont fait à ce sujet des observations dignes d'attirer l'attention.

D'après MM. *Boettger* et *Kuhlmann*, le lin et le chanvre prennent, sous l'influence des alcalis caustiques, une coloration jaune orange caractéristique.

De son côté, M. *Boettger* propose de plonger les échantillons d'essai dans une solution bouillante de potasse caustique composée de une partie de potasse et une partie d'eau. Or, si l'on fait subir la même opération aux filaments du coton, et qu'on en exprime le liquide entre des doubles de papier, en même temps que les fibres de lin et de chanvre, on trouve que ces derniers sont devenus jaune foncé, tandis que le coton est resté blanc ou a tourné au jaune clair.

D'un autre côté, M. *Kuhlmann* propose de plonger les filaments écrus dans une solution froide et concentrée de potasse qui rend le coton gris clair et le lin jaune orange.

Selon M. *Kindt*, on peut encore se servir pour distinguer un mélange de lin et coton du vitriol du commerce (acide sulfurique) qui dissout les fils de coton bien avant ceux du chanvre et du lin.

M. *Simon* a utilisé l'action capillaire des liquides entre les fibres ongitudinales qui composent le lin pour se baser sur une expérience qui peut être mise à la portée de tous. C'est celle qui consiste à immerger dans l'huile ou la glycérine, puis à exprimer fortement, les filaments dont nous parlons. Le lin devient translucide, et le coton, dont les extrémités, comme nous l'avons dit plus haut, sont complètement fermées, reste relativement opaque.

Enfin, pour distinguer le chanvre et le lin de la fibre du phormium tenax, il suffit de se rapporter, d'après M. *Boussingault*, à la coloration rouge que prend cette dernière sous l'influence de l'acide azotique à 36 degrés chargé de vapeurs nitreuses. Dans les mêmes conditions, le lin devient jaune.

M. *Vincent*, qui a étudié cette question, propose de soumettre les filaments pendant une minute à l'action du chlore liquide, puis de les arroser de quelques gouttes d'ammoniaque. Le phormium ou le jute prennent une belle couleur rouge vive, qui devient sombre et brunit en une minute, le lin prend, suivant le degré de rouissage, une teinte fauve ou orange qu'on ne peut nullement confondre avec l'autre (1).

Cette expérience, qui ne peut s'appliquer qu'aux fils et tissus écrus, ou imparfaitement blanchis, demande encore un certain soin. On effiloche lentement un tissu en séparant au fur et à mesure les fils de chaîne et les fils de trame, on trempe dans le chlore pendant une minute, puis on étend sur une assiette et on arrose de quelques gouttes d'ammoniaque. La coloration se produit aussitôt.

Cette méthode d'effilochage séparé est toujours bonne à suivre pour tous les essais par voie chimique.

---

(1) On peut, pour plus de précaution faire par avance l'expérience sur des échantillons de lin et de jute, dont on connaît exactement la composition.

CHAPITRE PREMIER.

Culture et Récolte des Lins. .

ASSOLEMENT. — PLACE DANS LA ROTATION.

D'après ce que nous avons dit de la composition minérale du lin, il exige un sol où il puisse rencontrer facilement des phosphates et des silicates alcalins. Il croît à cela près dans tous les terrains, pourvu que ceux-ci soient suffisamment profonds, riches et frais. Les sols d'alluvion, de consistance moyenne, lui conviennent surtout ; les sols calcaires et granitiques lui sont funestes.

D'une manière générale on peut dire que, plus le terrain est gras et humide, plus il donne de longueur à la fibre ; plus la terre est meuble et légère, plus elle lui donne de finesse et de qualité.

Dans tous les cas, comme la croissance du lin exige surtout le grand air, il est bon de choisir pour la culture de cette plante les champs les mieux exposés, et d'éviter surtout le voisinage des arbres et des montagnes.

Comme la racine du lin est pivotante et peu ramifiée, la plante absorbe sa nourriture par l'extrémité ; il s'ensuit que sa culture ne doit succéder qu'à celles qui contribuent à l'accumulation d'une certaine quantité de principes fertilisants dans les couches inférieures du sol. Dans cette catégorie il faut ranger : les défrichements toujours profonds de prairies artificielles et de luzerne, les terres qui ont nourri l'année précédente des récoltes sarclées, richement fumées et à longues racines, celles qui ont porté du chanvre, les défrichements de trèfle, de pommes de terre, etc.

L'avoine se place au premier rang parmi les récoltes après lesquelles on obtient les meilleures qualités.

Autrefois, dans le Nord, on semait le lin *tous les sept ans*, et on obtenait de magnifiques produits ; aujourd'hui, les semailles se font *tous les trois ans*, et il est incontestable que nos lins de pays sont beaucoup moins beaux qu'autrefois. Il paraîtrait toutefois résulter de diverses expériences que l'application de l'engrais Georges Ville permettrait exceptionnellement de semer le lin quatre années de suite sans le moindre inconvénient (1). Toutefois, avant que la pratique ait permis d'établir ces données comme certaines, nous ne saurions trop conseiller aux cultivateurs de revenir aux anciens modes d'agir.

Voici deux exemples des rotations alors les plus employées :

1re année : colza — 2e année : froment — 3e année : pommes de terre — 4e année : froment et trèfle — 5e année : trèfle — 6e année : betteraves, féverolles ou pommes de terre — 7e année : avoine — 8e année : *lin* et navets — 9e année : froment.

Autre exemple :

1re année : froment — 2e année : tabac — 3e année : betterave — 4e année : froment — 5e année : colza — 6e année : froment — 7e année : avoine — 8e année : *lin* et navets — 9e année : froment.

Ces rotations ont toujours donné d'excellents résultats, mais elles peuvent varier à l'infini suivant les cultivateurs. D'une manière générale, plus la distance entre deux récoltes de lin sera longue, plus les produits auront de qualité et de finesse.

PRÉPARATION DU SOL.

On ne peut indiquer, pour les terrains où doit être semé le lin, de mode exclusif de préparation. Nous avons vu récolter de bons

---

(1) Voir plus loin : *Amendements.*   4

lins sur des terres où n'avait eu lieu qu'un seul labour suivi d'un hersage, et même sur un sol labouré une fois seulement.

Nous pouvons dire toutefois qu'un seul labour peut suffire lorsqu'on fait succéder la culture du lin à celle du trèfle, encore ce labour doit-il être peu profond. Il arrive même souvent que, pour ce cas seulement, on fait précéder le soc de la charrue d'une rasette qui enlève le gazon et le dépose au fond du sillon; une fois l'herbe recouverte de terre tout est alors terminé.

D'une manière générale, les préparations qui précèdent les semailles du lin sont plus complexes. On peut se contenter d'un seul sillon, ou de deux sillons l'un sur l'autre, à la fin de l'année, lorsqu'on a affaire à des terres compactes et argileuses, parce que la gelée agissant ensuite sur les mottes de terre qui viennent à la surface les désagrège complètement, de façon qu'au printemps le sol est bien ameubli. Mais lorsque la terre, légère et resserrée, à la surface, ne se prête aucunement à l'action de la gelée, le cultivateur doit alors employer simultanément la bêche et la charrue.

Dans ce cas, deux méthodes sont en usage.

La première constitue presque un drainage. On creuse une rigole de la profondeur d'un fer de bêche dans toute la longueur du sixième ou du septième sillon, on répartit la terre sur la surface des six ou sept sillons déjà creusés, et au fur et à mesure qu'on avance dans le labour on continue à procéder de la même manière. Ces *rigoles internes* se trouvent ainsi à 2 m. de distance l'une de l'autre, tandis que les sillons d'écoulement ou *rigoles ouvertes* (qui sont toujours indispensables) sont distantes d'environ 8 mètres. Le labour qui se trouve entre les rigoles, et qui diminue progressivement de profondeur, forme une sorte de pente qui se dirige vers chacune d'elles, de manière que le sol se trouve dans un état complet d'assainissement.

Ce mode d'opérer, qui constitue en sus une dépense d'environ 20 fr. par hectare, puisque huit hommes peuvent facilement effectuer ce travail en un jour, présente cet avantage de rendre le sol mieux nettoyé, moins compact, plus propre à s'imprégner des gaz fertilisants de l'atmosphère, et à absorber l'eau pluviale.

La seconde méthode est presque spéciale à la culture du lin. Elle consiste à faire retirer à la bêche, de temps en temps, une pelletée de terre d'environ 25 cent. par six ou huit hommes auxquels on fait suivre la charrue, et à la placer entre les deux sillons qui viennent d'être creusés. Suivant la nature des terrains, les sillons d'écoulement sont laissés libres après 25 ou 30 raies.

La terre extraite de cette manière des couches inférieures est encore vierge ; amenée à la surface, elle s'imprègne des gaz vivifiants de l'atmosphère au contact desquels elle est exposée tout l'hiver, et elle devient pour le printemps très-propre aux semis auxquels elle est destinée.

GRAINES DE LIN

Il faut distinguer, parmi les graines de lin, celles qui sont employées pour la fabrication de l'huile, et celles que l'on destine à la régénération de la plante. Les premières comprennent plusieurs variétés ; la graine de Riga seule est employée aux semailles.

D'après M. Victor Meurein de Lille, les graines employées pour la fabrication de l'huile, se classent ainsi par ordre de valeur.

Graines de Roumélie (dimensions 3 $^m/_m$ à 2 $^m/_m$), petites, très-propres, plus pâles que les graines du pays.

Graines d'Anatolie (d.: 4 $^m/_m$ — 2 $^m/_m$ 2), très-propres, luisantes, roux clair, nettes.

Graines d'Italie (d.: 6 — 3), très-volumineuses, ternes, assez propres, brunâtres, recouvertes d'une poussière terreuse très-fine.

Graines d'Espagne (d.: 5,5 — 3), assez volumineuses, grisâtres à cause de la poussière qui les recouvre, mélangées de graines étrangères.

Graines de Nantes (5 — 2,8), roux clair, malpropres, fort mélangées.

Graines de Bombay (4,7 — 2,7), roussâtres, propres, mélangées de sénevé, mais en faibles proportions.

Graines de Calcutta (5,5 — 2,7) assez propres, roussâtres, contenant des semences de sénevé et de quelques graminées.

Graines de Maraus (5 — 2,4), brun clair, moyennes, mêlées à des semences de graminées.

Graines de Béthune (4,5 — 2,5), roux clair, luisantes, assez bien nettoyées.

Leur richesse en huile a été déterminée de la manière suivante :

	Eau sur 100.	Huile sur 100.
Graines de Roumélie. . . .	7,5	34
» d'Anatolie	11,0	36
» d'Italie	9,0	33
» d'Espagne	9,0	32
» de Nantes	7,0	33,5
» de Bombay (Indes). .	7,5	38
» de Calcutta (Indes). .	7,5	37
» de Maraus	7,5	35
» de Béthune	10,0	32,8

Pour les semailles on emploie, avons-nous dit, la graine de Riga seule. Les semences du lin dégénèrent par elles-mêmes lorsqu'elles se trouvent plusieurs fois dans un même terrain, aussi devons-nous les emprunter à l'étranger. Les premiers semis qui se firent en France, ce qui n'eût lieu qu'au blocus continental, étaient pour la plupart en graine de Riga, et c'est depuis cette époque que cette graine est seule employée.

Elle a été reconnue, du reste, comme présentant toutes les qualités désirables, et se distingue par sa teinte verdâtre, son âpreté au toucher et son extrémité un peu courbée. La meilleure se récolte dans les districts de Porkow et d'Ostrow.

Lorsque la graine de Riga nous arrive directement de Russie, les cultivateurs la désignent sous le nom de *graine de tonne*; mais, lorsqu'après avoir été semée, elle donne de nouveaux produits, on l'appelle alors *graine d'après tonne*.

En Russie, la graine de tonne est soumise comme les lins à la *braque publique*, c'est-à-dire à une classification faite d'office par un certain nombre d'employés du gouvernement désignés à cet effet et relevant de la Chambre de commerce de Riga. La graine de qualité inférieure nous est expédiée en sacs sous le nom de *Druana*; la graine moyenne, dite *Krown*, est envoyée en barils; la graine supérieure *puick-Krown*, est expédiée sous le même emballage. Les barils portent la marque PNKSLS pour la qualité puick-Krown, et la marque NKSLS, surmontée d'une couronne, pour la qualité Krown. Le baril doit contenir une carte de l'expéditeur de Riga, et l'année de la récolte y est inscrit en gros caractères.

Les barils contiennent environ 125 litres, dont 10 litres de débris ou de graines étrangères, que l'on doit trier soigneusement pour éviter les frais de sarclage. Pour les semailles, il en faut généralement un peu plus de 2 hectolitres 1/2 par hectare.

Quoique la graine d'après tonne fournisse encore de beaux lins, ceux-ci versent facilement, aussi est-il préférable de semer la graine de tonne, avec laquelle on obtient il est vrai des tiges moins robustes, mais qui se maintient beaucoup plus longtemps dans un bon état de végétation. Toutefois, lorsque la graine d'après tonne a reposé au moins un an, on trouve toujours grand avantage à la semer.

Pour conserver la graine, il faut la soustraire à l'action de l'air extérieur et de l'humidité; on la place alors en tonneaux, dans un endroit sec, en la mélangeant avec de la courte paille bien nettoyée. Au moment de la floraison des lins en terre, on vanne la graine pour la débarrasser de la poussière qui l'environne, et on renouvelle la courte paille. La graine peut alors n'être employée qu'après plusieurs années, et elle donne souvent des produits de qualité supérieure.

Toutes les graines de tonne, surtout celles qui nous viennent par la Belgique, sont souvent fraudées ou avariées. D'une manière générale, à l'ouverture d'un baril, il ne doit se produire aucune odeur d'acidité ou de moisi. On reconnaît en outre les bonnes graines aux caractères suivants : elles seront toujours pesantes, brillantes, souvent d'un brun clair, et riches en huile : ce dernier caractère se reconnaît à leur pétillement immédiat lorsqu'on les jette sur un feu ardent ; elles ne doivent pas non plus surnager sur l'eau.

Enfin, déposées à une température moyenne sur une éponge mouillée, elles doivent germer en vingt-quatre heures.

On peut encore, si l'on veut, en constater la fécondité avant les semailles. Au mois de Février, on sème alors dans un pot à fleur une vingtaine de semences prises sur divers échantillons, et comme la végétation ne peut bien se faire à cette époque, on estime que la graine est bonne si le nombre de celles qui se lèvent atteint le tiers ou la moitié.

L'égalité dans les graines peut être une preuve de l'unité de l'espèce et une garantie contre les nombreuses fraudes malheureusement en usage dans le commerce. La principale de ces fraudes consiste à mélanger des graines épuisées, et à renfermer dans des barils qui ont servi au transport des graines de Riga, les fonds des greniers ou des magasins, pour faire passer le tout comme étant de bonne qualité. Un des meilleurs moyens pour le cultivateur de prévenir ce genre de fraude, est d'utiliser d'une manière quelconque ou de brûler tous les barils qui viendront de Russie. De son côté, le gouvernement pourrait, au moyen du plombage des tonneaux, empêcher cette duperie si préjudiciable à l'agriculture. Ajoutons, en dehors de cette question, qu'en affranchissant des droits d'entrée les graines de Riga, il encouragerait l'emploi de ces semences dont la supériorité est bien reconnue.

Le tourteau qui provient de ces graines est en outre un des engrais les plus recherchés (1) et une des nourritures les plus profitables aux bestiaux.

— Les graines autres que celles de Riga doivent toujours être rejetées. Témoin la *graine de Liban* qui, mise à l'essai dans le Nord et propagée en Bretagne, n'a jamais donné qu'une filasse grossière et dure. Quant à la *graine de Zélande*, employée dans le pays de Waës en Belgique et dans les districts voisins de Hollande, elle procure une filasse fine et souple, mais en culture la plante verse facilement; au fait, ce n'est que la *graine de Riga récoltée en Hollande.*

AMENDEMENTS.

De grands soins sont nécessaires lorsqu'on fume le terrain. Tout d'abord, il est bon de dire que les engrais ne doivent être placés qu'en Octobre ou Septembre, à quatre ou cinq mois de semis ; mais, lorsque la terre n'a pas été suffisamment fumée avant l'hiver, on complète l'engrais quinze jours environ avant les semailles.

De quelque manière que l'on fume, on doit, autant que possible, répartir le fumier uniformément. Car le lin, matière éminemment commerciale, doit fournir autant que possible des tiges d'égale longueur. Les graines médiocrement nourries seraient plus faibles que celles que recouvre tout l'engrais, elles n'auraient ni la même force ni la même hauteur.

Les amendements préférés sont ceux qui se rapprochent autant que possible de la matière qu'ils nourrissent. Tels sont les fumiers de vache et de mouton bien fermentés, la poudrette, l'engrais flamand, le noir animalisé, le noir des raffineries, le guano, la charrée, les cendres de Hollande et de Picardie, et les tourteaux

---

(1) D'après M. Payen, le tourteau de lin renferme en azote 52 °/₀ dans l'engrais normal et 60 °/₀ dans l'engrais sec.

de lin. De ces engrais, ceux qui sont les plus employés sont les vidanges, les guanos, et les tourteaux. Le premier engrais donne souvent un lin vert de qualité inférieure, le second une filasse légère et versant facilement, le troisième fournit les meilleurs résultats. Les quantités ordinaires sont par hectare de 250 à 300 hectolitres de vidange, 300 à 750 kilogrammes de guano, 2000 à 2500 kilogrammes de tourteaux de divers genres et surtout de graine de lin (1).

A Armentières, Bergues, Ath et Courtrai, on fait beaucoup usage de ces tourteaux délayés dans l'urine fermentée et étendue d'eau ; à Flines, on fume en Novembre l'hectare à raison de 50 à 60,000 kilogrammes de fumier consommé que l'on enterre à 0 m. 20 environ, en Mars on répand sur le champ de 1500 à 1700 kilogrammes de tourteaux de colza et de caméline pulvérisés, on herse par un temps sec, on sème ensuite. A Lokeren, on met par hectare 400 à 500 hectolitres de matières fécales. Certains cultivateurs, emploient avec succès, les chiffons gras, les résidus de la combustion des déchets pour gaz (2), les eaux ammoniacales

---

(1) Les tourteaux du commerce sont ainsi composés d'après MM. Soubeyran et J. Girardin :

Eau	11,0
Huile	12,0
Matières organiques	70,0
Substances minérales.	7,0
	100,0

(2) Voici, au sujet de cette nouvelle industrie, ce que nous traduisons du *Centralblatt für die Textil Industrie :* « Le grand prix de la houille, dit ce journal, amena M. Fromling, directeur de filature, à utiliser pour l'éclairage de l'usine qu'il dirige, les résidus presque sans valeur jusqu'à ce jour qui proviennent des transformations du lin. Les premiers essais ont donné de bons résultats. La production du gaz par ce procédé est plus rapide qu'avec la houille et d'un rendement supérieur dans le rapport de 13 à 18. De plus, les résidus de la combustion paraissent convenir comme *engrais à la culture du lin*.

L'inventeur n'est pas encore complètement fixé sur la meilleure méthode d'épuration ; la terre gazonnée, qui est très-bonne pour le gaz de houille, ne semble pas s'appliquer avec les mêmes avantages à la purification du gaz en question, la terre notamment ne se salit pas ; l'eau des machines à laver qui, avec le gaz ordinaire, se colore peu à peu, prend rapidement

des usines étendues de dix fois leur volume d'eau. On peut encore se servir des eaux qui ont servi au rouissage du lin; et qui contiennent, d'après Robert Kane, tous les matériaux que cette plante puise dans le sol. C'est ce qu'on voit d'ailleurs par le tableau suivant :

	Eau d'un étang donnant 51,70 de résidu sur 100,000 parties d'eau	Eau d'un routoir donnant 139,69 de résidu sur 100,000 parties d'eau	Eau d'un routoir alimenté par l'eau de la Lys et donnant 45,11 de résidu pour 100,000 parties d'eau	Eau d'un bassin de Hollande donnant 42,4 de résidu pour 100,000 parties d'eau
Péroxyde de fer. . .	0,514	6,633	6,200	1,183
Chaux	6,940	8,455	5,484	3,613
Magnésie	0,856	1,369	1,192	7,601
Soude	28,620	11,607	28,298	19,277
Potasse	8,740	4,181	5,405	8,205
Acide sulfurique. . .	8,054	8,435	9,300	5,607
» chlorhydrique .	25,765	8,682	7,754	9,439
» phosphorique. .	traces.	traces.	0,079	»
» carbonique . . Matières organiques et perte	20,511	50,658	36,288	45,075

« Si l'on rend au sol par des irrigations, dit M. Payen, les substances contenues dans les eaux de rouissage, si, de plus, on utilise, pour la nourriture et l'engraissement des animaux, les

---

une couleur brune avec le gaz que l'on pourrait appeler gaz de lin. Aussi longtemps que l'eau des laveurs est claire, le gaz brûle avec une belle flamme ; lorsque le gaz traverse une eau déjà colorée, il brûle sans éclat.

Si l'on était bien fixé sur le mode d'épuration convenable, l'industrie serait dotée d'une ressource importante dans les centres où se filent le lin et les étoupes. »

5

capsules, la graine ou les tourteaux, et que le fumier en revienne
à la terre, ainsi que les cendres provenant des chénevottes brûlées
sous les chaudières, on comprend que, dans ces circonstances, la
culture du lin ne soit pas épuisante, qu'elle puisse même contribuer
à élever la puissance du sol ; car, on n'en aura extrait, en
définitive, que les fibres textiles formées de cellulose presque pure
et ne contenant qu'un principe immédiat non azoté, dont les
éléments se trouvent ordinairement en excès dans les terres
cultivées. »

Les engrais chimiques sont parfois employés avec succès pour
la culture du lin. Ceux qui ont semblé donner jusqu'ici les meilleurs
résultats sont l'engrais anglais et l'engrais Georges Ville.

L'engrais anglais, composé autant que possible des principes
salins constitutifs de la plante, a été propagé dans la Grande-
Bretagne par l'association qui s'est organisée dans ce pays pour
le développement et l'amélioration de la culture du lin. Il comprend,
par hectare, les produits suivants :

Os pulvérisés	24 kil.	50
Chlorure de potassium	13 —	61
Sel marin	21 —	77
Plâtre blanc pulvérisé	15 —	42
Sulfate de magnésie	25 —	30
	100 kil.	00

L'engrais Georges Ville, fabriqué à Leideberg-lez-Gand, par
M. Leireins, a semblé donner des résultats si satisfaisants dans toute
la Belgique, où il est employé, qu'il nous paraît de l'intérêt des
cultivateurs de le leur faire connaître avec quelques détails.

Au jardin d'expérience de la Société agronomique de la Flandre
orientale, on a continué, *pendant quatre années consécutives*, la
culture comparée du lin sur le même terrain : une moitié a été
traitée à l'engrais chimique, l'autre au fumier de ferme et aux
tourteaux. Le lin de la première parcelle, récolté en 1872, roui

et teillé, valait amplement 1 fr. 50 par six livres de plus que celui de la parcelle enfumée aux tourteaux. Aujourd'hui (1873, 5ᵉ *année*), le lin est prêt d'être récolté ; celui qui a été enfumé à l'engrais chimique est magnifique, et le lin nourri au fumier est excessivement maigre (ce qui nous semble très-naturel après cinq années d'expérience).

L'engrais Georges Ville, du prix de 25 fr. 50 aux 100 kilogs, contient sur ce poids 2,50 d'azote et 5,50 d'acide phosphorique soluble (1). Il est composé de la manière suivante :

Superphosphate de chaux.	. 40	Quant. par hect.	400 kil.
Nitrate de potasse. . .	. 20	—	200
Sulfate de chaux . . .	. 40	—	400
	100		1000

(1) La valeur des engrais commerciaux dépend de leur titre en acide phosphorique, potasse et azote, et de l'état de solubilité dans lequel ces trois matières nutritives se trouvent dans l'engrais, ou du degré de solubilité qu'elles acquièrent par leur décomposition dans le sol.

Pour apprécier la valeur d'un engrais, il est donc absolument indispensable d'exprimer clairement son titre en *pour cent* d'acide phosphorique, de potasse et d'azote.

Il faut, en outre, ne se servir pour la dénomination des engrais que d'expressions qui ne laissent aucun doute sur *l'état dans lequel se trouvent chacun de ces éléments*.

Combien de ces milliers d'annonces qui remplissent annuellement les journaux agricoles, de ces bulletins qui circulent dans le pays, de ces prix-courants qui inondent les campagnes, renseignent vraiment le consommateur sur la marchandise qu'on lui offre ? Combien y en a-t-il qui indiquent exactement à l'acheteur la quantité de matières nutritives qu'il importe dans sa ferme, qu'il répand à l'hectare, en achetant une certaine quantité d'un engrais quelconque ? Question d'une haute importance à l'heure où l'on commence à reconnaître la vérité absolue de la loi de la restitution.

Nous avons devant nous une trentaine de circulaires de fabricants d'engrais, les annonces publiées par les journaux agricoles du pays et de l'étranger, et nous comprenons la difficulté qu'il y a, pour les praticiens, de choisir dans ce grand nombre de réclames.

Nous y voyons figurer, en effet, pour la même marchandise, une dizaine de noms différents parmi lesquels se rencontrent souvent des expressions plus ou moins scientifiques, quelquefois erronées et fausses, parfois naïves, mais encore des désignations absurdes dont le chimiste même a de la peine à saisir le sens.

Mettons-nous à la place d'un cultivateur qui veut faire un choix parmi tous les engrais qu'on lui offre. Il juge, par exemple, que, pour sa culture, l'engrais le plus convenable serait celui qui contient 5 à 6 p. %/₀ d'azote, dont la moitié à l'état de sulfate d'ammoniaque ou de nitrate, pourrait être assimilée directement par les plantes, et dont l'autre partie serait

Il est à remarquer que cet engrais est le premier qui ait permis de cultiver le lin plusieurs années de suite et sans aucun inconvénient dans la même terre. Il est malheureusement souvent falsifié. Le seul fabricant, M. J. Leireins à Gand, l'expédie en sacs marqués J. L. 2 min. (N° 2 minéral).

---

seulement fournie peu à peu à la végétation par la décomposition des matières azotées. Il se met à étudier les différentes offres qui lui sont faites, et il lit l'une ou l'autre des annonces suivantes : Mon engrais renferme tant pour cent de matières azotées — ou de matières organiques azotées — ou de matières animales — ou engrais complet organique — ou engrais organique entièrement composé de matières animales — ou bien il trouve annoncé : azote, sans aucune autre indication.

Ces expressions renseignent-elles le consommateur sur la quantité d'azote contenu dans l'engrais ? Lui permettent-elles de calculer la valeur de celui-ci ? Evidemment non, puisqu'il est reconnu et admis que le kilogr. d'azote à l'état de matière organique n'a que la moitié de la valeur de l'azote directement assimilable des ammoniacaux et des nitrates.

Puis, comment déterminer la proportion d'azote, quand on se contente d'annoncer ce corps sous la dénomination de nitrate ou de sulfate d'ammoniaque ? Ces deux sels présentent, en effet, des écarts souvent très-considérables ; c'est ainsi qu'on trouve dans le commerce des sulfates d'ammoniaque n'ayant pas 18 p. % d'azote et d'autres en contenant 21 p. %.

L'azote se trouve dans les engrais sous trois états bien distincts :

1° A l'état d'acide nitrique (nitrate de soude, de potasse et de chaux) ;

2° A l'état d'ammoniaque (sulfate, carbonate, chlorhydrate d'ammoniaque) ;

3° A l'état de matière organique animale et végétale.

Ni la physiologie expérimentale, ni la pratique agricole n'ont jusqu'à présent pu constater d'une manière positive une différence entre les effets de l'azote suivant qu'il est à l'état d'ammoniaque ou sous forme d'acide nitrique. L'ammoniaque et l'acide nitrique sont des combinaisons de l'azote qui peuvent être assimilées directement. On les rencontre dans les sèves des végétaux ; Boussingault a démontré la présence des nitrates dans celle du tabac : Liebig a trouvé des sels ammoniacaux dans la sève du bouleau et Hobaeus a dosé l'ammoniaque et l'acide nitrique dans une centaine de plantes de différentes familles. Il a constaté, par exemple, que 100 parties renferment :

Brassica napus	racines	0.212 d'ammoniaque et	0.421	d'acide nitrique.	
	tiges	0.265	"	0.506	"
	feuilles	0.159	"	0.337	"
Trèfle : plante entière à					
l'époque de la floraison		0.212	"	0.337	"
Froment (mois d'Août)		0.119	"	0.278	"

Le prix commercial de l'azote à l'état d'ammoniaque ou d'acide nitrique est d'ailleurs le même, sauf de petites variations. Ainsi 100 kilogr. de sulfate d'ammoniaque dosant 20 p. % d'azote, coûtent 58 fr., ce qui fait ressortir le kilogr. de ce dernier à 2 fr. 90 ; d'autre part, 100 kilogr. de nitrate de soude à 15.6 d'azote se vendent 45 fr.; le prix de l'azote revient donc à fr 2-88.

En règle générale, il ne faut confier l'engrais chimique à la terre qu'au moment le plus rapproché de l'instant où la plante pourra en tirer profit.

Dans les terres légères, il suffit de répandre l'engrais à la surface du sol, dans les terres fortes et argileuses et dans la culture de

---

Il résulte de ces considérations qu'il n'y a aucun motif pour distinguer entre ces différents états de l'azote, soit au point de vue de la préparation, soit au point de vue de l'analyse des engrais. Nous désignons donc l'azote sous ces deux états par la dénomination commune *d'azote assimilable*.

Mais l'effet de l'azote assimilable diffère considérablement de celui de l'azote des matières organiques. Les déchets de peau, les cornes, les sabots, les poils, la chair, les déchets de cuir, de laine, les os bruts, toutes ces matières, souvent d'une richesse remarquable en azote et entrant à présent avantageusement dans la fabrication des engrais, ne constituent pas, tant qu'elles n'ont pas été désagrégées par la vapeur d'eau ou par des agents chimiques, un aliment azoté direct, c'est seulement par leur décomposition en ammoniaque ou en acide nitrique, décomposition qui se fait lentement dans le sol, que les matières organiques azotées peuvent fournir aux végétaux une nourriture azotée. C'est pourquoi il importe beaucoup de toujours *bien distinguer entre l'azote assimilable et l'azote à l'état de matière organique*.

Au sujet de l'acide phosphorique, les dénominations sont encore plus obscures et prêtent plus encore à l'erreur. C'est ainsi que l'on rencontre les appellations suivantes :

Phosphates — phosphate de chaux — phosphate de chaux soluble — phosphate assimilable — phosphate soluble — biphosphate soluble — phosphate de chaux rendu soluble — phosphate de chaux acide — matières riches en phosphates. — Toutes ces désignations se croisent, s'entrechoquent et sont le plus souvent employées à tort et à travers, sans connaissance de leur véritable valeur. De pareils noms n'expriment pas clairement les principes fertilisants et laissent planer un doute sur la véritable composition et sur la valeur réelle de l'engrais, ils peuvent occasionner de graves malentendus.

L'acide phosphorique se trouve sous deux états bien distincts dans les engrais, il est de la dernière importance pour le praticien de connaître sous quelle forme il se présente, car c'est celle-ci qui détermine la valeur des matières fertilisantes sous ce point de vue. L'état sous lequel on le rencontre le plus fréquemment est celui où l'acide phosphorique est combiné avec la chaux pour former un *phosphate de chaux tribasique*. Ce dernier est souvent accompagné de faibles quantités de phosphate de fer, d'alumine et de magnésie. Ces trois sels sont presque insolubles dans l'eau, et, bien que leur solubilité augmente beaucoup quand l'eau peut exercer son action en présence de l'acide carbonique, du carbonate, du chlorhydrate ou du sulfate d'ammoniaque, en présence du nitrate de potasse ou de soude, l'effet des phosphates bruts est ordinairement trop lent. Aussi, au lieu de les employer à l'état naturel, on préfère généralement les traiter préalablement par l'acide sulfurique, afin de les transformer en superphosphates. Les phosphates renferment alors la plus grande partie de l'acide phosphorique à l'état libre et seulement une partie très-minime est combinée

plantes à racines profondes, il convient d'enfouir autant que possible une partie d'engrais avec le dernier labour.

Quand on répand l'engrais chimique sur des plantes déjà en pleine végétation, il est bon de faire cette opération par un temps sec et au milieu de la journée, ou mieux encore avant une pluie

---

avec la chaux, avec laquelle l'acide forme un phosphate de chaux acide. Peu importe, du reste, pour le cultivateur. L'acide phosphorique libre et le phosphate de chaux acide sont immédiatement solubles dans l'eau ; ils se répandent facilement et rapidement dans la couche arable, et, quoique l'acide phosphorique soluble soit réprécipité dans le sol par le carbonate de chaux ou de magnésie, par l'alumine ou l'oxide de fer, l'emploi des superphosphates est actuellement le meilleur moyen de mettre le phosphate de chaux à la disposition des végétaux. On peut se représenter chaque particule de terre, après l'application d'une certaine dose de phosphate soluble, comme se trouvant enveloppée d'une couche de phosphate de chaux nouvellement précipité. Il est facile de comprendre que, par l'emploi des phosphates insolubles, lors même qu'ils sont réduits à l'état de poudre fine, nous ne pourrons jamais obtenir un mélange aussi intime des phosphates et du sol que par l'emploi des superphosphates.

L'industrie offre au cultivateur le kilogr. d'acide phosphorique soluble au prix de fr. 0 95 à 1 fr. 10, tandis que celui du kilogr. d'acide phosphorique insoluble varie de 25 centimes à 45 centimes suivant le prix des os, du noir animal et des phosphates naturels. Il faut donc toujours clairement distinguer entre l'état soluble et l'état insoluble de l'acide phosphorique, et, pour éviter toute erreur sur la composition de l'engrais, en indiquer le titre en *tant pour cent d'acide phosphorique soluble dans l'eau et d'acide phosphorique insoluble*.

Que dirais-je enfin de la potasse ? Combien de fabricants et de vendeurs y a-t-il dans le pays qui expriment franchement la richesse de leurs produits en potasse pure ? Au lieu d'entendre dire au consommateur : « Mon produit renferme au minimum tant pour cent potasse pure » nous rencontrons tous les jours les expressions les plus vagues, qui, au point de vue de la valeur agricole d'un engrais, ne sont que des phrases sans signification : sels alcalins — sels solubles — sels de potasse — résidu de salpêtre — potasse et soude — chlorures et sulfates alcalins. Pas une de ces expressions n'indique la teneur en potasse. Pas une ne permet de calculer combien l'engrais renferme de soude, que le cultivateur n'a aucun intérêt à acheter, ou de potasse qui, au contraire, a une haute valeur agricole.

Même la désignation : « Mon engrais renferme tant pour cent de sels de potasse » qui, à première vue, paraît satisfaisante, est trop vague et absolument insuffisante, parce qu'on ne sait pas s'il s'agit de sulfate (renfermant à l'état pur 54 p. %, de potasse), de carbonate, renfermant 68 p. % de potasse, de chlorure à 57 p. % de potasse, ou de nitrate à 46 p. % de potasse.

C'est la potasse que le cultivateur veut acheter, c'est donc la potasse qu'il faut lui offrir.

La base de tout commerce solide, c'est l'absence, entre le producteur et le consommateur, de toute espèce de doute sur la dénomination et le titre de la marchandise, une monnaie dont on ne connaît pas exactement le titre n'a pas cours. Et, de même que dans les autres

qui s'annonce d'une manière *certaine*. Il faut éviter que les particules de l'engrais ne restent attachées aux feuilles tendres, elles
pourraient leur nuire. Un bon moyen pour éviter cet accident,
c'est de prendre une corde de 20 à 30 mètres de long que deux
hommes traînent, en la tenant aux deux extrémités, en travers du
champ ; la faible flexion que la corde imprime aux feuilles en
détache les granules de l'engrais.

SEMAILLES.

Le *lin d'été*, le seul qui soit récolté dans le Nord, se sème
généralement vers la mi-Mars ou le milieu de Mai. Le *lin d'hiver*,
récolté surtout dans l'Anjou, se sème en automne, afin de prendre
un développement suffisant pour résister aux grands froids.

Il est convenable qu'avant toutes semailles la terre soit d'abord
soumise à deux hersages énergiques, l'un en long, l'autre en
travers, on y passe le rouleau lorsqu'elle est suffisamment sèche,
et on ne sème qu'après y avoir passé la *herse linière*, qui la dispose
à recevoir la graine. L'ensemencement est suivi d'un hersage et
d'un roulage.

Tout lin se sème à la volée, le plus souvent sous un beau soleil.
On n'emploie pas le semoir mécanique parce que, la graine étant
petite et glissante, il faudrait trop en accélérer la marche.

Lorsque le cultivateur peut le faire, il doit profiter des premiers
jours de beau temps pour semer, car il est a remarquer que les
semis hâtifs sont généralement très-avantageux sous le rapport de
la quantité comme de la qualité. Inutile de faire observer que la

---

branches du commerce on se sert de certaines expressions, comprises et acceptées par tous
les intéressés, le commerce des engrais doit avoir aussi son vocabulaire ; il doit se servir
*d'expressions qui ne peuvent pas induire le public en erreur, qui expriment nettement le
titre en principes fertilisants, en distinguant clairement les différents états sous lesquels
ils se trouvent.* Le cultivateur veut et doit savoir ce qu'il achète.

quantité de semences doit toujours être plus grande, si le sol alourdi par une humidité prolongée est moins propre à les recevoir.

SARCLAGE DU LIN.

D'une manière générale, le sarclage est nécessaire pour toutes sortes de culture, mais pour le lin il est réellement indispensable, Les mauvaises herbes y abondent en effet, soit qu'elles proviennent des graines étrangères mélangées avec celles du lin, soient qu'elles y aient été amenées par le vent ou par les suites d'autres cultures. Si cette opération était négligée, le lin perdrait beaucoup de sa qualité et un grand nombre de tiges seraient étouffées.

Toutefois, après herbages rompus, il n'y a presque jamais lieu de sarcler.

On commence cette opération lorsque la plante a acquis environ 4 à 5 centimètres de hauteur. Cinq ou six personnes s'agenouillent sur une même ligne, afin de ne pas fatiguer la plante, et elles arrachent à la main toutes les herbes étrangères. Il arrive souvent qu'un second, et quelquefois qu'un troisième sarclage soit nécessaire. Dans ce cas, les sarcleurs avancent en traînant les pieds, de manière que le lin soit toujours couché du même côté.

Le prix de revient du sarclage est d'environ 40 à 50 francs pour un hectare.

ACCIDENTS ET MALADIES.

Les accidents auxquels est soumis le lin sont nombreux, on peut placer en première ligne :

Les *attaques du ver blanc*, qui détruit complètement la plante.

Les *vents violents*, qui fatiguent les tiges et les durcissent.

Les *pluies d'orage*, qui les couchent.

Les *attaques de la taupe*, qui, en creusant ses galeries, à niveau du sol, soulève la plante et la fait périr en mettant les racines à découvert.

Le cultivateur fera bien chaque matin de consacrer quelques heures à la recherche de ces animaux.

La *grèle*, qui peut détruire en quelques moments des champs entiers de lin. Dans ce dernier cas, lorsque la hauteur du lin endommagé n'a pas dépassé 40 centimètres, on peut, en coupant la fibre à 10 centimètres du sol environ, espérer de voir revivre la récolte dans toute sa force.

L'invasion de la cuscute, connue des cultivateurs sous les noms de rasque, teigne, tignasse, barbe de moine, cheveux de Vénus, etc.

Le moyen le plus sûr de se garantir de l'invasion de ce parasite naissant, est de brûler sur le champ, après avoir coupé les tiges encore petites, quelque combustible qui puisse détruire la cuscute. On fait disparaître et on détruit au loin tout ce qu'on a coupé. La graine de la cuscute peut se conserver longtemps sous terre jusqu'au moment où elle rencontre les circonstances favorables à son développement, elle peut même traverser les organes digestifs des animaux sans perdre de ses facultés germinatives.

Fig. 4. — Cuscute d'Europe ou lin maudit.   Fig. 5. — Graine grossie de la cuscute.

La *bruine* et le *puceron* sont encore deux ennemis redoutables, non-seulement pour le lin, mais encore pour bon nombre d'autres plantes.

6

RÉCOLTE

(ARRACHAGE. — FANAGE. — ÉGRAINAGE. — TRIAGE)

Les résultats à obtenir d'après la culture du lin sont de trois sortes : ou on cultive pour obtenir la filasse seule (France, Russie, Irlande, Belgique, etc.), ou la graine seule (Russie), ou la graine et la filasse ensemble.

Dans le cas où l'on ne désire que la filasse seule, où l'on cultive ce que l'on appelle le *lin en doux*, on récolte plus vite, mais une seule fois.

Dans le cas où l'on cultive la graine seule, on récolte deux ou trois fois, mais la tige devient très-dure et sert peu (1).

Quand on cultive la filasse et la graine, on récolte quelquefois deux et trois fois ; on doit attendre pour récolter le moment où la capsule et la tige sont bien formées.

La maturité du lin en doux est arrivée, quand les feuilles ont jauni et que les fleurs sont tombées ; celles du lin en graines, quand la tige est devenue cassante et jaune, la capsule grisâtre et que la semence est passée du vert au brun.

Dans le Nord, on récolte toujours le lin un peu avant maturité, afin d'obtenir une filasse plus douce et plus fine.

L'époque de la maturité de la plante et par suite le moment de la récolte, varie suivant que l'on veut obtenir du lin en doux ou du lin en graines.

L'*arrachage* est une des opérations qui demandent le plus de temps. On déracine le lin par poignées afin que tout soit rapidement terminé. Des femmes, aidées de deux hommes, sont généralement

---

(1) On cultive pour la graine seule dans certaines contrées de la Russie trop éloignées des ports expéditeurs, et pour lesquelles le transport des tiges absorberait le bénéfice qu'elles pourraient réaliser sur la filsase.

occupées à ce travail : les travailleurs arrangent de suite le lin pour le *fanage*.

On emploie dans les divers pays des méthodes variées pour arriver à ce résultat. Les deux meilleures sont celles qui consistent à arranger les tiges par bottes mises debout, on bien par couches obliques formant entre elles une sorte de toit. Jamais il ne faut étendre le lin, car au contact du sol il pourrait fermenter.

Pour mettre le lin *en bottes*, les femmes en forment deux petits paquets d'environ 25 à 30 centimètres de circonférence, les hommes qui les suivent reprennent en sous-œuvre ces petites bottes, et les placent debout trois par trois, les racines en bas et les têtes en haut. La fermentation devient alors impossible. On écarte les bottes par le pied pour qu'elles puissent se soutenir et on réunit souvent le tout ensemble.

La seconde méthode que nous avons indiquée, dite *en chaîne*, est beaucoup plus répandue ; dans ce cas, voici comment on procède : Les ouvrières ne font qu'arracher le lin et le couchent derrière elles à plat par poignées, qu'elles ont soin pour ne pas mêler de croiser les unes sur les autres. Les hommes qui suivent relèvent ces poignées et en forment une sorte de large compas dont

Fig. 6. — Lin en chaîne.

ils appuient le sommet sur un baton fixé en terre ou souvent sur un manche de bêche. En continuant à placer les tiges les unes à côté des autres, et de chaque côté des faisceaux d'origine, ils en forment deux larges murailles obliques ; au bout de quelques instants ils retirent le baton ou la bêche, relient les deux extrémités du tas de manière à le rendre stable et recommencent un autre toit. Grâce à cette disposition, le vent le plus violent ne pourrait renverser les tiges. Aux environs de Lille, les chaînes se composent environ d'une cinquantaine de poignées et ont à peu près 3 m. de longueur.

Lorsqu'on juge que le lin peut être lié sans danger, on en forme des *gerbes* d'environ 90 centimètres de tour, dont les faisceaux sont retenus entre eux par un lien de paille. On a soin, auparavant, de débarrasser la tige de ses feuilles, et la racine de la poussière qui y adhère. Les gerbes faites, on met aussitôt le lin en *monts*.

Pour cela, on place sur deux lignes à un pied de distance les unes des autres deux ou trois fortes perches, et l'on met entre elles sur des bûches de bois, surmontées d'un gîtage convenable, les bottes de la première rangée. Ou bien, on place debout, d'une perche à l'autre, trois lignes de gerbes, serrées le plus possible les unes contre les autres ; au-dessus desquelles on place en travers cinq autres rangées. On continue de la même façon, en ayant soin d'incliner la rangée supérieure en forme de toit : cette dernière est souvent couverte de paillassons. Le mont tout entier est consolidé par une grande quantité *d'appuyelles* en cas de vent.

Lorsque le lin est ainsi garanti, on attend sa dessiccation complète pour le porter à la grange.

C'est souvent là que, pendant l'hiver on procède à *l'égrainage*.

On procède alors :

1° Soit au moyen d'un *peigne* de fer, fixé sur un chevallet (fig. 7)

Fig. — 7. — Peigne pour détacher les graines des tiges du lin.

Prix du lin		1,500 fr.
Fermage et contributions.	180	
Engrais, tourteaux de colza (2,500 k. p. hect.)	300	
Préparation de la terre et semailles. . . .	55	
Graines, 2 tonnes 1/2 à 60 francs l'une . .	150	
Sarclage	50	
Arrachage, mise en chaîne et transport . .	160	
Intérêt de l'argent 5 %	45	
	940	940 fr.
Bénéfice net		560 fr.

CHAPITRE II.

Rouissage rural.

Le rouissage (1) compte parmi les opérations les plus importantes à faire subir au lin. Il a pour but de déterminer dans la matière gommo-résineuse une certaine fermentation, qui permette de séparer le tégument fibreux de la partie ligneuse.

On rouit généralement de trois façons : à l'eau courante, à l'eau dormante et sur pré. A Bergues et en Hollande on a recours à d'autres modes de rouissage, qui diffèrent quelque peu des méthodes habituelles.

De toutes les manières de traiter le lin, quelques-unes sont regardées généralement comme préférables aux autres, mais nous verrons plus loin que la situation des localités, la quantité, l'état du lin, sec ou vert, déterminent et même *imposent* aux cultivateurs tel ou tel genre de rouissage.

ROUISSAGE A L'EAU COURANTE.

Le rouissage à l'eau courante est celui qui se pratique dans les ruisseaux et les rivières. Il est usité en France, en Russie, en Irlande, etc., et se fait depuis le mois de Mai jusqu'à la fin de Septembre.

---

(1) Le mot *rouissage*, d'après Beaudrillard, vient du latin barbare *rossiare*, dérivé de *rivus*, ruisseau, ou de *ros*, rosée. — Les lieux destinés à l'opération du rouissage portent les noms de *routoirs*, *roussoirs*, *roteurs* ou *roussières*.

D'une manière générale, il y a deux manières de rouir à l'eau courante, *en montées* ou *en ballons*. Aujourd'hui, on rouit presque toujours en ballon.

On appelle *montées*, des fosses pratiquées sur les bords des rivières, larges d'environ 6 à 8 mètres, longues de 12 à 20 mètres et recevant du courant un mince filet d'eau sans cesse renouvelé.

Les *ballons* sont de grandes caisses carrées à jour, semblables aux caisses d'emballage pour meubles, ayant environ 1 mètre 20 de hauteur sur 4 mètres de long et de large.

Nous ne décrirons que le rouissage au ballon, comme étant celui qui se pratique le plus dans le département du Nord.

Ce mode de rouissage a reçu de grands perfectionnements, surtout depuis qu'il est confié à des hommes spéciaux, faisant leur état de cette occupation. Ceux-ci disposent généralement de ballons pouvant contenir 120 bottes, d'environ 5 kilogrammes chaque botte, et font payer un prix uniforme de 6 francs par ballon.

Chacune des bottes, attachée avec trois liens de paille est placée verticalement dans la caisse. On les entoure d'une couche de paille au-dessus et sur les côtés, pour favoriser leur fermentation, en les maintenant à une température élevée, en même temps que pour les préserver des souillures dont elles sont susceptibles de se charger.

Lorsque la caisse est complètement garnie de lin, on la met à l'eau. Et comme il est nécessaire que les paquets soient entièrement submergés, on les fait enfoncer, soit à l'aide de planches surchargées de lourdes pierres, soit au moyen de longues tiges de bois retenues sur le bord par des mortaises à de forts pieux.

Cette caisse doit être placée de façon que le courant ne se fasse pas trop sentir, car une eau trop rapide ne produirait pas sur les tiges l'effet désirable. Elle doit encore être assez éloignée du fond ; la vase pourrait sans cela exercer son action sur le lin, le souiller, ou bien produire sur les fibres elles-mêmes l'effet de la rouille, en les rongeant.

Dans le rouissage à l'eau courante, certaines eaux sont préférées;
les unes donnent plus de nerf, les autres influent davantage sur la
couleur et l'éclat des fibres, une eau ferrugineuse détruit la ténuité
des filaments, en même temps qu'elle dilate la gomme qui les lie.
Les eaux calcaires, les eaux qui viennent des puits ne peuvent non
plus convenir. Les eaux de la Lys, où l'on rouit dans le Nord un
nombre considérable de tiges, sont très-favorables au rouissage
particulièrement entre Courtrai et la frontière française, et surtout
depuis la jonction de la Deûle jusqu'à Courtrai. Nous croyons que
cette propriété n'est due qu'aux immondices de la ville et aux
résidus des fabriques établies le long de la Deûle, dont la
masse vient tempérer la trop grande vivacité des eaux.

La durée du rouissage dépend de la température. Bien que le
rôle de l'électricité n'ait jamais été exactement déterminé, on ne
peut en nier l'influence à voir l'effet produit par les orages. La
fermentation devient alors tellement active, qu'il peut s'ensuivre
la destruction de la fibre elle-même. Le cultivateur a à peine le
temps de retirer son lin.

Dans tous les cas, c'est à lui de juger si les tiges sont convenablement rouies. On conçoit que le tégument fibreux ne se détache
de la chenevotte que par suite de la fermentation de la matière
gommeuse, et que, si l'on continue de laisser la tige dans l'eau
lorsque celle-ci est terminée, la fibre elle-même doit être attaquée
et rapidement rongée. Chaque heure de rouissage en sus après la
fermentation diminue d'autant la qualité du lin, et celui-ci finirait
à la fin par ne pouvoir supporter le travail de filature. Aussi est-il
nécessaire qu'après sept ou huit jours, temps normal du rouissage,
le cultivateur aille visiter son lin le plus souvent possible.

L'influence de la température sur le rouissage se fait sentir aussi
quand le temps est beau. C'est ainsi qu'en Juillet il suffit souvent
de cinq jours pour un bon rouissage, tandis qu'en Octobre on
dépasse dix jours. C'est aussi pour cette raison que, de deux lots
de lin placés dans un même courant, l'un peut être roui bien avant
l'autre.

Pour se rendre compte des résultats du rouissage, le cultivateur retire du ballon quelques échantillons. En serrant le filament à une extrémité, et en le tirant assez fortement en sens contraire, il doit détacher le tégument fibreux de l'enveloppe ligneuse sous forme de *ruban*. La fermentation serait trop avancée s'il amenait la chenevotte sous forme de *filaments déliés*. Il peut encore sécher rapidement un échantillon et le soumettre entre ses doigts à un teillage factice ; la paille doit pouvoir s'en séparer sans le moindre effort.

Quoi qu'il en soit, lorsque le lin doit être retiré, on a l'habitude pour le sécher d'en placer les tiges les unes à côté des autres, les racines en bas, et d'en former ainsi de petits cônes où l'on ménage des espaces libres pour la circulation de l'air. Cette opération constitue *l'égouttage*. On a toujours soin de ne mettre aucun lien autour des poignées ; l'expérience a démontré que dans ce cas l'intérieur se pourrit et l'extérieur se sèche, et que d'ailleurs il en résultait comme moindre inconvénient des nuances diverses dans un même faisceau.

Au sortir de l'eau les tiges sont tellement faibles, qu'elles peuvent se briser comme si elles étaient pourries : en se séchant elles retrouvent toute leur force. Elles sont recouvertes, après rouissage, d'une matière visqueuse, que les cultivateurs appellent la *graisse du lin*, matière qui donne au filament qui peut l'absorber une souplesse et une douceur très-recherchées. Lorsque la pluie arrive au moment de l'égouttage, elle agit sur les tiges en les débarrassant de cette substance. Le mieux est dans ce cas de réunir le lin en meules inaccessibles autant que possible à l'action de l'eau. Les cultivateurs bien entendus ont toujours près de la fosse de rouissage un hangar pour prévenir tout accident et garer le lin.

Le rouissage à l'eau courante s'opère dans certaines contrées l'année même de la récolte ; dans d'autres pays, on rouit l'année suivante. Ce dernier mode d'agir procure pour le lin de qualité supérieure plus de rendement et de qualité. On peut encore rouir deux fois de suite.

52   ROUISSAGE RURAL.

D'après le mode de traitement, on distingue dans le Nord les *lins verts* et les *lins blancs*. Les premiers sont ceux qui ont été rouis une ou deux fois d'après la méthode que nous venons d'indiquer ; les seconds sont ceux qui, après avoir été rouis deux fois, et plus souvent une fois, ont subi l'opération du *curage*.

Le curage consiste à étendre le lin sur pré, après égouttage, en lignes droites et en couches légères, pour le faire blanchir. — Le lin doit être étendu en lignes droites, afin que l'on puisse le retourner, tous les quatre ou cinq jours, au moyen d'une gaule glissée à fleur de terre sous les tiges. Les couches doivent en être légères, afin que toutes les parties reçoivent d'une manière égale l'action de la rosée.

Les rouisseurs demandent généralement 4 francs pour le second rouissage, et 7 francs pour le curage.

Lorsque cette dernière opération est terminée, le lin relevé du pré, est mis en bottes de 4 à 5 kilogrammes, et lié avec la même paille qui a servi avant le rouissage. On le porte alors en grange, pour le teiller ensuite.

Le rouissage à l'eau courante donne au lin une couleur claire, jaunâtre, quelquefois blanche, très-recherchée dans l'industrie. Les lins de la Lys en sont le meilleur exemple.

Le double rouissage dit *au grand tour*, se paierait en une seule fois, 10 francs par ballon. Le rouissage effectué un an après la récolte *(rouissage à la minute)* se paie toujours 6 francs pour l'étendage immédiat, et 7 francs pour le rouissage à la seconde année.

ROUISSAGE A L'EAU DORMANTE.

Contrairement à la méthode dont nous venons de parler, le rouissage à l'eau dormante se fait toujours immédiatement après récolte, et par conséquent aux environs de Juillet. On a toujours obtenu par ce système les résultats les plus avantageux.

Dans le pays de Waës, qui fournit les plus beaux lins rouis à l'eau stagnante, on rouit de la manière suivante :

Le lin, entouré d'un seul lien de fibres vertes, est disposé en bottes d'environ 16 à 20 centimètres de diamètre, et placées dans des fossés agencés à cet effet. Ceux-ci, qui peuvent être très-longs, sont divisés en *routoirs* de dimensions inégales suivant la quantité de lin que l'on veut y placer, et munis sur les côtés de cloisons en terre et en planches. Afin de donner au lin une nuance quelque peu bleutée, on jette dans la fosse un certain nombre de branches d'aulne avec leurs feuilles, ou quelques coquelicots ; cette dernière précaution est surtout nécessaire dans les routoirs en terre argileuse, où l'eau ne pourrait manquer de donner au lin une couleur jaune ferrugineuse nuisible.

Pour bien disposer celui-ci dans les fosses, un ou deux ouvriers sont obligés de se mettre à l'eau, et de placer les bottes au fur et à mesure qu'un aide les leur avance. Afin de remplir tous les vides, on met les tiges debout, les unes sur leurs racines, les autres la tête en bas. Il y a toujours plusieurs rangs de bottes l'un sur l'autre, touchant les bords du routoir, mais sans aucune compression.

Lorsque la largeur du fossé est complètement garnie, l'ouvrier, armé d'une pelle, détache du fond du routoir des blocs de boue dont il recouvre le sommet des bottes, sur une épaisseur d'environ 10 centimètres. Il continue la même opération sur les tiges qu'on lui avance.

Dans un routoir à eau dormante, le lin doit toujours rester à flot. Si le rouisseur s'aperçoit que les tiges touchent le fond, il doit aussitôt retirer un peu d'eau ou en introduire, suivant que la cause de cette immersion provient d'un manque d'eau ou d'un trop plein dans le bassin.

Dans le pays de Waës, les routoirs sont toujours utilisés d'année en année, et il est facile d'en extraire la boue nécessaire à la conduite de l'opération. Mais, lorsqu'on creuse une nouvelle fosse, on doit toujours, pour avoir de la vase, le remplir d'eau quelques semaines avant le rouissage et changer cette eau au moment de l'immersion. Et dans le cas où l'on manquerait absolument de bouc, on pourrait, ce qui arrive parfois, avoir recours aux gazons qu'on enlève des prairies. Le résultat est peu différent.

Comme nous l'avons indiqué pour le rouissage à eau courante, le cultivateur doit autant que possible visiter souvent son lin, lorsqu'il juge que l'opération tire à sa fin. Mais ce point a ici surtout une extrême importance. La matière gommo-résineuse et les débris du lin ne sont plus, comme dans l'autre méthode, entraînées par un courant rapide, ces matières fermentent autour des tiges, et y entretiennent constamment une température élevée. Celle-ci est encore augmentée par la chaleur continue du soleil de Juillet, et par la décomposition des feuilles d'aulne et de coquelicot éparses dans l'eau du routoir. Il en résulte que si le lin subit quelques heures de trop l'action de cette eau fermentée, les tiges sont trop rapidement attaquées.

On juge que le rouissage est presque terminé, lorsque le nombre de bulles qui viennent crever à la surface a beaucoup diminué, ou lorsque les filaments se détachent facilement de la tige sur une longueur de 12 à 16 centimètres.

Dans certaines contrées, on renouvelle alors l'eau du routoir, afin de laver les tiges, et afin de les débarrasser de la matière colorante et de celle gommo-résineuse en dissolution, qui les entourent encore dans un état demi-liquide. Dans le pays de Waës, un ouvrier descend de suite dans l'eau croupie de la fosse pour ramener à lui les faisceaux de lin ; à l'aide d'un croc, il délie les bottes et distribue les poignées une à une à un autre ouvrier placé sur le bord du routoir. — Considérant que la présence de deux hommes pour un pareil travail constituait une dépense exagérée, M. Testu a fait breveter une chèvre dont la disposition permet à un seul ouvrier d'extraire les faisceaux sans descendre dans l'eau. Cette chèvre est très-légère, manœuvrée au moyen d'un levier, et retenue en arrière par un pieu unique enfoncé dans le sol, elle se renverse sur le bord de la fosse avec la botte de lin, et l'ouvrier n'a plus qu'à prendre les poignées pour les faire égoutter.

L'*égouttage* ne dure qu'un ou deux jours, et est bientôt suivi de *l'étendage* comme dans le rouissage à eau courante. Cette nouvelle opération doit toujours se faire par un temps sec, et ceci est assez facile, puisqu'une heure d'étendage dans ces conditions suffit pour préserver le lin du dommage que lui occasionnerait une pluie subite.

On peut faire cette étendage sur pré ou sur la terre nue. Dans le premier cas, l'humidité que retiennent les prairies influe beaucoup sur le blanchissage du lin, et l'étendage ne demande généralement que trois semaines. Dans le second cas, il faut souvent quatre semaines, et quand la terre est ferrugineuse le lin perd beaucoup en couleur et en qualité. D'une manière générale, la durée de l'étendage peut être plus ou moins longue, suivant que le temps est sec ou pluvieux.

Lorsque le lin est assez blanchi, ce qu'on reconnaît à la teinte plus foncée que prennent certaines parties de la tige, on le relève et on le met en meules pour ensuite le teiller. En séjournant plus longtemps sur pré, il perdrait beaucoup de sa valeur.

Le lin roui à l'eau stagnante a toujours une couleur gris bleutée facile à reconnaître, il est généralement plus moelleux que le lin roui à l'eau courante, et se blanchit très-facilement. Le cultivateur qui a le choix entre les deux méthodes peut, sans crainte, préférer l'eau stagnante, s'il considère qu'il peut tirer parti des fibres directement après la récolte, et que celles-ci lui fourniront plus de poids. L'eau courante en effet a entraîné un grand nombre de molécules, que l'eau dormante a réparties autour des tiges, sans en altérer la qualité. Cette différence dans le poids équivaut environ à 6 ou 8 pour 100.

DE L'HYGIÈNE DES MÉTHODES A EAU COURANTE ET A EAU DORMANTE.

On entend souvent dire que les deux grands inconvénients des rouissages dont nous venons de parler, sont, la putréfaction rapide de l'eau employée, et l'exhalaison des miasmes pestilentiels aux alentours des fosses. D'une part, l'opération fait périr le poisson ; d'autre part, elle est la source de fièvres intermittentes nombreuses.

Il semblerait résulter de ceci, que le rouissage du lin présente d'une manière générale de graves inconvénients pour la santé publique ; c'est une erreur complète.

Il est vrai que l'administration française, après des investigations plus ou moins bien conduites, en se guidant plutôt d'après des soi-disant rapports d'Expositions que par ses propres recherches, a toujours classé le rouissage au nombre des *industries insalubres, dangereuses et incommodes de première classe.* Mais, pour qui veut remonter à la cause des effets produits, il y a certainement incommodité, mais il n'y a ni insalubrité, ni danger.

On dit d'abord que l'eau de rouissage fait périr le poisson. — Ceci est incontestable. Mais il y a presque certitude que le poisson ne meurt que par l'excès d'une bonne chose, et non par l'effet d'un principe nuisible. La preuve en est que dans certaines contrées le chanvre est regardé comme un des meilleurs appâts pour le poisson, et que d'ailleurs la Lys est toujours très-poissonneuse aux endroits où elle ne reçoit que les eaux des routoirs très-étendus.

Une note d'un ancien représentant M. Dalbis du Salze, vient à l'appui de cette opinion. « L'odeur du chanvre, dit-il, loin d'être funeste aux poissons, leur plaît, au contraire, et les attire.

Dans l'Aveyron, on emploie des tourteaux faits avec de la graine de cette plante et dans lesquels on a le soin de laisser des graines entières pour allécher les poissons. On suspend dans des nasses en fil ou en osier des morceaux de ces tourteaux, et, par ce moyen, on fait de bonnes pêches.

Lorsque l'eau est limpide, on voit les poissons se presser autour de ces tourteaux et les ronger.

Quand on ne peut pas s'en procurer, on emploie pendant l'été, au même usage, les sommités des tiges du chanvre vert.

Ceci se pratique dans l'arrondissement de Saint-Affrique, dans les rivières du Tarn et de Dourdon. »

Le second reproche, qui a rapport à la santé publique, n'est pas moins erroné que le premier. Qu'on se porte en effet aux lieux où, pendant plusieurs mois, l'odeur qui s'émane des routoirs est permanente, on n'y rencontrera pas, durant le temps principal des travaux que l'on fait subir au lin, plus de malades qu'aux autres époques de l'année. Les hommes, au contraire, boivent impunément l'eau qui se trouve en contact avec celle des routoirs, et les bestiaux ne ressentent aucun mal à se désaltérer avec celle où l'on a roui le lin. Bien plus, on pourrait s'étonner des propos qui circulent dans les campagnes au sujet de cette odeur, supposée antiputride et préservant du choléra.

Les *annales d'Hygiène* contiennent à ce sujet quelques considérations du docteur Marc qui présentent quelque intérêt : « En supposant, dit M. Marc, qu'il se dissolve pendant l'opération du rouissage quelques principes vénéneux, ils se trouvent étendus dans une trop grande quantité d'eau pour qu'ils puissent exercer une action sensible. Aussi est-il constant que les bestiaux boivent impunément de l'eau des routoirs, et qu'elle n'a pas les propriétés délétères qu'on lui attribuait autrefois. Ce n'est donc pas dans la mauvaise qualité de l'eau, considérée comme boisson, qu'il faut chercher l'insalubrité des routoirs, mais plutôt dans les substances gazeuses qui en émanent et qui sont dues à un commencement de fermentation putride à laquelle on expose le lin et le chanvre.... Pour peu donc que l'eau des routoirs puisse se renouveler, bien que lentement, ils ne sauraient exercer une action sensible sur la santé publique. Ce serait donc aux eaux absolument stagnantes et dans lesquelles on ferait rouir une trop grande quantité de chanvre et de lin, relativement à leur volume, que l'on pourrait attribuer une influence fâcheuse sur la santé ; encore l'expérience ne confirme-t-elle pas cette supposition, puisque, dans les contrées même où les routoirs présentent ces conditions défavorables, il n'existe

8

pas de maladies épidémiques, à moins que d'autres circonstances locales ne les y produisent. » L'acide carbonique et l'hydrogène sulfuré, qui peuvent se dégager dans le cas ci-dessus indiqué, doivent alors altérer quelque peu l'atmosphère ; le gaz hydrogène sulfuré entre autres est le plus à redouter, puisqu'il suffit que l'air en contienne $\dfrac{1}{200}$ pour qu'un cheval finisse par y périr. Remarquons toutefois qu'il ne se dégage que dans le cas où l'opération n'est pas conduite selon les conditions normales.

Sur un seul point, la lumière ne s'est pas complètement faite. On ne sait pas en effet dans quelle mesure le chanvre et ses préparations agissent, à titre de narcotiques et de purgatifs. Chacun connait à ce sujet les effets du haschich (1).

Enfin, et pour faire disparaître tout point douteux dans l'esprit de nos lecteurs, il nous suffira de citer les paroles d'un savant économiste, Parent Duchatelet, qui essaya par des expériences répétées sur lui-même et sur les membres de sa famille de démontrer l'innocuité des eaux de rouissage : « Voilà huit personnes, dit-il, un homme de quarante ans, trois femmes de vingt-quatre à quarante, une petite fille de huit ans, deux garçons de trois à quatre ans, et un autre de quinze mois, qui peuvent s'exposer impunément aux émanations du rouissage ; plusieurs d'entre eux s'y exposent pendant trois, quatre et cinq nuits de suite ; je pourrais même ajouter pendant autant de jours, car, comme la pièce destinée à ces expériences était mon laboratoire, je m'y étais installé pour y travailler dans la journée ; je dois ajouter que l'air de cette pièce ne se renouvelait pas, car j'avais eu soin de fermer

---

(1) Il est fort à croire que les effets que l'on attribue au haschisch (visions fantastiques pendant le sommeil, hallucinations, etc.), ne proviennent que de la décomposition de cette plante ou de son mélange avec de véritables narcotiques. Nous ferons exception cependant en ce qui concerne le chanvre des pays étrangers auquel le climat et le sol semblent communiquer des vertus spéciales.

les trappes qui se trouvaient dans les cheminées ; il n'y avait de communication avec l'air extérieur que par le tuyau du poële. »

On pourra bien citer tel ou tel cas de personnes qui, habitant aux environs des fosses de rouissage ont été sujettes aux fièvres intermittentes. Mais il faut considérer, comme nous l'avons dit plus haut, que ces cas se présentent seulement auprès des routoirs à eau dormante qu'on ne renouvelle pas assez vite, c'est-à-dire dans des endroits où l'eau peut demeurer longtemps, et former bientôt marais putride : la chose dans ce cas n'en est que très-naturelle.

Ajoutons que certaines personnes, affligées dans leur jeunesse de fièvres intermittentes, n'en ont pas ressenti de nouvelles atteintes en s'occupant du rouissage des lins.

ROUISSAGE SUR PRÉ.

A défaut d'eau courante ou de routoirs, nous avons dit que certaines contrées (Picardie, pays wallons, etc.), étaient dans l'obligation de rouir sur pré.

Le rouissage sur pré, qu'on appelle encore *rosage*, *rorage* ou *sereinage*, est le moins avantageux de tous.

Il se pratique en étendant le lin bien sec sur les prairies, en couches autant que possible minces et égales.

Les terrains les plus convenables pour cette opération sont :

1° Les terres dépouillées de trèfles ;

2° Les jeunes trèfles ;

3° Les herbages non pâturés par les moutons.

Il faut éviter autant que possible de mettre au rouissage sur les blés récoltés.

S'il ne pleut pas au premier jour de l'étendage, on arrose souvent le lin soi-même, d'une manière uniforme ; on arrive ainsi à amener un commencement de fermentation dans les tiges, et on les force aussi à rester en place et à ne pas s'entremêler.

La fermentation continuant les jours suivants, il arrive que le côté supérieur de la couche de lin est convenablement roui, et c'est alors que l'on doit faire en sorte de rouir l'autre côté.

Au moyen de longues gaules glissées à fleur de terre sous les couches alignées, on relève le lin doucement, et on le renverse de manière à présenter à la pluie et à la rosée le côté non roui. Un chemin de hâlage est toujours réservé dans les prairies pour l'espace que doit occuper la première ligne de tiges. On doit toujours avoir soin dans cette opération de ne pas entremêler les brins et de laisser les couches égales.

Lorsque la nouvelle face est convenablement rouie, on profite d'un temps sec pour mettre le lin en gerbes. Séchées sur le pré lui-même, ces gerbes sont ensuite réunies en bottes et hangarées pour le broyage.

Nous avons dit qu'il était nécessaire que le lin fut bien sec avant d'être roui sur pré, il en résulte qu'on ne peut guère l'étendre que trois semaines environ après sa récolte. Mais souvent les cultivateurs préfèrent le conserver en grange, et alors le produit dit *lin de Mars* (qu'il ne faut pas confondre avec les lins de la Lys rouis à la même époque) est toujours de plus belle qualité.

Ce rouissage est généralement regardé comme le plus mauvais de tous les systèmes. D'abord la fermentation ne s'y fait jamais bien également, et il arrive que sur les côtés, où elle n'a pas lieu, le bois se détache difficilement de la fibre et fournit un abondant déchet. Il dure en outre beaucoup plus longtemps.

Dans tous les cas, les lins rouis sur terre donnent généralement beaucoup d'étoupes, ils ont en outre une teinte roussâtre ou gris sale, désagréable à l'œil, et quelquefois très-résistante au blanchissage.

La plupart des cultivateurs qui rouissent le lin sur pré reconnaissent facilement l'infériorité de ce système, qui leur est souvent imposé, soit par le manque d'eau, soit par le manque de bras. Quelques-uns cependant regardent encore le rouissage sur pré comme supérieur ou du moins équivalant aux rouissages à l'eau ; le lin, selon eux, acquiert au blanchissage une grande finesse, qu'il soit à l'état brut ou bien sous forme de fil et de tissu.

Or, c'est justement cette perte au blanchissage qui prouve l'infériorité du produit. Car, si le lin roui à l'eau conserve à peu près le même poids avant comme après le blanchissage, c'est qu'il a déjà subi dans la rivière ou dans l'étang une sorte de lavage qui l'a dépouillé de molécules inutiles. Ces matières étrangères se sont au contraire attachées à la fibre du lin roui sur pré, et le lessivage ne fait que l'en dépouiller partiellement.

Si les cultivateurs, qui ont le choix entre les deux méthodes, préfèrent le rouissage sur pré parce que le lin y acquiert plus de poids, ils sont encore dans l'erreur. Ce sont ces molécules dont nous venons de parler qui donnent au lin un poids superflu, et qui en altèrent la valeur. Des expériences, faites récemment à Lokeren, ont encore prouvé que les lins wallons, généralement rouis sur terre, gagneraient plus de 30 p. % de leur valeur s'ils étaient rouis à l'eau.

Il n'y aurait pas grand inconvénient si, dans les pays où le rouissage à l'eau peut remplacer le rouissage sur terre, on abandonnait ce dernier système. Mais il faudrait que par contre la culture du lin s'étende de plus en plus, dans les contrées où le rouissage sur terre est pour ainsi dire imposé. La filature a en effet besoin des lins rouis sur terre, qui sont d'une grande utilité pour la fabrication des fils secs de tous genres, et qui se mélangent facilement aux lins rouis à l'eau pour donner un fil plus régulier et plus doux.

MÉTHODE DE ROUISSAGE DES LINS HOLLANDAIS.

Nous verrons plus loin qu'en Hollande on distingue d'une

manière générale trois sortes commerciales de lin ; les lins de
Frise, les lins de Zélande, et les lins bleus de Hollande.

Les deux premières sortes constituent un lin de nuance jaunâtre,
due au mode de rouissage employé ; les lins bleus ont, comme
leur nom l'indique, une couleur particulière obtenue de même par
un traitement spécial.

Pour obtenir des lins jaunes, on sèche le lin et on égraine les
tiges d'après la méthode ordinaire. On en forme ensuite des bottes
de 6 kilogrammes environ, que l'on immerge dans l'eau. Mais au
lieu de les entasser les unes sur les autres, comme on le fait habituellement, on laisse surnager ces bottes de façon que l'une des
parties soit complètement mouillée, et l'autre exposée aux rayons
du soleil. De temps en temps, elles sont retournées au moyen
d'une perche munie d'un crochet, et lorsqu'au bout d'une période
qui varie de 5 à 20 jours, on juge qu'elles sont convenablement
rouies, on les étend sur pré pour les faire blanchir.

Les eaux de Hollande, vue leur proximité de la mer, sont
toujours quelque peu salées, aussi les tiges doivent-elles être
étendues longtemps pour que l'eau de pluie puisse dissoudre le sel
qui les entoure. Après cet étendage, le lin est botteté et porté en
grange.

Les lins bleus sont toujours rouis à l'eau stagnante, et l'opération
est conduite comme nous dit l'avons plus haut. Elle en diffère en
ce qu'au moment de retirer le lin, on le sèche directement et on
ne l'étend pas sur pré.

On conçoit que de cette façon le lin conserve une couleur plus
noire, puisqu'il n'a pas été blanchi, et qu'en outre il retienne
toujours, lorsqu'on le met en cônes, une certaine humidité dans
toutes ses parties. C'est pour faire disparaître la moiteur continuelle
qui résulte de ce mode de traitement, qu'on est toujours obligé de
sécher le lin au feu avant de le soumettre aux opérations du
teillage. Les fibres traitées de cette manière n'ont pas naturellement
autant de valeur que les lins belges blanchis et teillés à froid.

Le rouissage des lins bleus demande le même temps que celui des lins du pays de Waës. On a reconnu toutefois que le rouissage dans les tourbières pouvait être terminé en moyenne après six jours, et donnait une qualité de lin plus foncée.

MODE DE ROUISSAGE DES LINS DE BERGUES.

Les lins de Bergues sont, aussitôt leur récolte, étendus sur pré pour être séchés. On les retourne de temps en temps, et surtout après la pluie, pour répartir également sur les fibres l'action de l'humidité.

Lorsqu'on juge que le lin est bien sec, on l'égraine, puis on en forme des bottes liées aux deux bouts qui prennent le nom de *boujeons*. Ces bottes sont mises à l'eau et surnagent à la manière des lins de Hollande, on ne les retire que lorsque le tégument fibreux peut se séparer facilement de la partie ligneuse qui l'entoure.

La durée de ce rouissage dépend de l'efficacité de l'étendage qui l'a précédé, Si le lin est déjà roui en partie sur pré, le rouissage à l'eau ne fait guère que le compléter, et peut être terminé après quatre ou cinq jours. Dans le cas contraire, il dure quelquefois tout un mois.

CHAPITRE III.

Rouissage manufacturier.

Beaucoup d'industriels voient avec peine l'extension toujours croissante des anciens procédés de rouissage, et ne considérant nullement si les méthodes actuellement en vigueur sont inférieures ou supérieures à celles que l'on propose, ils voudraient les voir disparaître, sous le principal prétexte que la préparation du lin se pratique encore comme chez les Chinois et les Égyptiens.

Nous ne sommes nullement de leur avis, en voyant les **magnifiques** résultats que l'on obtient actuellement, surtout par les méthodes à eau courante et dormante bien conduites, résultats qui n'ont été surpassés par aucun des systèmes proposés.

Les principaux avantages du rouissage manufacturier ne concernent aucunement la valeur industrielle des produits. Ainsi, on peut ranger en première ligne la possibilité de tirer parti des tiges d'une manière plus rapide après la récolte et par suite la plus grande facilité de transport d'une substance à laquelle on peut donner immédiatement la forme commerciale usuelle. On peut aussi regarder comme avantage la possibilité de rouir à la fois de grandes quantités de matière première. Pour le reste, l'idendité est toujours la même.

Car, peut-on assurer, même avec les méthodes les plus employées en Irlande et par suite les plus perfectionnées, la suppression des émanations malsaines, et la désagrégation plus complète de la tige au profit de la finesse et de la couleur des fibres ? Peut-on assurer avoir substitué un système précis à une méthode empirique ? Ceci ne peut être affirmé.

Pour ce qui regarde la première question, nous pensons que ce qui peut être certifié de l'innocuité des eaux du rouissage rural ne peut l'être nullement de celles du rouissags manufacturier. Un ouvrier, placé continuellement auprès des cuves de rouissage, dans un atmosphère qui ne peut être renouvelé, n'absorbe pas en définitive la quantité d'oxygène nécessaire à l'activité qu'il peut déployer. Des émanations fétides peuvent n'être pas malsaines, mais ne remplacent pas toutefois l'air pur. Ce qui ne peut se dire des campagnes, où le rouissage se pratique en plein air, et où l'ouvrier ne reste pas toujours auprès des fosses, peut très-bien s'appliquer aux manufactures dans lesquelles on respire un air fétide, chauffé par la haute température à laquelle on maintient les bains. En somme, ce qu'ont dit un très-grand nombre de savants, tels que Dumas, Malaguti, Chevreuil, des dangers du rouissage, peut très-bien trouver sa place au sujet du rouissage manufacturier.

Pour ce qui est de la seconde question, nous ne connaissons pas de procédés qui puissent donner aux lins de prix proprement dits, une finesse égale à celle que l'on obtient par les méthodes rurales. Mais peut-être n'en est-il pas de même pour les lins réputés de qualité inférieure ou de qualité moyenne ; car si la culture a beaucoup d'influence sur la valeur de ces produits, le mode de traitement n'en a pas moins. Il résulterait de cela que, si l'on pouvait donner à certains lins une finesse supérieure à celle qu'ils possèdent réellement, on pourrait par suite, en filature, diminuer la pression des rouleaux d'étirage et moins chauffer l'eau des métiers à filer.

Je ferai cependant remarquer qu'il ne suffit pas qu'un lin soit fin, il faut que cette finesse ne soit pas obtenue aux dépens de sa force et du nerf qu'il peut avoir. Or, je crois que, sous ce rapport, la vertu du rouissage manufacturier est en défaut. Chacun sait en effet qu'un grand nombre de lins d'Irlande, rouis manufacturièrement, ont assez de finesse apparente, mais sont loin d'avoir le nerf et la qualité de nos lins de la Lys ou de Courtrai, exclusivement rouis par les méthodes rurales.

On pourrait objecter que les procédés chimiques rendraient peut-être plus de services que les procédés à la vapeur ou à l'eau chaude, et même pourraient à la rigueur ne présenter aucune émanation insalubre. Mais nul ne les connait à fond, et ils n'ont jamais été expérimentés en grand comme l'ont été les autres systèmes. Les inventeurs semblent leur prêter toute vertu, mais ou ils en ont seuls fait l'expérience, ou ils ont tout simplement fait breveter une méthode qui n'a jamais été connue. Le rouissage Rouchon, par exemple, qui a été expérimenté en grand à l'École Polytechnique, et a semblé donner les résultats les plus satisfaisants, n'a jamais été mis en œuvre par l'Industrie. Le fameux procédé de M. Bralle (1), auquel le gouvernement impérial français fit faire de nombreux essais, en présence de MM. Monge, Berthollet et Tessier, et auquel on trouva une telle valeur qu'on en fit l'objet d'une circulaire spéciale ministérielle, a été finalement regardé par son auteur lui-même comme extrêmement défectueux.

Mais, avons-nous dit, quelques-uns croient avoir substitué à une méthode empirique un système précis et régulier, c'est encore là une erreur. Le rouissage manufacturier est un de ceux qui exigent le plus de soins et d'attention, et une irrégularité dans le

---

(1) Le procédé de M. Bralle a été surtout expérimenté en vue du rouissage des chanvres. Il consistait :

1º A faire chauffer de l'eau dans un vase, à 72 ou 75 degrés Réaumur ;

2º A y ajouter une quantité de savon vert, proportionnée au poids du chanvre que l'on voulait rouir ;

3º A y plonger de suite le chanvre, de manière à faire surnager l'eau ; à fermer le vase et cesser le feu ;

4º A laisser le chanvre dans cette espèce de routoir pendant deux heures avant de le retirer.

Le poids du savon nécessaire pour un rouissage complet devait être à celui du chanvre en baguettes comme 1 est à 48, et le poids du chanvre à celui de l'eau comme 48 est à 650.

chauffage, une minime erreur dans la dose des ingrédients à employer, ont bien autrement de conséquences que n'en peut avoir le manque de surveillance dans le rouissage des campagnes. Car, d'une part, les agents chimiques ou la vapeur agissent entièrement sur toute une partie importante, et d'autre part, les lots de lin rouis en plein air, qui ne sont jamais aussi conséquents, ne sont pas complètment perdus pour avoir subi quelques heures en trop l'action des eaux de rouissage.

En France, le rouissage manufacturier s'est borné à quelques établissements où l'on suivait les procédés Schenck, Watt ou Terwangne plus ou moins modifiés, et dans lesquels on semblait souvent en faire un secret inappréciable en défendant l'approche des usines. En Irlande, où le rouissage artificiel est dans toute sa vigueur et où de nombreux essais ont été tentés par les personnes les plus compétentes, ces systèmes quelque peu changés ont prévalu presque partout.

Quoi qu'il en soit, l'industrie en général verrait avec plaisir quelques rouissages manufacturiers en France, sinon dans les environs de Lille où les lins qui sont de première finesse ne pourraient peut-être supporter sans inconvénient l'action trop vive des ingrédients employés ou de l'eau chauffée, du moins dans les contrées où les lins sont très-chargés de gomme comme à Bergues, ou dans celles où le manque d'eau détermine l'emploi de méthodes véritablement empiriques, comme en Picardie.

Mais pour établir avec avantages des manufactures de rouissage il faudrait deux conditions indispensables : je veux parler de l'économie d'installation et de main-d'œuvre, et de l'assurance d'une alimentation suffisante.

L'économie d'installation est nulle pour le rouissage manufacturier, si elle peut être compensée plus tard par les bénéfices réalisés. Les rouissages à la vapeur ou à l'eau chaude sont regardés comme plus onéreux que le rouissage rural, mais le rouissage par voie chimique semble par contre exiger une dépense moindre. Toutefois ce dernier, peu approfondi, et par suite d'un usage incertain, est plus difficile à apprécier.

L'établissement d'une manufacture de ce genre pourrait encore se trouver entravé par le manque d'alimentation. Dans nos contrées françaises où la culture du lin est la plus répandue, le rouissage rural prévaut, et il serait difficile de le supplanter. Lorsqu'il n'a pas pour lui l'appui de l'expérience, il est toujours rejeté par un esprit de routine invétéré.

Quoi qu'il en soit, une des conditions indispensables d'une manufacture de rouissage sera tout d'abord le bon agencement de la manutention (1). Ceci semble, dans le cas que nous examinons, avoir beaucoup plus d'influence que pour toute autre industrie, car on opère sur des masses considérables, et sur une matière qui, lorsqu'elle est mouillée, est certainement d'un maniement difficile.

Pour l'établir, il faudra tout d'abord considérer le choix du lieu, qui sera autant que possible d'un abord facile, puisqu'on doit y opérer sur de grandes masses ; puis le choix de l'eau, qui devra être en même temps abandante et douce. L'usine se composera principalement d'un magasin pour les lins en paille, d'une chambre pour les appareils à rouir, et de deux séchoirs, dont l'un à air libre pour le temps ordinaire, et l'autre à chaud pour la mauvaise saison.

Pour être porté aux hangars-séchoirs, le lin est étendu en couches légères entre deux baguettes en bois, réunies au centre par un fil de métal ou une cheville, et portant un anneau à chaque extrémité.

Lorsque le séchoir est à l'air libre, l'opération est terminée au

---

(1) Dans certaines usines, on fait subir aux lins avant de les mettre en cuve l'opération du *lotissage*, qui consiste à en former plusieurs lots de même sorte, de manière que, quel que soit le procédé employé, l'agent chimique ou l'eau ne s'attaquent qu'à des tiges de même constitution. Ce travail exige toujours une grande connaissance de la matière première.

bout de trois jours. A l'air chaud, elle demande plus de temps ; d'une manière générale, cette opération faite par voie artificielle exige la plus grande attention. On ne peut, sans risquer de nuire à la qualité du lin, dépasser 37 à 38 degrés centigrades. Après le séchage, il faut souvent hangarer le lin un certain temps avant d'effectuer le broyage.

ROUISSAGE AMÉRICAIN A L'EAU CHAUDE.
SYSTÈME SCHENCK.

Ce procédé (importé d'Amérique à Belfast, par MM. Bernard et Cock, ingénieurs français) consiste à faire macérer le lin dans une eau, dont on élève peu à peu la température au moyen de la vapeur, et qu'on maintient quelque temps au même degré.

Les cuves-routoirs où l'on doit placer le lin, d'une contenance de 700 à 1,000 kilogrammes environ, sont en bois cerclé, de forme cylindrique ou ovale, afin de mieux résister à la pression du lin. Elles portent intérieurement deux fonds à claire voie, l'un sur lequel reposent les tiges, l'autre que l'on place au-dessus des bottes lorsqu'elles ont rempli le récipient, et qu'on y maintient au moyen de boulons. Des tuyaux de vapeur, fermés de tous côtés, circulent sous le premier fond, lequel est toujours maintenu à une hauteur convenable.

La température de l'eau n'est au début que de 15 degrés environ, et doit être élevée avec le plus de gradation qu'il est possible, de manière à n'atteindre le chiffre normal qu'au bout d'un certain temps : à ce point on maintient la température au degré où elle est.

Le point de chaleur fixe et le temps que l'on doit mettre pour y arriver sont choses qui ne peuvent être positivement fixées. Schenck indique 90 degrés Farenheit, soit 32,2 centigrades, mais beaucoup d'industriels irlandais l'échelonnent entre les dix degrés du dessous.

Il ne faut en outre que 60 heures de macération si l'on maintient la température indiquée par Schenck, et 8 heures de gradation de chaleur ; il en faut beaucoup plus pour l'un et l'autre cas si la température du bain est moindre. L'expérience a démontré que ces opérations avaient une durée variable suivant les qualités du lin, et sans qu'on pût reconnaître sur les matières premières elles-mêmes la cause probable des manipulations qu'on aurait à leur faire subir.

Voici, d'après M. C. Handoffer, comment s'opère le rouissage dans l'usine de Crière, en Irlande : « Ce travail, dit-il, s'exécute dans des cuves en bois de forme ovale, qui est celle que l'expérience a fait reconnaître comme la plus avantageuse, et à chacune desquelles on a donné, à Crière, 3 m. 60 de longueur, 2 m. 40 de largeur, et 1 m. 65 de hauteur. Ces cuves y sont au nombre de dix-huit, placées sur deux rangs, et il règne entre elles, sur la longueur, un tuyau de fonte de 0 m. 75 de diamètre, qui est mis en communication, par un autre tuyau latéral de 0 m. 10, avec la chaudière à vapeur. Chaque cuve a un double fond, placé à une distance de 0 m. 08 du fond et percé de trous et de fentes étroites. Du tuyau principal de vapeur partent des tubes de 0 m. 05, un pour chaque cuve, qui circulent entre les deux fonds à une distance de 0 m. 38 des parois et se terminent par un tube plus petit, de 0 m. 012, par lequel s'écoulent hors de la cuve les eaux de condensation. Le tube, avant son entrée dans la cuve, porte un robinet qui sert à l'introduction de la vapeur et à en régler l'afflux. Entre les deux rangs de cuves il existe un autre tuyau de fonte de 0 m. 10, d'où partent de même des tubes qui se rendent à chacune des cuves et se terminent à un montant où ils présentent un robinet d'écoulement d'eau. Chaque cuve repose sur une plate-forme en maçonnerie où l'on a ménagé des canaux pour l'écoulement des eaux de rouissage. Les cuves à rouissage sont placées dans un bâtiment particulier, ouvert d'un côté, afin de pouvoir le ventiler abondamment et le garantir contre une prompte destruction qui résulterait de la vapeur et de l'humidité qui y règnent constamment. A ce bâtiment est attaché une salle, appelée *spreading room*, où l'on défait les bottes après le rouissage, pour faire sécher le lin, et où on le fixe entre des lattes de bois, comme on l'explique plus loin.

Le lin, après avoir été pesé de nouveau, afin de pouvoir s'assurer des pertes de poids qui auront lieu plus tard, est introduit dans la cuve, le côté des racines en bas, disposé verticalement et chargé d'un couvercle qu'on assujettit avec des crochets pour empêcher les matières de remonter par suite de la fermentation. On remplit la cuve avec de l'eau froide jusqu'à quelques centimètres au-dessus du lin, mais en évitant de le laisser longtemps dans ce liquide froid, parce que ce séjour retarderait le développement de la fermentation. Aussitôt que la cuve est suffisamment remplie d'eau, on tourne le robinet du tube, afin de faire arriver peu à peu dans la cuve assez de vapeur pour que cette eau atteigne, au bout de 8 heures, une température de 90° Farenheit (32° 2 centigrades), température qui doit être maintenue la même jour et nuit pendant toute la durée de l'opération, et qu'il est facile de conserver, à de faibles différences près, au moyen du robinet régulateur.

Terme moyen, le rouissage est généralement terminé en 66 heures à partir de l'introduction de la vapeur ; mais cette durée dépend de la qualité des eaux et principalement de celle des matières, et on s'assure que le lin est suffisamment roui en prenant quelques tiges de grosseur moyenne dans une des cuves et les rompant. Si la chenevotte se sépare aisément et complètement de la portion filamenteuse sans briser celle-ci, on peut considérer le rouissage comme terminé. On arrête l'afflux de la vapeur quand celle-ci serait encore nécessaire pour maintenir la température à 32° 25 ; on fait écouler l'eau du rouissage, et, pour débarrasser le lin autant qu'il est possible, tant des impuretés que des matières organiques qui ont été dissoutes, on fait arriver pendant quelques heures de l'eau dans la cuve, puis enfin on enlève les bottes de lin.

Le succès et la durée du rouissage dépendent de la qualité des eaux qu'on emploie ; plus celles-ci sont pures et douces, plus la fermentation et le rouissage marchent régulièrement, et il faut éviter, autant qu'il est possible, l'emploi des eaux dures dans cette opération. On a dit aussi que les lins de qualités différentes exigeaient aussi des temps différents pour leur rouissage, et à cet égard le lin fin a besoin d'un rouissage plus prolongé que celui qui est grossier, circonstance dont on doit peut-être rechercher la cause dans la texture plus dense et plus serrée du premier. C'est ainsi que se trouve justifiée l'opération indiquée ci-dessus (1), malgré les frais assez notables qu'elle occasionne, du lotissage des tiges de lin, afin de ne soumettre au rouissage que des lins autant que possible de la même qualité. Toutes simples, du reste, que paraissent ces opérations, elles exigent cependant, pour obtenir de bons résultats, beaucoup d'expérience pour juger du degré de rouissage nécessaire à chaque lin, ainsi que beaucoup de prévoyance et de soins.

Dans la saison favorable, qui dure huit mois, on remplit et on vide chaque jour, à Cr ève, six cuves : ce qui, par semaine, donne trente-six cuves, qui, à trois quintaux métriques de lin sec chacune, donnent cent huit quintaux par semaine, tandis que dans les mois d'hiver on ne traite par jour que quatre cuves, et par semaine vingt-quatre cuves ou soixante-douze quintaux métriques de lin sec.

L'introduction et l'extraction du lin dans les cuves, et en particulier la conduite de celles-ci, exigent la présence d'un homme et d'un jeune garçon. La distribution de la vapeur, le règlement des robinets sont sous la direction du chauffeur de la chaudière à vapeur ; c'est lui qui de temps à autre s'assure, au moyen du thermomètre, de la température dans les cuves, et qui, pour le contrôle du directeur, doit, de trois heures en trois heures, porter

---

(1) Voir la note page 68.

dans un registre particulier la température qu'il a trouvée dans l'eau de chacune des cuves en travail.

Aussitôt que le lin roui a été enlevé des cuves, on le transporte dans le *spreading room* dont il a été question, et là de jeunes filles défont les bottes et étendent les tiges entre deux lattes en bois, longues de 1 m. 75, maintenues ensemble à leurs extrémités par des anneaux et au milieu par une anse de fil de fer, fixée au milieu de l'une d'elles, qui passe par une fente percée dans l'autre, et dans laquelle on insère un coin de bois pour le serrage. Ce travail se fait sur les tables, et à Crième il est exécuté, ainsi que la mise sur table et l'enlèvement, par treize jeunes filles. En cet état le lin est séché en plein air sous des appentis en bois. Les poignées, retenues ainsi vers le milieu de leur longueur entre les lattes, sont séchées sous ces appentis en introduisant les extrémités des lattes dans des entailles pratiquées dans des traverses qui garnissent les appentis où ces lattes sont posées horizontalement, tandis que les tiges se trouvent maintenues verticalement. Un appentis de ce genre a 27 à 30 mètres de longueur et 3 m. 60 de largeur, une hauteur de 3 mètres, et il est partagé dans son milieu par un bâtis portant des traverses à entailles. A Crième, il y a quatre appentis de ce genre qui peuvent contenir le produit de douze cuves et sont placés dans un endroit aéré, à peu de distance des routoirs.

Quand le temps est favorable, le lin est sec au bout d'un à deux jours, et est alors réuni en bottes. Lorsqu'il est humide, et dans les mois d'hiver, le lin ne sèche pas entièrement en plein air, et on est obligé d'en compléter la dessiccation dans des séchoirs. Pour cela, on a établi à Crième, une salle au-dessus de celle de la chaudière à vapeur et dans laquelle on introduit les bottes. Cette chambre ne suffit pas toujours en hiver, et c'est ce qui a déterminé à établir un autre séchoir *(dessiccating room)*, d'après un mode de chauffage à l'air chaud inventé par M. R. Robinson, de Belfast ; mais ce système a paru peu avantageux, et après quelques expériences, il a été abandonné. »

10

Conduit par des hommes expérimentés, le procédé Schenck peut donner de bons résultats. Son inconvénient le plus grave consiste dans l'odeur nauséabonde des cuves-routoirs au moment du point de fermentation, odeur analogue à celle des matières animales en putréfaction. Les ouvriers qui surveillent l'opération ne peuvent s'y soustraire ; à un moment donné, la surface du liquide se couvre en grande partie de flocons fauves, semblables à la levure de bière, que l'on doit enlever périodiquement avec une sorte d'écumoire spéciale. On a tenté de réagir contre cet inconvénient en recouvrant les cuves d'étoffes feutrées, ou en les munissant de vastes cheminées d'appel formant tirage ; on arrive ainsi à affaiblir l'odeur ; mais on ne la fait pas disparaître.

Le procédé Schenck proprement dit a subi déjà plusieurs modifications, entre autres celle qui consiste à arrêter l'opération vers le milieu, à laisser refroidir la paille après l'avoir retirée, et à recommencer ensuite la mise en cuve. Cette manière d'opérer demande plus de temps, mais donne toujours de meilleurs résultats.

M. A. Scrive, de Lille, a aussi perfectionné l'ancien procédé.

Les cuves-routoirs, plus grandes qu'en Irlande, sont munies d'un trop plein. A la fin de l'opération, on régularise alors la température de la masse au moyen de petits filets d'eau tiède s'introduisant dans le faux-fond, au milieu de la hauteur et à la partie supérieure de la cuve. L'écume rousse est enlevée à mesure qu'elle se forme, et un robinet dirigé au niveau du liquide, finit par chasser vers le trop plein celle qui reste en dernier lieu.

Après que le liquide a été évacué, le lin est passé, suivant la méthode indiquée par Watt (voir plus loin) entre quatre rouleaux qui en extraient les parties liquides engagées dans les tissus. Ces rouleaux sont arrosés par de nombreux jets d'eau tombant en pluie entre leurs interstices.

Le lin s'enlève par brassées.

La dessiccation se fait dans un séchoir à courant d'air ou à l'étuve et est alors terminée en 12 heures. — Aussitôt sec, le lin est broyé, puis teillé 2 ou 3 mois après. — Le *Musée Industriel* de Lille possède quelques échantillons de lins rouis d'après la méthode Schenck modifiée par M. A. Scrive.

ROUISSAGE PAR DES AGENTS CHIMIQUES ET PAR LE VIDE.
SYSTÈME D. F. BOWER.

On sait (dit l'auteur de cette note), qu'après que le lin a été arraché et qu'il a séché sur le terrain, que les semences en ont été détachées, on le plonge ordinairement quelques semaines dans l'eau pour le faire rouir, c'est-à-dire pour détacher la matière gommo-résineuse qui agglutine ses fibres. Les tiges, au terme de ce rouissage, sont enlevées, séchées, broyées et sérancées pour en détacher la chenevotte et les autres matières. Or, j'ai remarqué que la matière gommo-résineuse ou autres corps étrangers à la fibre, quoique détachés en partie par l'eau, ne sont pas encore complètement enlevés sur sa fibre, et que, lorsque celle-ci est séchée, une portion adhère encore et s'oppose à un broyage et un sérançage parfaits. Pour remédier à cet inconvénient, je plonge le lin, déjà roui à la manière ordinaire, dans l'eau froide ou chaude ; si l'eau est froide, cette immersion dure six jours ; si elle est chaude, elle est bien moins prolongée ; alors j'enlève les bottes de l'eau et je passe le lin entre deux cylindres qui expriment la matière gommo-résineuse qui peut encore exister à la surface ou entre les fibres. Après cela, j'immerge encore une fois le lin dans l'eau froide ou chaude pendant six jours, et je le soumets de nouveau à la pression en passant les tiges entre les cylindres. Cette opération terminée, le lin est séché, broyé et sérancé à la manière ordinaire, et on trouve qu'il est alors mieux débarrassé des matières gommo-résineuses et étrangères que s'il avait été roui pendant plus longtemps et travaillé par les procédés vulgaires.

Pour les sortes de lin les plus fines, et quand on veut une fibre d'une belle couleur, on plonge le lin dans une solution d'ammoniaque caustique ou sel neutre alcalin. Les sels auxquels je donne la préférence sont : le chlorure de sodium ou sel marin, et le sulfate de soude. La quantité d'alcali ou de sel qu'il faut dissoudre dans une quantité donnée d'eau dépend de la température à laquelle on opère et de la qualité de l'eau employée, ou, en d'autres termes, la proportion d'alcali ou de sel dépend des matières contenues dans l'eau, tels que sels de fer, sels de chaux, etc., et il est impossible d'indiquer des proportions définies pour chaque nature d'eau. Je me bornerai donc à dire que, si l'on se sert d'eau de pluie ordinaire, on ajoute 1 kilogramme d'ammoniaque caustique ou des sels neutres ci-dessus pour 7 hectolitres d'eau.

Avec ces solutions, on peut opérer à des températures entre 30° et 50° centigrades, et l'opération est terminée en trente heures environ. Si l'on se sert d'eau froide, il faut augmenter la quantité d'alcali et de sel ; l'opération dure alors quatre jours. L'addition de ces réactifs aux eaux où l'on plonge les plantes facilite beaucoup le rouissage ; mais, de plus, après avoir été soumises ainsi à l'action des solutions alcalines pendant quelque temps, les fibres sont passées entre les cylindres, ou soumises par quelque autre moyen à la pression, pour en exprimer la matière gommo-résineuse qui est dissoute, procédé qui facilite encore l'opération et lui donne plus d'efficacité.

Un autre procédé pour préparer cette sorte de fibre végétale consiste à opérer dans le vide sur les tiges de lin. Pour cela, on place le lin dans un vase cylindrique ou d'une autre forme impénétrable à l'air, et on y fait le vide à l'aide de pompes ou d'autres moyens. Cela fait, on introduit dans ce vase une solution d'ammoniaque caustique, de chlorure de sodium, de sulfate de soude ou autre sel neutre alcalin, dans la proportion de 1 kilogramme de sel pour 7 hectolitres d'eau, qui doit être chauffée à une température variant de 30° à 50° centigrades. Par l'épuisement de l'air contenu dans le tissu cellulaire des plantes, celles-ci se trouvent placées dans une condition plus favorable à l'action rapide et facile des agents chimiques dont on se sert ; aussi, lorsque cette solution alcaline est introduite dans le vaisseau où l'on a fait le vide, le lin l'absorbe-t-il avec avidité. On l'abandonne à cet état de saturation pendant trois à quatre heures, plus ou moins, suivant les circonstances, après quoi on écoule la liqueur et on fait de nouveau le vide. Cette opération a pour effet d'extraire et de détacher les matières gommo-résineuses et autres qui sont à l'intérieur de la fibre. Après avoir fait ainsi le vide une seconde fois, les matières fibreuses sont enlevées, déposées en tas pour qu'elles refroidissent peu à peu sans fermentation, puis on les étend sur le pré ou sous des hangars, et, lorsqu'elles sont sèches, on les soumet à la brosse ou au séran.

Au lieu d'employer une solution alcaline, je ne me sers souvent que d'eau chaude que je fais arriver dans le vaisseau après qu'on y a fait le vide.

Pour éviter de soumettre à une pression mécanique le lin qui a roui en vase ouvert, comme je l'ai expliqué précédemment, je place souvent le lin, après une immersion suffisante, dans un cylindre ou autre vaisseau, je le soumets à l'action du vide, tant pour extraire les matières gommo-résineuses ou autres de l'intérieur des fibres que pour en exprimer l'humidité superflue.

ROUISSAGE A LA VAPEUR. — SYSTÈME WATT.

Pour opérer d'après ce système, on place le lin dans une cuve fermée, munie à sa partie supérieure d'un récipient en fer constamment alimenté d'eau froide, et vers le bas d'un fond percé de trous à la distance d'un pied l'un de l'autre. Par le faux-fond on fait arriver la vapeur à une faible pression sur les tiges, celle-ci se condense au contact du réfrigérant et s'échappe en pluie par les ouvertures du plancher.

Au sortir de la cuve-routoir, les lins sont ensuite passés entre plusieurs séries de cylindres (wet rolled) qui en extraient environ 80 p. % de matières liquides par la pression qu'ils exercent. On dispose ainsi la fibre à une dessiccation rapide, et à une séparation plus facile de l'enveloppe ligneuse qui l'entoure.

Le procédé Watt n'est plus employé aujourd'hui tel qu'il a été donné par son auteur, mais avec les diverses modifications qu'y a apportées M. Lendbetter. Le principal changement consiste à à opérer sur le lin, non pas avec la vapeur brute, mais avec l'eau chauffée par cette vapeur amenée dans des tuyaux et dont on arrête l'afflux après parfaite macération des tiges.

La paille est alors généralement bouillie pendant seize heures. En somme, le procédé Watt, entendu de cette façon, n'est autre chose que le système Schenck arrêté à un certain point, et auquel on a ajouté l'emploi des cylindres de fer pour broyer les tiges mouillées. En opérant ainsi, on arrive à un résultat plus direct, car il est certain que, dans la méthode primitive, ce n'était pas la vapeur qui amenait la macération des tiges, mais seulement l'eau condensée graduellement qui en séparait les parties solubles (1).

Comme l'opération est arrêtée avant que la fermentation s'établisse, les eaux de macération ne retiennent pas avec elles l'odeur forte qui caractérise l'application de certains procédés, on prétend même qu'elles peuvent avantageusement servir à la nourriture des bestiaux.

Après avoir passé entre les rouleaux, les tiges sont portées au séchoir. M. Lendbetter préconise à cet effet l'emploi d'un plancher formé de divers madriers, et sous lequel passe un tuyau chauffé avec la vapeur perdue de la machine. La circulation de l'air est entretenue au moyen de ventilateurs convenablement disposés.

---

(1) Nous avons vu plus haut que M. Scrive avait aussi appliqué le système des rouleaux Watt (alors arrosés continuellement d'eau) au procédé de Schenck modifié selon ses instructions. La méthode ici décrite de M. Lendbetter en diffère totalement en ce sens que le lin est simplement bouilli et qu'il ne s'établit aucune fermentation dans la cuve.

ROUISSAGE TERWANGNE

(MODE FRANÇAIS PAR FERMENTATION CONTINUE).

Pour bien remplir toutes les conditions de ce mode de rouissage on place le lin dans des cuves en bois, pouvant contenir environ 1,600 à 8,000 hectolitres d'eau, et au fond de laquelle on a ajouté de la craie et du poussier de charbon. Au moyen de la vapeur, on élève graduellement la température jusque 25 à 30 degrés centigrades, et on maintient pendant soixante-douze à quatre-vingts heures le même degré de chaleur.

Les agents chimiques qui se trouvent au fond des cuves ont pour effet d'empêcher la fermentation, qui se développe pendant le rouissage, de passer à l'état putride. Cette manière d'agir permet encore de prolonger l'immersion des tiges dans l'eau sans autant de dangers qu'avec les autres procédés.

Quand la vapeur a cessé son action, on opère plusieurs fois le rinçage des bottes, mais sans les bouger, autant pour entraîner les principes solubles et la matière gommo-résineuse liquéfiée, que pour les débarrasser des matières étrangères qui pourraient s'y trouver mêlées ; puis, on dégorge complètement les cuves.

Le séchage s'opère artificiellement sur 6,000 à 12,000 kilog. à la fois, et de la même manière que nous l'avons indiqué pour les autres procédés. Le mode de chauffage, préféré par l'auteur, est une combinaison spéciale du calorifère Chaussenot.

EXPÉRIENCES SUR LE ROUISSAGE.
ESSAIS DE COTONISATION.

L'action de l'eau froide ou chaude tombant d'une certaine hauteur, celle de la vapeur à diverses pressions, l'enfouissement des tiges, l'arrosage ou la mise en tas des tiges pour les rouir par fermen-

tation, en aidant l'opération au besoin par un ferment, le traitement
des tiges soit à froid, soit à chaud, par la chaux délayée dans l'eau,
l'acide sulfurique, ont été successivement employés en vue du
rouissage du lin. L'acide sulfurique surtout est un des principaux
agents dont on ait fait usage sur le lin pour amener la dissolution
rapide de la matière gommeuse qui l'attache à sa paille. Expérimenté
en grand à l'École Polytechnique, sous la direction de M. Rouchon,
un procédé de ce genre a semblé donner les meilleurs résultats.

La méthode consistait à traiter le lin placé dans un récipient en
bois par une eau acidulée dans la proportion de 1 kilog. d'acide
sulfurique sur 400 litres d'eau. Pour opérer, on plongeait le lin
dans les bains à différentes reprises, en agitant l'eau à chaque
plongée de manière que le mélange se fît intimement. On avait
soin, en agissant ainsi, de baigner entièrement les tiges, afin que
le rouissage pût s'opérer dans toutes leurs parties. Au bout de
quelque temps, les bottes étaient retirées, puis replacées en pile
dans une autre position. Après cinq ou six heures, on opérait un
rinçage général avec de l'eau ordinaire.

Les jours suivants, on continuait les mêmes immersions, jusqu'à
ce que le rouissage fût mené à bonne fin. A ce point, on
arrêtait l'action de l'acide par des bains de lessive alcaline,
abondants et réitérés. Tout était alors terminé. On avait soin,
durant tout le cours des opérations, de remplir les cuves de liqueur
lorsque celle-ci commençait à s'évaporer, et de ne jamais abandonner les tiges incomplètement immergées.

Quoique ce procédé ait semblé donner des résultats satisfaisants,
il nous semble difficile de croire que la dissolution de la pectose
ou gomme puisse avantageusement se faire, lorsqu'elle n'a pas été
amenée par fermentation. Il arrive en effet que la dessiccation que
l'on fait subir à la tige après rouissage ramène cette gomme à son
état primitif, et que si l'opération a été mal conduite, le teillage
ne peut se faire convenablement.

En supposant que ceci ne puisse se dire du procédé Rouchon,

que l'industrie n'a jamais mis en œuvre, nous pourrions l'appliquer au système Bralle (dissolution de savon vert en ébullition), sur lequel nous avons déjà donné quelques détails. Il est certain que, si des hommes de science, comme l'étaient Monge et Tessier, ont reconnu l'excellence de cette méthode, c'est que les soins qu'ils ont apportés à la conduite de l'expérience en ont amené la réussite complète. Mais il est aussi probable que si ces mêmes expériences, faites plus tard par l'industrie, n'ont pu alors réussir, la cause en est due à la moindre attention qu'on était obligé d'accorder au traitement de fortes quantités. Et il est à croire que, si la gomme alors complètement dissoute, au lieu d'être séchée pour retourner à l'état solide avait été, par exemple, forcément extraite sous les rouleaux presseurs du système Watt, cette méthode, excellente en principe, eût pu devenir l'une des plus employées par l'industrie française.

Parmi les procédés dont nous avons parlé, ceux qui ont été avant tout l'objet de recherches spéciales sont ceux de MM. Schenck, Watt et Terwangne. Des expériences qui ont été faites sur le système Schenck, par exemple, il résulte que, sous le rapport de l'hygiène, il n'offre, avec les systèmes actuels de rouissage rural, aucune différence marquée, et qu'au contraire il peut être, ainsi que nous l'avons déjà expliqué, essentiellement malsain. Toutefois, ses eaux constitueraient un engrais de plus grande valeur que celles des routoirs de campagne. Sous le même rapport, il a été constaté que le système Watt n'offre aucun inconvénient, et M. Lendbetter a affirmé avoir utilisé les eaux des cuves pendant toute une année pour la nourriture des animaux. Entre les systèmes Schenck et Terwangne, la différence était très-marquée, la proportion d'hydrogène sulfuré ayant été reconnue, après quatre analyses, de 8,8 en moyenne pour le premier contre 2,3 pour le second, soit environ 4 contre 1. Les eaux du rouissage Terwangne contenaient aussi plus de carbonate de chaux, mais la présence de ce sel était due aux ingrédients employés.

Sous le rapport du prix de revient, les chiffres suivants ont été établis par les inventeurs eux-mêmes : 1° pour le système Schenck un peu plus de 9 livres sterling (soit 230 fr.) par tonne (1,015 kil.) y compris le droit du brevet, loyer, réparations et intérêts de mise de fonds ; 2° pour le système Watt perfectionné, il faut, d'après Lendbetter, 10 livres sterling (250 fr.) par tonne ; 3° pour le système Terwangne, 2,000 fr. pour 100,000 kilogr. Il résulte donc de la comparaison que le coût serait à peu près le même pour les deux premiers procédés et moindre pour le troisième.

Sous le rapport de la valeur industrielle des produits il n'a pas été fort possible d'établir une différence marquée dans les résultats obtenus par les procédés Schenck et Watt. Ainsi, il a été reconnu après expérience que la qualité des produits Watt était supérieure à ce qu'on obtenait en Irlande par le procédé Schenck, mais non à ce qui se faisait en Angleterre et en Écosse ; d'où l'on peut inférer que la quantité des filasses et leur qualité dépend moins du procédé que de la manière dont les opérations sont conduites ou modifiées. C'est ainsi que l'on a obtenu de bons résultats en élevant un peu la température des bains, en appliquant au procédé Schenck la méthode des rouleaux Watt, etc.

Le procédé Terwangne, expérimenté en même temps que celui Schenck, l'a surpassé complètement. Le lin est resté quinze jours dans les routoirs (au lieu de neuf), et après teillage on a constaté une différence de 25 p. % en poids en faveur du procédé Terwangne.

Nous n'entrerons pas dans plus de détails au sujet d'autres expériences sur les mêmes procédés et qui ont toujours amené même conclusion. Nous arrivons de suite aux essais qui ont été faits en vue de supprimer le rouissage et de changer la constitution du lin.

Les premières expériences (1) eurent peu de retentissement,

---

(1) Quoique ces expériences aient un intérêt moins direct pour nos lecteurs, nous n'aurons garde d'en omettre la description, afin de montrer à quel point la question de la transformation du lin a occupé les chimistes, les savants et les industriels.

elles remontent à 1774, elles furent faites par lady Morgan, et furent reprises, l'année suivante, en Suède, par le baron Meiding.

Le comte Berthollet fut le premier qui, en 1799, indiqua la manière d'opérer pour donner au lin et au chanvre les apparences du coton. Voici la note que le célèbre chimiste publia à cette époque dans le *Journal de l'École Polytechnique* : « Lorsque je m'occupais de l'application de l'acide muriatique oxygéné (1) à l'art du blanchiment, je fis des épreuves sur la filasse, et j'en ai aussi parlé dans le tome 1er des *Éléments de teinture*, page 258 : « J'ai essayé de blanchir complètement de la filasse par la méthode que j'ai employée pour les fils, mais, quoique ces filaments doivent par là perdre un peu de leur solidité, ils prennent cependant une si grande disposition à se séparer et à se diviser, qu'ils seraient beaucoup plus difficiles à filer, et qu'ils feraient un fil beaucoup moins solide.

» Depuis lors, différents artistes se sont occupés avec plus ou moins de succès des moyens de tirer de la filasse une matière analogue au coton. Un Héveltien, le comte Clays, à même fait depuis assez longtemps un établissement dans lequel il exécute cette espèce de préparation.

» J'ignore quels sont les procédés qui ont été employés jusqu'à présent, mais je suis parvenu, par le moyen de l'acide muriatique oxygéné, à obtenir une matière plus belle qu'aucune de celles dont la connaissance me soit parvenue.

» Le procédé tout simple que je vais décrire a été excuté dans un laboratoire de l'École Polytechnique, par le comte Gay-Lussac, alors élève de cette école.

» On coupe la filasse en fragments d'environ 0 m. 06 de longueur ; on la recouvre d'eau, dans laquelle on la laisse trois ou quatre jours ; après cela on lui fait subir une ébullition dans l'eau simple,

---

(1) Ce nom avait été donné au chlore par Berthollet qui pensait d'abord que, dans la préparation de cet élément, l'oxygène du broxyde de manganèse oxydait l'acide chlorydrique.

on la lave avec soin, on la lessive, on la passe à l'acide muriatique oxygéné ; quatre immersions dans l'acide muriatique oxygéné et quatre lessives suffisent ordinairement ; on finit par la passer dans un bain d'eau chargée de deux centièmes d'acide sulfurique. Au sortir de ce bain tiède dans lequel on l'a laissée près d'une demi-heure, on la lave avec beaucoup de soin et on la plonge dans une eau chargée de savon ; on l'étend ensuite sans l'exprimer, sur des claies, et on la laisse sécher, sans cependant qu'elle parvienne à une trop forte dessiccation. Toutes ces opérations, depuis la première immersion jusqu'à la dessiccation, n'ont exigé que cinq ou six heures, lorsqu'on agit sur de petites quantités.

» La filasse ainsi préparée a été remise au comte Molard, qui a bien voulu se charger des opérations mécaniques ; il a fait passer la filasse blanchie par un peigne et ensuite par une carde. Il a éprouvé quelques difficultés à raison des nœuds qui étaient parsemés dans la filasse, mais ce savant mécanicien a bien surmonté cet inconvénient.

» J'ai présenté à la classe des sciences physiques et mathématiques de l'Institut, le 6 prairial an VIII, un échantillon de la matière préparée qui égalait le coton par sa blancheur et ses autres qualités apparentes. Cependant le comte Molard a reconnu à la matière cotonneuse d'être trop courte.

» Le comte Bawens a aussi mis en œuvre la matière cotonneuse préparée dans le laboratoire de l'École au moyen de belles machines qu'il possède à sa manufacture de Chaillot. Il n'a pas rencontré de difficultés d'exécution, mais il a également trouvé les filaments trop courts, quoiqu'il en ait fait faire un fil très-fin et et d'une consistance parfaite.

» C'est donc l'inconvénient d'être réduit en filaments trop courts qu'il faut corriger dans la première préparation, et je crois qu'un moyen assuré de le faire est de ne pas achever le blanchiment, mais de s'arrêter à la troisième opération ; s'il en faut quatre pour compléter le blanchiment, alors on l'achèverait sur les fils ou sur le tissu.

» Dans l'opération du blanchiment, il faut éviter les lessives trop fortes, mais il faut les employer bouillantes. Nous nous sommes convaincus que tous les moyens qui diminuent l'odeur de l'acide muriatique oxygéné affaiblissent l'action, de sorte qu'il faut l'employer dans sa pureté et ne chercher à se préserver de l'odeur que par la construction de l'appareil et par le mode de l'application, objets que l'usage a rendu faciles ; il faut même l'employer dans un état de concentration, sinon l'on est obligé de multiplier beaucoup plus les opérations.

» On a terminé le procédé par une immersion dans l'eau chargée de savon, qu'on n'a pas exprimée, pour que les filaments ne contractassent pas trop d'adhésion par la dessiccation, et cédassent facilement à la séparation qui devrait être opérée par la carde ; mais il y a apparence qu'en prévenant une trop forte dessiccation, cet inconvénient qu'on a éprouvé dans le premier essai n'aura pas lieu, et qu'alors on pourra supprimer cette immersion.

» Il est remarquable que, soit qu'on emploie le plus beau lin ou la grossière étoupe du chanvre, on parvienne à des filaments égaux par la finesse et la blancheur.

» Cette indication suffira aux artistes assez habitués aux manipulations chimiques, pour les guider dans le blanchiment, mais je n'ai rien à dire sur les opérations mécaniques du cardage et de la filature, parce que ce n'est pas moi qui les ai exécutées.

» Si je ne me fais pas illusion, cette application du procédé, déjà ancien, peut offrir de grands avantages, puisqu'elle peut changer la filature qui, jusqu'à présent, exige le rouet, en celle beaucoup moins dispendieuse qui s'exécute par le moyen des machines, et qu'elle peut convertir un produit grossier de notre agriculture, même des rebuts (1), tels que ceux des corderies, en une substance précieuse pour les arts.

---

(1) Longtemps les étoupes furent considérées comme rebuts par les filateurs eux-mêmes.

» C'est ce motif qui m'a déterminé à insérer cette notice dans le journal d'un établissement particulièrement consacré à l'utilité publique, quoiqu'elle ne présente rien de nouveau comme objet scientifique. »

Les faits exposés dans cette notice ne font que confirmer l'opinion émise dans notre *Avant-propos*, à savoir que la cotonisation du lin ne pouvait être réellement praticable. Car si, comme le fait observer le comte Berthollet, la matière première, qui n'est pas effilochée lorsqu'elle est soumise à un traitement partiel, doit encore, après filage, subir les opérations du blanchissage, il sera beaucoup plus aisé de la filer par les procédés actuels (qui, eux, sont toujours susceptibles de perfectionnements) pour la blanchir ensuite par la méthode qui semblera préférable. Il est vrai de dire cependant que la véritable filature mécanique n'était pas alors connue. En outre, si les lins fins, comme il le dit, ne changent pas plus dans cette opération que les étoupes de chanvre, les premiers gagneront toujours à être traités par la méthode actuelle sans être soumis à des manipulations qui, même sur une grande échelle, exigeront encore des frais superflus.

Quoi qu'il en soit, les expériences de Berthollet, reprises en Angleterre, en 1851, par le chevalier Claussen, amenèrent la découverte d'un produit soi-disant nouveau, auquel on donna le nom de *flax-coton* ; on crut alors à la solution d'un problème longtemps cherché, mais bientôt en examinant sérieusement le procédé, on put se rendre compte qu'il n'y avait ni avantage économique, ni progrès technique à attendre de l'emploi de la nouvelle matière.

Le procédé consistait :

1° A introduire des tiges de lin sec en paille dans un bain, amené peu à peu à la température de l'ébullition, et composé de 100 parties d'eau contre 2 parties de soude caustique. Le traitement durait environ une heure. Au bout de ce temps, il fallait, par une opération analogue au teillage, séparer la chenevotte.

2° On ajoutait au bain précédent environ 1 pour 500 d'acide sulfurique.

3° Les filaments étaient ensuite coupés en longueur de 3 à 4 centimètres.

4° Ils étaient lavés.

5° La matière était plongée dans un nouveau bain composé de 10 parties de carbonate de soude ordinaire pour 100 parties d'eau.

6° On l'immergeait dans une dissolution composée d'une partie d'acide sulfurique et de 200 parties d'eau.

7° Le lin était finalement blanchi dans un bain d'hypochlorite de magnésie.

Nous trouvons l'appréciation complète de ce procédé dans une lettre adressée à M. Ch. Flandrin, membre du conseil de salubrité de la Seine : « Vous avez bien voulu me faire part des expériences chimiques auxquelles vous vous êtes livré sur les matières textiles, lin et chanvre, dans le but d'en assimiler les fibres à celles du coton, et vous m'avez fait l'honneur de me demander mon avis sur les avantages qu'on pouvait espérer de cette transformation.

» Après examen des échantillons divers que vous m'avez soumis, je n'hésite point à vous déclarer, contrairement à l'opinion de de ceux de vos amis pour lesquels vous avez expérimenté, qu'il n'est pas avantageux de transformer les lins et chanvres en fibres courtes, imitant celles du coton, mais qu'au contraire je n'aperçois là qu'une opération onéreuse, puisque son résultat est d'ammoindrir la quantité et la valeur de la matière première sur laquelle on opère, en privant les lins et chanvres de ce qui fait leur principal mérite, la longueur, la fraîcheur et la force de leurs filaments.

» D'une autre part, le *lin de bonne qualité a toujours plus de valeur que le coton*; puis, *ce serait une erreur de croire*, avec M. Claussen, *que les fibres du lin peuvent acquérir des propriétés en opposition avec leur nature et même leur contexture*. Ainsi que les poils du coton, plats et entourés en forme de huit successifs, seront toujours essentiellement différents et ne pourront jamais être assimilés d'une manière parfaite aux fibres cylindriques du lin, qui conservera toujours sa pesanteur spécifique et n'acquerra jamais la chaleur de la laine ou de la soie.

» L'étude que j'ai faite, à l'exposition de Londres, des produits de M. Claussen, analogues à ceux que vous avez obtenus, m'a convaincu de ce que j'avance. J'ai examiné ces produits sous toutes leurs formes, l'inventeur m'ayant remis une série complète d'échantillons.

» C'est après avoir vu que je suis demeuré convaincu :

» 1° Que pour opérer, avec quelques chances de profit la transformation du lin ou du chanvre en matière imitant celle du coton, il faut agir sur des matières premières de très-petite valeur, telles que lins de mauvaise venue, lins avariés ou déchets de filature, etc.

» 2° Que les fibres et tissus qu'on obtiendra de la nouvelle préparation conserveront toujours leur qualité propre, et qu'ils ne deviendront jamais véritablement coton, laine ou soie.

» 3° Enfin, que les opérations chimiques auxquelles M. Claussen soumet ses matières ne sont pas sans dangers en ce qui concerne l'altération des filaments, ainsi que j'en ai eu la preuve dans les *expériences faites par l'auteur* en ma présence. »

Dix ans après la découverte de Claussen parut un livre qui fut envoyé à toutes les Sociétés scientifiques et industrielles, et qui avait pour titre : *Le Fibrilia*, *substitut pratique du coton*, traduit de l'américain par Hippolyte Wattemare. Vu le peu d'utilité qu'on avait retiré de la découverte du flax-coton, l'apparition du nouveau produit n'émût pas autant l'industrie. L'auteur, Jonathan Knowlès, résume ainsi sa découverte : « L'invention que je réclame est la méthode ci-dessus décrite, ayant pour objet la préparation de la fibre végétale pour l'épluchage, le cardage, le filage et le tissage par les moyens mécaniques actuellement employés pour accomplir les opérations correspondantes sur le coton et la laine : 1° en immergeant ou faisant bouillir la fibre dans une solution alcaline ; 2° en la lavant dans de l'eau ; 3° en l'immergeant dans un mélange

de chlorine de sel, afin de la blanchir et de la diviser simultanément ; 4° en la lavant dans de l'eau et en la séchant, ainsi que
je l'ai expliqué ci-dessus. »

ESSAI DE SUPPRESSION DU ROUISSAGE PAR MM. SIX (1).

Cette invention consiste dans des procédés perfectionnés pour
blanchir :

1° La partie fileuse du lin et du chanvre, mais principalement
le premier, dans toute la longueur première de la plante, et avant
le teillage ;

2° Le lin qui a été seulement en partie teillé et qui conserve
encore une portion de sa chenevotte qu'on n'enlève qu'après le
blanchiment ;

3° Le lin qui a été complètement teillé et réduit à l'état de fibre,
tel qu'on le trouve également dans le commerce, c'est-à-dire
sérancé et peigné en poignées avant la filature.

Pour procéder à ces diverses opérations on emploie différents
systèmes :

1° Le premier de ces systèmes est celui dit continu, qui consiste
à soumettre le lin ou le chanvre en paille, qu'on a déposé dans des
cuves, à toutes les opérations qu'on emploie ordinairement pour
obtenir les divers degrés de blanc, sans les changer de place et
jusqu'à ce que le blanchiment soit complet. Le lin est introduit
dans la cuve sur un faux-fond disposé pour pouvoir être levé par
des cordes et des poulies ou autre moyen mécanique. Ce lin
peut être travaillé dans les cuves, et en être extrait suivant qu'on
le juge convenable ;

2° On applique les procédés de blanchiment au lin qui n'a été
que partiellement dépouillé de sa chenevotte, et, dans ce cas, on

---

(1) Th. Mareau.

laisse 20 centimètres, plus ou moins, de cette chenevotte au pied de la plante, et on complète le broyage après que les matières ont été blanchies. Cette manière d'opérer présente cet avantage qu'on conserve la fibre dans un état plus naturel et plus avantageux. Dans cet état, en effet, les matières forment moins d'étoupes au peignage que celles qui ont été blanchies après avoir été complètement broyées ;

3° On se sert de claies pour blanchir le lin après qu'il a été partiellement ou complètement teillé, ou après avoir été peigné comme dans le numéro 2.

La forme et les dimensions de ces claies varient suivant les cuves dans lesquelles elles doivent opérer. On peut les faire en bois, en métal, ou en toute matière, et elles sont composées d'un assemblage de tringles ou de lattes disposées sous la forme de peignes et placées à une distance de 12 à 15 millimètres entre elles. Les dents des peignes qui composent ces claies ont environ 40 à 50 millimètres de hauteur ; elles sont pointues à leur base et peuvent avoir 12 à 13 millimètres de diamètre. On s'en sert pour pratiquer des vides à travers les couches de lin et empêcher les matières de s'enchevêtrer les unes dans les autres, pour faciliter la filtration des liqueurs employées, et dont le lin doit être parfaitement imprégné et pénétré pour obtenir un blanchiment aussi uniforme que possible. Ces claies servent à déposer le lin en couches uniformes, qui varient en épaisseur, et qu'on place les unes sur les autres dans les cuves jusqu'à ce que celles-ci soient pleines. La pression qui résulte de la superposition se trouve ainsi annulée, attendu que les dents ou les pointes des claies qui sont au fond portent celles qui sont au-dessus d'elles, et ainsi successivement jusqu'aux dernières. Le lin se trouve donc ainsi libre entre les claies, et la pression de celui qui est par dessus n'empêche pas les agents de blanchiment de pénétrer aussi facilement à travers les matières qui sont au fond de la cuve que dans celles placées au-dessus. On peut parvenir au même résultat en employant des claies simples et sans dents, comme celles en osier, en bois, ou en toute autre matière, pourvu qu'on les arrange dans la position indiquée ci-dessus, et ayant soin de placer de petits croisillons en bois entre elles pour empêcher la pression des claies supérieures sur le lin placé sur celles de dessous. Si l'on fait choix de ce dernier genre de claies, il faut avoir l'attention d'introduire, dans le lin qu'on dépose dessus, des baguettes de bois de cinq à six millimètres de diamètre qui facilitent la filtration des liqueurs à travers les matières à blanchir.

Pour opérer, on commence par poser dans les cuves les faux-fonds, qui sont percés de trous, et qu'on place à 15 ou 20 centimètres du fond, et, entre celui-ci et le faux-fond, un tuyau de vapeur pour élever au besoin la température du bain. Quand on opère sur le lin en bottes ou avec sa paille, les bottes sont placées debout sur ce faux-fond ; si le lin est teillé ou peigné en partie ou complètement, on l'étend et on le dispose sur les claies ainsi qu'il a été dit. Alors on introduit les lessives, les liqueurs chlorées, les acides et l'eau, alternativement, dans les cuves à blanchiment en quantités suffisantes pour immerger complètement les matières qu'il s'agit de blanchir. Puis on soutire les liqueurs, après qu'elles ont fait leur effet, par un robinet sur le fond de la cuve.

Il est inutile de décrire les procédés chimiques employés dans ce mode de blanchiment ; ce sont les mêmes que ceux connus et généralement appliqués (1).

NOUVEAUX PROCÉDÉS.

Procédé de rouissage de M. Forgemol. — La nouveauté de ce système consiste surtout dans le dosage de l'agent employé, dans

---

(1) Ces divers procédés auraient besoin d'un sérieux examen ; les résultats obtenus par MM. Six ont été à peu de chose près satisfaisants, mais ne sont que la suite d'expériences spéciales.

le degré de chaleur du premier bain, et dans la courte durée de la préparation.

L'appareil de rouissage n'est autre chose qu'une cuve rectangulaire en fonte, facilement transportable, montée sur un foyer chauffé à la houille. Les dimensions sont de 2 m. 20 en longueur, et 50 cent. en largeur et profondeur. Elle porte un double fond perforé et un couvercle métallique.

On remplit celle-ci d'eau portée à la température de 100 à 120 degrés, à laquelle on ajoute 1 kil. de carbonate de soude par 100 litres. On fait immerger les tiges pendant 15 minutes environ en maintenant le couvercle.

Celles-ci en sont retirées pour passer dans un bain d'eau froide additionné de 1/2 pour 100 d'acide sulfurique qui neutralise l'excès d'alcali et donne de la souplesse aux filaments.

Après un séchage convenable, on peut commencer le broyage.

Procédé de rouissage de M. Mac-Donald Hills. — En principe, ce système n'est autre chose qu'une succession de bains de composition différente et à diverses températures.

Les tiges sont d'abord placées, soit dans un cylindre horizontal à claire-voie et en bois, soit entre deux toiles sans fin tournant lentement dans un bac rectangulaire. Pendant deux ou trois heures, ce réservoir est alternativement rempli, quinze minutes durant, d'eau froide et d'eau chauffée entre 38 et 45 degrés. Le lin est ensuite placé pendant une demi-heure ou une heure dans l'eau de fèves ou de pois concassés qu'on élève à la température d'ébullition. Puis, il est soumis à plusieurs rinçages. Dans tous les cas, le traitement doit cesser dès que la tige présente des indices de fermentation, c'est-à-dire aussitôt qu'elle prend une teinte jaune.

Cette première partie du rouissage est suivie de nouvelles immersions :

1° Dans un bain alcalin formé d'une partie de soude caustique pour deux de chaux convenablement diluées, le tout chauffé graduellement jusqu'au point d'ébullition et maintenu à cette température pendant trois ou quatre heures ;

2° Dans l'eau froide abondamment renouvelée ;

3° Dans une nouvelle solution alcaline plus faible que la précédente ;

4° Enfin, dans un liquide légèrement acide et de composition variable (vinaigre, urine, lait,) suivi d'un dernier lavage à grande eau.

CHAPITRE IV.

Hâlage. — Teillage à la main.

Ici cessent les soins des cultivateurs. Ceux-ci sont remplacés par des hommes spéciaux auxquels on donne le nom d'écoucheurs, et à qui l'on confie deux opérations importantes :

1º Le hâlage, qui a pour objet de donner à la chenevotte la siccité nécessaire pour être détachée du filament ;

2º Le teillage, dont le but est de briser l'axe ligneux de la tige, de le séparer de la fibre proprement dite, en laissant cette dernière aussi intacte que possible.

DIVERS MODES DE HALAGE.

A vrai dire, le hâlage n'est nullement nécessaire pour le teillage du lin. Il est même généralement reconnu que les fibres teillées *à froid* ont toujours sur les autres une supériorité marquée. Aussi cette opération ne se fait plus guère aujourd'hui qu'en Hollande et en Picardie.

Quoi qu'il en soit, le meilleur moyen dont on puisse faire usage pour cette opération est le hâlage naturel, c'est-à-dire l'exposition *au soleil*. On place alors le lin debout et le long d'un mur dans la position la plus exposée à la chaleur, on le laisse toute la journée en ayant soin de le rentrer chaque soir, puis on le replace le jour suivant dans la même position. Ce procédé, qui permet de sécher le lin rapidement et sans nulle crainte d'incendie, pourrait être

employé à l'exclusion de tout autre, si la température, à l'influence
de laquelle il est soumis, ne le rendait impraticable dans un
grand nombre de contrées.

En *Hollande*, on construit généralement, pour hâler le lin un mur
en briques d'environ 2 m. de hauteur, et dont la longueur est proportionnée à l'importance de l'exploitation. Ce mur est partagé de
2 m. en 2 m., au moyen de petits murs latéraux, en cases ouvertes,
entre les parois desquelles on dispose un certain nombre de perches
à une hauteur convenable. Le lin est placé sur ces perches, et
reçoit constamment la fumée de débris de chenevotte que l'on brûle
par dessous. On entretient le feu avec prudence pour que le lin
puisse sécher également dans toutes ses parties.

En *Picardie*, on dispose le lin de la même manière sur un
treillage métallique dans le fourneau des fermes, à 1 m. 50 environ
du foyer. Celui-ci, alimenté aussi avec des débris de chenevotte,
ne doit pas donner une chaleur supérieure à 48 degrés ; au-dessus
de cette température, le lin deviendrait cassant et produirait
beaucoup d'étoupes.

Quoique ce mode de hâlage soit subordonné à la bonne conduite
du feu, il est encore préférable à celui qui consiste à sécher le
lin *dans les fours à pain*. Le lin est alors placé dans le four debout
et les racines en bas, aussitôt que le pain en a été retiré. Il arrive
alors que, grâce à la température élevée à laquelle sont soumises
les fibres, température qui varie entre 80 et 100 degrés, la matière
gommo-résineuse fond le long des tiges et les agglutine plus
fortement. En supposant même la chaleur maintenue à un degré
convenable, l'humidité qui s'échappe du lin sous forme de vapeur,
ne trouvant pas d'issue, retombe sur les fibres et les rend dures
et cassantes.

Mais le meilleur procédé après celui que nous avons indiqué le
premier, est de hâler le lin dans une chambre fermée de tous
cotés, et comprenant dans sa plus grande longueur un certain
nombre de planches superposées à quelque distance les unes des

autres et assez larges pour qu'on puisse y placer une certaine quantité de lin. Les tiges sont rangées debout sur ces siéges, de manière que l'air puisse facilement pénétrer dans leurs intervalles. On place à l'une des extrémités un fourneau dont on a soin de mettre la porte à l'extérieur et on chauffe lentement jusqu'à 25 degrés ; on maintient quelque temps cette température, puis on l'élève graduellement. Le lin est bientôt séché. Grâce à une cheminée d'appel placée du côté opposé, il s'établit une sorte de courant d'air chaud qui agit sur les tiges et en termine rapidement le hâlage.

TEILLAGE A LA MAIN.

Le teillage à la main comprend deux opérations principales :

1° Le *broyage*, dont le but est, en brisant la paille, de forcer celle-ci à se détacher plus facilement, et qu'on remplace souvent par l'opération du *maillage* ou *macquage* ;

2° L'*espadage*, qui sert à enlever les parties de chenevotte que les opérations précédentes y ont laissées, et qu'on appelle encore *raclage*, *écouchage*, *écanguage*, etc.

En Normandie, on emploie le broyage, et l'on se sert pour teiller d'un instrument appelé broie ou broyeuse. Dans le Nord, en Belgique et en Hollande, on se sert de la *macque* ou *maillet*.

De l'avis d'un grand nombre de praticiens, la broie *donne souvent de mauvais résultats*. C'est l'instrument primitif du teillage, auquel on n'a jamais apporté aucun perfectionnement.

Cet instrument se compose de deux planches longues de 2 m. à 2 m. 50 sur une largeur de 60 à 65 cent., retenues ensemble par une lame de tôle formant charnière et pouvant facilement se recouvrir l'une l'autre. La planche inférieure est soutenue aux quatre coins, à 70 cent. du sol, par des pieds solides en bois, de manière à conserver une position stable, et la planche du haut est terminée par un manche dont on a soin d'arrondir les bords pour la plus facile manœuvre de l'appareil. On a creusé sur la seconde planche deux longues mortaises larges de 75 millimèt., correspondant à deux planchettes de même épaisseur scellées au revers du couvercle, et qui s'enfoncent dans les mortaises d'une longueur de 1 décim. au moins. Pour se servir de la broie, on place le lin

Fig. 8. — Broie.

en paille sur la seconde planche et dans le sens de sa largeur, puis on abaisse le couvercle, non d'une manière brusque, ce qui romprait complètement les filaments, mais assez fortement pour broyer les tiges. Ces dernières sont fortement tendues dans les mortaises, et leur paille se brise alors avec facilité.

Néanmoins, et malgré toutes les précautions, on ne réussit jamais à tel point de laisser parfaitement intact le tégument fibreux. On conçoit d'ailleurs que ce procédé doit être défectueux ; le lin n'est pas élastique lorsqu'il est en paille, dès lors les tiges encore rigides et cassantes, ne peuvent toujours supporter la forte tension à laquelle elles sont subitement soumises, et elles se brisent, surtout dans leurs parties les plus ténues, qui sont aussi les plus précieuses.

La *macque* ou *maillet*, employée dans le Nord, en Belgique et en Hollande, est un battoir en bois dur et pesant, de 15 cent. de largeur, 30 de longueur sur une épaisseur de 10, dont la partie inférieure, qui est destinée à frapper directement sur le lin, porte des cannelures plus ou moins fines et peu profondes. Cet appareil, dit *casse-bras*, est muni d'un long manche recourbé qui permet de

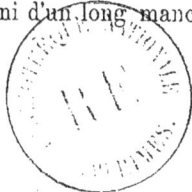

13

le manœuvrer plus facilement. L'ouvrier qui s'en sert, place les tiges sur un sol uni et sec (1), en ayant soin de les maintenir en éventail, puis les retenant par une extrémité avec le pied il frappe sur l'autre bout et sur le milieu rapidement et avec énergie ; lorsqu'il juge que la paille a été bien brisée, il secoue les tiges, et il attaque le bout opposé. Cette méthode est sans danger pour les fibres et donne de bons résultats ; dans tous les cas, c'est la manière la plus convenable de préparer la matière à l'opération suivante qui doit la débarrasser complètement de sa paille.

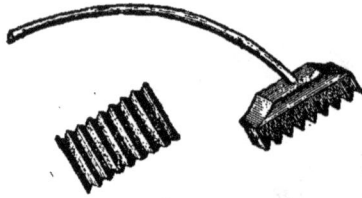

Fig. 9.   Fig. 10.

Macque ou maillet vue de côté et de dessous.

Le macquage est suivi de *l'écanguage*. Cette opération se fait partout de la même manière, mais l'instrument diffère un peu suivant les pays.

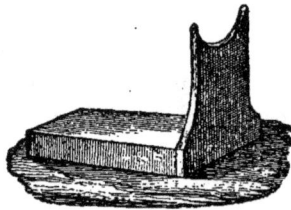

Fig. 11. — Planche à écanguer employée en Picardie.

En Picardie et en Normandie, on se sert d'une planche droite (fig. 11), maintenue verticale par un établi solide fixé à la partie inférieure. Rectiligne à sa base, elle est munie à son sommet d'une échancrure qui occupe toute sa largeur.

L'ouvrier qui veut écanguer le lin en prend dans la main gauche autant que celle-ci peut en contenir, et commence par froisser vivement la poignée de lin pour en dégager la chenevotte et

---

(1) Ce travail se fait ordinairement dans la grange où la récolte a été emmagasinée.

l'assouplir un peu. Puis, plaçant les tiges au travers de l'échancrure, et les tenant fortement d'une main, il promène rapidement sur la partie qui pend au-dehors un instrument spécial en bois dur, et qui a la forme d'un couteau à tranchant émoussé. Il tourne et retourne le lin autant que le besoin s'en fait sentir, et attaque l'autre côté lorsque l'une des extrémités a été bien dégagée.

Dans le pays dont nous parlons, l'écang qu'on appelle encore *écouche* ou *espadon*, est de deux sortes. L'écang simple (fig. 12), peu employé, est une planchette de 20 centimètres environ de largeur sur une longueur double, muni d'un manche court fixé sur l'une de ses faces par des chevilles en bois. L'écang ordinaire (fig. 13), qui est le plus usité, en diffère par l'addition d'une lame mobile et parallèle au manche, retenue du même côté, et qui, lorsque l'ouvrier frappe, double toujours la force du coup.

Fig. 12. — Écang simple.

Fig. 13. — Écang picard.

Dans le Nord, en Belgique, en Hollande, on se sert pour écanguer d'une planche droite et verticale (fig. 14) de 1 m. 40 environ de hauteur, sur 0 m. 33 de large, et 3 à 4 centimètres d'épaisseur ; elle est maintenue solidement à sa base sur une autre planche épaisse et horizontale qui lui sert de patin, et est munie sur le côté, à peu près à 80 centimètres du pied, d'une entaille d'environ 8 centimètres de hauteur sur 15 à 18 de profondeur. Les bords de cette échancrure sont taillés en biseau, afin de donner plus de prise à l'écang. On a souvent soin de tendre horizontalement à la hauteur

Fig. 14. — Planche à espader employée dans le Nord.

des genoux une corde ou une courroie, qui, en même temps qu'elle protége les jambes du travailleur, permet à celui-ci de relever l'écang par son élasticité.

Les écangs employés dans le Nord (fig. 15) sont ordinairement en bois de noyer, d'une épaisseur d'environ 5 millimètres. Ils ont la forme de couperets plats, munis par le haut d'une tête destinée à leur donner de la volée, et dont le manche est retenu sur le côté comme pour l'écang picard. Le poids total de ces instruments ne dépasse pas 500 à 600 grammes.

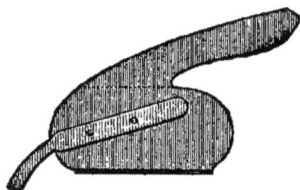

Fig. 15. — Écang flamand.

Lorsque le lin a été dépouillé d'une partie de sa chenevotte, on le passe légèrement sur un peigne en bois doux (fig. 16), afin d'enlever la paille de la tête où elle est toujours plus adhérente ; puis on revient à l'écang, et on peigne ensuite, s'il en est besoin, jusqu'à ce que l'on ait obtenu la souplesse et la propreté convenables.

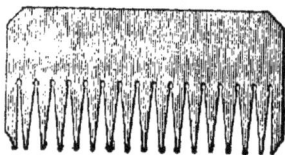

Fig 16. — Peigne en bois pour repasser le lin teillé.

C'est alors que l'ouvrier, revêtu d'un tablier de cuir fort sur lequel il appuie les poignées, promène sur toute la longueur des fibres une sorte de couteau émoussé en bois, qui porte le nom de *racloir* (fig. 17). Ce dernier travail doit être proportionné à la nature du produit, et il est surtout nécessaire pour les filaments fins et forts, auxquels il donne beaucoup plus de valeur.

Fig. 17. — Racloir.

Le prix de revient du teillage à la main avec les instruments dont nous venons de parler est d'environ 35 centimes par kilogramme pour les lins fins, et 25 centimes pour les sortes ordinaires.

Dans les grands centres d'exploitation, l'écang est souvent remplacé (1) par un *moulin à teiller*. L'appareil employé dans nos contrées (fig. 18) se compose de plusieurs lattes en bois, mobiles autour de l'axe d'une manivelle qu'on peut faire tourner à volonté.

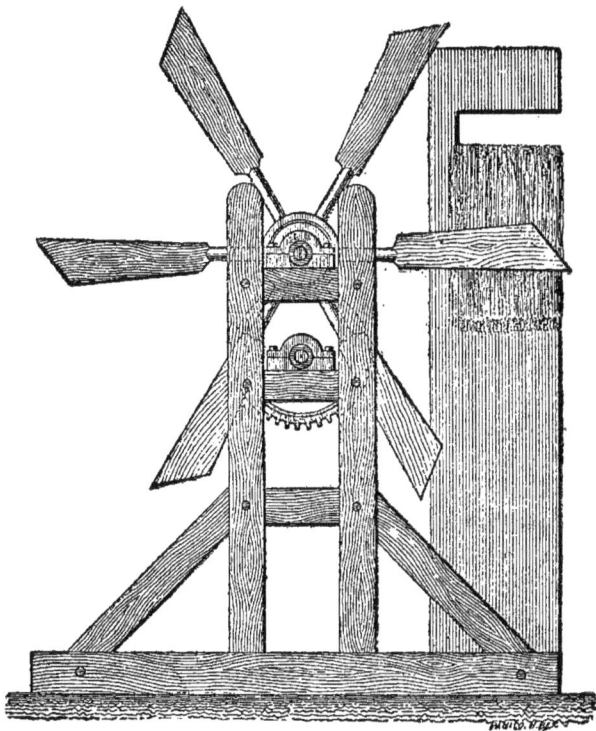

Fig. 18. — Moulin flamand pour le teillage à la main.

Il peut teiller par jour de 10 à 15 kilogrammes de lin, et son prix varie de 30 à 60 francs.

La manœuvre de cette machine exige généralement trois

_____

(1) Cet appareil ne remplace que l'écang seul et ne dispense nullement du maillet, du racloir, etc.

personnes ; l'une, pour donner le mouvement ; la seconde, pour soumettre le lin à l'action des lattes ; la troisième pour préparer les poignées et les recevoir après teillage. On peut, au besoin, employer une quatrième personne pour mettre le lin en bottes.

En Picardie, le maillet est souvent remplacé par un appareil, mû aussi au moyen d'une manivelle, et composé principalement de deux cylindres cannelés en fer tournant l'un sur l'autre. Après avoir engagé le lin entre ces deux rouleaux, l'ouvrier qui manœuvre la machine leur imprime successivement un mouvement en avant et en arrière, et secoue les fibres de temps en temps pour en faire tomber la paille.

En Bretagne, la manière de teiller le lin est encore très-primitive. On se sert à cet effet d'un long et large couteau de bois planté en terre, qu'on appelle *pesceau*. L'ouvrière (1), assise devant l'instrument, et tenant à chaque extrémité la poignée de lin, la frotte vivement contre la partie tranchante par un mouvement de va-et-vient de droite à gauche et de gauche à droite.

De ce système, il résulte :

1° Que les extrémités, tenues dans chacune des mains, ne sont jamais teillées ;

2° Que ce travail brise la fibre lorsque les lins sont bien traités ;

3° Que l'ouvrière recherche les lins peu rouis, afin d'avoir moins de déchet par la suite ;

4° Que les cultivateurs, en vue du traitement, sont portés à ne pas rouir suffisamment leur tiges.

Tous les efforts faits jusqu'ici pour arriver à substituer tous les outils du Nord au pesceau, ont amené un peu d'amélioration dans ces contrées, mais l'ancien mode d'agir survit encore. Chacun sait que les lins de Bretagne pourraient, s'ils étaient bien traités, atteindre la valeur des lins flamands (2).

---

(1) C'est presque toujours la femme qui teille en Bretagne.

(2) Les amendements employés dans ces contrées sont spéciaux au pays. La mer fournit au sol deux engrais de haute importance ; d'abord, une herbe que les habitants appellent *goëmon*, et qu'ils vont recueillir à marée basse ; puis, le *merl*, détritus de coquillages, dont les bancs sans cesse exploités sont reformés de suite par la nature.

En Westphalie, on emploie, au lieu du maillet, le *brisoir alle-mand* (fig. 19), composé d'un rouleau cannelé auquel un ouvrier imprime un mouvement de va-et-vient sur une table qui offre aussi des cannelures. Un second ouvrier qui tient le lin, le retourne de temps en temps et le secoue plusieurs fois, afin que les chenevottes se détachent des tiges.

Fig. 19. — Brisoir allemand.

Nous ne saurions trop le répéter, les cinq instruments usités en Flandre : écang, planche à écanguer, maillet, peigne et racloir, ont toujours été regardés comme donnant les meilleurs résultats (1). L'écang normand ne bat pas assez le lin ; l'écang picard ne permet pas de nettoyer parfaitement les extrémités ; les rouleaux, ou cylindres en fer ou en bois, brisent souvent les tiges, ou, quand ils sont trop faibles, ils nécessitent une double opération, qui exige une double main-d'œuvre et fait perdre bien des filaments ; nous ne

_____

(1) Les outils flamands doivent être employés tels que nous les avons décrits, et sans aucune modification. C'est ainsi que certains ouvriers bretons, appréciant les avantages de l'écang du Nord, mais ne pouvant s'en procurer, construisent eux-mêmes une spatule en bois dont la forme s'en rapproche beaucoup, mais avec la planche supérieure beaucoup plus longue et étroite. Les ouvriers frappent le lin qu'ils laissent pendre au dehors par la cavité d'une planche ayant la forme de notre écangoir ; mais la trop grande épaisseur de la lame de spatule et l'absence de sangle pour relever l'instrument font que les teilleurs frappent toujours à la même place et que les extrémités des lins sont encore mal travaillées.

parlons pas du pesceau, dont l'insuffisance et les mauvais services ne peuvent être mis en doute.

D'une manière générale, le teillage est une des opérations qui déterminent en grande partie la valeur du lin. La preuve en est dans ce fait, que certaines personnes font profession de choisir sur les divers marchés de Belgique et de Hollande les bottes de lin le plus mal travaillées, pour les teiller ensuite elles mêmes et les revendre au tiers et même au double de leur valeur première.

CHAPITRE V.

Teillage mécanique.

Le teillage mecanique est beaucoup plus répandu en France que le rouissage manufacturier, mais il n'y occupe que la seconde place après le teillage à la main.

Dans cet ordre d'idées, le travail manuel et le travail des machines seront deux industries qui pourront marcher de pair, mais non se supplanter. Le teillage mécanique peut donner un travail plus rapide, mais moins régulier, que le travail manuel ; tous les fabricants de lin sont en effet unanimes à affirmer que les matières teillées à la mécanique sont toujours dépréciées (1).

Il est facile d'ailleurs de saisir la cause de l'infériorité des machines à teiller. D'une part, celui qui travaille les lins, et qui généralement connaît à fond ces produits, met pour ainsi dire son travail en rapport avec la qualité de la matière, l'accélère dès le commencement, le ralentit peu à peu, toujours en ménageant les fibres autant qu'il lui est possible. D'autre part, quelque combinaison que l'on emploie dans la construction d'une machine, il sera impossible de la rendre en quelque sorte intelligente, de proportionner le teillage, la force des coups, à la finesse, à la délicatesse des fibres.

Sous ce rapport, les broyeuses proprement dites peuvent rendre

---

(1) Il arrive même souvent que pour donner plus d'apparence aux lins, teillés mécaniquement, on en finit les extrémités au moyen des outils flamands.

plus de services que les teilleuses. C'est qu'il suffit alors de donner aux tiges une simple préparation, de les assouplir sans les briser, et cette opération est sans contredit plus facile que celle qui consiste à débarrasser entièrement le lin de sa chenevotte. Mais aujourd'hui, les broyeuses ne sont employées que dans les grands établissements de teillage

D'une manière générale, on ne fait usage de teilleuses mécaniques que dans les exploitations spéciales, c'est-à-dire dans le cas où l'on veut obtenir un travail rapide et lorsqu'on n'attache pas une trop grande importance au nettoyage parfait du lin. Certains teilleurs à la main ont aussi parfois à leur disposition une machine destinée au teillage des lins très-courts, pour lesquels le travail manuel exigerait un surcroît de fatigue inutile.

Pour qu'un établissement de teillage mécanique fonctionne dans de bonnes conditions et puisse s'assurer l'alimentation nécessaire à son fonctionnement, il nous paraît indispensable qu'il adopte le teillage à façon. C'est là la seule manière non-seulement de procurer aux manufacturiers, mais encore de fournir aux cultivateurs des avantages réels. Ceux-ci pourront, dans ce cas, préférer l'action des machines, car alors ils profiteront de suite des bénéfices qu'ils peuvent réaliser sur leurs pailles en n'ayant à supporter que la main-d'œuvre de teillage ; il a été reconnu en effet qu'un des grands obstacles à l'extension de la culture du lin en France résidait précisément dans les deux opérations du rouissage et du teillage indispensables pour donner au produit son aspect manufacturier (1). On ne peut certainement donner à ces cultivateurs un lin mieux travaillé, mais on peut leur promettre un rendement égal, et même supérieur à celui qu'on obtient à la main, le poids des lots rendus garanti au moins équivalent à celui que donneraient

_____

(1) Voir à la fin de ce chapitre : « Extension de la culture du lin en France par l'amélioration des procédés de rouissage et la propagation du teillage mécanique. »

les ouvriers teilleurs, et enfin un prix de façon aux 100 kilogs plus bas que l'écoucherie à la main.

Un teillage mécanique, établi le plus souvent à la campagne, devrait autant que possible fonctionner par moteur hydraulique. Dans le cas où l'on serait obligé d'employer la vapeur, on pourrait utiliser la paille des chenevottes pour la production de quelques chevaux en plus.

*
* *

L'installation d'un teillage mécanique diffère avec les diverses contrées, non sous le rapport des appareils employés qui varient pour chaque usine et dont nous décrirons plus loin les principaux, mais au point de la distribution générale. Voici du reste la liste des appareils spéciaux que contenait une manufacture de ce genre (1), qui nous a paru réunir les conditions désirables :

1° Une forte *égreneuse* ;

2° Plusieurs *moulins* pour graines ;

3° Deux *broyeuses* ;

4° Une *mailloteuse* à pilons (pour assouplir dans certains cas les pailles et lins forts) ;

5° Plus de vingt *teilleuses* ;

6° Une *secoueuse-étoupeuse* (qui sépare complètement des lins le reste de la paille et du déchet) ;

7° Deux *presses* pour lins en paquets et en balles ;

8° Dix séries de *peignes anglais* pour filasses peignées ;

9° Un ventilateur et quatre aspirateurs de poussière.

*
* *

Les inconvénients extérieurs des teillages mécaniques sont dus surtout à la poussière épaisse produite par les machines, au danger

---

(1) Moulin-Teillage de Pontrieux (Côtes-du-Nord).

continuel des incendies, et à celui qui peut resulter de la position forcée de l'ouvrier teilleur auprès des appareils en marche.

Les rapports généraux des conseils d'hygiène et de salubrité sont brefs à ce sujet. — Ils recommandent tout d'abord, et autant qu'il est possible, l'alimentation continue des machines au moyen d'une toile sans fin, assez longue pour que l'ouvrier ne puisse, en se penchant, atteindre avec ses doigts les premiers cylindres d'entrée. Ils conseillent aussi, pour les appareils de broyage et teillage simultanés, de séparer complètement la partie où se trouve le teilleur de celle où se fait la poussière. Aucun foyer ne devrait non plus exister dans l'atelier de teillage, à cause de la présence continuelle dans l'air des particules inflammables du lin; l'éclairage s'en ferait alors au moyen de lampes placées derrière des châssis dormants. On devrait aussi aérer complètement à l'aide de vastes cheminées d'appel, s'élevant au-dessus des toits voisins, et alimentées par des ouvreaux établis à la partie inférieure, on arriverait de la sorte à ne gêner, ni les voisins, ni la voie publique, tout en débarrassant les ouvriers de la poussière. L'atelier serait dans les meilleures conditions si, en outre, le chauffage s'effectuait à la vapeur, si les machines étaient toujours recouvertes, en même temps que nettoyées et graissées avec soin.

*
* *

Bien que l'industrie du teillage mécanique ne soit pas encore des plus répandues, l'idée en a été émise depuis une époque éloignée. C'est à Milan, en 1784, qu'en est venue la première pensée; il est alors question, dans le troisième volume des *Opuscules choisis* imprimés en cette ville, de remplacer le travail du lin à la main par celui de trois cylindres cannelés mis en mouvement à bras d'hommes. Cette machine ne fut pas adoptée, et ce ne fut que trente-deux ans plus tard qu'un nommé James Lee, manufacturier à Oldbow, près Londres, fit revivre cette question et inventa plusieurs appareils en remplacement de la broie alors employée. A la même époque, MM. Hill et William de Bandy apportèrent à ces machines quelques modifications.

Celles-ci étaient au nombre de deux, la *brisoire* composée de cinq cylindres cannelés auxquels on communiquait un mouvement d'oscillation combiné avec la rotation de leurs axes ; et la *finissoire* composée de trois cylindres à mouvement très-lents , précédés de planchettes à bords rabattus et arrondis, qui se rapprochaient entre elles pour débarrasser le lin de sa chenevotte.

Parmi les machines qui, dans les années suivantes, furent proposées pour le teillage du lin, celle qui sembla réunir les meilleures conditions fut la teilleuse de M. Christian, directeur, en 1830, du Conservatoire des Arts et Métiers à Paris. Des expériences furent faites au Conservatoire durant le cours des années 1817 et 1818, et on obtint comme résultat un maximum de travail inconnu jusqu'à cette époque. Un homme pouvait faire par journée de 12 heures, 20 à 25 kilogs de filasse (1).

La question du teillage mécanique fut abandonnée pour quelque temps, et ce ne fut qu'en 1838 qu'elle fut remise à l'étude sur la proposition d'un prix de la Société d'Encouragement. Aucune des machines proposées ne remplit le programme indiqué. Cependant celle de M. André Delcourt fut prise en considération en vue de sa supériorité sur les teilleuses concurrentes ; elle broyait en 48 minutes 48 kilogr. 1/2 de tiges et donnait 16 kilogr. 750 en filasse sur ce poids. La Société d'Encouragement lui décerna une médaille d'or de deuxième classe.

Depuis cette époque plusieurs brevets ont été demandés pour le broyage et le teillage du lin. Les nouvelles machines réunissent parfois des avantages réels et sont employés dans quelques manufactures et campagnes. Nous en décrirons quelques-unes, nous

---

(1) Voir le mémoire de M. Christian publié en 1818.

attachant principalemént aux types les plus variés. Les broyeuse et teilleuse irlandaises proprement dites, qui ont servi de base à la plupart des inventions nouvelles seront décrites tout d'abord.

BROIE IRLANDAISE PROPREMENT DITE

(ROLLING MACHINE).

Cette machine se compose de cinq paires de cylindres successivement alignés, ayant chacun 18 centimètres de diamètre, et dont les cannelures diminuent graduellement en épaisseur depuis la première paire jusqu'à la dernière. Le mouvement est communiqué aux rouleaux au moyen d'une poulie à courroie, et d'un arbre horizontal muni sur toute sa longueur d'engrenages coniques, correspondant à chacun des axes, et engrénant réciproquement. On peut, à l'aide d'un poids curseur, modifier la pression des cylindres supérieurs, suivant que l'exige la finesse ou la dureté des tiges.

Pour se servir de cette machine on introduit le lin entre les cylindres par petites poignées qu'on étale du côté des racines, en les posant sur une planche en avant des rouleaux. Les poignées sont successivement posées à l'extrémité l'une de l'autre, de façon à leur faire suivre l'entraînement de la première.

Le service de cette machine exige quatre personnes, mais peut souvent se réduire à trois. Les deux premières préparent les poignées, la troisième les engage entre les cylindres et la quatrième les reçoit à la sortie, pour les donner à plusieurs autres dont le travail consiste à les mettre en ordre milieu sur milieu, pour rétablir le parallélisme détruit et les préparer ainsi au teillage.

La moyenne du travail de cet appareil est de 11 à 12 quintaux métriques en 24 heures, 14 p. °/₀ de perte pour les tiges. Ses principaux inconvénients sont d'être très-lourd à conduire et de de ne pas conserver suffisamment le parallélisme des brins.

TEILLEUSE IRLANDAISE PROPREMENT DITE
(SCUTCHING MACHINE).

Cette machine consiste principalement en un arbre sur lequel sont montés dix volants composés d'un moyeu et de cinq rayons équidistants, reliés par un anneau à leur extrémité, le tout en fer. Des batteurs en bois sont assujettis au bout de chaque rayon. Une plaque verticale en fer, parallèle au mouvement du volant, est située sur le côté de la machine et sert à l'ouvrier teilleur pour poser les tiges de lin déjà broyées.

On soumet d'abord la racine, puis la tête, à l'action de ces volants. Deux ouvriers exécutent successivement ce travail ; le premier nettoie grossièrement la fibre, et en extrait des émouchures de mauvaise qualité ; le second termine le teillage commencé, et recueille des étoupes plus belles. Celles-ci sont plus tard débarrassées, au moyen d'une machine batteuse, des débris de chenevotte qui y sont mélangées et que l'on emploie comme combustible.

MACHINE A BROYER DE M. ROBERT PLUMMER
(DE NEWCASTLE)

Cette machine est constituée par cinq cylindres cannelés, dont trois sont disposés dans un plan et deux dans l'autre. Ces cylindres communiquent tous entre eux au moyen de roues d'engrenages, ce qui permet de leur donner une vitesse égale, au moyen d'une courroie sans fin et d'une poulie fixée sur l'axe de l'un d'eux. Le lin est conduit sous le premier cylindre au moyen d'une plate-forme, et, passant trois fois successives au-dessous des autres rouleaux, revient broyé sur une seconde plate-forme qui le guide à la sortie.

Cette broyeuse, des plus simples comme construction, permet

de conserver aux brins un parallélisme suffisant, et exige pour sa marche une force relativement minime.

MACHINE A BROYER ET TEILLER DE M. MAC PHERSON

(D'ÉDIMBOURG).

Cette machine se divise en deux boîtes de dimensions inégales, l'une plus petite qui contient l'appareil à broyer, l'autre qui renferme la machine à teiller.

M. Mac Pherson a appliqué à l'appareil à broyer le principe du *brisoir allemand* (fig. 19), c'est-à-dire une table horizontale cannelée sur laquelle se promène un cylindre également cannelé, et à la machine à teiller le principe du *moulin teilleur flamand* (fig. 18), c'est-à-dire un batteur à rotation.

Pour être travaillé, le lin est d'abord étendu sur la table cannelée, et soumis à l'action du cylindre à mouvement horizontal de va-et-vient. Lorsqu'on juge que la partie ligneuse de la plante a été suffisamment rompue, on soulève le cylindre au moyen d'une pédale destinée à cet effet.

Les poignées de lin sont alors introduites par petites parties entre des pinces qui en laissent dépasser environ la moitié, et sont soumises à l'action de la machine à teiller. Elles sont au bout de quelque temps retirées des pinces pour être retournées, et travaillées sur la partie qui reste à nettoyer. En plein travail de la machine deux pinces fonctionnent en même temps et peuvent être changées facilement l'une après l'autre pour le travail successif du pied et de la tête.

La machine de M. Mac Pherson exige pour sa mise en œuvre une force à peu près égale à la broyeuse irlandaise et supérieure à la machine Plummer, elle donne au teillage des produits peu avantageux. Son grand avantage est de faire beaucoup de travail, car l'inventeur prétend qu'en y ajoutant quatre chevaux, elle peut teiller par jour 900 kilogrammes de lin en paille.

MACHINE A TEILLER DE M. HOFFMANN.

Cette machine se meut dans une caisse ronde en tôle à charnière, à l'intérieur de laquelle on introduit les tiges de lin retenues à l'extérieur entre deux plaques cannelées à écrou. Autour d'un axe sont disposés quatre bras courbes en fonte de la forme d'*S* croisés et garnis chacun de couteaux ratisseurs ; animés d'un mouvement de rotation circulaire continu, ces bras rencontrent une plaque immobile placée près d'eux et portant des couteaux fixes. De la sorte, quand les couteaux mobiles en tournant rencontrent les tiges de lin, ils les poussent dans les couteaux fixes qui les reçoivent à leur tour. Mais comme le lin ne serait pas continuellement soumis à l'action de tous les couteaux mobiles s'il restait engagé entre les couteaux fixes, il est constamment relevé à la surface de ces derniers par une lame unique animée d'un mouvement plus accéléré et en sens inverse.

Cette machine peut teiller de 70 à 80 kilogs de matière par jour suivant la qualité de celle-ci, et la plus ou moins grande facilité qu'elle présente au travail. Elle est simple ou double.

MACHINES DE M. L. TERWANGNE, DE LILLE.

M. Terwangne, inventeur du procédé de rouissage dont nous avons déjà parlé, a trouvé, pour le teillage, deux genres de machines ; une *broie*, dite *rurale demi-teilleuse*, et une *teilleuse* proprement dite.

La *broie rurale* n'est autre chose que la machine Mac Pherson perfectionnée. Le lin est étalé en une couche d'au moins 2 centimètres, et maintenu au moyen de ficelles qui lui conservent le parallélisme (point important), sur une longue table de fonte cannelée. Au moyen d'une manivelle et d'un levier on fait

15

manœuvrer sur cette table un chariot, dont le poids varie de 200, 500 à 1,000 kilogrammes, et qui surmonte deux, quatre ou six rouleaux, s'engrénant exactement avec les cannelures de la table. « Les frictions réitérées, dit l'inventeur, produites par le mouvement de va-et-vient des rouleaux cannelés ont pour effet de donner au lin, aux chanvres et aux filasses une grande divisibilité fibrillaire, beaucoup de moelleux et un grand adoucissement ; elles prédisposent à un bon teillage, rendu d'autant plus facile, que cette broie peut enlever, en cinq minutes, 50 p. % de ligneux sur les 75 p. % ordinairement contenus dans les tiges de lin. On sait que les instruments, tels que cylindres cannelés superposés, voir même le maillet belge, dit casse-bras, etc., n'enlèvent aux tiges de lin que 10 à 12 p. % de leurs chenevottes. Quelques-uns ont l'inconvénient d'en friser les pointes ; d'autres exigent que les racines soient coupées (1) ; tous enchevêtrent plus ou moins les filaments et produisent beaucoup de déchets.

» Une broie rurale peut préparer 60 kilogrammes de lin en paille en 10 heures ; il faut un homme et un enfant pour la desservir. »

La *teilleuse* proprement dite de M. Terwangne diffère tout d'abord du moulin belge par la disposition de la planche où se place le lin, disposition qui permet au volant d'attaquer la poignée plus qu'elle ne l'est ordinairement dans le milieu. Au lieu d'être verticale et à surface plane, cette planche a une forme convexe à sa partie supérieure ; elle est mobile, maintenue à sa base par une charnière, et sa position est réglée par une vis de rappel.

La seconde modification apportée par M. Terwangne, dans cette machine consiste dans la présence d'une courroie posée,

_____

(1) La machine à couper irlandaise (*root cutter*) est une sorte de hache-paille, formé d'un volant en fonte, dont deux des rayons opposés sont munis de couteaux courbes, qui viennent dans leur mouvement de rotation trancher les racines du lin qui leur est présenté à 3 et 4 centimètres en avant.

pendant le travail des batteurs, sur la partie supérieure et sur le milieu des poignées. L'inventeur a pour but d'empêcher les pointes de lin de voltiger, et d'être rompues par les espades : il évite ainsi beaucoup de déchets.

La teilleuse Terwangne est munie de deux volants, dont l'un, armé de brosses, rend le lin plus propre et plus soyeux.

MACHINES DE M. LEVEAU (1).

La nouvelle machine présentée par M. Leveau diffère complètement de celles qui avaient d'abord été établies par ce constructeur. L'appareil primitif se composait essentiellement d'une paire de cylindres cannelés à mouvement lent, suivi d'une paire de cylindres à lames dentées, animés d'une rotation plus rapide, et d'un second mouvement transversal dans le sens de leur axe. Les cylindres antérieurs écrasaient la chenevotte, les seconds achevaient le broyage et opéraient un commencement de nettoyage, complété ensuite à la main ou a la *braye* ordinaire.

Cette machine, par les avantages bien constatés qu'elle présentait sur l'ancienne braye à la main, au triple point de vue de la diminution de la main-d'œuvre et de la suppression de la fatigue des ouvriers, de la rapidité du travail, et enfin du rendement obtenu, résolvait le problème du teillage mécanique et pratiquement agricole du chanvre (2) ; aussi avait-elle mérité l'approbation de toutes les personnes qui s'intéressent à cette industrie. Produite au concours régional de 1865, elle avait été jugée digne d'une médaille d'or grand module.

Cédée à un habile constructeur de machines agricoles, M. Pinet, d'Abilly, la broyeuse mécanique avait reçu des perfectionnements destinés à améliorer les modes de transmission, mais non le principe de l'invention.

---

(1) *Moniteur des tissus*, d'après un rapport de M. Ponton d'Amécourt.
(2) Ou du lin.

Aujourd'hui, M. Leveàu présente une nouvelle machine qui se distingue par la simplicité et la solidité ; elle ne renferme aucun organe délicat ; ce qui est très-important pour un outil agricole confié le plus souvent à des gens peu soigneux ; quatre paires de cannelés en fonte sont animés d'une vitesse successivement ralentie de la première à la dernière ; cette variation de mouvement s'obtient à l'aide de roues d'engrenages qui commandent directement les cylindres ; les dents sont au nombre de 28 pour la première paire, de 30 pour la seconde, de 31 et 32 pour les deux autres.

La poignée du chanvre (1), étendue sur la tablette placée à l'une des extrémités de la machine et présentée par le pied, est saisie par la première paire des cannelés et traverse la machine en une demi-minute à peine ; lorsqu'elle sort des derniers cylindres, la chenevotte est complètement broyée ; toutefois, des débris de l'enveloppe corticale se trouvent encore retenus au milieu des filaments, et un nettoyage supplémentaire doit s'effectuer sur une seconde machine composée d'un batteur à tambour plein.

Les *redans* de cet organe sont à angle légèrement ouvert et le contre-batteur est très-étroit, de façon à secouer le chanvre sans qu'il puisse s'enrouler autour du tambour.

Le service immédiat de deux machines exige trois personnes : la première pour placer le chanvre sur la tablette ; la seconde pour recevoir les poignées au sortir des cylindres ; la troisième pour les passer au nettoyage. Une femme ou un enfant est, en outre, nécessaire pour apporter les poignées.

MACHINES DE MM. DELPORTE ET GUÉRANGER (2).

Deux paires de cannelés saisissent le chanvre (3) et le broyent ; à la suite de ces cylindres, un autre d'un diamètre beaucoup plus

---

(1) Ou du lin.
(2) Ces machines sont très-bien applicables au travail du lin.
(3) Ou le lin.

grand, et formé de lames lisses, tourne sans plus de vitesse que les cannelés ; au-dessus, des lames de même longueur, disposées comme celles qui forment la mâchoire mobile de la braye à main, sont réunies à leurs extrémités ; ces lames, reliées par deux tiges verticales parallèles à un arbre horizontal coudé aux deux points d'attache, reçoivent ainsi un mouvement alternatif vertical, et s'engagent, à la descente, entre les lames opposées du cylindre inférieur. Il y a donc là un effet analogue à celui de l'ancienne braye rurale, avec cette différence que dans celle-ci l'angle de pénétration est de plus en plus petit, tandis que dans la machine Delporte et Guéranger, les lames se croisent parallèlement à leur longueur.

Au sortir de la broyeuse, la chenevotte brisée se trouve nettoyée dans un second appareil comparable aux batteurs. La poignée est passée plusieurs fois entre un tambour mû par la première machine et un contre-batteur très-étroit, dont l'écartement va en diminuant d'une extrémité à l'autre, afin de graduer l'énergie du nettoyage.

Il faut trois personnes pour servir cette broyeuse, et une femme ou un enfant pour préparer les poignées.

TEILLEUSES MERTENS PERFECTIONNÉES PAR M. LEURS (1).

(DE BRUXELLES).

Il y a deux genres de teilleuses Mertens :
1° La machine automatique double ;
2° La machine simple (2).

L'une et l'autre teilleuses se composent principalement de deux plateaux en fonte placés dans une position verticale et munis d'un

(1) Exposition universelle de 1867 — Groupe VI — classe 5e — section belge.
(2) Le dessin des deux machines Mertens perfectionnées se trouve dans le N° du 23 Novembre 1867 du journal *la Propagation industrielle*, qui a cessé aujourd'hui de paraître.

certain nombre de lames en fer disposées convenablement à leur surface. On leur imprime un mouvement de rotation en sens contraire. Les lames qni y sont fixées commencent d'abord par s'effleurer, puis se croisant rapidement, passent ensuite les unes au-dessus des autres ; de sorte que si l'on engage une tige de lin dans leurs intervalles, celle-ci se trouve alternativement froissée, courbée et tirée par ces lames, qui, de la sorte, la dépouillent complètement de sa chenevotte.

Dans la première machine, deux caisses, placées à la suite l'une de l'autre, renferment chacune un système de plateaux tel que nous venons de le décrire. Le lin est engagé dans ces caisses par deux tabliers sans fin, formés de lattes transversales articulées, et animées d'un mouvement de rotation perpendiculaire et continu. Entraînées par les tabliers, les tiges sont constamment frottées entre les lames, assez doucement pour que leurs fibres ne soient pas mêlées.

Au sortir de la première caisse, le lin n'est teillé que sur la moitié de sa longueur. L'autre extrémité est travaillée dans la seconde caisse, par un même système, placé du côté opposé.

Le service de cette machine, qui a 9 m. de longueur environ, demande deux personnes, l'une qui dispose le lin brut à l'une des extrémités, l'autre qui le reçoit lorsqu'il est teillé. Le travail s'y faisant automatiquement, des enfants peuvent être chargés de la manœuvre.

Elle peut teiller en une journée 2,000 kilogs de filasse, correspondant à un rendement qui n'est pas moindre de 400 à 500 kil. de lin teillé.

Comme nous l'avons dit, il existe une autre teilleuse Mertens, dite *machine simple*, fondée sur le même principe. Elle ne contient qu'une série de plateaux, et on y a supprimé les tabliers sans fin.

En outre, la disposition de cette machine permet de ne broyer les tiges que par degrés, c'est-à-dire en commençant par une extrémité pour arriver lentement jusqu'au bout opposé. Pour cela, on place les tiges entre deux plaques cannelées, formant mâchoire, revêtues de peau pour éviter les coupures et dont l'une est en bois, l'autre en fonte. On place cette mâchoire dans un guide oblique dont l'extrémité supérieure, munie d'un rouleau, est fort éloignée des lames, et on la force à descendre lentement, grâce au jeu d'une courroie mue par ce rouleau. La vitesse de descente de la mâchoire est proportionnelle à la vitesse de rotation des plateaux qui est en moyenne de 160 révolutions par minute, mais cependant beaucoup plus faible. Quand toute la partie située en dehors de la pince a été teillée, on retourne les tiges pour les travailler de l'autre côté ; on remonte alors la mâchoire au moyen d'une manivelle qui fait agir en sens inverse le rouleau qui guide la courroie.

Le rendement de cette petite machine est de moitié celui de la grande et son service réclame quatre personnes.

MACHINE A BROYER ET TEILLER DE MM. SITGER ET Cie [1]

(DU MANS)

Cette machine se compose :

1° D'une tablette en bois sur laquelle on dépose la matière à travailler ;

2° A cette tablette font suite deux cylindres cannelés en fonte, dit *broyeurs*, tournant en sens inverse au moyen d'un embrayage à griffes.

3° Les broyeurs sont suivis de deux cylindres à lames de fer, dits *teilleurs ;*

L'ouvrier présente le lin par la pointe. — Les tiges entrent dans la machine jusqu'à ce que les racines soient amenées par les

---

[1] Exposition universelle de 1867 — Groupe VIII — section de France.

cylindres teilleurs. A ce moment, à l'aide d'un débrayage, on change le mouvement des cannelés broyeurs et la poignée revient sur elle-même complètement teillée dans les trois quarts de son étendue. — On recommence l'opération par le pied. En un mot, le broyage et le teillage se font simultanément et le travail mécanique rappelle le travail qui se fait à la main avec la broie ordinaire.

La teilleuse Sitger présente une manœuvre facile et sans danger, et une solidité à toute épreuve résultant de la simplicité des organes. Elle se manœuvre souvent par un manége à 2 chevaux, exige un homme et deux aides pour apporter et ployer le lin, et peut teiller à l'heure suivant leur longueur de 120 à 180 poignées.

MACHINE DITE AMÉRICAINE DE M. COLLYER [1]

(DE LILLE).

Les tiges passent entre un tambour cannelé et des rouleaux également cannelés, groupées systématiquement autour des premiers. Ceux-ci sont montés dans un châssis qui oscille sans cesse, de manière à leur imprimer un mouvement rotatif de va-et-vient. La vitesse du tambour est à celle des petits cylindres dans le rapport de 1 à 5, ce qui permet d'effectuer plus efficacement le broyage et l'assouplissage, sans nuire à la qualité des fibres. L'alimentation se fait par une toile sans fin et deux cylindres de pression.

La machine Collyer, pouvant marcher à bras, broie régulièrement de 40 à 50 kilogs de lin en paille par heure.

---

[1] Cette machine a été couronnée au concours International de Lille en 1870. Elle est brevetée en Russie, France, Autriche, Grande-Bretagne et Irlande, Belgique, Italie, Amérique et Indes Orientales.

La machine destinée à marcher par la vapeur (1/2 cheval de force) peut broyer 130 à 150 kilogs de lin par heure.

Ces appareils fonctionnent déjà en Russie, Autriche, Belgique et Italie. Ils sont construits à Lille par M. Poillon.

MACHINES LES PLUS NOUVELLES.

Teilleuse Landry. — Se compose de trois parties. Tout d'abord, une paire de cylindres horizontaux à cannelures serrées ; puis une seconde paire à cannelures plus larges ; et en troisième lieu, un cylindre à claire-voie. Chacun de ces appareils accomplit alors successivement le broyage, le teillage proprement dit et l'assouplissage. Le service exige trois manœuvres, qui peuvent teiller 15 à 20 kilogs par heure.

Teilleuse Cusson. — Est composée de trois cylindres cannelés, disposés dans des plans différents, de façon à broyer et à assouplir le lin par les infléchissements qu'on lui fait subir. Les tiges passent de là sur des grilles circulaires où un batteur en détache les parties corticales.

Teilleuse Moreau-Beauvillain. — Cette machine est toute en fer. Les couteaux et le *mâcheur* qui forment la broie ont l'aspect de crémaillères à dents très-arrondies ; au lieu d'appuyer avec effort, l'ouvrier teilleur n'a qu'à les soulever et les laisser retomber sur les tiges (1).

DU TEILLAGE SANS ROUISSAGE.

On a fait quelques essais pour teiller directement le lin après sa récolte, et sans le faire passer par les diverses opérations du rouissage, mais nul n'est arrivé à un résultat satisfaisant.

---

(1) Nous avons dû nous borner, dans cette description de teilleuses, description que nous savons encore très-incomplète, mais qui finirait par devenir fastidieuse.

M. Laforest, est le premier qui ait eu cette pensée. Les dernières tentatives ont été faites par MM. Léoni et Coblentz, propriétaires de l'usine de Vaugenlieu, dont les machines étaient exposées en 1867, à Paris. Ceux-ci faisaient d'abord sécher fortement le lin à l'étuve, puis ils en soumettaient ensuite les tiges à l'action de deux fortes broyeuses. Les filaments étaient ensuite teillés sous l'action d'un tambour en tôle, faisant 250 tours par minute, et dont les surfaces étaient munies de lames de diverses formes et dirigées en divers sens, de manière à produire un triage, un peignage et une division de fibres.

APPENDICE.

Extension de la culture du lin en France par l'amélioration des procédés de rouissage et la propagation du teillage mécanique.

Cette idée se trouve développée dans la réponse de la Chambre de commerce de Lille au questionnaire de l'enquête parlementaire de 1870 ; nous la reproduisons en entier :

Quels moyens pourront être employés pour encourager le développement de la culture du lin ?

» La filature n'emploie que le lin teillé. Il ne suffit donc pas que le cultivateur prépare bien la terre, sème et arrache son lin pour le vendre, il faut encore le rouir et le teiller. C'est là une opération industrielle que pratique en Belgique, en Hollande et dans le nord de la France, un intermédiaire qu'on appelle *fabricant de lin*. Mais dans les centres où cet intermédiaire entre le cultivateur et le filateur, c'est-à-dire le fabricant teilleur, n'existe pas, le lin doit être expédié en paille dans les lieux de rouissage et de teillage. Les fabricants de lin des bords de la Lys en achètent ainsi beaucoup ; mais ils ne peuvent acheter que les qualités supérieures, attendu que 100 kilog. de lin en paille ne produisent que 15 à 22 p. % de lin teillé et que le transport porte ainsi pour les 4/5 sur une matière sans valeur. C'est là le *grand obstacle à l'extension de la culture du lin*. La France est propre à cultiver le lin dans les trois quarts de son étendue. Elle en a produit, alors que c'était une culture domestique, que le paysan filait et tissait lui-même son lin comme cela se pratique encore exceptionnellement dans quelques départements. Mais le fil mécanique se substitue partout au fil à la main à cause de son bon marché, et cette occupation domestique n'a plus sa raison d'être. Il faut donc, pour produire le lin avec profit, en faire une culture *industrielle*, et pour cela il est nécessaire que le teillage mécanique vienne s'installer au centre d'une contrée pour donner au fermier un débouché affranchi des frais ruineux de transport. Il faudrait donc, pour étendre la culture du lin en dehors des départements où il se fabrique industriellement depuis des siècles, étendre en même temps le rouissage et le teillage. C'est ce qu'on a fait en Irlande. Mais c'est là une entreprise industrielle que la Grande-Bretagne, ce pays d'initiative particulière s'il en est, n'a pu cependant mener à bonne fin qu'avec le concours très-large de l'État. Nous croyons, à plus forte raison, qu'il doit en être de même en France. C'est la subvention gouvernementale, distribuée avec le concours et sous la surveillance de l'industrie, qui en quarante années a porté la culture du lin en Irlande où elle n'existait pas, à 260,000 acres (L'acre vaut 42 ares). On pourrait espérer atteindre le même succès en France, si la filature prospère, car il n'y a pas de culture possible si elle ne s'appuie sur une industrie solidement assise.

» Loin d'encourager l'extension de la culture du lin, l'administration semble prendre à tâche de la décourager par des exigences nouvelles. En Bretagne, en Normandie, dans les Basses-Pyrénées, on se plaint des obstacles qu'apportent les Préfets au rouissage du lin dans l'eau. Si la France peut lutter contre les lins russes, c'est en améliorant le rouissage, c'est en faisant des lins supérieurs. Or, les lins rouis dans l'eau ont une supériorité marquée sur les lins rouis sur terre, ils se vendent plus cher, et c'est aller à l'encontre des intérêts de l'agriculture et de l'industrie linière que de mettre des obstacles à une opération dont des expériences multiples ont démontré l'innocuité au point de vue de la salubrité (1). »

_____

(1) Archives de la Chambre de commerce de Lille — 1870-72.

CHAPITRE VI.

De la classification des Lins et de leur mode d'achat dans les pays d'origine (1).

La provenance des lins, les localités d'où on les tire, et la nature même des terrains où ils sont cultivés, sont choses à considérer pour faire un bon classement. Les quantités de long brin et d'étoupes sont très-variables à cause de ces influences, et par suite la valeur de la matière première est plus ou moins élevée.

La force, la grosseur, la finesse et la longueur de chacun des types doit attirer l'attention, car, de là dépend en grande partie le *rendement*. Dans chacun des pays liniers, l'influence des climats, les soins de la culture, les rouissages, contribuent d'une manière sensible à rendre les fibres plus ou moins fortes, plus ou moins cassantes, plus ou moins longues, souples et déliées.

D'où il suit que, dans la même contrée, les variations de température pendant l'époque où s'opère la croissance et la mâturité des lins, peuvent être la cause de différences notables dans les produits (2). Il s'ensuit aussi que la qualité varie suivant le plus

---

(1) Le commerçant achète habituellement aux 100 kilogs, mais dans les campagnes il n'en est pas ainsi. Le vendeur transporte ses lins aux lieu et jour indiqués pour la livraison. On compte les bottes après les avoir déballées, et on paie avant d'enlever.

Pour s'assurer du poids livré on pèse toujours quelques bottes d'avance. Nous avons indiqué dans ce chapitre la teneur de ces poids, qui varient avec chaque contrée.

(2) Dans un lot un peu important de lins de même provenance, on trouvera toujours différentes qualités. Le premier soin sera de faire de ces diverses parties autant de lots, qui serviront à la confection de fils de différents numéros. Seul, un bon connaisseur de la matière première pourra faire ce classement avec avantage, et sous la surveillance spéciale

ou moins d'intelligence avec laquelle on dirige les diverses préparations qui suivent la récolte, c'est-à-dire le hâlage, le rouissage
et le teillage.

Pour notre part, vu la difficulté d'une bonne classification, nous
avons, autant que possible, suivi les données les plus répandues,
nous guidant en ceci sur notre propre expérience en même temps
que sur la moyenne des observations que nous avons recueillies.

Après les lins français, que nous examinerons tout d'abord, à
cause de leur importance pour nous, nous étudierons les lins
exotiques dans leurs principaux genres.

LINS FRANÇAIS.

On désigne sous le nom de *lins de Bergues* ceux que l'on récolte
dans tout l'arrondissement de Dunkerque dont Bergues est le
marché régulateur. On reconnaît à la couleur généralement gris-
foncé de ces lins qu'ils ont été rouis à l'eau stagnante ; ils ont
aussi toutes les qualités des matières traitées par cette méthode :
souplesse, force et élasticité. Le mode de séchage que l'on emploie
(étalage sur pré) développe beaucoup en eux ce que nous avons
appelé la graisse du lin. Cette matière, souvent même trop abondante, jointe à une grande quantité de substance gommeuse, ne
laisse pas d'être gênante dans la filature mécanique ; elle s'attache
souvent aux rouleaux de préparation surtout à ceux qui sont de

---

du directeur qui ne saurait y apporter trop d'attention. Dans les usines de peu d'importance,
ce soin est confié au contre-maître de peignage, mais dans les grandes manufactures, il est
bon autant que possible qu'un homme spécial soit chargé de ce travail. Prenons exemple
sur un grand nombre de filatures anglaises dans lesquelles *l'assortisseur* est regardé comme
celui qui peut faire la perte ou le bénéfice.

C'est après ce classement seul que l'on doit livrer le lin au peignage. Néanmoins, comme
il arrive souvent que malgré tous les soins que l'on peut apporter dans le choix des qualités,
le peigneur trouve encore dans son lot plusieurs parties différentes, celui-ci doit mettre à
part ces autres lins. Après le peignage, *l'assortisseur fait encore un second classement*, les
matières pouvant présenter sous ce rapport d'autres qualités qu'auparavant.

bois ou recouverts de cuir, les rend collants et cause parfois des arrêts. Pour cette raison, il faut, lorsqu'on emploie ces lins sur les métiers à filer à eau chaude, élever la température à un très-haut degré pour aider à la dissolution de la pectose, car, sans cette précaution, les fibres ne pourraient jamais que glisser avec peine les unes sur les autres. Ceci serait sans doute inutile si on parvenait à traiter ces lins par une méthode manufacturière de rouissage, telle que le système Terwangne par exemple.

Le lin de Bergues proprement dit convient au peignage mieux que tout autre lin, il donne de bonnes étoupes. Il se vend, dans les pays, par bottes de 1 kilog. 500, en sous français.

Les variétés de Bergues les plus estimées sont désignées sous le nom de *lins d'Hondschoote*; viennent ensuite les *lins d'Arnèke*, dont les têtes laissent souvent à désirer, puis les *lins de Cassel*, toujours assez mal travaillés. Ces lins se vendent par bottes de 45 onces 1/2, soit 1 kilog. 422 gr.

On désigne encore sous le nom de *lins d'Estaires* une sorte de lins communs, rouis à la manière de Bergues, et toujours bottelés *en dames*. Ils se vend par bottes de 1 kil 1/2.

Les *lins d'Hazebrouck* rentrent dans la même catégorie, et se vendent au même poids. Ils se rapprochent assez des lins de Cassel.

Les *lins d'Audruyck*, rouis de la même manière, sont beaucoup plus forts, mais moins bien travaillés. Les *lins de Bourbourg* sont à peu près du même genre et se vendent par bottes de 1 kil. 1/2.

Tous ces lins sont *rouis à l'eau stagnante*.

Parmi les lins *rouis sur terre*, et de vente courante dans le département du Nord, nous pouvons citer :

Tout d'abord, les *lins* dits *de pays*, rouis sur terre dans les environs de Lille (Lambersart, Sainghin) et jusque Orchies et Cysoing.

Les *lins d'Ardres* (près Audruyck), généralement d'assez mauvaise qualité, se vendant par bottes de 1 kil. 1/2.

Les *lins d'Harnes* (Pas-de-Calais), très-forts, mal travaillés à la tête, se vendant par bottes de 46 onces (1 kil. 437).

Enfin, *les lins* de *Leforest* et *Raimbeaucourt*, très-fins et très-bien travaillés, se vendant par bottes de 1 kil. 422.

Les lins les plus fins et les plus estimés dans le Nord sont *rouis à l'eau courante.*

Dans ce genre, les principaux sont les *lins de la Lys* et *de Courtrai*, dont la couleur varie du gris verdâtre au blanc jaunâtre. Dans ce dernier cas, ils sont très-estimés et recherchés des filateurs pour la fabrication des fils les plus fins et de qualité supérieure. Leur nom leur vient de ce que leur rouissage s'opère le long de la Lys, depuis Warneton jusqu'un peu au-delà du territoire belge.

Sur la rive étrangère, les lins de Courtrai se vendent par *pierre* de 1 kil. 422. et en *couronnes belges*. La couronne belge vaut 0 fr. 14146.

Sur la rive française, les lins de la Lys se vendent au même poids, mais en *couronnes françaises* ou en *livres tournois*. La couronne française équivaut à 0 fr. 144375, et la livre tournois qui en est le tiers représente 0 fr. 048125.

On peut encore classer parmi nos lins rouis à l'eau courante :

Les *lins de Festubert* (P.-de-C.), jaunâtres et de qualité supérieure, employés en filterie à cause de leur belle nuance, et se vendant par bottes de 1 kil. 550.

Les *lins de Flines*, généralement blancs et très-beaux, bien recherchés et par suite d'un prix élevé. On les emploie beaucoup dans la filterie supérieure en mélange avec les lins verts de la Lys. Ils se vendent par bottes de 1 kil. 422.

Les *lins de Wavrin*, de même couleur, mais moins réguliers. Ces lins sont assez forts et recherchés pour la fabrication des chaînes de qualité supérieure. Certaines qualités de Wavrin se rapprochent beaucoup des beaux lins de Courtrai. Ils se vendent par bottes de 1 kil. 422.

Les *lins de Moy* (Aisne), qui n'ont plus la même valeur qu'autrefois, mais qui sont encore bien recherchés. Les plus fins sont employés pour la fabrication des fils supérieurs, ceux de

très-tendres, pailleux, un peu secs et cassants, et surtout très-divisibles. Ils sont excellents pour trames et demi-chaînes. Employés en petite quantité, ils donnent au fil une certaine rondeur qui les fait rechercher des fabricants de toile cretonne.

On fait une différence dans le pays entre le lin en doux qui est arraché avant la complète mâturité de la plante, et le lin ordinaire. Le lin en doux est toujours de meilleure qualité, mais on en trouve assez difficilement de grands assortiments.

Les lins de Caux se vendent en francs et centimes par 108 kil.

Les *lins de Coutances* sont blanchâtres, assez forts, et généralement peu abondants. Ils sont toujours très-mal travaillés à la tête.

En Picardie, on peut classer les lins en trois catégories: les lins du Vimeux, les lins d'Eu et les lins picards proprement dits.

Les *lins du Vimeux* sont les meilleurs, ils sont toujours bottelés en dames et se vendent par pierre de 1 kil. 550. Les *lins d'Eu* rentrent à peu près dans le même genre, ils ont même bottelage et même poids. Les *lins picards proprement dits*, rouis aux environs d'Albert, Doullens, etc., sont d'un travail beaucoup plus mauvais, ils sont pierrés soit en dame, soit en tête, et se vendent en sous français par bottes de 2 kilogs.

Ces lins perdent beaucoup de leur valeur par le rouissage sur pré, méthode presque seule en usage dans ces contrées. C'est à peine si quelques cultivateurs osent abandonner ce système qui leur fait perdre au moins 30 pour 100 sur le bénéfice de leurs ventes ordinaires.

La plupart de ces lins conservent la couleur rousse des lins rouis sur pré, on en trouve quelquefois de gris cendrés ou de gris bleus qui sont de meilleure qualité. Quelques-uns sont veinés par place (signe d'un hâlage trop prononcé) et leurs fils se crèment difficilement.

Les petites étoupes, résultant de l'appropriation extérieure des bottes sur une carde à main, se vendent sous le nom de *bottelures*; les étoupes grossières, connues sous les noms *d'émouchures*, *pions*, *tirures*, font aussi l'objet d'un certain commerce, mais on a la funeste habitude d'en remplir autant que possible les ligatures des têtes.

Après ces provinces, les contrées françaises qui produisent le plus de lins sont la Mayenne, la Bretagne, l'Anjou et la Vendée.

Les *lins de Mayenne* ne sont pas très-forts, mais leur excellent travail, leur finesse, et la bonne qualité des étoupes qu'ils produisent, les font beaucoup rechercher dans le Nord. Leur nuance est généralement favorable et ils se filent avec facilité. On les emploie dans la fabrication des trames fines, de qualité supérieure. Ces lins se vendent aux 100 kilogs, et leur prix est souvent peu élevé.

Les *lins de Bretagne* sont assez bien cultivés, mais *mal rouis* et mal écangués. Leur nuance est quelquefois très-belle. La Bretagne en produit de grandes quantités qui nous arrivent remplis d'ordures, très-mêlés ensemble, et par suite difficiles à peigner. Ce manque de soins les rend généralement très-cassants et peu souples.

Les lins de Bretagne se filent assez facilement au sec, mais les produits n'en sont pas toujours très-bons ; ils s'emploient surtout pour trames. Souvent on en blanchit ou on en teint les fils ; quelques filatures établies dans le pays en ont, depuis un certain nombre d'années, beaucoup amélioré la culture et le teillage.

Ces lins se vendent aux 100 kilogs. Le département des Côtes-du-Nord est celui qui en produit le plus.

Les *lins d'Anjou* sont de qualité moyenne, de couleur jaune, et ordinairement *rouis dans l'eau courante* (Loire).

On distingue en Anjou les *lins d'été* et les *lins d'hiver*. Les premiers sont les plus souples et se filent facilement ; les seconds, ensemencés avant l'hiver, ont une fibre beaucoup plus dure. Ils nous arrivent souvent dans le Nord *ététés*; ils sont alors très-beaux.

Les lins d'Anjou se vendent aux 100 kilogs. On les emploie généralement pour fils à cordonnier et pour toiles à voile.

Les *lins de Vendée*, cultivés pour la plupart aux environs de Fontenay-le-Comte, sont assez fins, de couleur verdâtre, mais très-mal travaillés surtout dans la tête dans laquelle les cultivateurs laissent tous les déchets de fabrication. Ces lins, qui sont de bonne nature, seraient certainement très-recherchés, si leur mauvais travail n'y mettait obstacle. Ils se vendent aux 100 kilog.

Mentionnons en terminant certains lins inférieurs peu employés, et dont les principaux sont ceux d'Artois, du Poitou et du Midi.

Les *lins d'Artois*, semés en Mai, rouis sur terre et écangués à la main, sont d'un gris sale et très-cassants; le blanchissage et la teinture s'en font très-difficilement. Quelques-uns, rouis à l'eau, sont de meilleure qualité.

Les *lins du Poitou*, donnent aussi de très-mauvaise filasse. Enfin les *lins du Midi* (Landes, Béarn, etc.), dont on ne peut réunir d'ailleurs que de très-petites quantités, sont tout à fait mauvais. Souvent on ne les peigne pas, et on les carde comme étoupes.

LINS DE BELGIQUE.

Les principaux lins belges de vente courante dans le Nord sont : pour les lins *rouis à l'eau stagnante*, ceux d'Ypres, de Lokeren, de Gand, de Malines, de Wetteren, de Bruges, etc., pour les lins *rouis sur terre*, toutes les variétés des lins wallons.

Les *lins d'Ypres* ont la couleur et les qualités de tous les lins rouis à l'eau stagnante, ils sont fort doux au toucher, et donnent au peignage un excellent rendement. Dans leur ensemble, ils se rapprochent beaucoup des lins de Bergues, auxquels ils sont toutefois supérieurs. On les file facilement au mouillé, et ils sont tres-recherchés des fabricants de toile cretonne.

Les lins d'Ypres se vendent par *pierre* de 1 kil. 500, et en *stuyvers*. Le stuyver vaut 0 fr. 090703.

Les *lins de Lokeren*, *de Saint-Nicolas*, ont généralement une couleur gris argenté très-éclatante, et on peut les filer jusqu'aux plus fins numéros, grâce à leur extrême divisibilité.

Les *lins de Gand* et ceux de *Waereghem* sont mal teillés et par suite retiennent beaucoup de chenevotte. Au peignage, ils donnent un rendement très-ordinaire et en filature s'évaporent davantage.

Les *lins de Bruges*, très-recherchés par l'Angleterre et l'Irlande, sont très-forts, et d'un grand rendement.

Les *lins de Malines* n'ont pas autant de force, mais sont extrêmement fins et très-estimés. On les mélange souvent avec les lins de Gand ; ils servent à faire des trames de bonne qualité.

Les *lins de Wetteren* sont beaucoup plus gros que les lins de Malines, avec lesquels ils ont un certain rapport. Ils sont aussi plus forts.

Tous ces lins peuvent se reconnaître à l'odeur, mais ce mode de contrôle demande la plus grande habitude.

Les lins de Lokeren, Gand, Malines, Wetteren, se vendent par *pierres* de 3 kilogr., en *stuyvers*. Les lins de Bruges se vendent par pierres de 3 kil. 780, et aussi en stuyvers.

Les *lins wallons* sont de diverses natures, mais toujours assez chargés de matières gommo-résineuses, puisqu'ils sont rouis sur pré. Ils se filent aussi bien au sec qu'au mouillé, mais s'évaporent beaucoup en filature.

Parmi les lins wallons, on distingue :

Les *lins* des environs de *Liège*, qui sont assez fins et bien travaillés, se vendant par bottes de 1 kil. 1/2.

Les *lins* des environs de *Namur*, toujours très-chargés de la tête, et presque toujours fourrés, se vendant par bottes de 1 kil. 1/2 (dans cette contrée, il existe plusieurs grands teillages mécaniques).

Les *lins* des environs de *Tournai*, les meilleurs et les mieux travaillés, d'une très-grande force, se vendant par bottes de 1 kil. 430.

Les *lins* des environs *d'Ath*, qui sont de bonne qualité et généralement bien travaillés, se vendant par bottes de 1 k. 440.

LINS DE RUSSIE

Les lins de Russie arrivent en très-grandes quantités sur nos marchés du Nord, surtout depuis une vingtaine d'années (1). Ils nous sont expédiés par les ports de Saint-Pétersbourg, de Riga, de Mariembourg et de Libau, et nous arrivent sous tous pavillons, mais en majorité sous pavillons étrangers, par Dunkerque, le Hâvre ou Anvers. Les lins de Dunabourg, Pskoff et Ostrow seuls viennent toujours par chemin de fer.

Les gouvernements où cette culture s'est le plus répandue sont Pskow, Vologda, Viatka, Nowogorod, Yaroslaw, Kostroma, Vladimir, Livonie, Courlande, Kowno, Vilna et Vitebsk ;· les gouvernements de Koursk, Orel, Kalouga, Toula, Smolensk, Tchernigow, Mohilew et Tambow, en fournissent aussi passablement, mais cultivent plus particulièrement le chanvre.

Les lins de Russie sont très-variables comme prix et comme qualités, c'est pourquoi les employés du gouvernement les *braquent* (2), c'est-à-dire les classent par qualités, en donnant à chacun d'eux les marques particulières qui les distinguent.

Tous ces lins nous arrivent en fardeaux ou en nattes sur lesquelles sont indiquées ces marques.

Les principaux sont ceux d'Archangel, de Saint-Pétersbourg et de Riga.

Les *lins d'Archangel*, rouis sur terre, sont généralement d'un beau gris argenté, quelquefois roux, souvent un peu maigres, mais bien travaillés.

---

(1) Ce n'est pourtant que depuis 1868 que l'importation des lins russes a pris la plus grande extension. Ces importations se sont élevées de 10,254,000 kilog. qu'elles étaient en 1869, à 24,712,000 kil. en 1868. Ceci était dû au développement instantané de la filature de lin à cette époque, et au peu d'extension de la culture de ce produit dans nos contrées. La disette du coton permettait au lin de prendre une place plus importante dans la consommation générale.

(2) Le mot *brake*, en russe, signifie *triage*.

Les étoupes qu'ils fournissent sont les plus estimées.

Les lins d'Archangel sont fournis par les districts de Vologda, Ustjuga, Jaroslaff, Kama, Totma et Viatka. On les classe par ordre de qualité de la manière suivante : — 1re couronne — 2e couronne — 3e couronne — 4e couronne — zabrack.

Les *lins de Saint-Pétersbourg* sont de deux sortes :

1° Les lins *rouis sur terre*, façon Archangel, dits *Slanetz*, qu'on appelle encore *lins bruns*. On les divise en 1re couronne — 2e couronne — 3e couronne — 4e couronne — zabrack, dont les principaux genres sont les Vologda, les Jaroslaff, les Rjeff, les Melinky, les Bezhestky, les Ouglish. Il n'y pas de 4e couronne pour les Rjeff et les Melinky. Ces lins nous viennent par mer et par chemin de fer.

2° Les lins *rouis à l'eau*, dits *lins blancs*, d'une nuance plus ou moins jaunâtre, qui se classent sans distinction de couleur en 12 têtes, 9 têtes et 6 têtes, et dont les principaux genres sont les Pskoff, les Louga, les Soletzski. Ils nous arrivent par la même voie que les Slanetz.

Les *lins de Riga* sont les plus employés, ils nous arrivent de ce port par mer ou par chemin de fer. On les désigne par des initiales connues et qui réprésentent la première lettre des mots russes qui les désignent (H, *hell*, clair ; G, *grau*, gris ; W, *weiss*, blanc ; P, *puik*, choix ; D, *drei-band*, trois liens ; S, *Slanetz*, roui sur terre ; W, *Wrack* ; H, *Hoff* ; L, *Livonie*, etc.) Voici la comparaison de l'ancienne classification avec la nouvelle, changée au 24 Août 1872.

Lins couronne.

„	K 1 *(nominal).*
„	PK 1 „
K 1	FPK ordinaire.
HK 1	HFPK „

GK 1	GFPK ordinaire.
WK 1	WFPK »
PK 1	FPK portugais
HPK 1	HFPK »
GPK 1	GFPK »
WPK 1	WFPK »
SPK 1	FPK port. Otbornoy.
SHPK 1	HFPK »
SGPK 1	GFPK »
SWPK 1	SWFPK »

Lins Wrack.

W 2	W 2
PW 2	PW
GPW 2	HPW
WPW 2	WPW

Lins Dreiband.

Dreiband {	D 3	D 3
	PD 3	PD
Slanetz- {	SD 3	SD
Dreiband {	PSD 3	PSD

Lins de Livonie.

	HD 2	HD 2
	WHD 2	WHD *(nominal)*.
	PHD 2	PHD »
Hoffs	WPHD 2	WPHD ordinaire.
de Livonie	FPHD 2	FPHD »
	WFPHD 2	WFPHD portugais
	SFPHD 2	FPHD »
	WSFPHD 2	WFPHD »

Dreiband {   LD 2   LD 3
de Livonie {   PLD 2   PLD 3   .

Lins Wrack-Dreiband.

DW 4   DW 4

Au 30 Septembre/12 Octobre 1872, le Comité de la Bourse de Riga a décidé que les conventions suivantes seraient mises en vigueur à partir du 1/13 Novembre 1872 :

1° Qu'un Jury, composé de deux négociants exportateurs, de deux marchands de lin, de deux *surveillants braqueurs* et du *braqueur en chef* de la ville, aurait pour mission :

A. De former, en Décembre de chaque année, les types devant servir de base aux classements ;

B. De juger les contestations entre les marchands de lin et les maisons d'exportation ;

C. De veiller à ce qu'il ne se commit pas d'irrégularités, et à ce que le lin non braqué ne fut pas mélangé avec celui ayant passé à la braque publique.

Ce jury s'adjoindrait encore deux *braqueurs de la ville* lorsqu'il s'agirait de former les types pour l'année.

2° Que la tare réelle serait bonifiée, pour les lins emballés sous nattes, comme pour les lins en ballots (Cette tare correspond environ à 3 livres 1/4 russes), que les lins emballés porteraient la *marque de la braque publique en couleur rouge*, pour la distinguer *des marques privées en couleur noire*. Quant aux lins en ballots, on y appliquerait une planchette marquée au feu.

— Les lins de Riga, dits *Gorikolno* et *Rakitzer*, sont des lins choisis dans la braque ordinaire et toujours supérieurs aux autres. Leur prix en est par suite un peu plus élevé.

Les lins d'Archangel s'expédient en balles de 230 à 250 kilogs, les lins de Saint-Pétersbourg Slanetz, en nattes de même poids, les lins blancs en fardeaux de 50 kilogs, les lins de Riga en balles de 162 kilogs environ.

La tare d'usage pour les lins disponibles de Riga ou d'Archangel est de 2 1/2 p. %; pour ceux de Saint-Pétersbourg, toujours expédiés en vrac, il n'y a pas de tare.

Les autres lins de Russie ont beaucoup moins d'importance pour nous, ce sont :

Les *lins de Pskoff* et *de Narva*, arrivant toujours par voie ferrée et en vrac, et se classant par ordre de qualité de la manière suivante :

M	12 têtes	extra-fin choisi.
G	»	fin choisi.
R	»	choisi.
HD	»	supérieur.
D	»	bon ordinaire.
OD	»	ordinaire.
PW	9 têtes	supérieur
W	»	ordinaire.
OW	6 têtes	ordinaire.
O	»	rebut.

Les *lins de Kœnigsberg*, rouis sur terre, généralement mal braqués, classés souvent d'après les marques de Riga, ou désignés par les lettres de l'ancienne braque, qui sont :

FWPCM et FGPCM
FLPCM et WPCM
LPCM et FPCM
PCM
P 1
P 2

Les *lins de Reval* et *Pernau*, rouis à l'eau, nous venant tous deux par mer. L'un et l'autre, les premiers surtout, qui souvent sont renettoyés, sont très-doux au toucher et d'un très-beau travail. Les cordes qui les entourent forment environ 6 p. %% du poids total. On les classe en cinq marques :

G   extra-fin.

R   supérieur.

HD   choix.

D   bon ordinaire.

OD   ordinaire.

Les *lins de Memel* (Allemagne), qui nous arrivent toujours par mer, sont très-courts, secs, durs, et se classent comme suit :

MRC   Wilna Couronne.

4 B^d 4 brand.

NB   Nota bene.

3 B^d 3 brand.

Les lins de *Dunabourg* nous arrivent toujours par chemin de fer ; ceux de *Narva* par mer ou chemin de fer, ceux *d'Ostrow*, *Kowno*, etc., par chemin de fer.

— Les lins russes s'achètent par 100 kilogs ou par tonne. Les poids adoptés sont le *berkowitz* qui vaut 10 pouds, et le *poud* équivalant à 40 livres russes. Le rapport adopté par le commerce est de 162 kil. par berk. et 16 kil. 20 par poud. Le rapport officiel, tel qu'il est appliqué par les Compagnies de chemin de fer russes, est de 163 kil. 80 par berkowitz, et de 16 kil. 38 par poud.

Le *rouble* vaut, suivant le change, de 3 à 4 fr., pour traites à trois mois ; il se subdivise par 100 *kopecks*.

— Les lins de Russie donnent généralement au peignage un rendement moyen, et dans la confection des fils sont souvent employés en mélange. Ils se filent très-facilement au sec et au mouillé, mais la température dans ce dernier cas doit être assez basse ; ceci tient à ce que ces lins, semés assez tard et ayant poussé rapidement, sont tendres sans être cassants.

Les procédés de rouissage et la nature même des lins du pays, sont la cause qu'on ne peut les employer dans la fabrication des toiles fines. C'est là le motif du peu d'extension de la fabrication de ces tissus en Russie, et de leur importation toujours croissante. Les toiles russes ne trouvent guère de débouchés que dans les pays d'Europe qui fabriquent peu ces articles, tels que la Turquie et la Grèce, ou dans les régions de l'Amérique du Sud et des Indes Occidentales, où cette industrie est nulle. Par contre, les toiles fines sont toujours de plus en plus demandées, leur importation en Russie s'est élevée en 1865 à 1,653,652 roubles.

LINS D'IRLANDE.

Le lin est cultivé en Irlande sur une grande échelle ; selon certains statisticiens, la récolte habituelle y équivaut à celles de la Belgique et de l'Angleterre réunies.

Les lins d'Irlande sont surtout employés dans le pays même et en Angleterre ; ceux de qualité supérieure servent à faire de bonnes trames, les lins inférieurs sont moins employés et d'un mauvais travail, tous deux se filant et se blanchissant bien se mélangent facilement avec des lins plus nerveux et donnent un fil estimé. La province d'*Ulster* est celle qui en produit le plus ; viennent ensuite, par ordre de production, celles de *Connaught*, *Leinster*, *Munster*, etc.

Les lins d'Irlande, généralement assez mal travaillés, tendent chaque année à s'améliorer, et l'industrie linière qui devient de plus eu plus prospère à Belfast, Corck, Galway et Dublin, ne peut qu'en activer la culture.

LINS DE HOLLANDE.

Les lins de Hollande se consomment de plus en plus dans notre département. La plupart de ceux qui se vendent à Lille sont achetés au marché qui se tient le Lundi de chaque semaine à la bourse de Rotterdam.

On en distingue trois sortes :

Les *lins de Frise*, de couleur foncée, ont une filasse dure et sèche qui les rend très-difficiles à filer. Ils s'emploient particulièrement dans la filature au sec, et sont réputés donner de la force au fil. On les emploie toujours en mélange. Ils s'achètent en *florins des Pays-Bas* par *pierre* de 3 kil. 200. Le florin vaut de 2 fr. 10 à 2 fr. 15 suivant le change.

Les *lins de Zélande*, de couleur blanche, sont un peu plus doux au toucher et d'un prix plus élevé. Ils se vendent en florins des Pays-Bas par pierre de 2 kil. 820.

Enfin, les *lins bleus de Hollande* (Hollande méridionale, Gueldre, Brabant), donnent une belle nuance au fil, et produisent des étoupes de médiocre qualité, mais cependant bien demandées. Ils se vendent comme les lins de Zélande.

Les négociants du pays donnent à chacun de ces lins des marques distinctives mais *non officielles*. C'est ainsi que l'on voit les lins de Frise, désignés par les diverses lettres de l'alphabet, suivies de une ou plusieurs croix (E, E*, F, F*, G, G*, G**, etc.,) et les lins de Hollande en chiffres romains simples ou fractionnés

$$(\text{VIII}, \frac{2}{\text{VII}}, \frac{1}{\text{VII}}, \frac{2}{\text{VI}}, \frac{1}{\text{VI}}, \frac{2}{\text{V}}, \frac{1}{\text{V}}, \frac{2}{\text{IV}}, \frac{1}{\text{IV}}, \text{etc.})$$

LINS D'ALGÉRIE.

Les lins d'Algérie, jaunâtres, viennent peu en France, et sont de deux sortes. Les uns, rouis à l'eau salée, donnent une mauvaise filasse, qui ne peut se peigner et se filer que par un temps très-sec, et qui procure toujours un médiocre résultat. Les autres, rouis dans l'eau des fossés, sont un peu meilleurs, mais tendres et cassants, ils servent à faire des trames.

ESSAI DE CONDITIONNEMENT DES LINS.

Le lin étant reconnu hygrométrique au même titre que les autres matières textiles, on a proposé de le soumettre au *conditionnement*, que subissent les laines, les soies et les cotons. Pour ces substances la vente est basée sur le poids absolu, donné dans les *établissements de condition*, augmenté d'un poids invariable représentant l'humidité contenue à l'état ordinaire et dans les conditions normales. C'est ce poids que l'on appelle poids de tolérance ou *de reprise*.

D'après des expériences faites en commun entre M. Roger et M. Benart, directeur du bureau de conditionnement d'Amiens, le chiffre de reprise du lin teillé peut être évalué à 11 p. %.

CHAPITRE VII.

L'Industrie linière à l'étranger (1).

§ 1er.

GRANDE-BRETAGNE.

L'Angleterre est sans rivale pour la filature de lin et la fabrication des toiles de toute espèce ; au point de vue agronomique et commercial, c'est surtout l'Irlande qui l'emporte.

En Angleterre et en Écosse, on ne saurait évaluer le nombre des broches à moins de 700,000. D'un autre côté, il résulte d'un rapport présenté à l'Assemblée annuelle de la Société de la production linière à Belfast, qu'il y avait en Irlande, en 1872, 840,892 broches, travaillant annuellement 44,339 tonnes de fibres.

Comme fabrication, les principaux centres sont :

1° En Irlande : *Belfast*, *Corck*, *Galway* et *Dublin*. Le marché principal des toiles est Belfast. A l'exportation, la valeur des tissus de lin dépasse pour l'Irlande 150 millions de francs.

2° En Écosse : *Dundee*, où la valeur de la fabrication annuelle dépasse 45 millions, et *Arbroath* qui laissent bien loin derrière elles Glascow, Aberdeen et Greenock ;

---

(1) D'après les dernières statistiques officielles, la France ne compte que 752,000 broches sur lesquelles le Nord, à lui seul, en possède 563,000. On peut citer après ce département, mais à une grande distance, la Somme, le Pas-de-Calais, le Calvados, la Seine-Inférieure, l'Eure et Maine-et-Loire.

3° En Angleterre : *Leeds*, dans le Yorkshire et *Manchester*, pour la filature de lin ; *Warrington* et *Barnsley*, pour le tissage.

Nous avons dit que la culture du lin n'était surtout importante qu'en Irlande. Elle tend d'ailleurs à s'y étendre de plus en plus, et donne chaque année les résultats les plus satisfaisants. grâce surtout à l'influence salutaire de l'Association Irlandaise pour l'amélioration de cette culture. Le tableau suivant indique la superficie des terres ensemencées en lin dans toute la Grande-Bretagne, en 1870 :

Irlande. {	Ulster	180,416 acres.
	Munster.	4,188 "
	Leinster.	4,239 "
	Connaught	6,050 "
	Angleterre	22,354 "
	Écosse	1,399 "
	Pays de Galles . . .	204 "
		218,850 "

Ce qui donne en somme 194,893 acres pour l'Irlande, et 23,957 pour le reste du royaume.

Le commerce en lins, fils ou tissus est aussi très-important dans ce pays. Les *importations* de lins, par exemple, ont été en 1870 :

De Russie	80,909,109 kilogrammes.
De Hollande	10,036,810 "
De Belgique	10,787,126 "
D'autres pays	18,422,177 "
	120,575,222 "

Quant aux *exportations*, elles consistent surtout en produits manufacturés : grosses toiles de Dundee, toiles fines de Belfast, fils de tous genres surtout en fins numéros, et représentent une

19

moyenne d'environ 200 millions. Les États-Unis, les Antilles, l'Amérique du Sud, constituent l'un des principaux débouchés de l'industrie linière en Angleterre; ils entrent pour une moyenne de plus de 50 pour 100 dans le chiffre de l'exportation totale.

§ 2.

RUSSIE.

La culture du lin, de même que la filature et le tissage de ce textile, ont pris, comme on le sait, la plus grande extension dans l'empire russe. On y cultive annuellement environ 12 millions de pounds de lin, dont 4 à 6 millions exportés et le reste employé dans la fabrication indigène.

Le filage à la mécanique n'a fait de rapides progrès que depuis la crise américaine du coton. Le nombre des broches qui n'était en 1863 que de 17,000 était de 69,000 en 1870, de même que le filage mécanique qui n'était que de 200,000 pounds a atteint le chiffre de 700,000 pounds. En outre, d'après la statistique de 1864 il y avait à cette époque 82 tissages fournissant pour 8 millions de roubles de toile, et 112 manufactures fabricant annuellement pour 4,300,000 roubles de cables et de cordes.

Les gouvernements qui peuvent être regardés comme les centres de fabrication des toiles de lin sont ceux de Iaroslaw, Vladimir, Kostroma, Twer, Vologda, Nowogorod, Archangel et Viatka; on fabrique principalement les cables à Kherson, Pétersbourg, Rjeff, Orel, Nijni, Perm, Taganrog et Odessa.

En produits manufacturés, l'exportation russe est pour ainsi dire nulle. Les toiles grossières de Pologne et de Russie n'ont d'écoulement que dans l'empire ; l'étranger reçoit seulement quelques cordages de Kherson, des toiles à voile de Livonie et de Finlande, quelques toiles d'emballage de Pskoff et d'Iaroslaw.

L'importation consiste surtout en toiles fines *(voir ch. VI)*, que les Russes ne pourraient fabriquer concurremment avec la France, l'Irlande ou la Belgique.

§ 3.

BELGIQUE.

On connaît l'antique réputation de la Flandre pour la fabrication des tissus de lin. Assez longtemps cependant l'industrie belge est restée stationnaire, à cause de la substitution brusque du tissage mécanique au tissage à la main ; elle a aujourd'hui reconquis toute sa supériorité.

Elle possède d'ailleurs pour cette industrie des avantages marqués sur toute autre nation : Elle récolte le lin, elle extrait elle-même sa houille, elle emploie une main-d'œuvre exercée, et ceux qui sont occupés aux travaux liniers, ne reçoivent pas, quoique très-habiles, de salaires très-élevés. On a calculé que le prix moyen du travail par semaine de soixante-douze heures est de 16 à 18 francs pour les hommes, de 10 à 11 francs pour les femmes et de 3 à 8 francs pour les enfants. D'une manière générale, la main-d'œuvre y revient à 20 % meilleur marché qu'en France, soit 2 % de la valeur des tissus.

Une population ouvrière d'environ 250,000 âmes est adonnée aux travaux liniers. La filature y est représentée par 320,000 broches environ; le tissage possède 5,000 métiers à la mécanique, et près de 20,000 à la main. *Gand* possède à lui seul 100,000 broches ; *Roulers* est le centre d'une fabrication qui occupe plus de 20,000 ouvriers; il en est de même de *Bruges*, dans la Flandre occidentale, de *Courtrai*, pour la manufacture des toiles fines.

La Belgique consomme annuellement près de 80 millions de kilogrammes de lin brut, elle exporte en moyenne pour 25 millions de ses lins, fils et tissus en France, dans les Pays-Bas, en Angleterre, en Allemagne, et jusque Cuba, Porto-Rico, La Plata et le Brésil.

§ 4.

ITALIE (1).

La culture du lin paraît avoir précédé de beaucoup l'introduction du chanvre en Italie. Elle était déjà très-étendue au commencement de l'ère chrétienne, lorsque le chanvre était à peine connu ; mais se trouvant très-divisée sur de petits territoires, elle est difficilement évaluée avec exactitude. Les données les plus récentes que j'ai recueillies portent la production des lins au chiffre rond de 21,000,000 de kilog ; sur lesquels :

La province de Brescia en fournirait.	. .	kil.	1,000,000
"	Crême	"	300,000
"	La Valteline	"	44,000
"	Crémone	"	200,000
Les provinces napolitaines et particulière- ment Potenza-Lagonero, Melfi, Matera .		"	500,000
La province de Calabre.	.	"	200,000

On récolte le lin en Piémont, mais le produit de cette contrée ne suffit pas à sa consommation. L'Ombrie, les Marches, les Romagnes et les environs de Rome donnent aussi plusieurs milliers de kilogrammes de ce textile ; à Sila, 400 hectares sont consacrés à la culture du lin. Enfin, dans certaines parties de l'Italie, l'eau manquant pour le rouissage, on ne récolte que la graine, la tige

---

(1) Rapport de M. H. Carzenac au Ministre de l'instruction publique.

sert uniquement au chauffage des fours ; cela se pratique ainsi dans les Pouilles, en Calabre et en Sicile, moins Catane.

La filature se fait encore en grande partie à la main ; peu d'établissements possèdent un outillage mécanique. On compte cependant en Lombardie trois filatures importantes qui réunissent ensemble 14,120 broches et occupent un millier d'ouvriers dont le salaire varie, pour les femmes et les enfants, entre 25 et 45 cent. et pour les hommes entre 1 fr. 30 et 2 fr. par jour. A ce travail mécanique s'ajoute, pour la filature du lin et du chanvre, celui de 300,000 paysannes occupées à filer pendant 150 jours de l'année, c'est-à-dire durant les mois d'hiver, moyennant un salaire de 15 à 20 cent. par jour.

En dehors des manufactures de la Lombardie, on peut encore citer dans les environs de Naples les établissements de Saine et d'Atrepalde.

La Chambre de commerce de Brescia a constaté néanmoins que depuis deux siècles l'industrie du lin a perdu beaucoup de son importance, et que de cette province, qui exportait jadis pour 1,500,000 francs de produits fabriqués, il ne sort plus maintenant annuellement que pour 400,000 francs de marchandises.

§ 5.

AUTRICHE.

La culture du lin s'est surtout développée en Moravie, en Hongrie, dans les provinces dalmates et illyriennes.

Pour la filature, les principaux centres sont la Moravie et la Bohême ; les provinces polonaises, la Styrie et la Hongrie, produisent pour la consommation locale, mais n'exportent pas : on évalue à 330,000 le nombre des broches dans tout l'empire.

Il y a quelques tissages dans la Bohême, la Moravie, l'Illyrie et la Silésie.

§ 6.

ALLEMAGNE.

Le lin est produit en grande abondance dans le duché de Bade et la Prusse.

La filature de lin occupe dans le Zollverein plus de 450,000 broches ; la Prusse, avec les manufactures de *Bielefeld*, en West-phalie, de *Breslau*, de *Stettin*, de *Hanôvre*, *d'Osnabruck*, de *Hildesheim*, etc., la Saxe avec les toiles damassées de *Chemnitz*, de *Grosschœnau*, etc., occupent le premier rang dans la fabrication allemande.

A *l'importation*, l'Allemagne ne reçoit guère que des lins de Russie, par Lubeck et Kœnigsberg, et des tissus anglais, belges et français. Elle *exporte* quelques parties de lin de Dantzig, Memel, Mariembourg, Hanôvre, etc.

§ 7.

ESPAGNE.

On cultive en Espagne toutes les variétés de lins et particuliè-rement deux sortes spéciales : une variété à fleurs bleues, qui donne une fibre fine et soyeuse, dont le prix est assez élevé, et un lin à fleurs blanches, qui se vend moins cher, mais qui a généra-lement plus de nerf. Cette seconde espèce est toujours plus estimée que la première.

Dans ce pays, la filature mécanique commence seulement à remplacer le rouet; mais, dans les premiers temps, la substitution trop brusque du travail mécanique au travail manuel porta un coup funeste à l'extension de la culture du lin. On en voit un exemple dans la production de la province de Grenade, qui donne à peine aujourd'hui la dixième partie de ce qu'on y récoltait autrefois. Cette situation date déjà des premiers perfectionnements apportés à la filature mécanique, alors que l'Angleterre inonda les pays d'Europe de ses produits, ce qui fit délaisser les fils indigènes à la main, et favorisa l'importation des fils étrangers fabriqués mécaniquement.

D'après un mémoire de don Germain Losada, publié en 1864, le tissage mécanique du lin comprenait 12,129 métiers, et il aurait fallu pour l'alimentation complète de l'industrie indigène 2 à 300,000 broches en sus de celles qui fonctionnaient à cette époque. Aujourd'hui, la situation a peu changé, et les *importations* de fils et tissus étrangers ne font qu'augmenter. *L'exportation* est nulle.

Les principaux districts où les lins soient cultivés sont ceux de *Susancho*, *Blanche*, *Baterna*, *Meloncillo*, *Barco* et *Piédrahita*. La récolte la plus importante se fait sur les bords de l'Ebre et de l'Esla, dans les vallées élevées de la province de Grenade et dans les terrains riches de la *Basse-Castille* : ces produits sont la plupart envoyés à *Lorca* pour être teillés. Dans la *Calahorra*, on achète des lins en tiges qui ont beaucoup de finesse ; dans les *Canilles*, le lin se vend plus facilement à graine.

§ 8.

PORTUGAL.

L'industrie linière en Portugal est encore plus arriérée qu'en Espagne, elle est représentée par quelques tissages à la main et une seule filature mécanique dont le matériel laisse beaucoup à désirer.

La culture du lin y est aussi très-peu étendue, et ne suffit même pas à la consommation locale, puisqu'on en importe chaque année

de grandes quantités à l'état brut. On récolte, dans le district de
Béjà, celui qui sert à la fabrication des grosses toiles, et dans les
environs de *Lisbonne* celui pour tissus fins. Il serait pourtant
facile d'utiliser pour une culture aussi utile les vastes plaines de
l'Alemteja

En Portugal, le lin se nomme *Mourisco* et comprend deux
variétés désignées sous les noms *d'Abertiço* et de *Serrano.* Le
premier a une graine plate et petite, le second une graine plus
convexe et plus brune.

§ 9.

SUÈDE.

Il y a en tout en Suède deux filatures de lin, fabricant annuellement pour un peu plus de 800,000 francs de marchandises,
occupant 168 ouvriers, et produisant environ 190,000 kilogrammes
de fil.

Les manufactures de tissus sont représentées par 3 tissages de
toile ordinaire, et 4 de toile à voile ; il y a en outre 17 corderies.
Il faut ajouter à ces chiffres ceux de l'industrie domestique qui
fournit en moyenne 600,000 mètres de toile de lin.

Ces données démontrent suffisamment que la production indigène
est loin de suffire à la consommation intérieure. Le lin n'est cultivé
que jusqu'au 66e degré de latitude.

L'Angleterre prend la plus grande part à l'importation en
Suède ; la France en est bien loin, malgré toutes les chances de
réussite.

§ 10.

AUTRES PAYS D'EUROPE.

La *Hollande,* commerçante et maritime, n'est pas un pays
industriel. Nous avons vu, dans le précédent chapitre, quelles

étaient les provinces productrices de lin ; ce textile est en effet exporté en assez forte quantité. La contrée reçoit en échange des tissus de France, d'Angleterre, du Zolverein, etc., car les toiles autrefois si renommées de Frise et de Hollande, ne peuvent plus, même sur les marchés locaux, soutenir la concurrence étrangère. Il y a une filature dans la Hollande méridionale, à Gouda, et 5 dans le Brabant septentrional, à Dongen, Groningue, Enschedé, Gestel et Ryssen. Les tissages, en assez grand nombre sont situés dans les provinces du Brabant septentrional, Utrecht, Gueldre, Overysssl, Frise et Hollande septentrionale.

En *Suisse*, le lin est cultivé dans tous les districts et suffit presque à la consommation locale ; le Zolverein seul y envoie de petites quantités de lin brut. L'industrie des dentelles en absorbe quelque peu, de même que le tissage, répandu surtout dans le canton de Berne, et dont on voit de rares établissements à Lausanne, Saint-Gall et Zurich. Il y a en Suisse 6 filatures mécaniques à Berthoud, Bezingen, Hischthal, Saint-Gall, Schauffausen et Zurich.

Quant au *Danemarck*, c'est un pays tout agricole ; le lin y réussit bien, mais est peu cultivé. Il ne se file d'ailleurs qu'à la main.

En *Turquie*, le lin est cultivé dans le Kurdistan, la Syrie, l'Asie-Mineure. Tout se file et se tisse à la main. Industrie nulle.

Enfin, en *Grèce*, la difficulté des communications, la rareté des capitaux, les habitudes de la population, ont arrêté jusqu'ici tout mouvement industriel. Comme culture de lin, filature ou tissage : néant. Aussi les tissus figurent-ils pour une large part dans l'importation en Grèce.

20

CHAPITRE VIII.

Des organes de mouvement en filature.

C'est une machine à vapeur ou un moteur hydraulique, qui communique le mouvement aux métiers d'une manufacture. Du pignon que manœuvre le volant ou de l'axe de la roue d'eau part une barre de fer, dite *arbre de couche*, qui s'étend sur toute l'usine et sur lequel sont disposées soit des poulies (1) communiquant avec les machines au moyen de courroies, soit des roues d'angles directrices *d'arbre de transmission*. C'est là l'organe principal.

Mais les agents particuliers par l'intermédiaire desquels marchent les diverses pièces sont principalement les engrenages, poulies, bielles, excentriques et manivelles. Les engrenages comprenant les *roues*, *pignons* et *vis* sont avec les poulies l'organe qui fixe tout d'abord l'attention, nous nous y arrêterons plus longuement; le reste n'est que secondaire.

Les *excentriques* sont employés dans certains métiers à filer, quelques peigneuses, etc., et communiquent le mouvement de va-et-vient. Ils portent leur nom, parce qu'ils agissent à une distance plus ou moins éloignée du centre de rotation.

Les *manivelles* diffèrent des excentriques en ce qu'au lieu d'être appliquées immédiatement sur la surface plane de la roue, elles

---

(1) Un grand nombre de filatures anglaises emploient aujourd'hui pour transmission les poulies *à gorges multiples*, du système *Combe et Barbour*, dont une seule peut au moyen de cordes transmettre le mouvement à plusieurs étages à la fois.

peuvent en être plus ou moins éloignées. En filature, on n'emploie guère que des manivelles simples (1).

Quant aux *bielles*, ce sont des tiges inflexibles servant à transmettre à des distances quelconques le mouvement que leur communique le balancier. Nous en avons un exemple dans la machine de Watt.

ENGRENAGES.

On appelle *engrenage* la combinaison de deux ou plusieurs organes mécaniques qui, étant en contact, agissent les uns sur les autres au moyen de dents espacées avec régularité.

On produit trois mouvements par leur intermédiaire dont deux usités en filature : le circulaire continu, le circulaire alternatif et le rectiligne alternatif.

Conditions de direction et de marche. — Pour avoir un mouvement facile, un engrenage devra posséder toute la douceur et l'uniformité possibles. Mais ces deux qualités ne s'acquièrent qu'à certaines conditions.

Ainsi, on devra construire les roues d'une manière régulière, en espaçant également toutes leurs dents. La matière dont elles seront fabriquées sera la fonte, afin qu'elles jouissent d'une plus longue durée. Ce dernier principe a été contesté, mais il est reconnu aujourd'hui que les roues en fonte sont supérieures à toutes les autres, même à celles de bois. Les roues en bois se déforment et ne peuvent avoir des dents aussi nombreuses et aussi petites par rapport au diamètre que les roues de fonte. Elles ne sont guère employées pour une roue seulement que lorsqu'on veut

---

(1) On distingue les manivelles doubles et triples, les manivelles à longueur changeante, et les manivelles à rouleau.

adoucir le mouvement de deux engrenages, par suite occasionner moins d'usure pour les coussinets et moins d'ébranlement pour le bâtiment. Encore, dans ce système, les roues proprement dites seront toujours de fonte, mais des dents de bois dur y seront enchâssées ; on les ajustera toujours de façon à ne par communiquer de chocs aux métiers, ce qui fait perdre une force considérable. Elles ont généralement une épaisseur de $\frac{1}{5}$ plus forte que les dents de fer.

Dans le cas où deux roues de ce genre engrènent ensemble, et qu'elles n'ont pas le même nombre de dents, on devra donner les dents de bois à la plus grande roue qui supporte un moindre travail pendant un même laps de temps.

Le bois dur est encore utilisé quelquefois pour rendre le frottement des axes plus doux et par suite plus régulier ; alors, il est auparavant bouilli dans la graisse fondue (1).

Théoriquement, les engrenages seront toujours excellents lorsque la résultante de leurs pressions réciproques sera la plus petite possible et aussi quand les dents auront une telle forme que la puissance appliquée à la première roue et la résistance à la dernière se feront toujours équilibre en conservant la même valeur (2).

---

(1) Les dents de bois ont aussi besoin d'être graissées pour se bien conserver. La graisse la meilleure pour cet usage est composée de trois parties de suif de mouton, deux parties de mine de plomb pulvérisée, et une partie d'huile d'olive, mélangées et fondues ensemble. On étend légèrement cette graisse sur le bois, tous les huit jours pour les dents qui travaillent beaucoup, tous les quinze jours pour celles qui travaillent moins. Au bout de quelque temps, une dent de bois imprégnée de cette graisse est devenue très-dure, mais, pour qu'elle se conserve bien, il est nécessaire de la nettoyer souvent.

(2) Examinons de quel côté devra être placé un pignon engrénant avec une roue dentée. Pour qu'une roue engrène le mieux possible avec un pignon, il faut que ce pignon soit placé du côté où est la puissance, c'est-à-dire l'effort du moteur, que son axe soit au même niveau que celui de la roue et parallèle à ce dernier, et qu'en outre, la différence entre les deux diamètres soit la moindre possible. Supposons un pignon et une roue que l'on veut faire engréner ensemble, l'axe de la roue supportera une pression résultante de trois forces, la première le poids de la roue due à la pesanteur, la seconde la puissance, la troisième la

Dans la pratique, on juge qu'une roue est bonne quand elle est bien perpendiculaire à son axe, que son centre est bien à égale distance de toutes les extrémités des dents, que les tourillons remplissent exactement leurs boîtes, et aussi lorsque les dents sont égales et régulièrement espacées.

La denture des roues est presque toujours sur toute l'étendue de leur circonférence, mais on a utilisé quelquefois des quarts de roue ou des demi-roues dont la denture n'occupe qu'une partie du cerclé. Ces roues communiquent à des règles dentées ou *crémaillères* un mouvement rectiligne alternatif.

Il est évident que les roues ne se mettront en mouvement qu'autant qu'elles auront un point de contact; et pour que le mouvement transmis soit uniforme, il faut que les forces demeurent toujours égales entre elles. Les dents, courtes autant que possible, engrènent généralement aux deux tiers de leur profondeur, et pour que leur échappement soit facile, on leur laisse un jeu égal au vingtième du vide qui se trouve entre elles.

Roues et pignons. — Les roues sont des cercles dentés traversés à leur centre par des arbres nommés *axes* (1) On se sert

---

pression des dents de la roue contre les dents du pignon. Cela posé, supposons que le pignon soit placé d'abord du côté de la puissance, puis du côté opposé.

Dans le premier cas, la pression sur l'axe de la roue sera beaucoup moindre, parce que la résultante des trois forces sera exprimée par le poids de la roue et la différence entre les deux autres forces.

Dans le second cas, la pression sur l'axe de la roue sera la plus grande possible, parce que l'action sera due à la pesanteur, à la puissance et à la pression, en somme aux trois forces réunies.

On conçoit que la pression sera encore moindre lorsque l'engrenage aura lieu entre pignons et roues réunis par plusieurs intermédiaires, entre roues d'angles engrenant directement ensemble, entre roues et vis, etc. (*V. plus loin*).

Il est indispensable pour obtenir un bon résultat que le point de contact reste toujours le même, et que si l'on suppose une ligne droite aboutissant aux deux axes, l'extrémité de cette ligne qui s'abaissera devra toujours être sur le même plan que l'extrémité qui marche en sens contraire.

(1) L'axe est l'arbre central auquel la roue est perpendiculaire; la partie circulaire qui forme la circonférence se nomme la *jante*; la charpente qui réunit la jante à l'axe est l'*armature*, puis vient la *denture*, l'écartement des dents entre elles s'appelle *pas*.

du mot *pignon* pour distinguer dans un engrenage la roue qui communique le mouvement d'avec celle qui le reçoit. Le pignon est ordinairement plus petit que la roue.

On distingue, d'après leur forme et leur disposition, les *roues droites* et les *roues coniques* ou *à angle*. Les premières sont celles qui communiquent le mouvement en ligne droite et suivant la direction de leur plan, les secondes communiquent le mouvement à angle droit et ont la forme d'un cône tronqué.

Les roues se rencontrent généralement dans trois dispositions variées, soit engrènant deux à deux, soit avec intermédiaires, soit en combinaison.

1° Quand elles engrènent *directement et deux à deux*, elles tournent chacune en sens contraire. Mais elles ont une vitesse différente selon leur grandeur réciproque. S'il s'agit de deux roues d'un nombre égal de dents, elles accomplissent leur révolution dans le même temps. Mais si on fait engrèner une roue et un pignon, le nombre de tours que l'une et l'autre décriront en même temps sont en raison inverse du nombre de leurs dents, de sorte que si l'une a 6 dents et l'autre 60, la petite décrira 10 tours, tandis que la grande n'en fera qu'un seul. Mais on conçoit que la petite roue ayant moins de dents doit gagner en nombre de tours ce qu'elle perd en nombre de dents, et que l'axe de la petite marche plus vite que l'axe de la grande.

Il suit de là que si on veut faire tourner un axe lentement, on y adaptera une grande roue et que si on veut le faire tourner rapidement on y mettra un pignon.

Ce mouvement de l'axe par rapport à la circonférence est la *vitesse* de la roue.

On peut avoir en filature à calculer cette vitesse ou à la changer.

Pour calculer la vitesse, on multiplie le nombre de dents du pignon commandeur par la vitesse de ce pignon, puis on divise le produit par le nombre de dents de la roue commandée. Voici un exemple :

Un pignon de 30 dents, ayant une vitesse de 40 tours par minute, commande une roue de 150 dents, qu'elle sera la vitesse de cette roue?

$$\frac{30 \times 40}{150} = 8 \text{ tours par minute (1).}$$

Quand on veut changer de vitesse, on multiplie le pignon donné par la vitesse demandée et on divise ce produit par la vitesse trouvée.

Si avec un pignon de 32 dents, une roue fait 80 tours dans l'unité de temps, combien de dents aura le pignon si on veut obtenir 100 tours?

$$\frac{32.\,100}{80} = 40 \text{ dents pour 100 tours}$$

2° Si deux roues sont *en rapport par des intermédiaires* (2), elles tournent dans un sens ou dans l'autre suivant le nombre de ces intermédiaires. Avec un seul, elles tournent *dans le même sens*, s'il y en a un second, c'est comme s'il y avait deux paires de roues et pignons, et elles tournent *en sens opposés*.

Il s'ensuit que si l'on veut faire tourner dans le même sens deux roues éloignées, on leur interposera un *nombre impair d'intermédiaires* et dans le cas contraire un *nombre pair*. Ces intermédiaires peuvent être droits ou coniques.

---

(1) Ce qu'on peut représenter par la formule $\frac{n\,v}{N} = V$, par laquelle trois des quantités étant données on peut trouver l'autre :

Nombre de dents de la roue : $\frac{n\,v}{V} = \frac{30.40}{8} = 150$ dents.

Nombre de dents du pignon : $\frac{N\,V}{v} = \frac{150 \times 8}{40} = 30$ dents.

Vitesse du pignon : $\frac{N\,V}{n} = \frac{8 \times 150}{30} = 40$ tours.

(2) On appelle *intermédiaires* les roues qui servent à transmettre les mouvements dans un sens convenable ou à unir deux mouvements trop éloignés.

Dans les calculs de vitesse, on n'en tient aucun compte.

3° Les roues sont toujours *combinées entre elles* sur les divers métiers. Dans ce cas, on ne tient encore compte que des roues commandées et des roues commandeurs sans faire cas des intermédiaires.

Pour avoir le rapport de vitesse entre la première et la dernière de ces roues, on fait d'un côté le produit des nombres de dents de la première roue, de la troisième, de la cinquième; de l'autre de l'autre, celui de la seconde, de la quatrième, de la sixième; on aura le rapport cherché en comparant ces produits. On peut dire de la sorte que ce rapport est en raison composée des dentures des pignons ou roues qui transmettent le mouvement et de celles des roues qui le reçoivent.

Lorsqu'on détermine les dentures, on suit généralement la règle de donner aux roues des nombres de dents qui ne soient point exactement multiples de ceux des pignons, de sorte que si l'on veut que le pignon fasse cinq tours et la roue un seul, en supposant que le pignon ait 10 dents, au lieu de donner à la roue 50 dents, on lui en donne 49 ou 51, et cela pour que les dents se rencontrent moins fréquemment. On suit aussi la règle de rendre les dentures les plus nombreuses qu'il est possible pour que le mouvement ait plus de douceur, et pour que les dents aient moins de saillie et éprouvent un moindre effort.

Il est de règle aussi que la division d'une roue à l'autre ne doit pas dépasser le rapport de 1 à 5, en d'autres termes l'une ne doit pas être cinq fois plus grande ou plus petite que l'autre.

Des vis. — Les vis sont très-employées en filatures, on les rencontre dans presque tous les compteurs, dans les métiers à spirales ou à vis, dans quelques peigneuses, etc. Les vis à double et à simple filet sont seules en usage. Leur principal service est de permettre, sans grande complication, une division considérable dans le mouvement.

POULIES.

Les poulies diffèrent des roues en ce que leur surface, au lieu d'être dentée, est plane et présente une certaine largeur.

Elles sont surtout employées pour transmettre le mouvement à de grandes distances, ce qui ne pourrait se faire avec des roues sans employer un grand nombre d'intermédiaires. Elles agissent alors au moyen de courroies appliquées à leur surface et suffisamment tendues.

Chaque métier possède deux poulies, l'une adhérant à son axe, dite *poulie motrice* ou poulie de *commande*, parce que c'est par elle que le mouvement se communique aux engrenages, l'autre dite *poulie folle*, libre sur son axe. Quand la courroie enveloppe la première, le métier fonctionne ; quand elle entoure la seconde tout travail cesse. Une fourchette qu'on peut manœuvrer avec la main permet de faire passer la courroie d'une surface à l'autre.

Quand plusieurs poulies sont mues par une seule courroie, elles portent alors les noms de *galopins*, poulies *intermédiaires* ou de *renvoi*. C'est ce qui arrive pour les cardes. Elles servent à changer la direction du mouvement.

Lorsque deux poulies fonctionnent sous l'action d'une seule courroie, elles ont un mouvement *dans le même sens*. Mais si la courroie est croisée le mouvement de l'une est *en sens contraire* de celui de l'autre.

Tout ce qui a été dit du rapport de grandeur des engrenages, peut aussi s'appliquer aux poulies. Ainsi de deux poulies dont l'une est trois fois plus petite que l'autre, la plus grande fera trois fois moins de révolutions autour de son axe.

On peut avoir en filature à connaître la vitesse d'une poulie commandée par une autre, à changer cette vitesse, ou à rechercher le diamètre d'une poulie pour recevoir une vitesse donnée.

Quand on veut connaître la vitesse que devra avoir une poulie commandée par une autre, on fait le produit de la vitesse par minute de la poulie commandeur (1) par son diamètre, et on divise par le diamètre de la poulie commandée.

Ainsi si une poulie d'un diamètre de 80 cent., faisant 110 tours par minute, en commande une seconde de 20 cent. de diamètre, quelle sera la vitesse de cette poulie commandée ?

$$\frac{110 \times 0,80}{0,20} \; = \; 440 \text{ tours par minute.}$$

Quand on veut changer la vitesse, il faut faire le produit de la vitesse connue par le diamètre de la poulie et diviser par la vitesse qu'on veut avoir.

Ainsi si au lieu de 110 tours dans l'exemple précédent, on veut en obtenir 100, la poulie qui fera ce nombre de tours aura comme diamètre :

$$\frac{0,80 \times 110}{100} \; = \; 0,88 \text{ centimètres de diamètre.}$$

Quand on cherche à connaître le diamètre d'une poulie commandée pour recevoir une vitesse donnée, il faut multiplier la vitesse de la poulie commandeur par son diamètre, et diviser ce produit par la vitesse qu'on veut obtenir. Ce sont les mêmes calculs que précédemment.

---

(1) Cette vitesse de la poulie de transmission s'obtient en multipliant le nombre des coups de piston de la machine par minute, avec le nombre de dents du volant placé sur l'axe de la manivelle, et en divisant ensuite par le nombre de dents du pignon que commande ce volant. La *transmission* qui porte la poulie faisant suite à l'axe de ce pignon, la vitesse de celui-ci est évidemment celle de la poulie.

Une machine à vapeur qui donne 20 coups de piston, dont le volant a 210 dents et qui commande un pignon de 49 dents, donnera pour cette vitesse

$$\frac{20 \times 210}{49} \; = \; 86 \text{ tours.}$$

On conçoit que les courroies qui entourent les poulies étant sujettes à un continuel frottement ne communiquent pas le mouvement avec une précision mathématique. Il est bon de déduire en moyenne au moins 4 p. % sur les résultats obtenus.

Les principaux frottements sont dus aux jonctions (qui se font soit à l'aide de cordons de cuir, soit au moyen de vis de Scellos ; ce dernier moyen est préférable). Dans les filatures au mouillé on est obligé de graisser les courroies, afin d'obtenir plus de régularité dans le mouvement (2).

Il est assez difficile de déterminer la largeur que doivent avoir les courroies et la force qu'elles peuvent transmettre : ce n'est que par une longue pratique qu'on y arrive.

Ainsi une courroie de 20 mètres qui développera 250 mètres par minute, transmettra la force d'un cheval si elle a 65 millimètres de largeur, de deux chevaux si elle a 90 millimètres. Le tableau suivant en rend compte.

Développement de la Courroie — 250 m. par minute.	Longueur de la Courroie	FORCE TRANSMISE				
		1 cheval	1 chev. 1/4	1 chev. 1/2	1 chev. 3/4	2 chevaux
	pour 20m	65mm	70mm	75mm	80mm	85mm
	16	70	75	80	85	90
	12	75	80	85	90	95
	6	85	90	95	100	105

Une courroie qui développerait une *plus forte* quantité aurait

(2) En employant le caoutchouc, on supprime tout graissage.

sa largeur *diminuée* de 0,001 par 10 mètres; une quantité *moins forte* serait *augmentée* de 0,001 par 10 mètres.

Cylindres. Développement. — Les cylindres peuvent être considérés comme des poulies larges et pleines, et agissent toujours par contact. Néanmoins comme ils ont toujours peu de prise l'un sur l'autre il faut que la pression les unisse, et l'un devient commandeur.

Tous deux tournent ensemble en sens contraire, et d'un mouvement parfaitement égal à la surface. Lorsqu'on fait le calcul des mouvements, on se contente, pour cette raison, de calculer la vitesse et le diamètre du cylindre inférieur, l'autre cylindre répondant toujours à ces données.

La longueur qu'ils peuvent débiter en une minute s'appelle *débit* ou *développement*. Il en est de même des poulies.

Le développement est égal au *produit de la circonférence par la vitesse*. Or, comme la circonférence est égale au diamètre multiplié par π ou 3,1416 ou $\frac{22}{7}$ (1), le développement est égal au *produit de la vitesse par la circonférence multipliée par* 3,1416.

Le développement d'un cylindre ou d'une poulie de 40 cent. de diamètre qui fait 130 tours par minute sera d'après ces principes

$$130 \times 0,40 \times 3,1416 = 163,37 \text{ ou bien } \frac{130 \times 0,40 \times 22}{7} = 163,43$$

---

(1) Le signe π exprime le rapport de la circonférence au diamètre qui est toujours un nombre constant ; sa valeur calculée par Archimède est de $\frac{22}{7}$ ou 3,1428, calculée par Métius de $\frac{355}{113}$ ou 3,1416. Ce dernier nombre est toujours adopté comme le plus exact.

La circonférence d'un cylindre de trois pouces (1) de diamètre sera :

$$3,1416 \times 3 = 9 \text{ pouces } 1/2.$$

Réciproquement, un rouleau de 9 pouces 1/2 aurait pour diamètre :

$$\frac{9,5 \times 7}{22} = 3 \text{ pouces.}$$

Le tableau suivant donne, depuis 1 pouce jusque 6, les circonférences calculées d'après les diamètres, et variant d'un quart de pouce :

Diamètre	Circon-férence	Diamètre	Circon-férence	Diamètre	Circon-férence	Diamètre	Circon-férence
1	3,14	2 1/4	7,06	3 1/2	10,99	4 3/4	14,91
1 1/4	3,92	2 1/2	7,85	3 3/4	11,77	5	15,70
1 1/2	4,71	2 3/4	8,63	4	12,56	5 1/4	16,48
1 3/4	5,05	3	9,42	4 1/4	13,34	5 1/2	17,27
2	6,28	3 1/4	10,20	4 1/2	14,13	5 3/4	18,05

(1) En filature, les caculs se font souvent en mesures anglaises, dont les principales sont :

En longueur
- Le *yard* . . . . . . 0 mètre 91,468,348
- — *pied* (1/3 yard). . . 0,3 décimètres 0,479,449
- — *pouce* (1/36 — . . . 0,02 centimètres 539,954
- La *ligne* (1/288 — . . . 0 mètre 003,176

En poids
- La *livre-ang* . . . . . 0,453 grammes 592,645
- L'*once* (1/16 livre) . . . 0,028 grammes 349,540
- Le *dram* (1/16 d'once) . . 0,01 gramme 771,846

166

CHAPITRE IX.

Machines auxillaires.

On trouve souvent avantage dans la filature au mouillé à ne pas employer les filaments de lin dans toute leur longueur, et à les couper en parties distinctes. La division des brins en diverses sections se fait alors au moyen d'une machine dite *coupeuse* (pl. 1).

La partie principale de cette machine est une roue tournant avec une extrême rapidité, garnie de dents obtuses placées sur deux rangs et destinées à trancher le lin. Ces dents sont placées en quinconce, afin d'obtenir le plus d'irrégularité possible dans la coupure, et par suite de permettre aux fibres une plus facile division dans le travail de la filature.

Pour s'en servir, on présente les mêches de lin à l'entrée des poulies à gorge BB' et CC', pressées fortement l'une contre l'autre au moyen du levier L et du poids P. Dans leur mouvement de rotation, ces poulies poussent en avant les mêches dont on tient les extrémités de chaque main, et les brins sont déchirés, au fur et à mesure qu'ils se présentent, par la roue D.

Quelquefois la roue dentée est double et un manteau en tôle couvre tout l'appareil.

Le coupage du lin se fait avec cette machine d'une manière rapide et satisfaisante. Néanmoins, il faut éviter, ce qui arrive parfois, que les mêches de lin ne s'engagent dans les engrenages ou autour des arbres.

Cette manière de traiter le lin donne souvent d'excellents résultats. Elle permet d'obtenir au peignage un rendement plus

COUPEUSE.

Vue de face.

Vue de profil.

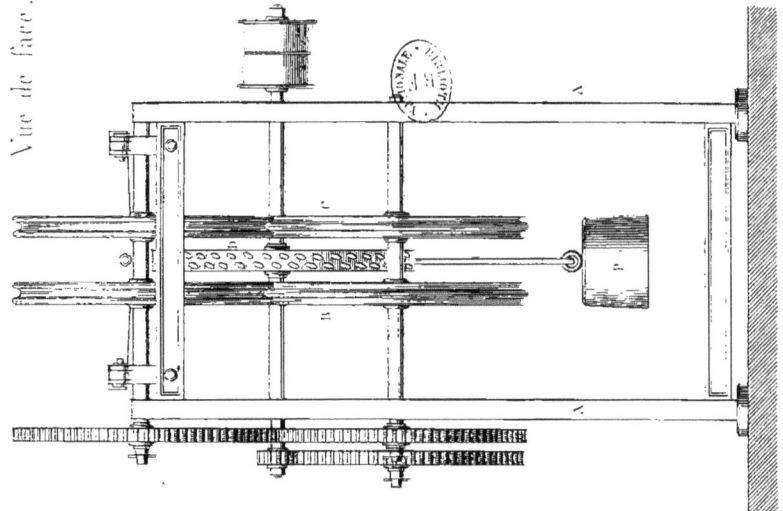

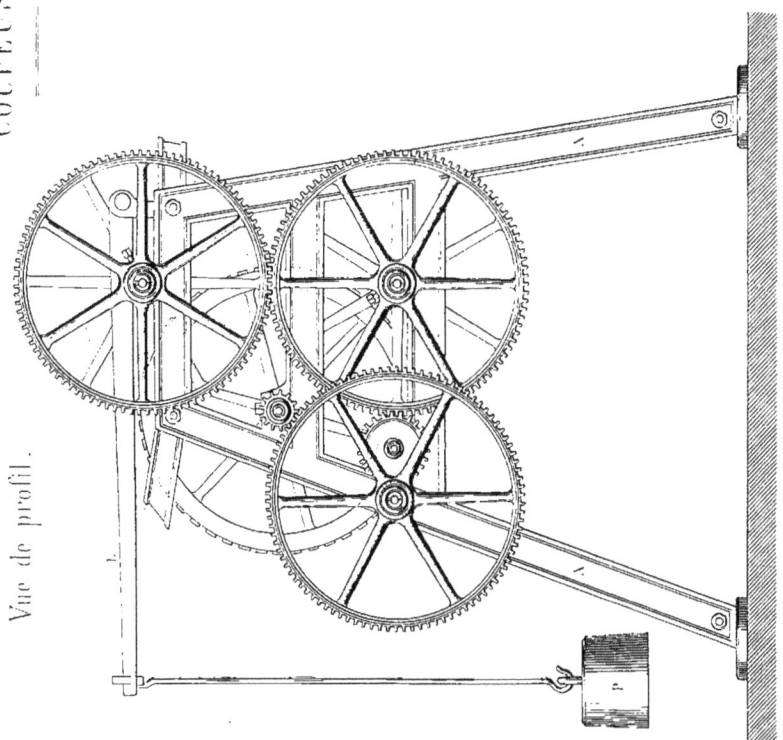

Imp. Camille Robbe, à Lille.

fort, puisque les peignes n'agissent plus ensuite que sur des fibres de même section; pour la même raison, elle donne un fil plus régulier.

On coupe le lin en deux parties, plus souvent en trois, la tête, le milieu et les pieds. On calcule qu'avec le milieu on peut obtenir un fil de qualité supérieure, d'un numéro beaucoup plus élevé que par la masse entière; qu'avec la tête, le fil aura même qualité et même numéro ; et qu'au moyen des pieds, il sera beaucoup moins fin, mais aussi plus régulier que si on avait filé toute la fibre. Un mélange de la tête et des pieds produit un fil beaucoup plus beau que ces deux parties traitées à part.

La coupeuse est employée dans la plupart des filatures de France, de Belgique et d'Angleterre.

On voit encore quelquefois dans certaines usines deux autres machines moins nécessaires et par suite moins usitées que la coupeuse, ce sont l'ébouteur et l'espade.

L'*espade* supplée au teillage ; elle est destinée à nettoyer le lin, lorsque celui-ci, à l'état brut, contient encore trop de chenevotte autour de ses fibres pour subir avantageusement l'opération du peignage.

Cette machine se compose principalement de deux fourches, mues chacune par deux roues s'engrénant directement, et qui les font tourner par conséquent en sens inverse. Ces roues font environ par minute de 80 à 100 révolutions et sont disposées de façon à ne jamais se heurter. Un demi-tambour qui les entoure se rattache à un arbre horizontal en fonte, placé au-dessus d'elles, et muni d'une coulisse sur toute sa longueur. La mêche de lin introduite dans cette fente pend environ de la moitié de sa longueur ; et, battue et nettoyée par les bras mobiles, se débarrasse entièrement de la paille qui l'entoure.

On a soin dans tous les cas, pour éviter toute coupure, de ne pas donner trop de tranchant à ces lames : et de ne laisser dépasser le lin que d'une longueur suffisante pour qu'il ne puisse s'enrouler autour des bras.

Cette machine, comme nous l'avons déjà dit, ne peut que suppléer au teillage, et non le remplacer.

L'*ébouteur* a pour but de débarrasser le lin des extrémités les plus grossières formées de la tête et des pieds. Cette machine est très-peu employée à cause des mauvaises étoupes, hachées et menues, qu'elle fournit.

Les mèches de lin sont ici introduites entre deux plaques cannelées formant mâchoire, et placées à l'extrémité d'un arbre qui tourne avec une certaine rapidité. Deux peignes à dents triangulaires sont situés sur les côtés de la machine. Mais le système est disposé de telle sorte que lorsque l'arbre tourne à droite, le peigne de gauche soit abaissé, et que lorsqu'il tourne du côté opposé, le peigne de gauche soit relevé et celui de droite abaissé. On peut de cette manière dégager les extrémités sur les deux faces à la fois.

Le système de poulies qui fait marcher cette machine est assez remarquable. L'arbre principal porte trois poulies accolées l'une à l'autre, et a sur son axe une roue dentée qui engrène directement avec une autre fixée sur un arbre voisin et parallèle ; ce dernier est entouré de trois poulies semblables et de même dimension, mais qui se correspondent toutes de la manière suivante :

1re Poulie	—	fixe,	Poulie correspondante —	folle.
2e	»	folle.	»	folle.
3e	»	fixe.	»	folle.

On conçoit dès lors que si la courroie est placée sur la poulie du milieu, elle ne peut plus faire fonctionner le métier ; que si elle est placée sur la première poulie, elle tourne dans le sens de la poulie fixe et sur la troisième dans le sens de l'autre poulie fixe. Les roues dentées favorisent ce mouvement et la courroie est guidée par une fourchette.

Le seul avantage de l'ébouteur est de permettre de filer à un numéro plus élevé, son grand désavantage est de donner des étoupes qu'on ne peut employer que difficilement.

CHAPITRE X.

Peignage. — Peignage à la main.

De toutes les opérations préliminaires qui précèdent le travail du lin sur le métier à filer, la plus importante est sans contredit le peignage.

Lorsque les bottes arrivent dans les filatures, leurs filaments sont encore entourés d'ordures et de chenevotte et toujours quelque peu mêlés ; il est donc nécessaire de les soumettre à une nouvelle opération qui les rende propres à être filés. Cette dernière a pour résultat de séparer la matière première en deux parties : les *longs brins* et les *étoupes*, que l'on traite séparément.

On a pour but en peignant le lin d'en séparer les filaments les uns des autres, et par suite de les répartir d'une façon égale et parallèle lorsqu'ils formeront un ruban.

Les lins qui demandent le peignage le plus soigné sont ceux que l'on destine à la confection des fils de grande finesse : car, soumis en bloc, après un mauvais peignage, à l'action des machines étireuses, ils ne formeraient qu'un fil irrégulier dans sa longueur et à sections très-inégales. Il suit de là que plus le produit que l'on veut obtenir doit avoir de beauté et de finesse, plus aussi on doit soigner le peignage de la matière première. Un bon lin qui a, comme on dit, de *mauvaises pointes*, a toujours une moindre valeur.

C'est donc une opération importante que la division du lin par le peignage puisque d'elle dépend en grande partie la qualité du fil.

Aussi les précautions à prendre sont-elles infinies. Ainsi tous les lins ne sont pas susceptibles d'être peignés de la même manière, et même bien qu'une division accentuée soit préférable à un peignage imparfait, il serait quelquefois fautif de les peigner complètement; le filateur doit examiner s'ils ont, comme on le disait autrefois, *assez de nature* pour donner tel ou tel genre de fil. On doit se rappeler que les *déchets* et les étoupes que l'on peut obtenir, tout en ayant un certain prix, sont cotés à une moindre valeur que les filaments du lin, or, comme plus on peigne un lin, plus on lui enlève de déchets, plus aussi on diminue le poids de la matière la plus utile, plus on s'expose à en altérer la valeur. Nous verrons plus loin combien un bon classement est nécessaire pour obtenir un travail satisfaisant.

Juger jusqu'où doit aller le peignage n'est pas chose facile : on doit se guider en cela sur le numéro que le fil peut donner. Chez les ouvriers, l'expérience et la connaissance de la matière font trop souvent défaut. Les instruments mécaniques peuvent mieux régler la chose, et encore un seul ne peut-il servir au peignage de tous les lins, à moins que le système ne soit tel qu'il ne se prête aux divers changements. Concluons qu'on ne doit pousser très-loin la division du lin qu'autant que le lin lui-même le comporte et qu'on doit dans tous les cas veiller à faire le moins possible d'étoupes et de déchets

D'après ce que nous venons de dire, on a vu que le peignage avait lieu de deux façons : *à la main* et *à la mécanique.* Il est facile de dire quel système on doit employer de préférence, car les résultats les plus satisfaisants ont été jusqu'ici donnés par les machines. Leur peignage est quelquefois si parfait qu'on ne peut presque prétendre à mieux. Mais outre l'avantage qu'elles procurent de donner de beaux produits, les machines sont encore précieuses en ce sens qu'elles donnent une économie de temps réelle et une main-d'œuvre beaucoup moindre. Nous reviendrons d'ailleurs sur ce sujet.

Auparavant nous allons exposer quelques principes d'après lesquels on devra se guider pour l'opération dont ce chapitre est l'objet.

D'une manière générale, tout effort doit être banni du peignage, on doit par conséquent se garder de peigner trop durement et trop longtemps.

La longueur du filament est souvent chose essentiellement requise, nécessaire même pour la formation des fils. Ceux qui veulent donner au lin un peignage fort accentué, le lacèrent parfois, le diminuent de longueur : l'opération qu'ils font subir au produit devient alors désavantageuse, l'intérêt et l'expérience doivent guider le filateur. Aller au-delà des limites voulues est toujours inutile à cause des étoupes qu'on obtient : ces derniers produits, comme nous l'avons dit plus haut, ont une valeur beaucoup moindre que le long brin. Ajoutons que ces étoupes donnent un déchet considérable dans le travail des cardes.

Un autre principe à observer, c'est qu'il faut toujours peigner en rapport avec la qualité du lin. Tel produit qui peut être divisé sur des peignes à pointes distancées ne peut que se déchirer et fournir beaucoup de rebut sur des peignes fins. D'autres lins au contraire peuvent être peignés de prime abord sur ces derniers peignes. Les peigneurs à la main ont ordinairement à leur disposition des peignes de différentes finesses dont ils usent à volonté. Quant aux machines nous verrons plus loin qu'on les conduit de telle sorte que les peignes dont elles se composent ne sont pas tous semblables entre eux.

Terminons en disant qu'il faut toujours éviter de peigner la masse du lin d'un seul trait. La fibre qui compose le long brin est encore, comme nous le savons, entremêlée de *pailles* provenant de la chenevotte, de nœuds, de fines étoupes et d'une quantité de matières étrangères. Les dents du peigne, en rencontrant ces nouveaux produits sur tout le parcours du filament, les arrêteraient et briseraient en même temps une bonne partie du lin. Et en sup-

posant la fibre la plus belle possible, les étoupes qui se formeraient
s'amassant tout d'un coup à l'extrémité seraient souvent en si grand
nombre que, pressant les longs brins contre les dents, elles force-
raient le lin qui supporte la traction du peigneur, à se briser sous
l'effort ; ceci constitue une nouvelle masse d'étoupes amenées par
la faute seule de l'ouvrier. Les bons peigneurs ont soin dans la
pratique de dégager avant tout les extrémités : ils évitent ainsi
aux étoupes des *boutons* qui les rendent mauvaises et aux longs
brins de fréquentes ruptures.

Les machines à peigner sont construites de manière à ce que ce
principe soit observé.

PEIGNAGE A LA MAIN.

En France, le peignage à la main tend de jour en jour à être
remplacé par le peignage mécanique, surtout chez les grands
manufacturiers. Il n'est généralement en usage que dans les petites
usines et dans les établissements qui commencent à fonctionner ;
ou bien encore il est adjoint au peignage mécanique. La cherté des
machines, les réparations fréquentes dont elles sont l'objet, la
routine même toujours ennemie du progrès, empêchent qu'il ne
soit complètement supprimé (1).

D'après les principes que nous avons exposés plus haut, on doit
comprendre que les bons peigneurs sont rares et reçoivent par
conséquent un salaire proportionné à leur savoir-faire. On rencontre
rarement ce que l'on pourrait appeler des maîtres-peigneurs, qui

---

(1) On gagne par les machines une économie de temps, d'argent et d'espace. Ainsi le
prix de revient pour chaque mèche est beaucoup moindre, le travail est plus abondant
(3500 kg. peignés en moyenne pour 6 journées de 12 heures) et souvent plus satisfaisant.
En outre, l'emplacement d'une machine demande beaucoup moins d'étendue. D'ailleurs, les
lins sont toujours beaucoup mieux travaillés sur une longue série de peignes mécaniques
que sur trois ou quatre peignes de main.

sachent en même temps que bien peigner toutes sortes de lins, donner à chacune des mêches un travail proportionnel et les assortir un peu. Ceci tient à la facilité avec laquelle les ouvriers changent d'ateliers. En Angleterre, on ne peut être peigneur qu'après cinq ans d'apprentissage ; chez nous, après un travail de trois mois, chacun se croit passé maître.

Rien de plus simple que la disposition d'un atelier de peignage à la main. Un certain nombre d'ouvriers sont rangés dans un ordre quelconque et suivant la diposition de la salle, devant eux et à hauteur d'homme est situé dans une position horizontale et parallèlement à la muraille le *banc de peignage*; de 0^m 30 à 0^m 35 centim. de largeur sur 0^m 40 d'épaisseur, soutenu de distance en distance par quelques planches verticales. Le banc de peignage est éloigné de la muraille d'environ 1^m 25 ; des lattes en bois, placées dans une position oblique, occupent cet espace, et vont se rattacher à des boîtes à compartiments placées devant chaque peigneur qui y pose ses étoupes par qualités.

Sur le banc sont assujetties pour chaque ouvrier cinq ou six planchettes surmontées de pointes d'acier plus ou moins distancées et plus ou moins fines qui tiennent lieu de peigne : ce ne sont en réalité que plusieurs peignes rangés parallèlement. Le but de ces planchettes est d'empêcher l'ouvrier d'enfoncer trop profondément son cordon dans les dents. Elles sont fixées par une des extrémités à de petits morceaux de bois de manière à prendre l'inclinaison des lattes, et aussi rangées par ordre comme rapprochées autant que possible les unes des autres, de manière à prendre moins d'espace et à déranger très-peu l'ouvrier. Des boulons en métal les retiennent à leur base, afin de les rendre immobiles. Dans tous les cas, il va sans dire que l'inclinaison de ces planchettes est laissée à la volonté du maître ; elle doit être réglée selon la taille de l'ouvrier. On avait autrefois l'habitude de les élever de trop et le peigneur était souvent obligé de se baisser pour atteindre les aiguilles : il faut prendre garde de ne pas tomber dans la même erreur. Cette méthode avait encore l'inconvénient d'obliger l'ouvrier qui se baissait à donner des coups secs et durs, et à occasionner ainsi un grand nombre de ruptures.

A gauche, sur le banc, sont enfoncés par une extrémité, quatre bâtons rectangulaires disposés en carré quelquefois munis de deux planchettes parallèles, et entre lesquelles l'ouvrier pose les mèches à mesure qu'elles sont peignées. Quant au lin brut, il est placé le plus à portée de l'ouvrier, souvent à sa droite sur le banc de peignage. L'homme y puise à volonté mèche par mèche de manière à avoir un poids de 1/2 kilogramme par quatre mèches. Il est à remarquer néanmoins que la qualité du lin, la manière de le traiter, peut faire quelquefois varier ces données ; ainsi le lin coupé en deux n'est employé que par 0,30 à 0,65 grammes, le lin coupé en trois ou en quatre par mèches de 0,25 à 0,55 grammes. Le lin long est souvent disposé sur le banc par bottes de 1 kilogramme 1/2 contenant 12 mèches (1).

Pour exécuter son travail, le peigneur prend d'une main une mèche sur la planche à lin, et la tenant par le milieu avec l'autre main commence à la peigner par une extrémité ; lorsqu'il a fini d'un côté, il retourne le cordon et recommence de l'autre ; cette opération faite, il retire les étoupes qui embarrassent les peignes, les place dans la *boîte à étoupes* sans mêler les diverses qualités, après avoir mis la mèche peignée entre les quatre bâtons et parallèlement à eux. Quand la boîte à compartiments est pleine d'étoupes, on met ces dernières dans des sacs, puis on les envoie aux cardes. Dans beaucoup d'ateliers, on vide chaque soir tous les compartiments.

Quant aux mèches, pour les empêcher de se mêler entre elles, on ne les empile qu'après leur avoir donné une légère torsion au tiers de leur longueur ; ainsi disposées, elles portent le nom de

---

(1) Ces données sont nécessaires à connaître, car il arrive que des ouvriers, pour aller plus vite en besogne, peignent de grosses poignées de lin et font un mauvais travail.

queues de cheval. Quand elles forment un certain poids (1), le peigneur relie toutes leurs extrémités en les tordant fortement, et il en forme ainsi une masse cylindrique qu'il place sur une longue planche (*planche à lin*) qui traverse toute la salle au-dessus des ouvriers. Quand il y a une quantité suffisante de matière peignée, on la porte à la table à étaler.

C'est ainsi qu'est disposé un atelier de peignage. On conçoit que cette disposition que nous avons essayée de rendre aussi générale que possible, peut différer dans quelques établissements. Nous en terminerons la description par quelques détails.

On donne généralement à l'ouvrier quatre peignes : les plus gros, que les anglais appellent *Ruffers*, portent une quinzaine d'aiguilles sur chaque rang, les trois autres en portent généralement (Gils, 1/2 Ruffers) 26, 32, 60. Il arrive quelquefois que l'on ait besoin de peignes plus fins, de 140 à 180 aiguilles par exemple ; dans ce cas, on les ajoute aux autres ou on en forme un second banc. Il y a peu de filatures en France où l'on se sert de ces derniers peignes, la finesse moyenne y est généralement comprise entre 15 et 80, mais on va jusque 100 pour le fin peigne.

On devra, autant qu'on le pourra, avoir des peignes en acier fin, non trempé. Car, si les aiguilles étaient en fer, elles seraient courbées après le dégrossissage de deux ou trois cordons, si elles étaient en acier trempé, elles se casseraient ; sous le choc du pouce, ces aiguilles doivent rendre un son clair, elles doivent en outre être bien rondes, polies, élastisques et affinées. On doit aujourd'hui bannir des ateliers les anciennes aiguilles rectangulaires et à pointes prismatiques, sur lesquelles le lin se coupe ou se brise (2).

---

(1) Il faut toujours éviter que les paquets ainsi formés ne soient trop gros, afin que le travail ne se gâte pas lorsqu'on les transporte d'un lieu à un autre. On peut leur donner environ 10 kilogs.

(2) Il faut toujours avoir soin de changer les aiguilles sitôt qu'il y en a d'épointées ou d'écaillées, elles déchirent alors la matière et font beaucoup plus d'étoupes.

Dans le choix d'un peigne, on doit bien considérer la manière dont sont disposées les aiguilles

Lorsque celles-ci sont toutes en ligne droite, le lin glisse facilement entre leurs interstices, et ne subit le travail que d'une certaine quantité de pointes. Lorsqu'elles sont disposées en quinconce, le cordon passe sur un nombre double d'aiguilles. Enfin, lorsqu'on les dispose de façon à ce qu'aucune d'elles ne soit directement derrière une autre, le travail, ce nous semble, doit être plus satisfaisant, en même temps que plus facile.

En outre, comme les planchettes sur lesquelles reposent les peignes occupent plus d'étendue que les pointes, on peut, pour ménager l'espace, les rapprocher et se servir d'un seul boulon pour fixer deux planchettes. On ne devra le faire néanmoins qu'autant que cette disposition ne gêne la manœuvre du peigneur. Nous la croyons avantageuse parce qu'alors les aiguilles des peignes arrivent toutes à la même hauteur, la longueur diminuant en rapport avec la finesse.

Les précautions que doit prendre l'ouvrier sont nombreuses.

Ainsi son premier soin doit être de bien serrer la mèche entre ses mains, de manière à ne laisser échapper aucun filament.

En outre, il est de règle qu'il tienne cette mèche par le milieu. Dans la pratique, pour donner plus de ténacité à la traction qu'il doit faire subir au lin, il enroule autour de la main la moitié de la mèche qu'il peigne. Cette manière d'agir, bien que forcée, est un des grands inconvénients du peignage à la main. On voit en effet que l'ouvrier, à l'endroit où il serre son lin, forme une masse assez dense sur laquelle les dents du peigne ne peuvent parfaiment agir. En outre, comme il est toujours obligé d'imprimer une certaine torsion à sa mèche, les dents peuvent briser une quantité de filaments minime il est vrai, mais réelle. Il arrive aussi quelquefois que cette partie des mèches est à peine effleurée. Par contre, si le milieu est mal peigné, les extrémités le sont souvent trop, elles forment alors un ensemble lâche et flottant, inaccessible au peigne.

Néanmoins, ces inconvénients sont peu de chose si on les compare au désavantage qui résulterait d'une autre manière de peigner.
Supposons en effet qu'il tienne sa mèche par une des extrémités.
Alors le lin, supportant une forte traction par un bout, tout en
étant libre de l'autre côté se briserait en partie avant que le peigne
pût agir sur le tout ; et, en même temps qu'on n'obtiendrait que
peu de filaments entiers, on serait obligé de se contenter d'étoupes
trop longues et par conséquent se travaillant mal à la carde. Si on
tenait la mèche assujettie au tiers, on subirait les désavantages
que présentent les deux manières de peigner. Comme on le verra
plus loin, la mécanique fait disparaître tout obstacle à cet égard.

Les peigneurs doivent avoir soin de ne jamais laisser les étoupes.
s'accumuler dans les peignes, ils doivent les retirer plutôt deux
fois qu'une. Néanmoins, il est difficile de poser des règles à ce
sujet. Souvent les ouvriers, prenant les étoupes à deux mains de
chaque côté du peigne, les enfoncent sur les planchettes jusqu'à ce
qu'ils en aient fait une masse gênante, qu'ils jettent alors dans la
boîte à étoupes. Ce système est quelquefois bon, mais c'est à l'ouvrier à juger s'il doit constamment s'y conformer. Il retire ces
étoupes à la main, quant aux brins qu'il ne peut détacher de la
même manière, il en débarrasse les peignes au moyen d'un petit
instrument en acier très-mince et non aiguisé. Remarquons encore
qu'en arrachant par trop fortes masses les étoupes d'entre les peignes, il peut les gâter et briser inévitablement des filaments.

Nous avons dit plus haut que les ouvriers avaient plusieurs peignes à leur disposition : la raison en est simple. C'est qu'en effet
on ne peut pas toujours peigner le lin du premier coup sur des
peignes fins sans en obtenir de grands déchets ; il est bon de commencer par opérer un certain dégagement dans la masse, parcequ'on arrive ensuite à un travail plus complet . Ainsi, par exemple,
lorsque au moyen de gros peignes, on divise en mèchettes parallèles les filaments enchevétrés les uns dans les autres, on rend

23

ainsi le produit susceptible d'être travaillé sur d'autres peignes.
Cependant l'ouvrier doit juger par lui-même s'il doit faire agir le
lin sur les grosses pointes ou sur celles qui sont plus fines. Cela
dépend en même temps de la qualité de la matière première et de
la manière dont elle a subi les opérations préliminaires au peignage:
un lin cassant ou mal teillé demandera un peignage beaucoup plus
long qu'un lin fin et bien travaillé.

On sait que certains lins n'ont besoin que de passer sur un ou
deux peignes fins, d'autres qui seraient lacérés si on agissait de la
sorte sont divisés sur de gros peignes, il en est quelquefois qui demandent à être si dégagés qu'on doit les faire passer par toute la
série. Les gros peignes servent à faire disparaître les bouts irrégu-
liers ; dans certains ateliers, on exécute ce travail sur un petit
triangle en acier placé à côté de l'ouvrier. Il est bon d'ajouter
qu'aucune précaution n'est ici de trop : un effort trop fortement
accentué briserait la matière, pourrait (ce qui est rare) fausser les
dents du peigne et produirait de mauvaises étoupes.

Encore une autre observation. Au lieu de faire glisser la mèche
dans toute sa longueur entre les dents du peigne, il est préférable
de n'agir que parties par parties. En s'enfonçant dans la mèche, les
aiguilles la divisent complètement au premier coup, un grand effort
serait alors superflu ; si on relève cette mèche et qu'on répète la
même opération à quelques centimètres plus loin, l'effet voulu sera
encore produit et la mèche bien divisée en cet endroit. On voit que
si (lorsqu'on sera de la sorte arrivé à l'extrémité), on reprend le
même travail plusieurs fois sur toute la longueur de la mèche, celle-
ci sera beaucoup mieux peignée que si elle avait été travaillée en
deux ou trois coups de peigne. Dans la pratique, les ouvriers ap-
pliquent ce principe en lançant vivement la mèche dans les peignes
et en la repiquant plus loin lorsqu'ils sentent une légère résistance;
lorsqu'ils sont arrivés au point où leur main touche les peignes, ils
s'arrêtent; ils ont soin en agissant ainsi de développer le cordon
on éventail sans dépasser le peigne, mais en le couvrant entière-

ment, de manière que les divers filaments, tout en étant bien distincts les uns des autres, soient tous peignés (1). D'un autre côté, lorsqu'ils commencent à peigner la mèche et que par conséquent ils attaquent l'extrémité, ils la maintiennent de la main gauche près du peigne, afin de laisser les fibres intactes (2).

C'est par la stricte observation de ces principes que l'on peut arriver à de bons résultats dans le peignage à la main, et aussi par le bon ordre et une active surveillance dans l'atelier (3). L'établissement de la *peignerie*, surtout dans les manufactures qui filent des lins variés à de hauts numéros, est un des points les plus importants dans l'organisation totale. On doit y établir autant que possible un règlement qui prévienne tout erreur, et comme les fraudes peuvent y être fréquentes en même temps que faciles, il est urgent de faire bien observer la loi imposée. C'est au contremaître de l'établissement ou au surveillant particulier de l'atelier, s'il y a lieu d'en avoir un, de prévenir toute négligence et d'examiner avec soin les travaux des ouvriers.

On paie généralement en raison de la production et comme on dit *à la pièce*; on ne doit jamais pour les peigneurs faire un paiement *à semaine bonne*. Car, dans le premier cas, chacun est payé selon

---

(1) Quand un lin a été bien peigné, les filaments doivent en être très-divisés, de grosseur égale, et parallèles entre eux. Les bouts doivent surtout être bien dégagés d'étoupes et de boutons, et les poignées coupées un peu carrément dans leurs extrémités.

(2) Dans certains ateliers, on rencontre ce que l'on appelle des *apprentis-peigneurs* qui s'exercent sur les étoupes à retirer ce qui reste d'utilisable et qui en forment des paquets désignés par opposition sous le nom de *court-brin*. Ce travail, que l'on confie ordinairement à des enfants, est presque disparu de notre pays, et de fait on devrait complètement le supprimer; l'opération du peignage est trop fatigante pour être confiée à des enfants, en outre les rémunérations qu'on peut donner à ces derniers ne sont pas en rapport avec le résultat : On ne retire au bout d'une journée que 1 à 2 kilogrammes de court-brin.

(3) Un bon ouvrier peut peigner 30 à 35 kilogs au plus par jour, soit en moyenne 200 kilogs par semaine. Ceux qui livrent davantage ne peuvent le faire qu'aux dépens de la fabrication, et l'on ne saurait y apporter trop d'attention. En Angleterre, où les journées sont moins longues, on peigne environ 150 kilogs par semaine.

son travail ; dans le second, l'ouvrier certain du salaire peut s'il est négligent recevoir autant qu'un travailleur.

Comme les peigneurs sont généralement peu nombreux et que chaque ouvrier fait un travail particulier, le peignage doit avoir un compte particulier dans la comptabilité. Il est difficile, pour juger du travail, d'y tenir compte du rendement en lins et en étoupes, mais on habitue les ouvriers à bien peigner en les obligeant à travailler de nouveau les mèches qui le sont insuffisamment. Pour vérifier s'ils n'ont pas soustrait quelque partie de la matière première, on pèse de temps à autre l'étoupe et le long brin, puis on constate si leur somme représente bien la quantité de lin brut qui leur a été confiée. De cette manière, on prévient toute fraude.

CHAPITRE XI.

Peignage mécanique du Lin.

Pour se rendre bien compte des obstacles que les machines ont rencontré pour se substituer au travail à la main, il faut dire qu'elles ont dû être faites pour travailler toutes espèces de lin, quelle qu'en fût la qualité, la forme ou la longueur. L'ouvrier, qui est intelligent, peut aisément donner au lin le degré de peignage nécessaire et le bien travailler, mais la machine attaque avec la même énergie les lins forts et les lins faibles ; tous ses mouvements s'exécutent avec la même régularité, lorsqu'il serait nécessaire qu'elle les fit varier quelquefois.

En outre, il ne suffisait pas de construire des machines, pour ainsi dire intelligentes et plus habiles que les ouvriers, il était nécessaire de les alimenter rapidement, à peu de frais, et de façon à remplacer un grand nombre de bras.

Aussi, n'est-ce qu'après des tâtonnements plus ou moins longs, après un grand nombre de perfectionnements et d'essais successifs, que l'on est arrivé à surmonter les principaux obstacles, et à construire des machines dont les services sont aujourd'hui incontestables. — Nous allons essayer d'esquisser, en peu de mots, l'historique des divers perfectionnements appliqués aux peigneuses de lin.

HISTORIQUE DES PERFECTIONNEMENTS APPORTÉS DANS LA CONSTRUCTION DES MACHINES A PEIGNER.

Les premières machines furent basées sur les principes du peignage à la main. Le lin, soutenu entre deux mâchoires, était promené sur un certain nombre d'aiguilles placées au devant des mèches.

La principale des peigneuses de ce genre était désignée sous le nom de *Peters' machine*, du nom de son inventeur. Les tresses de lin, fixées à des presses en fer, se rapprochaient et s'éloignaient alternativement d'un tambour à quatre faces garni d'un peigne à chaque angle. La même tresse passait successivement par quatre rangées de peignes de différents degrés de finesse, et lorsque les aiguilles étaient suffisamment chargées d'étoupes, on arrêtait la machine pour enlever le déchet à la main.

Longtemps ces peigneuses fonctionnèrent en Angleterre, seul pays qui employât les machines pour le travail du lin. — En France, on était tellement persuadé du peu d'utilité de ces appareils, que la Société d'Encouragement proposa un prix de 12,000 francs pour la machine à peigner qui rendrait le plus de services.

C'est alors qu'on vit paraître une peigneuse basée sur de nouveaux principes, et dont l'inventeur était *Philippe de Girard*, le père de la filature de lin.

*
* *

Le lin au lieu d'être promené sur des peignes, était soumis à l'action d'aiguilles qui traversaient elles-mêmes les mèches de haut en bas. De plus, au lieu d'être travaillé d'un seul côté, il était peigné de deux côtés à la fois. — Les principes de cet appareil sont encore ceux qui priment aujourd'hui.

La première année que parut cette machine, la Société d'encouragement décerna à Girard un encouragement et 600 fr. ; Roberts
de Manchester, l'appelait alors l'invention capitale de Girard,
masterly production.

Cette machine se composait de barettes détachées munies de
peignes et décrivant, au moyen de manivelles, un mouvement circulaire continu. Le métier avait deux faces semblables, et le
mouvement avait lieu en sens contraires pour chaque face et
de haut en bas. La mèche, enfermée jusqu'au tiers de sa
longueur entre deux plaques à écrou, dites *mordaches*, passait
entre les branches, conduite par une chaine à la Vaucanson. Quand
un extrémité était peignée, on la retournait pour la travailler de
l'autre côté.

En parcourant les mèches dans toutes leur longueur. les peignes
en détachaient les étoupes dont le départ régulier s'effectuait au
moyen de deux cylindres placés directement sous eux ; ces étoupes
étaient ensuite abandonnées à un tambour recouvert d'un drap sur
lequel elles s'amassaient, un enfant, placé près du tambour les
enlevait à mesure qu'elles s'accumulaient et les empêchait de
retourner dans les branches inférieures.

Le mouvement était donné à la chaîne des presses au moyen de
trois roues coniques. La poulie motrice faisait manœuvrer la
manivelle du bas, l'autre marchait en même temps qu'elle par
l'intermédiaire d'une bielle.

*
* *

La machine Girard fut longtemps employée en Angleterre telle
qu'elle avait été inventée. Mais en France, le brevet d'importation
ayant été cédé à un constructeur.de Paris, *M. Decoster*, celui-ci y
apporta quelques perfectionnements, et la peigneuse fut désignée
sous les deux noms réunis.

Tout d'abord, les peigneuses de ce constructeur étaient plus résistantes et exigaient moins de dépenses d'entretien, grâce à quelques légers changements dans le détail desquels nous ne pouvons entrer ici. Le principal résidait dans la substitution d'une roue conduite par une vis sans fin à trois roues d'angle pour faire mouvoir la chaine.

Les perfectionnements les plus importants consistaient ensuite dans l'écartement des manivelles supérieures, écartement qui permettait de donner aux peignes un mouvement circulaire ; ceux-ci se retiraient alors de la mêche lorsqu'ils avaient produit leur effet, au.lieu de la sillonner de haut en bas. Venait ensuite l'égalisation des peignes, qui, dans le modèle Girard, allaient en s'accourcissant par degrés dans le haut, et que M. Decoster construisait d'une manière uniforme.

*
* *

D'autres brevets furent pris, peu de temps après Girard, pour des machines à peigner fondées sur les mêmes principes. Ces peigneuses n'étaient autres que celles de Decoster avec quelques perfectionnements. Encore faut-il s'entendre sur la signification de ce terme, car ces machines comprenaient plutôt ces changements que fait chaque constructeur dans le détail d'une peigneuse et qui peuvent présenter certains avantages, soit sous le rapport de la facilité de construction, soit sous le rapport de la facilité d'entretien ou de l'aspect de l'appareil. Nous ne ferons donc que les nommer.

1825 (17 Novembre) — Rjeff, de Colmar — brevet d'importation de dix ans pour une *machine propre à peigner le chanvre et le lin sans leur rien faire perdre de leur force naturelle*.

1828 — Lasgorseix, mécanicien, à Paris — brevet d'importation et de perfectionnement de dix ans — pour un *système de peignage et de construction de différentes machines propres à filer le lin, le chanvre, la laine peignée et autres matières filamenteuses.*

1829 (27 Février) — Hay, de Manchester — brevet d'importation de quinze ans — *machine à peigner le chanvre et le lin.*

1829 (27 Avril) Delcourt, Mécanicien, et Van de Weigh, manufacturier, de Paris — *machine à peigner le chanvre et le lin.*

1829 (29 Juin) Bouréque et Fergusson, filateurs à Barvillers — brevet d'invention de dix ans — pour un *système mécanique propre au peignage et à la filature du chanvre et du lin.*

1833 (4 Novembre) — Valson, notaire à Gevrez ; Levillard, Mécanicien à Nuits, et Chardot, menuisier à Saulon-la Chapelle — brevet de dix ans — *machine propre à assouplir et peigner le chanvre et le lin.*

1836 (17 Février, patente anglaise) — Simpson, de Londres, — brevet d'invention, *machine à teiller, peigner et préparer le chanvre, le lin, les étoupes et autres matières filamenteuses.*

1837 (26 Octobre, patente anglaise) = Miles Berry — brevet d'invention — *même titre.*

1838 (15 Mai, patente anglaise) — Torpe, à Knaresborrugh (York) — brevet d'invention — *machine à teiller, peigner et préparer le lin et autres matières filamenteuses.*

1838 (4 Juillet, brevet français) — Chevalier Trista — *machine à peigner le chanvre et le lin.*

⁎
⁎ ⁎

A cette époque, M. *Kœchlin*, constructeur à Mulhouse, perfectionna l'ancienne machine de Peters, qui n'était pas encore disparue.

L'addition consistait dans la présence, au bas de la machine, d'un peigne déchargeur fonctionnant près d'un rouleau à carde, de manière que les étoupes se trouvaient détachées des pointes à mesure qu'elles se formaient, tout en étant classées par degrés de finesse.

Cet important changement, qui constitue aujourd'hui ce que dans les machines actuelles on appelle le *doffing-Knife*, détermina un bouleversement complet dans le système de débourrage. Le doffing-Knife, joint aux brosses et au doffer, fut aussitôt appliqué à la machine Girard par l'anglais *Wortdwoord*, l'inventeur des anciens métiers de préparation dits à système circulaire. Des cylindres, munis de brosses, et tournant avec rapidité, étaient placés près des peignes. On disposait près d'eux un rouleau à carde, dit doffer, muni d'aiguilles placées dans une direction oblique et tournant en sens contraire. Les étoupes, recueillies dans une boîte placée directement sous les rouleaux, en étaient retirées par un enfant de quart d'heure en quart d'heure.

* *
*

L'année suivante, deux brevets furent délivrés pour machines à peigner; l'un à M. Newton (31 Juillet 1839), l'autre à M. Garnier (23 Novembre).

Dans la machine *Newton*, les courroies qui supportent les peignes étaient à des distances assez éloignées; les nappes étaient en outre complètement verticales de manière que les aiguilles ne se croisaient jamais. Mais ce qu'il y avait d'original dans cette peigneuse, c'était l'obliquité du chariot, disposition que Wordtwoord adapta plus tard à sa machine. De cette manière, lorsqu'on faisait passer la mèche entre les deux nappes, celle-ci se trouvait d'abord dans une position très-élevée et le bout seul commençait à être peigné, mais à mesure qu'elle avançait, les peignes agissaient sur sa longueur et lorsqu'elle était arrivée à l'extrémité, elle était peignée totalement dans la portion qui dépassait la pince.

Cette machine fut encore la première qui, pour la marche des presses, au lieu de chaînes à la Vaucanson, était munie de cames placées en tête du chariot.

Quant à la machine de M. *Garnier*, elle ne différait guère de l'ancienne peigneuse Girard que par le mode de débourrage. Les étoupes résultant du peignage et qui restaient à l'extrémité des aiguilles, étaient remontées jusque vers la partie supérieure de la machine ; en cet endroit était placés des tambours armés de dents qui s'en emparaient, et de la surface desquels elles pouvaient être enlevées avec facilité. Chose à remarquer, les mèches étaient pincées par leur extrémité et abandonnées dans presque toute leur longueur aux dents des peignes.

*\
* *

Dès l'année 1840, on vit paraître dans un grand nombre de filatures un système de peigneuse, sortant des ateliers d'un constructeur de Paris, et qui présentait avec les précédents des différences notables.

Un premier brevet avait été pris pour cette machine, le 31 Janvier 1836, par M. *Busk*, qui en avait posé le principe : un autre brevet fut pris ensuite par M. *Carmichaël* pour divers perfectionnements. Enfin, quatre ans plus tard, la construction en ayant été cédée à MM. Lacroix père et fils, cette peigneuse commença à se répandre sous le nom de *peigneuse Lacroix*.

Le principe sur lequel elle fut établie était un tambour muni d'aiguilles à sa circonférence et recevant un mouvement de rotation continu.

Pour la première fois, on pensa à faire une machine qui pût servir sans inconvénient au travail de toute espèce de lin, et dans laquelle, suivant la qualité de la matière première, on pût faire varier la longueur et la finesse des peignes. On y arrivait en plaçant contre les aiguilles des planchettes mobiles, qui ne laissaient dépasser que l'extrémité des pointes, et déterminaient ainsi la profondeur jusque laquelle les aiguilles devaient s'enfoncer dans les mèches.

Les pinces étaient animées de trois mouvements bien distincts :

1° L'un de monte et baisse, suivant le mouvement du chariot, auquel elles étaient suspendues ; — obtenu au moyen d'un levier qui recevait la pression d'un excentrique curviligne, dont l'axe était animé d'un mouvement lent de rotation ;

2° Un second mouvement de translation parallèlement à l'axe du tambour ; — obtenu au moyen d'une chaîne sans fin et de deux cames placées aux extrémités.

3° Un mouvement de rotation intermittent, qui avait lieu lorsque les presses étaient dans la position la plus élevée, et qui avait pour but de permettre le peignage sur une face lorsqu'on avait opéré sur une autre ; — obtenu au moyen d'une crémaillère, rapportée sur l'un des côtés du chariot, et engrénant avec de petites roues droites dentées, faisant corps avec les branches de fer qui soutenaient les pinces.

Les presses passaient deux fois par le chariot, et étaient ramenées sur le devant par une chaîne disposée à cet effet.

La peigneuse Lacroix ne reçut de nouveaux perfectionnements qu'en 1848, époque où M. *Beaufort* filateur à Poitiers, proposa l'emploi des excentriques de rechange pour modifier la course du chariot, afin de donner plus ou moins de vitesse au système, suivant la qualité de lin à peigner.

*
* *

Quelques années plus tard parût une nouvelle peigneuse, fondée sur l'emploi de peignes fixes et tournants, Cette idée, indiquée par

M. Carmichaël dans un brevet du 13 Juillet 1846, fut appliquée définitivement par un anglais, *M. Marsden*.

Ce nouveau constructeur s'attacha à ne pas peigner les mêmes sortes de lin sur une seule machine, comme l'avait fait M. Lacroix, et proposa deux types spéciaux.

Le premier, que l'on peut appeler *machine à peignes excentriques*, était destiné aux lins de première qualité ; le second, dit *peigneuse circulaire*, à ceux dont l'on ferait plus particulièrement des numéros moyens.

Dans la machine à peignes excentriques, les peignes, fixés sur des bras mobiles et communiquant chacun avec des bielles qui leur permettaient d'osciller sur eux-mêmes, étaient animés d'un mouvement de rotation continu. Ils tournaient en sens contraire autour de deux axes parallèles qui les maintenaient et dont ils formaient en quelque sorte les rayons ; ils labouraient ainsi la mèche placée au milieu d'eux. Dans leur révolution, ils exécutaient deux mouvements, l'un perpendiculaire et l'autre oblique ; ainsi, quand ils touchaient la mèche ils étaient parallèles à eux-mêmes, et en l'abandonnant ils reprenaient une position couchée. Grâce à cette disposition, leur action sur les lins était double : comme peignes ils divisaient la mèche, comme grattoir ils enlevaient la crasse gommeuse,

Les bras supportaient chacun deux rangées de peignes dont les dents étaient plus fines et plus serrées à mesure qu'on avançait de la gauche vers la droite. Comme dans la peigneuse Lacroix, chacun d'eux était muni de plaques mobiles en fer mince qui réglaient la profondeur jusque laquelle devaient s'enfoncer les fibres.

Le mouvement des pinces était à peu près le même que dans les autres machines. Elles étaient animées d'un mouvement de monte et baisse, pendant lequel elles avançaient de gauche à droite, mais d'une manière intermittente. Pour la première fois, on avait pensé à placer un *pignon de rechange* pour faire varier la vitesse du mouvement vertical d'ascension.

Les étoupes étaient recueillies par un rouleau à trois rangées de brossettes, dont l'écartement était égal à celui qui existait entre deux peignes. Ce rouleau les livrait à un doffer.

Il y avait de chaque côté de la machine deux tables en bois pour les presseurs ; ceux-ci étaient au nombre de quatre : deux en tête, un troisième à l'extrémité opposée, le quatrième portant les pinces dont les mèches étaient peignées.

*
* *

La peigneuse *à tambour circulaire* de M. Marsden, n'était autre que la machine Lacroix à laquelle on avait fait subir quelques modifications dans la construction.

La partie essentielle du métier était un cylindre animé d'un mouvement circulaire continu, et portant sur sa circonférence quarantes languettes en saillie, à deux rangées de peignes, munies chacune d'une garde en tôle. Les mèches étaient animées du triple mouvement de rotation, de monte à baisse, et de translation, décrits plus haut. Elles passaient par quatre séries de peignes, en marchant de gauche à droite.

Il est à remarquer que dans ces machines, un enfant était constamment occupé à aller d'une extrémité à l'autre, afin de chercher les presses dont les mèches étaient peignées en partie, pour les apporter à celui qui, chargé de les ouvrir et de les changer, remettait ces mèches dans d'autres pinces.

On n'avait pas encore l'idée de remplacer cette manœuvre par une sorte de chariot, qui aurait pris ces presses à leur sortie de l'appareil et les aurait ramenées à la table située près de la tête.

Peu de temps après l'apparition de la peigneuse Marsden, *M. Fairbairn*, à Leeds, construisit un type semblable, à peignes tournants. Le principe de la machine restait le même, mais il augmentait la production, en y adaptant *deux chariots* au lieu d'un.

*
* *

A peu près à la même époque (14 juin 1849), M. Plummer, à Newcastle, inventait de nouvelles machines à préparer et à peigner le lin. Nous ne parlerons pas des machines à préparer, dites *brosseuses*, qui avaient pour but de nettoyer extérieurement le lin avant de le soumettre à l'action des aiguilles, nous décrirons de suite les particularités des deux machines à peigner : 1° Machine à peigner *à double cylindre* ; 2° Machine *à double montant oscillatoire*.

La machine à double cylindre était une machine à tambour, mais cet appareil, au lieu d'être constitué par un tambour unique comme dans les peigneuses Lacroix ou Marsden, en possédait deux, entre lesquels passait la mêche qui devait être travaillée.

La première série était composée de brossettes destinées à paralléliser les fibres, de manière que le lin se trouvait approprié avant d'être peigné. Des guides fixés le long des peignes réglaient la profondeur jusque laquelle devaient s'enfoncer les fibres, l'un des cylindres était animé d'un mouvement oscillatoire, soi-disant pour augmenter la souplesse du lin.

Des brosses, situées sur le côté des cylindres, enlevaient l'étoupe, et à un moment donné, des barres tilleuses, mues par un mécanisme spécial, les précipitaient à terre. Les presses étaient intérieurement recouvertes en gutta percha.

— Dans la seconde machine, la mêche était encore soumise à l'action de peignes et de brosses tournant en sens opposé, et s'entrecoupant, mais les rouleaux y étaient remplacés par des nappes sans fin formées de barettes conduites au moyen de chaînes et tendues par deux rouleaux ; chacune des nappes était animée d'un mouvement oscillatoire, organisé de manière à faire agir les pointes sur le corps de la mêche et à préserver ses extrémités d'une préparation excessive.

Les presses, construites comme dans la première machine, marchaient au moyen d'un système spécial de roues et de pignons.

*
* *

Les métiers à simple ou à double tambour, ceux à peignes tournants ou à mouvements oscillatoires, ne donnant pas les résultats
les plus satisfaisants, on en revint aux nappes sans fin fixes.
Toutefois, celles-ci, au lieu d'être verticales comme dans les
machines précédentes furent inclinées à 30 degrés. — Le promoteur
de ce système fut M. *J. Ward*, constructeur à Moulins-Lille, qui
proposa deux types : l'un à quatre séries pour les lins ordinaires,
l'autre à six séries pour les lins fins.

Outre l'inclinaison de la nappe, nous remarquons que pour la
première fois chaque pince avait un mouvement indépendant, car,
dans les machines décrites jusqu'ici, les presses étaient chassées
l'une par l'autre, et celle qui était introduite à l'entrée de la
machine recevait seule un mouvement de translation qu'elle trans-
mettait aux précédentes. Il en résultait que, si un aide se trouvait
en retard pour placer sa pince chargée, toutes les autres restaient
sur leurs séries respectives, et la matière étaient inutilement travaillée. Il s'en suivait un peignage irrégulier, une diminution
dans le rendement et une augmentation dans le déchet.

Comme autre dispositions spéciales, on y remarquait :

1° Pour les presses, — les trois mouvements de translation,
monte et baisse, et rotation, décrits plus haut.

2° Pour le chariot, — la commande au moyen d'un excentrique
mobile.

3° Une brosse plate, animée d'un mouvement alternatif elliptique,
placée au dessus de la dernière série de peignes qui était la plus
fine et la plus serrée. Cette brosse était destinée à faire pénétrer
plus profondément les mèches dans cette série, et pouvait rester
levée toutes les fois qu'il n'y avait pas lieu de s'en servir.

4° Un organe dit *de sûreté*, sorte de mécanisme de débrayage
qui fonctionnait par la machine elle-même, et qui etait destinée à

prévenir les casses. Lorsqu'une résistance considérable se faisait
sentir dans la marche, la courroie de la machine passait de suite
de la poulie fixe sur la poulie folle.

*
* *

La machine Ward constitue l'un des derniers perfectionnements
apportés dans la confection des peigneuses à lin.

Signalons encore la peigneuse de *M. Luthys*, directeur de
filature ; — système à tambour unique, au-dessus duquel les
presses suivaient constamment une direction rectiligne. Le lin,
n'étant peigné que d'un côté, chaque presse devait, pour le travail
complet du pied et de la tête, passer quatre fois par le chariot

La machine *Harding-Coker* était composée d'une seule nappe
horizontale. Les presses étaient fixées par un aide à une série de
barres en fer tournant en sens opposé du mouvement de la
nappe ; lorsqu'une première série était passée, il faisait glisser
les presses sur une seconde, et un gamin les retirait à l'extrémité.

La machine *Ardill et Picard*, à nappe sans-fin et perpendiculaire, fut aussi longtemps employée. Les principaux inconvénients
étaient : la commande du monte et baisse par un poids direct, la
hauteur du rouleau cardeur au-dessus de la brosse, l'entrechoquement des peignes, etc.

— Enfin, la peigneuse *Lowry* était une machine à nappe sans-
fin, avec brosses et doffer. Le brevet en fut plus tard cédé à
M. Ward qui y apporta un grand nombre de perfectionnements et
en fit sa machine actuelle.

Nous arrivons ici à la description des peigneuses employées
aujourd'hui, et à l'indication des principaux inconvénients et avantages inhérents à chacune d'elles.

25

CHOIX D'UNE MACHINE.

En présence des divers systèmes mis aujourd'hui en concurrence, des avantages que leurs auteurs cherchent à faire ressortir, des inconvénients que les filateurs leur reprochent, il n'est pas facile de dire quel est réellement le meilleur, quel est celui qui doit l'emporter sur les autres. Notre devoir est de nous placer en dehors de tout esprit de favoritisme.

Nous ne ferons donc qu'indiquer les principales parties d'une peigneuse qui, à notre sens, doivent attirer avant tout l'attention d'un filateur.

Une des premières choses à considérer dans une peigneuse, c'est son système de débourrage. Deux méthodes sont aujourd'hui en présence, le débourrage par lattes et le débourrage par doffer.

Le débourrage *par lattes* compte deux systèmes ; le système Horner, dans lequel les lattes sont chassées par l'effet de la force centrifuge ; et le système Combe, suivi par Rousselle et Dossche, où l'on préfère employer les galets excentreurs. Lorsque ces machines sont bien construites, les deux méthodes s'équivalent, mais en principe le système Combe et Rousselle peut-être considéré comme supérieur en ce sens que les lattes chassées de force par les galets, ne peuvent jamais être retenues entre deux barrettes, inconvénient qui existe dans le système Horner ; quoiqu'il en soit, ces deux systèmes paraissent plutôt convenir pour les lins destinés à la filature au sec et pour les lins longs de qualité moyenne.

Le débourrage *par doffer* ne comporte qu'un seul système, plus ou moins modifié selon les constructeurs, mais revenant toujours au même principe. On doit surtout y considérer :

1° La vitesse du doffer, qui enlève plus ou moins rapidement les étoupes, et dont le mouvement dans certaines machines, est réglé par un pignon de rechange.

2° La place de la brosse, qui doit autant possible se présenter à angle aigu sur les aiguilles, et qu'on peut quelquefois faire varier au moyen d'une vis de rappel. — Cette brosse est souvent placée trop au-dessus du doffer, et comme elle tourne constamment, elle reprend souvent en seconde fois les étoupes qui s'amoncellent dans la boîte, pour les livrer de nouveau au rouleau cardeur.

3° La vitesse du doffing-knife, qui doit être ordonnée de telle sorte que les étoupes puissent tomber en nappe unie et continue dans les caisses inférieures.

Le système par doffer convient beaucoup pour-les lins fins.

MM. Rousselle et Dossche ont proposé deux autres systèmes de débourrage fondés sur la suppression du doffer à la présence duquel on attribue souvent l'emmélage et l'énervement des étoupes. Ces deux systèmes sont :

1° Le rapprochement direct de la brosse et du doffing-knife.

2° Un peigne à barrettes à trois branches, tournant devant la brosse circulaire ; chaque fois qu'une de ses branches arrive à sa position verticale inférieure, la barrette glisse en vertu de son poids et dégage l'étoupe dont elle s'est chargée dans la position horizontale.

Le mode de peignage constitue pour le filateur un point non moins important que le débourrage. On ne peigne plus aujourd'hui qu'au moyen de nappes sans-fin.

On doit d'abord y considérer le nombre de *séries*. Chacune d'elles comme on le sait, doit toujours être de deux pouces plus longue que la presse qu'elle travaille. Dans un grand nombre de machines, elles sont limitées parceque le rouleau supérieur qui supporte la nappe sans-fin ploierait si elles étaient trop nombreuses. Dans d'autres plus nouvelles, celles de MM. Droulers et Vanoutryve, le nombre en est illimité.

Généralement, le lin est obligé, inconvénient réel, de passer par toutes les séries; deux constructeurs, Combe et Rousselle, ont su donner aux presses un mouvement *d'évitement*, qui permet d'en réduire le nombre quelquefois ; la première série est composée de brossettes destinées à paralléliser les fibres.

Dans une machine d'invention récente, le doffer porte autant de séries que la nappe. On a eu pour but en agissant ainsi de pro-

duire dans les étoupes moins d'emmélage qu'avec les rouleaux ordinaires. — Généralement, le doffer n'est autre chose qu'un cylindre entouré d'une bande de cuir sur lequel les pointes sont assujetties. Un constructeur a imaginé récemment un doffer formé,
comme les tambours de cardes, de plaques de bois couverts d'aiguilles. Lorsqu'un accident arrive sur la surface du rouleau, il suffit
alors pour renouveler les pointes, de dévisser l'une des plaques,
tandis que dans le sytème ordinaire on est obligé de dérouler la
bande de cuir dans toute sa longueur.

Quant à la manière dont est organisée la marche et la disposition
de la nappe, le filateur doit surtout y considérer :

1° L'écartement des nappes entre elles, qui doit être ordonné
de telle sorte que la mêche puisse être peignée au centre comme
sur les bords.

2° La vitesse, qui doit être relativement minime.

3° Le mode d'attache des peignes dont nous donnerons la description avec chaque machine, et qui doivent autant que possible
attaquer le lin directement au-dessous de la pince. Il faut encore
distinguer dans ce dernier cas entre les machines qui ne font que
gratter l'éxtrémité des mêches près de la presse, entre celles qui
l'attaquent trop brusquement, etc.

4° La disposition des aiguilles composant chaque série, qui est
en quinconce simple dans la plupart des machines actuelles et qui
n'a reçu de modification que dans les peigneuses Horner et
Vanoutryve.

Le filateur doit ensuite porter son attention sur le *chariot* et les
presses. Dans le premier, il doit surtout observer le nombre d'as-
censions à la minute, la douceur des mouvements, la hauteur
d'ascension, etc. Quant aux presses, elles sont ordinairement
constituées par deux plaques de forme plane, revêtues intérieurement de caoutchouc, qui retiennent le lin entre leurs parois
au moyen d'un écrou central, les deux systèmes qui en diffèrent
sont celui de MM. Rousselle et Dossche, à ondulations intérieures,

et celui de M. Vanoutryve, à claire-voie. La commande du tire-presses, qui diffère avec chaque machine, recevra une description spéciale pour chacune.

OPÉRATIONS PRÉLIMINAIRES.

Les meilleures machines n'ont pu jusqu'ici réussir à dégager complètement les extrémités des longs brins. Ces derniers, en effet, formés de la queue des tiges qui forme la racine, et qui est par conséquent plus forte, ou de la tête qui supporte la fleur ou la graine, ont une section inégale au reste des filaments. Aussi est-il généralement besoin de faire du dégagement des bouts une opération préliminaire au peignage lui-même.

Un aide (*partageur*) commence à diviser le lin brut en cordons égaux par un ou deux *émoucheteurs*. La force de ces cordons varie selon la matière que l'on peigne et le peignage que l'on veut donner.

L'opération du *partage* est très-importante et doit être l'objet de beaucoup d'attention de la part du contre-maître de peignage ; c'est lui qui, au commencement de chaque partie, doit régler la grosseur des cordons, d'où dépend le rendement du lin et la qualité des étoupes.

En Angleterre, les matières sont quelquefois passés à l'ébouteur. L'usage de cette machine est inconnu en France. L'éboutage y est remplacé par une opération manuelle, celle-ci porte le nom de *débloquage* ou *émouchetage*, et doit être d'autant mieux exécutée que le lin est plus gras. En soumettant le lin à un semblable travail, on le débarrasse des plus fortes étoupes et des plus gros nœuds, et on diminue de cette façon les déchets à la peigneuse.

Une seule machine demande généralement un ou deux ouvriers de préparation. D'après leur travail, ils portent naturellement ce nom de *débloqueurs* ou *émoucheteurs*, que nous leur avons donné, et le déchet qu'ils obtiennent forme une variété d'étoupes grossières désignées sous le nom d'*émouchures*. On met à leur disposition divers peignes qui leur servent à travailler les différentes variétés de lins ; leur installation est celle des peigneurs à la main.

Les émouchures se vendent de 35 à 60 fr. les 100 kilogs, selon les divers lins, et quand elles sont employées seules elles servent à faire de gros numéros. Elles donnent en minimum au filage 25 à 30 °/₀ de déchet.

Quand l'émoucheteur a dégagé les extrémités de plusieurs mêches, les ouvriers qui manœuvrent la machine terminent le peignage sur cette dernière.

Nous disons ici d'avance, pour ne pas amener de confusion dans notre exposé, que, lorsque la machine a divisé les mêches, celles-ci n'étant pas complètement travaillées, passent entre les mains des *finisseurs* ou *repasseurs*. Ces derniers, qui ont souvent des aides, les repassent légèrement et en forment des bottes pour la table à étaler.

Ceci bien entendu, nous passons à la description des peigneuses les plus employées dans notre département. — Dans la peigneuse Horner nous donnerons, pour n'y plus revenir, le détail des parties qui sont communes à toutes.

MACHINES A PEIGNER DU SYSTÈME HORNER (BELFAST)
(*Pl. II et III.*)

On a acquis la certitude que, pour arriver à un résultat satisfaisant dans le peignage, il est de toute nécessité d'attaquer le lin par l'extrémité de la poignée, et de continuer avec lenteur et gradation jusqu'à ce que la pointe du peigne l'attaque au milieu ; puis, afin d'obtenir le plus grand rendement en long brin et la meilleure qualité en étoupes, on doit peigner alternativement chaque côté de la poignée, et continuer sur le premier, le second, le troisième peigne, etc.

Dans les machines Horner, on arrive à ce résultat au moyen de

PEIGNEUSE JUMELLE, HORNER.

SYSTÈME A LATTES.

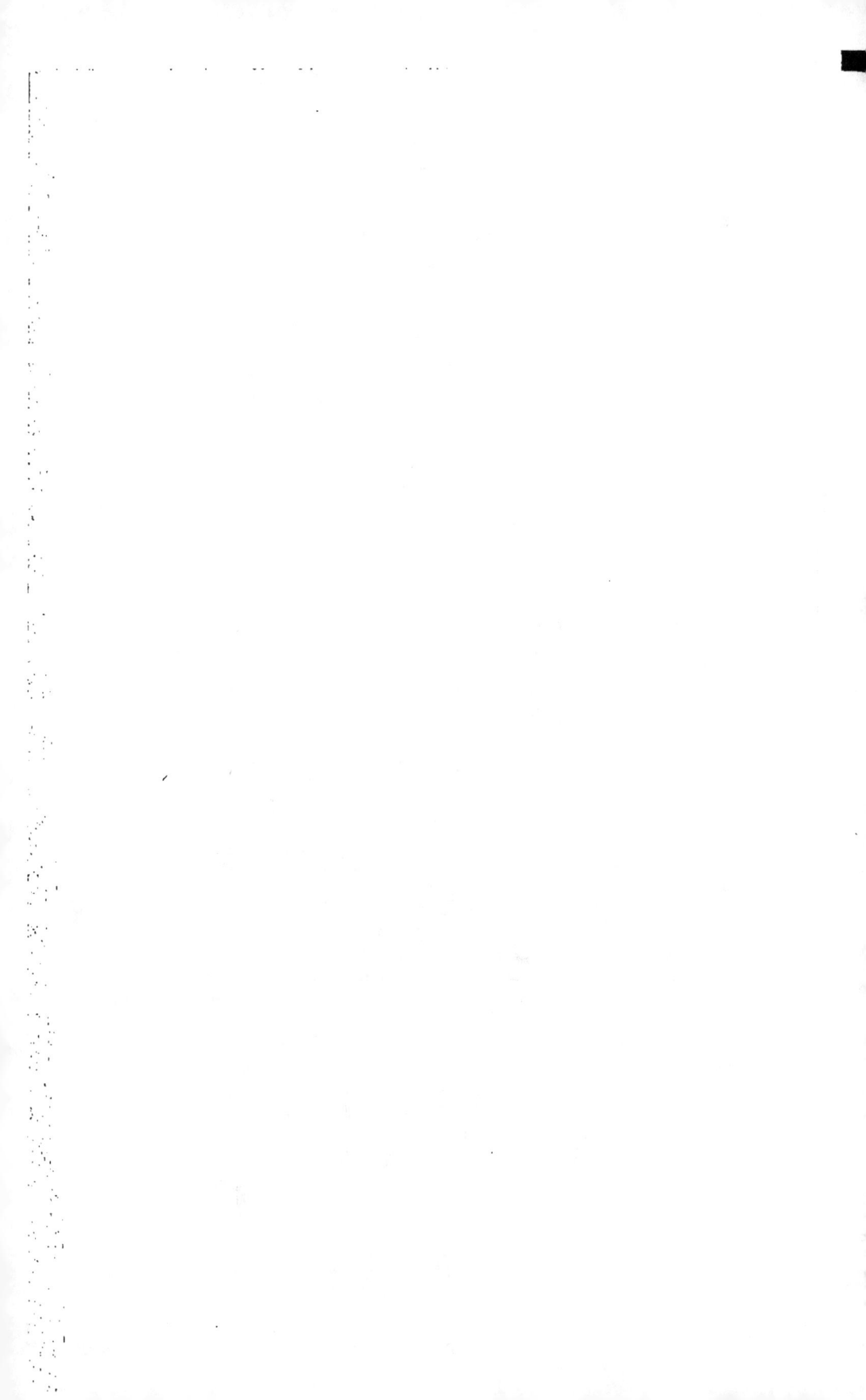

nappes sans fin et perpendiculaires E, garnies de barrettes où sont fixés les peignes. Ces nappes décrivent, au moyen des rouleaux tendeurs B, un mouvement circulaire continu. Elles comportent généralement six séries graduées, de façon que le lin rencontre les aiguilles les plus fines après celles qui sont les plus espacées et les plus grosses.

Chaque mèche doit subir deux fois le même travail, une première fois pour la tête, une seconde fois pour le pied. Dans les machines Horner *simples*, ce travail s'exécute sur deux peigneuses reliées entre elles par une coulisse latérale. Dans les machines doubles (pl. II) qui sont les plus répandues, les mèches dont la moitié a subi l'action du peigne en A, sont reprises par les manœuvres pour être peignées du côté opposé A'.

Ces manœuvres ou *presseurs* sont au nombre de trois, et se tiennent continuellement près des tables placées aux côtés de la machine, deux d'une part et l'autre du côté opposé. Le travail du premier consiste à serrer les mèches dans les presses, et à les placer dans le guide horizontal ou *chariot* porte-pinces. Le second retire les presses, en déplace le lin dont il laisse dépasser les deux tiers et les glisse dans le second chariot. Le troisième en retire le lin complètement peigné, dont il forme des bottes pour le *repassage*.

Le chariot C, dont nous venons de parler, est animé d'un mouvement *d'ascension et de descente*, qui doit être lent, régulier, et exactement vertical. Les presses en A et A', qui suivent ce mouvement, en reçoivent un autre de *translation* au moyen d'un énorme levier coudé O dirigé par un excentrique à coulisse Z. Ce mouvement ne s'exécute que dans la période d'ascension.

Il y a deux genres de peigneuses Horner, qui diffèrent entre elles par le mode de débourrage.

1° **Machines à brosses et doffer**. (pl. II). — Une brosse cylindrique F, tournant avec une certaine rapidité, est disposée sur le côté de la machine, pour détacher sans cesse les étoupes dont se chargent les peignes. Mais, comme cette brosse serait bientôt embarrassée par les filaments qu'elle recueille, on a soin de disposer près d'elle un rouleau à cardes ou *doffer*, que fait tourner la roue H, muni d'aiguilles placées dans une direction oblique et tournant en sens contraire. Un long peigne, dit *doffing-Knife*, animé d'un mouvement alternatif de va-et-vient, est placé en D près du rouleau, et débarrasse les aiguilles au fur et à mesure qu'elles se chargent. Ces étoupes sont recueillies dans une caisse à compartiments située directement sous les rouleaux, elles en sont retirées de quart d'heure en quart d'heure.

La commande est en P ; le pignon R, placé sur la douille de la poulie, dirige de part et d'autre la commande des peignes et celle du débourrage. En suivant sur la figure la suite des divers engrenages, il est facile de se rendre compte de la transmission des mouvements.

2° **Machines à lattes.** (pl. III). — L'appareil débourreur est ici formé d'une série de lattes en bois disposées parallèlement à l'axe des manchons qui commandent les cuirs. Les extrémités de ces lattes, qui se meuvent dans des coulisses pratiquées sur les faces de ces manchons, sont entraînées dans un mouvement rapide de rotation. — D'après cette disposition, lorsque les peignes arrivent chargés d'étoupes à l'extrémité de leur course descendante, chacune des lattes tombe entre deux barrettes, et débourre complètement les pointes en les dépassant d'une certaine longueur. Un contre-poids, disposé sur le côté de la machine, les ramène aussitôt à leur position primitive.

La transmission des mouvements est due au pignon A, placé sur la douille de la poulie et qui d'une part fait mouvoir la commande du tire-presses C et du chariot E, d'autre part, communique le mouvement de rotation aux roues B, dont l'axe est celui des rouleaux tendeurs. Le reste de la construction est identique à celle des machines à brosses. Les deux pignons de rechange sont situés sur la douille de la poulie de commande.

Cette machine présente divers inconvénients et avantages que voici :

PEIGNEUSE JUMELLE, HORNER.

SYSTÈME A BROSSE ET A DOFFER.

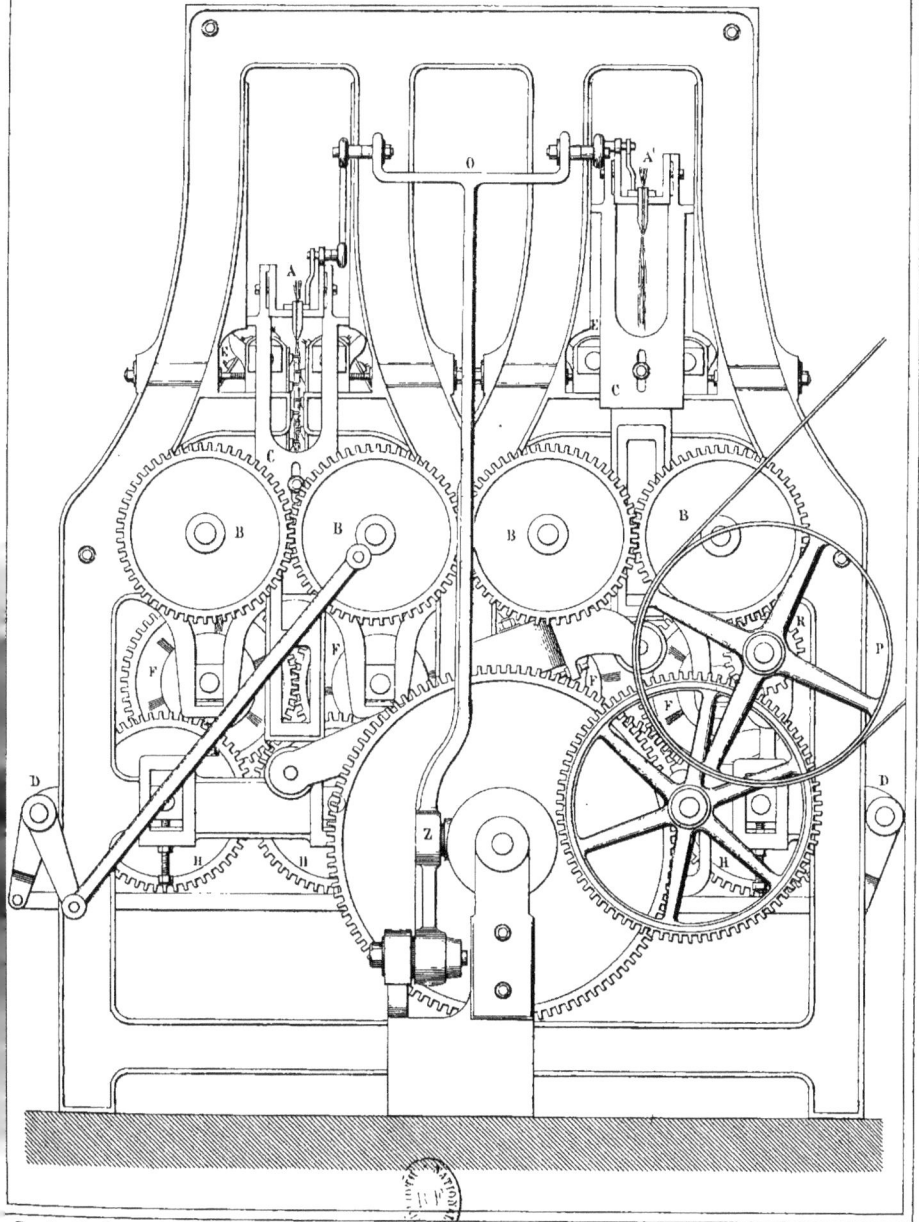

On obtient avec ce système des étoupes plus longues qu'avec les machines à brosses, mais moins propres, ceci tient à ce que celles-ci tombent sous la machine avec la paille et le duvet, tandis que l'autre peigneuse projette les ordures à part, et amène les étoupes seules à l'aide de ses doffers.

On conçoit aussi qu'arrivant par *flocons* dans les caisses inférieures, ces étoupes se *boutonnent* facilement.

Les peigneuse à lattes nécessitent en outre un grand entretien, car il arrive souvent que les ferrailles des lattes se détachent, ou que les lattes elles-mêmes se brisent, surtout dans les temps de pluie et d'humidité, c'est alors que les débris, entraînés par les barrettes, arrachent ou courbent les pointes.

Ajoutons que ces machines étant souvent doubles, les réparations sur les côtés intérieurs sont souvent longues et difficiles.

D'autre part cette peigneuse est encore avantageuse en ce sens qu'elle n'exige que trois manœuvres, tout en remplaçant deux peigneuses simples.

Cette machine est aussi la seule qui, dans chacune de ses séries, présente un pointage, pour la dernières rangée de peignes, double de celui des deux premières, et formant pourtant quinconce avec les autres. Grâce à cette disposition, les pointes peuvent peigner fin, tout en étant très-grosses.

MACHINES A PEIGNER DU SYSTÈME J. WARD
A MOULINS-LILLE (*Pl. IV.*)

Ces machines sont des peigneuses à deux nappes, débourrant par brosses et doffer. Voici tout d'abord quels sont ses avantages :

1° La commande se trouve en dessous de la machine, les deux poulies sont placées d'un côté, de l'autre sont deux pignons : l'un fixe, commandant la rechange de la vitesse des peignes, l'autre commandant la vitesse du chariot. Ces deux parties peuvent de la sorte être séparément activées ou retardées suivant les besoins du peignage.

2° La course du chariot L est variable de 8 à 23 pouces, par gradation de 2 pouces, dans le but de rendre la machine commode pour les lins coupés comme pour les lins longs; ce chariot est guidé par un excentrique mobile (pl. IV).

3° Le doffer D est commandé par une courroie C, d'où résulte un mouvement beaucoup plus doux. Un pignon de rechange R, placé sur la commande, permet d'en augmenter ou d'en diminuer la vitesse, afin d'éviter les boutons dans les étoupes.

4° Le doffing-knife K marche très-vite et fait tomber les étoupes bien ouvertes et en nappe continue.

5° Le petit nombre de barrettes (16 par côté) permet d'établir entre les peignes un écartement de quatre pouces, ce qui laisse les étoupes dans toute leur longueur, tandis que c'est souvent par le grand nombre de peignes et leur trop grand rapprochement que les étoupes se trouvent raccourcies.

La combinaison de ces machines permet facilement d'y apporter les changements désirables; leur solidité et leur construction généralement très-soignées les garantissent de tout dérangement. Elles ont d'ailleurs la priorité en Belgique, et sont très-nombreuses à Lille.

On leur reproche cependant les inconvénients suivants :

1° Les armatures en fer (montage en T) sur lesquelles sont fixées les pointes, ne permettent pas à celles-ci d'attaquer le lin avec assez de douceur. Le peigne descend juste au moment où il frappe, tandis qu'il aurait besoin d'un léger instant d'arrêt, cette disposition ne présente pas beaucoup d'inconvénients pour les lins de qualité ordinaire, mais surtout pour lins fins ou coupés. — En outre ces armatures fatiguent beaucoup les manchons en cuir.

2° Lorsque que les courroies des peignes flottent, on est obligé de les tendre vers le bas, par les coussinets des lanternes. Il arrive alors souvent que l'on doit régler à nouveau tous les engrenages.

PEIGNEUSE WARD.

Côté des engrenages de commande.

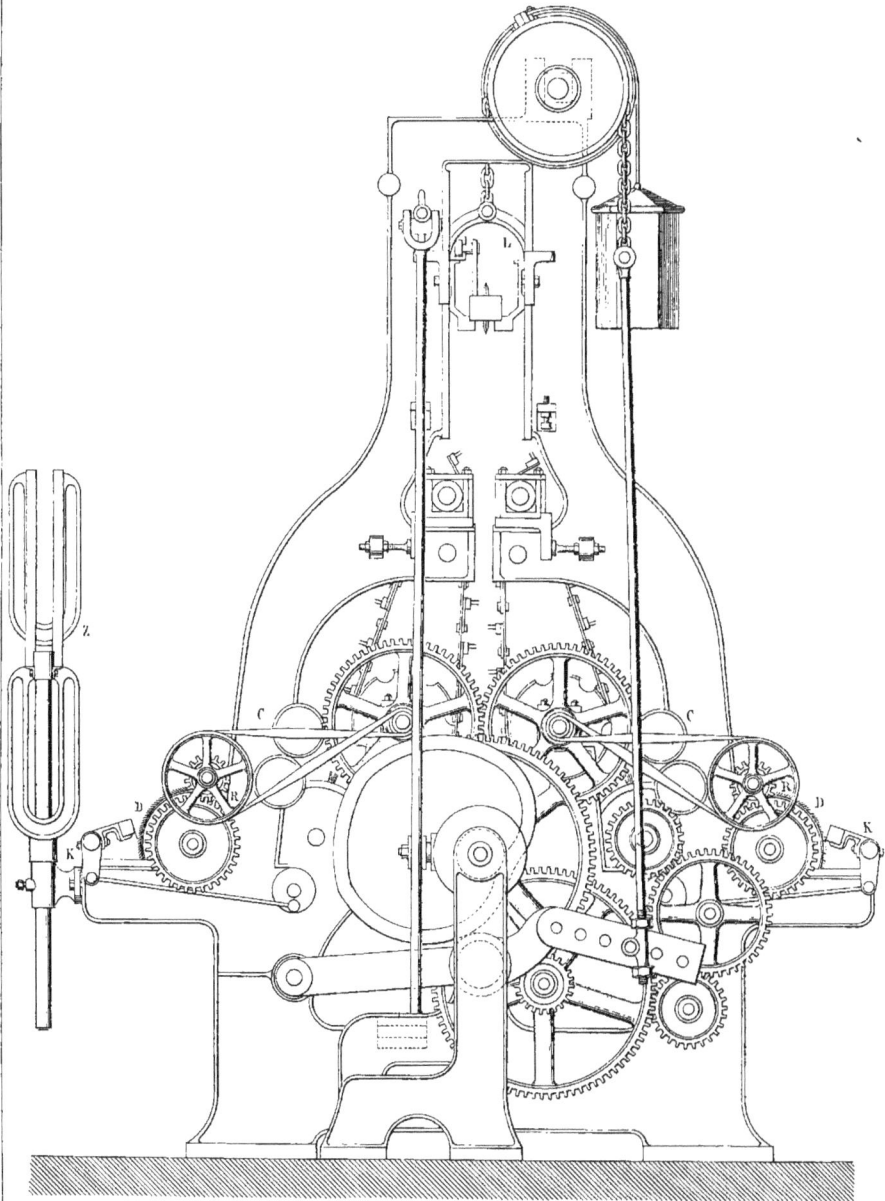

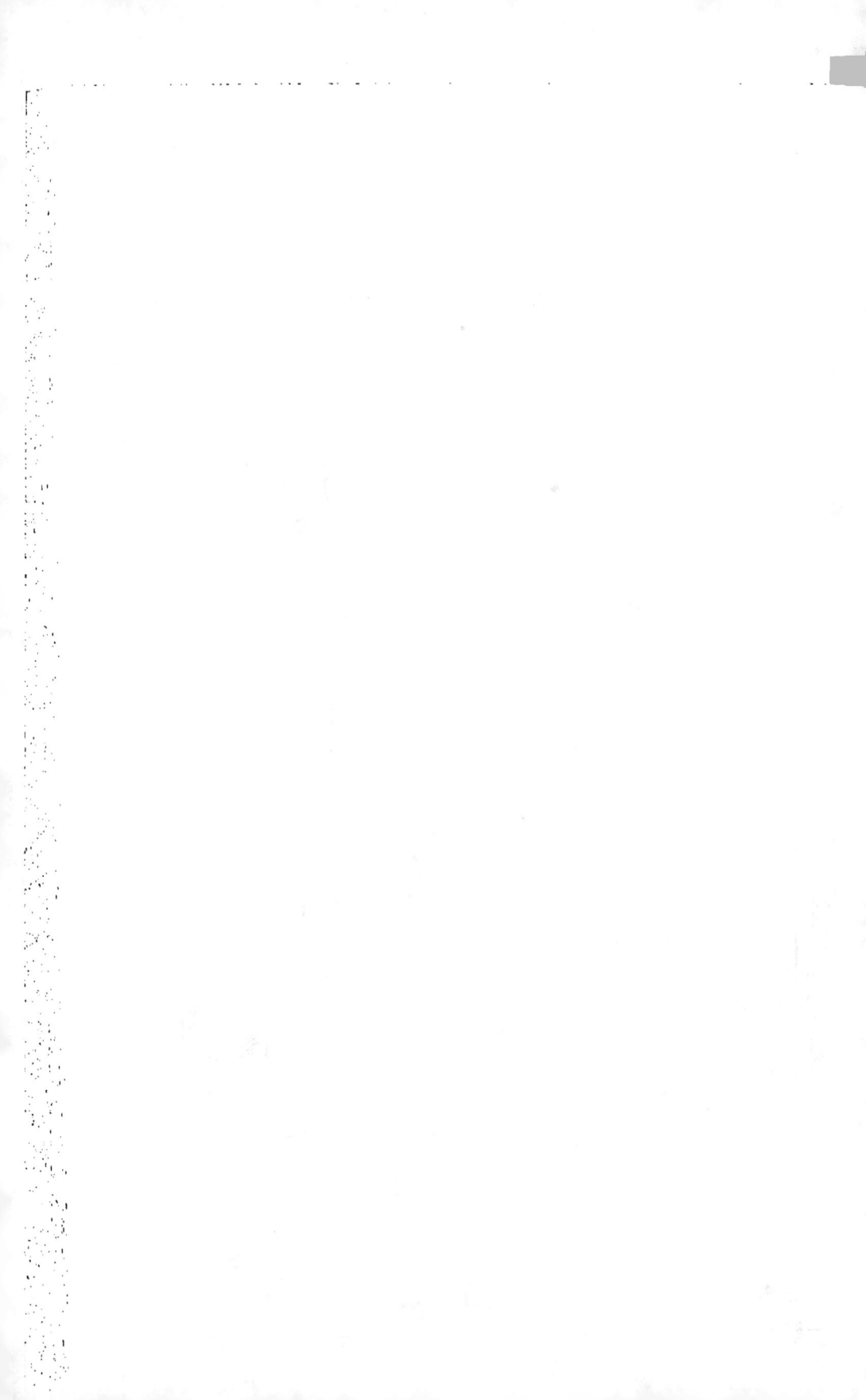

MACHINES A PEIGNER SYSTÈME COMBE ET BARBOUR A BELFAST *(Pl. V, VI et VII)*.

Les machines de ce système débourrent par brosses ou par lattes.

Nous ne parlerons pas des peigneuses, dites *Reversing*, que Combe ne construit plus, bien qu'il en existe encore quelques-unes à Lille (elles se composaient d'une nappe horizontale qui, au lieu de tourner constamment dans le même sens, retournait sur elle-même chaque fois que le chariot qui portait les pinces était arrivé au bout de son ascension. Celles-ci changeaient de série à chaque période de rotation).

Dans la machine à brosses, la disposition particulière du montage des peignes permet aux aiguilles de se présenter sur les mèches d'un manière perpendiculaire et sans action brutale.

Ces peigneuses ont huit séries de longueur, mais on peut, au moyen d'un mécanisme correspondant au tire-presses, faire passer à volonté les mèches au-dessus des dernières séries, suivant le numéro qu'on se propose de former. Cette disposition est tout-à-fait spéciale. Le degré de peignage ne se réglait précédemment qu'avec un changement de vitesse du chariot qui dans son accélération précipitait la matière trop brusquement dans les peignes ; ou bien on écartait les nappes sans fin, ce qui donnait un travail incomplet pour l'intérieur de la poignée, aussi l'application du *mouvement d'évitement* donne-t-il un excellent résultat.

L'ancienne commande de tire-presse, composée le plus généralement d'un levier et d'un excentrique à coulisse, est remplacée par un mouvement très-simple à genouillère, le mouvement de rappel des presses est alors fait par la descente d'un contre-poids qui reste suspendu lorsqu'un dérangement quelconque se manifeste. C'est en quelque sorte un appareil de sûreté évitant les casses.

Le service de deux peigneuses, *mariées* par un chemin de fer circulaire, exige cinq manœuvres, et seulement quatre s'ils sont d'une certaine force. L'emploi de ces chemins de fer donne une grande économie de main-d'œuvre, les serveurs n'étant plus obligés de prendre les presses au chariot, elles sont amenées à leur portée par des coulisses.

Quant au système à lattes, nous avons déjà dit que nous le trouvions au moins équivalent à la méthode Horner. Car, dans ce dernier système, les lattes peuvent quelquefois être retenues entre deux barrettes, tandis que dans la peigneuse Combe elles sont chassées en avant au moyen de galets excentreurs. Chaque peigne a sa latte qui travaille forcément.

Les écueils ordinaires des machines à lattes : entrechoquement des tabliers et ruptures des lattes, sont en outre évités :

1° Par la nature et la forme même des lattes qui sont de toute la longueur de la machine et en fer cornière d'un modèle spécial ;

2° Par le mode d'attache et le peu de poids des taquets des peignes.

Ajoutons que lorsque les étoupes ne sont pas entièrement chassées, elles sont retenues dans le mouvement de rotation par une bande A armée d'aiguilles, qui les jette dans la boîte pendant le passage du lin d'une gradation de peignes à l'autre.

Dans les modèles les plus nouveaux du système Combe, un dernier perfectionnement a été ajouté. Il a pour objet le dévissement et le resserrement automatiques des presses, au moyen de pédales que font mouvoir les aides habituels. Un axe horizontal mobile, dont les extrémités sont terminées par un rocher, s'adapte, suivant le jeu de ces pédales, dans le prolongement des axes de pignons coniques, correspondant aux tasseaux en saillie sur la table des presses. L'écrou des pinces tourne dans un sens ou dans l'autre, suivant le mouvement qui lui est communiqué par l'intermédiaire de cet axe.

Les machines Combe donnent généralement d'excellents résultats

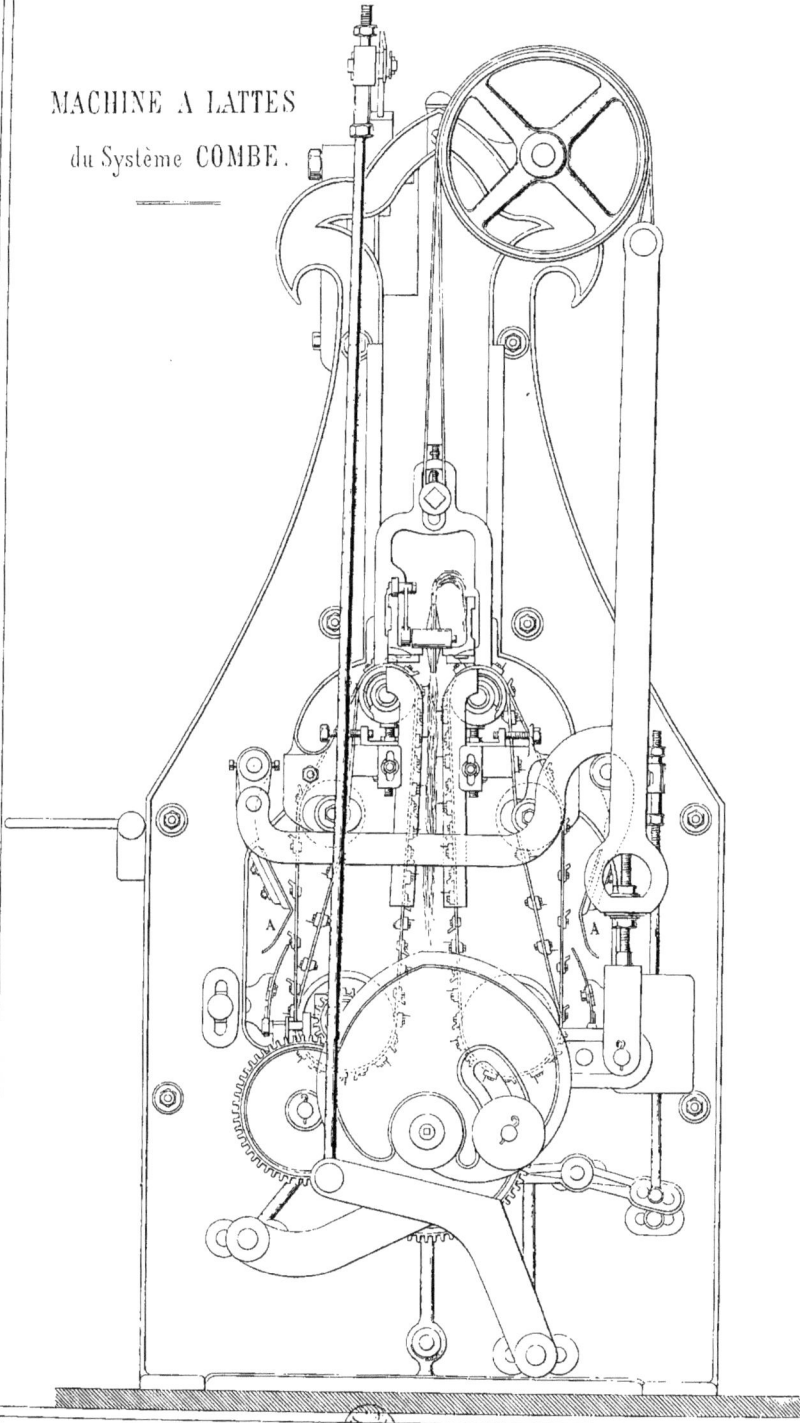

MACHINE A LATTES

du Système COMBE.

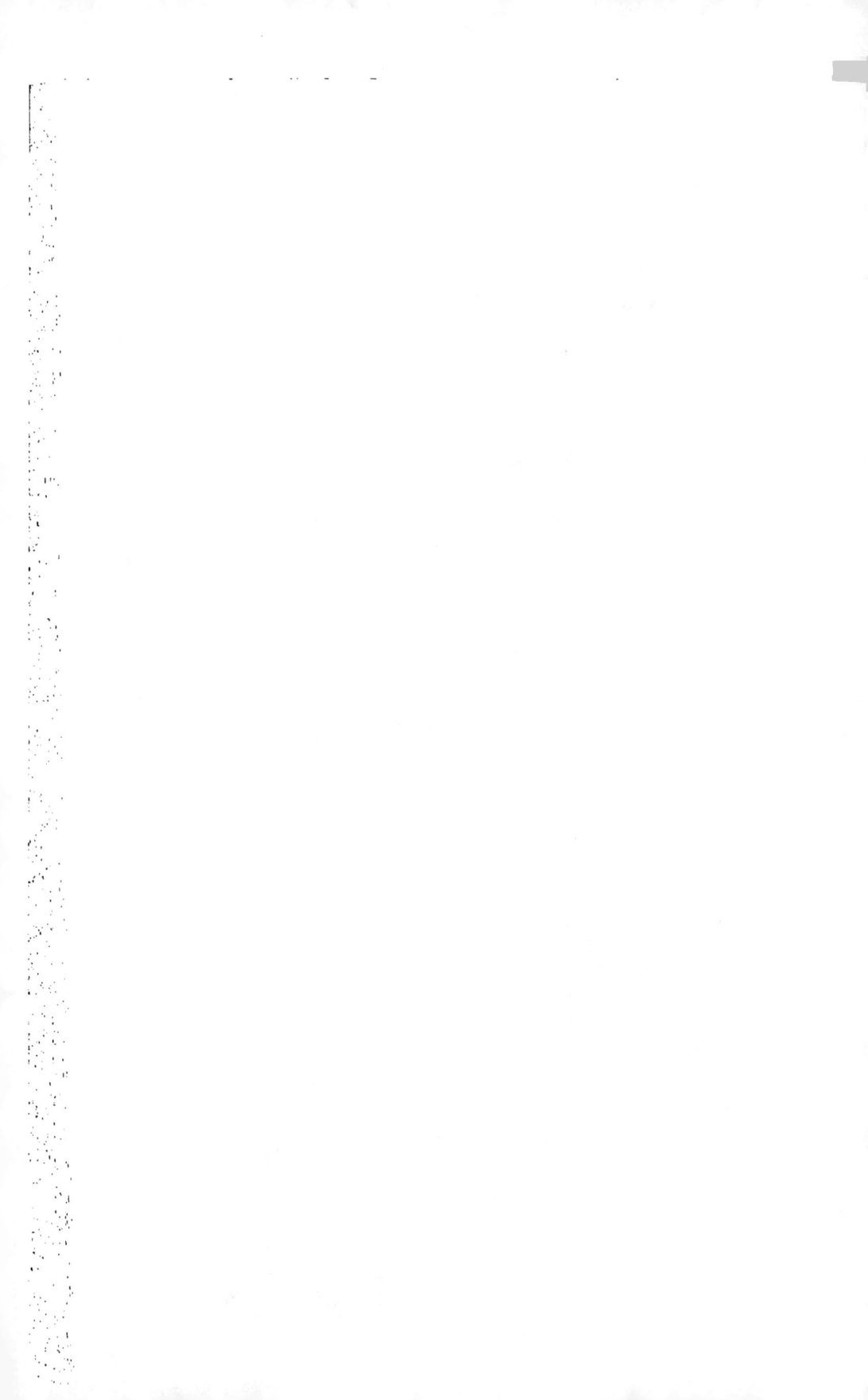

MACHINE A LATTES DU SYSTÈME COMBE ET BARBOUR.

VUE D'UNE PEIGNEUSE DE FACE.

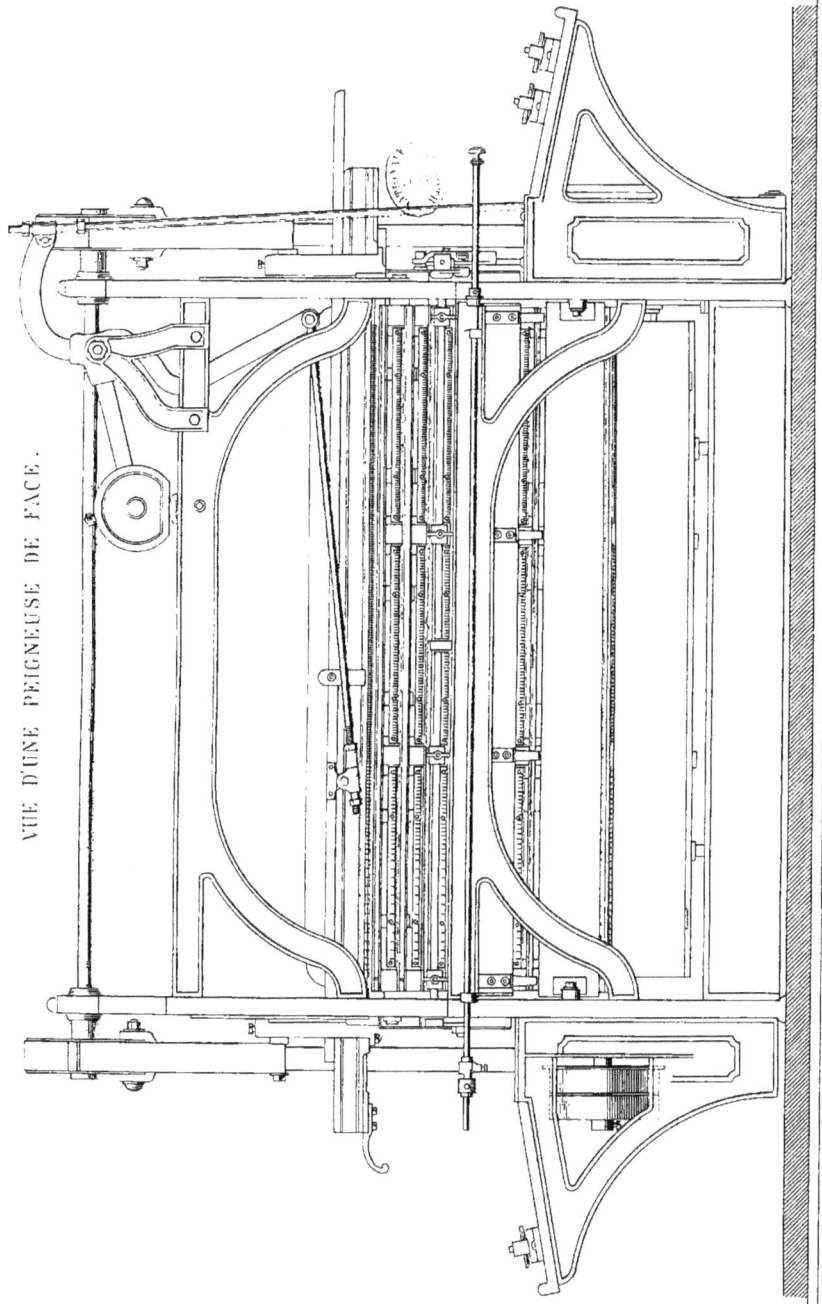

Imp. Camille. Robbe, à Lille.

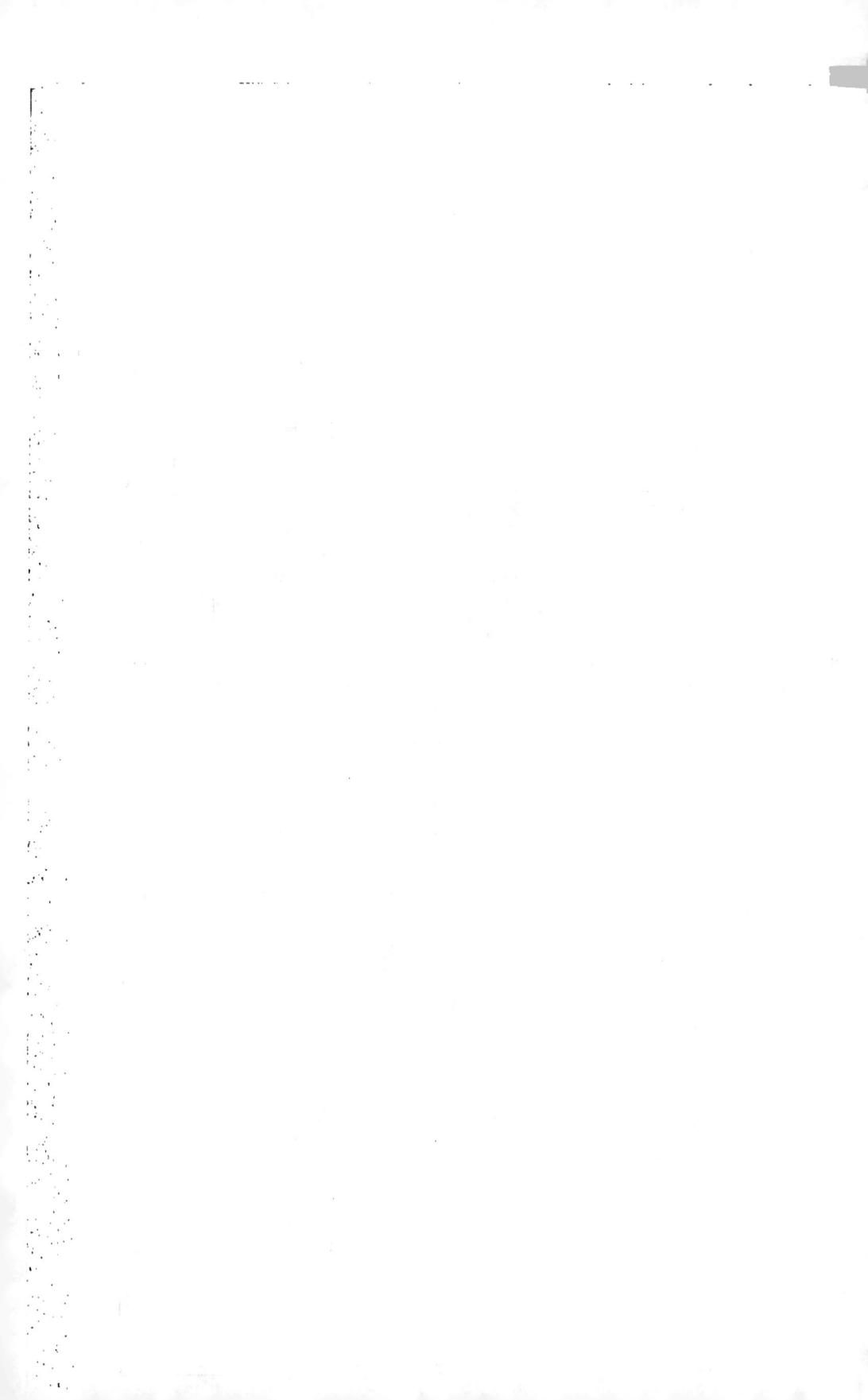

pour le peignage des lins coupés, et sont aussi bien employés pour les lins longs.

On leur reproche un seul inconvénient, c'est que la tension de la courroie des peignes se faisant par le haut, la hauteur d'ascension du chariot se trouve amoindrie et il faut la régler à nouveau. Mais l'emmanchement du levier du chariot est muni de distance en distance de trous qui permettent de faire à cet égard la correction nécessaire ; ce reproche n'a donc plus sa raison d'être.

MACHINES A PEIGNER DU SYSTÈME ROUSSELLE ET DOSSCHE (MOULINS-LILLE) (*Pl. VII bis.*)

Ces machines sont construites suivant le système Combe perfectionné, à nappe verticale et à intersection.

Dans la machine à brosses, un espace de trois pouces sépare les presses deux à deux ; la distinction des étoupes se fait ainsi, naturellement d'elle-même dans les caisses où elles tombent.

Les brosses destinées à enlever les étoupes pour les présenter au doffer n'attaquent pas les peignes sur la partie rectiligne du manchon, mais à sa partie circulaire inférieure, lorsque le peigne se trouve encore dans le galet ; le nettoyage devient de la sorte plus facile et plus régulier. L'écartement des brosses est réglé par une vis de rappel.

Nous n'avons plus à faire ressortir les avantages des machines à lattes.

Dans ce système, les constructeurs ont remplacé les aiguilles du premier peigne par une suite de brossettes dures, qui ont pour effet de paralléliser complètement les fibres du lin avant de le soumettre à l'action des aiguilles. Car il arrive que les ouvriers, dans la précipitation du travail, engagent parfois les presses dans le chariot lorsque celui-ci occupe la position inférieure ; d'où il suit que souvent les brins entremêlés seraient rompus en partie si les ai-

guilles venaient brusquement les attaquer. Sans aucun doute, cette
disposition influe considérablement sur le rendement.

On a donné en outre au chariot une ascension beaucoup plus
grande que dans les autres machines, afin qu'au moment où les
presses passent d'une série de peignes à une autre série plus fine,
les extrémités du lin soient complètement dégagées.

Les presses employées sur ces machines sont en acier avec ondulations intérieures, de manière que les reliefs d'une plaque concor-
dent parfaitement avec les cavités de l'autre plaque; il est évident
que de cette façon, les lins se trouvent beaucoup mieux retenus que
dans les presses ordinaires qui ont une section intérieure plane.

Les machines Rousselle et Dossche donnent généralement
d'excellents résultats : simplicité dans les mouvements, régularité
de marche, bonne construction; tout y est agencé de manière à en
faire de véritables machines manufacturières.

MACHINE A PEIGNER DU SYSTÈME STEPHEN COTTON
(BELFAST) (*Pl. VIII.*)

Cette machine se distingue surtout :

1° Par le mode d'intersection des peignes, qui se présentent
d'équerre sur le lin, près de la pince en acier, et dont le mouvement très-doux permet de faire marcher sans inconvénient à une
grande vitesse.

2° Par la transmission du mouvement à la nappe sans fin, au
moyen d'un système spécial de *cones doubles*. On peut ainsi, grâce
à cet important changement, faire varier la vitesse des peignes en
moins d'une minute, sans arrêter la machine, ni occasionner de
casse.

3° Par son système de chasse-presses, qui peut se régler au
millimètre (brevet spécial).

4° Par le mode d'attache des peignes, montés sur des armatures

VUE PERSPECTIVE D'UNE PEIGNEUSE.

SYSTÈME ROUSSELLE ET DOSSCHE.

Imp. Camille Robbe, à Lille.

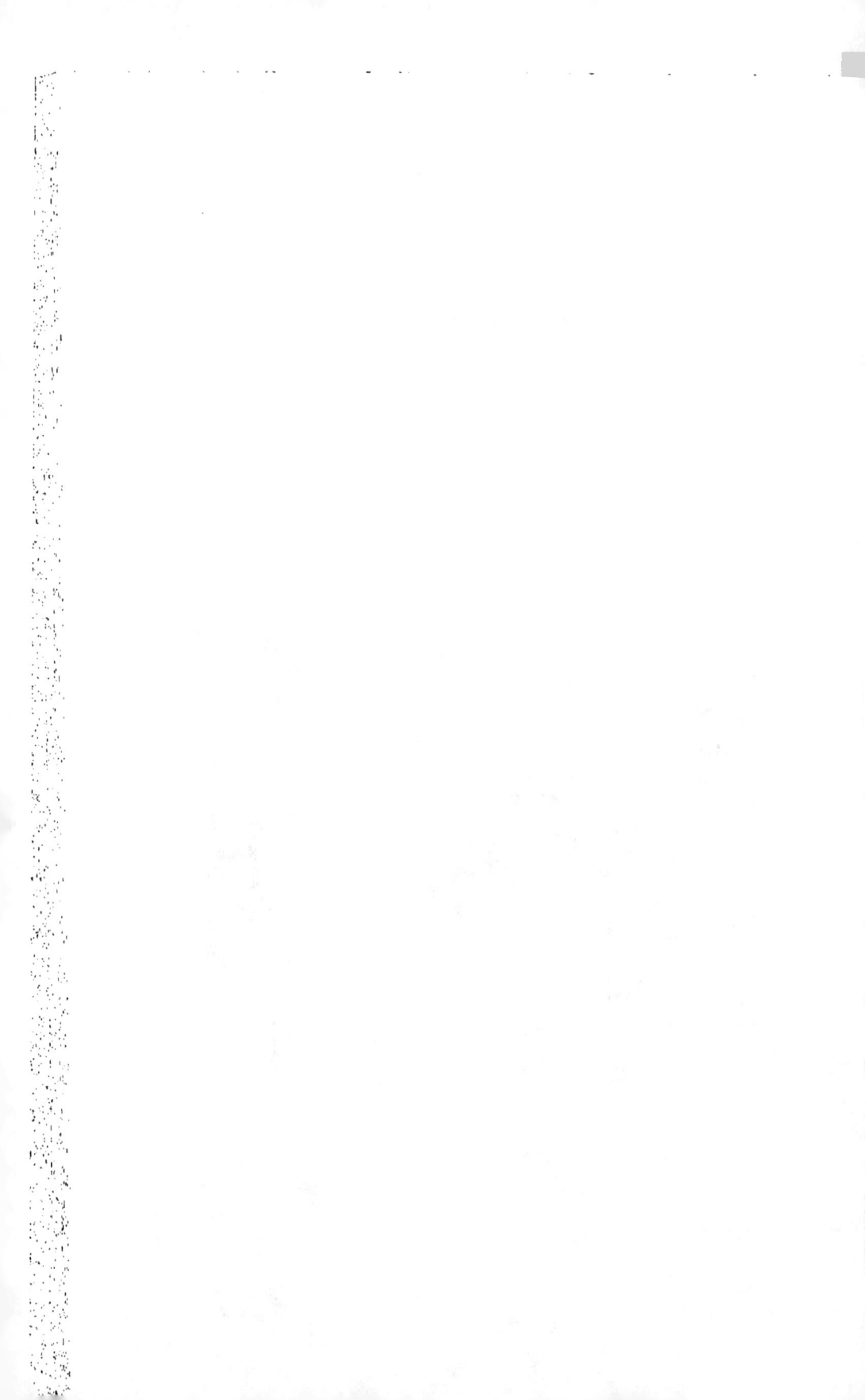

MACHINE A PEIGNER DE STEPHEN, COTTON & CO..

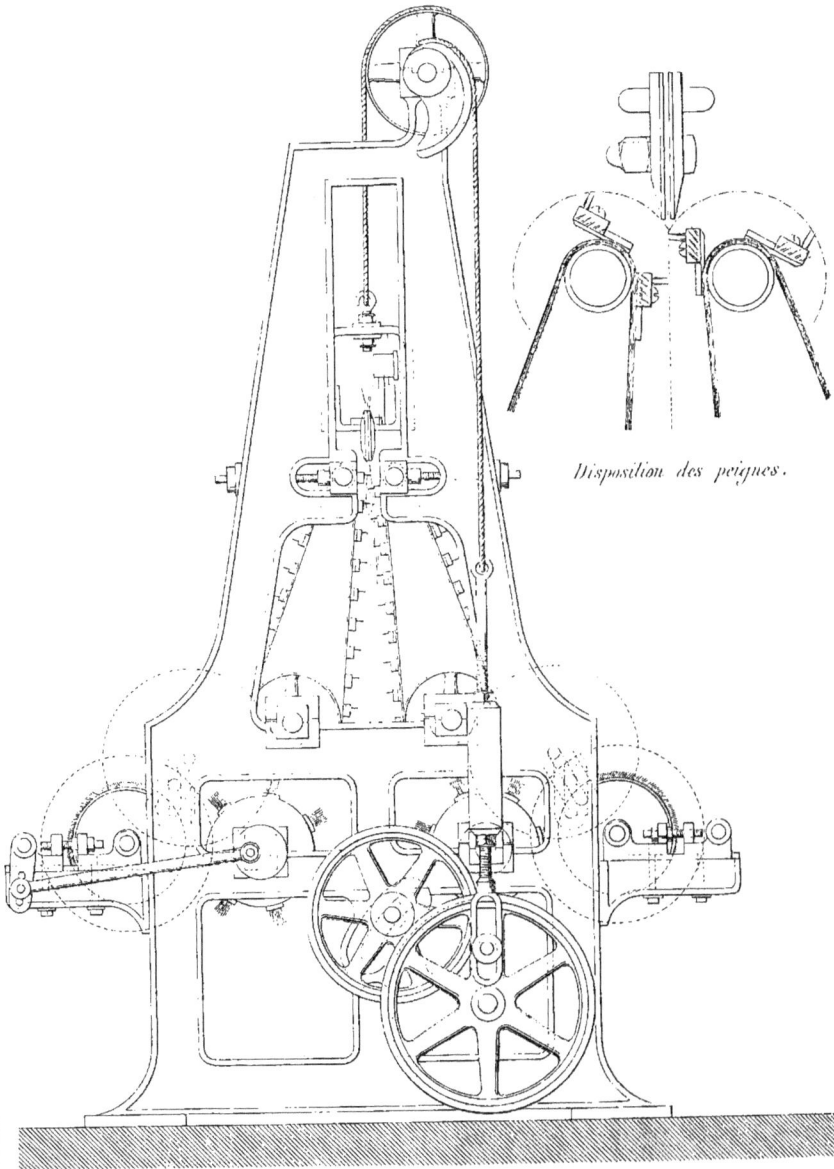

Disposition des peignes.

Imp. Camille Robbe, à Lille .

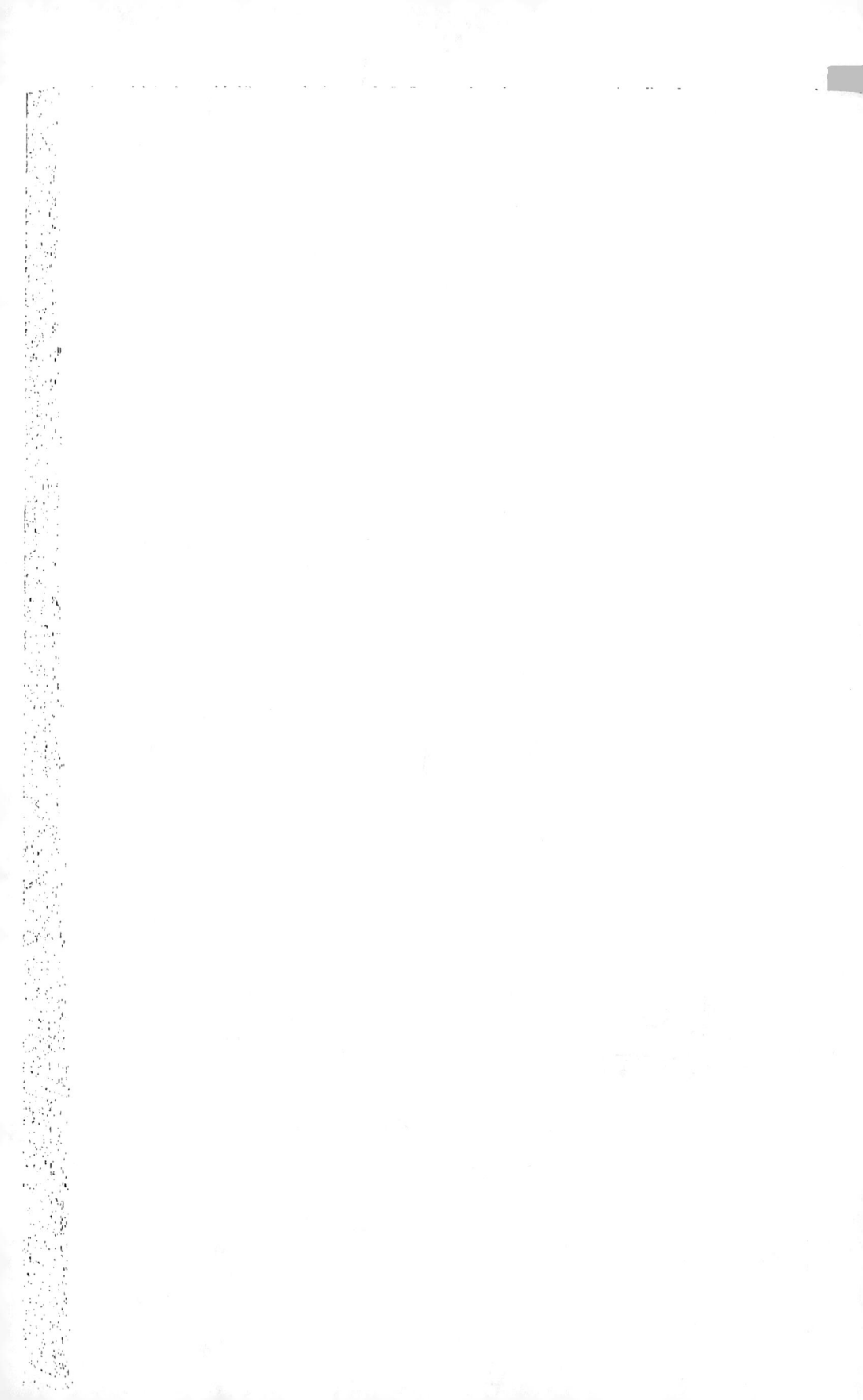

de forme spéciale, et attachées avec des rivets en cuivre sur des courroies sans fin, *d'un nouveau système*, qui présentent toute garantie de solidité.

Les autres modifications sont peu importantes. Le débourrage s'opère par brosse et doffer.

La manœuvre de cette machine exige, comme toutes les autres, trois aides; toutefois, deux peigneuses bien accouplées peuvent facilement marcher avec trois garçons seulement. Dans ce dernier cas, la disposition la plus avantageuse consiste à faire servir l'une des machines pour les pieds et l'autre pour les pointes.

Les peigneuses Cotton donnent généralement un bon rapport de peignage et une excellente qualité d'étoupes.

MACHINE A PEIGNER DU SYSTÈME DROULERS, A LILLE.

Ces machines, construites par M. Ward pour la France, et Combe pour l'Angleterre, comprennent deux types :

I. 12 presses pour les lins ordinaires.

II. 18 presses pour les lins fins et coupés.

Comme on le remarque déjà, le grand nombre de séries auquel on était pas encore parvenu jusqu'ici (à cause de la présence du rouleau supérieur qui aurait ployé sous le poids de la nappe), nous promet déjà un disposition toute nouvelle.

En effet, le rouleau supérieur est supprimé. Il est remplacé par des galets, placés au nombre de deux, de distance en distance, et soutenant des courroies auxquelles sont attachées des barettes en fer, celles-ci sont soutenues sur leur parcours par un guide spécial ; arriveés au rouleau inférieur, leurs extrémités sont engagées dans les cavités de lanternes disposées à cette effet, et elles passent ainsi du côté opposé sans s'entrechoquer et en gardant toujours le même espace entre elles.

De cette disposition, il ressort déjà :

1° Que le nombre des barrettes, déjà plus grand que d'ordinaire, peut encore être augmenté sans même que l'on soit forcé d'allonger la machine.

2° Que celles-ci, obligées de passer dans l'espace contenu entre deux galets, arrivent sur le lin d'une manière plus douce.

3° Que le diamètre des galets, pouvant être diminué autant qu'on le veut, les aiguilles peuvent être dirigées le plus près possible des presses.

4° Que les courroies ne sont pas cassées comme s'il n'y avait qu'un seul rouleau à petit diamètre, et durent par conséquent plus longtemps.

Cette machine a par contre plusieurs inconvénients :

1° Les guides qui soutiennent les barrettes, et sur lesquels celles-ci glissent continuellement, finissent, au bout de deux ou trois mois, par couper littéralement les supports des peignes.

2° L'énorme force prise par le frottement des barrettes sur ce guide pourrait être utilisée d'une manière plus profitable.

3° Lorsque la courroie vient à se relacher sur les galets, il n'y a aucun moyen de la tendre à nouveau.

MACHINES A PEIGNER DU SYSTÈME VANOUTRYVE (LILLE).

Ces machines comprennent deux types :

I. 8 séries de peignes de 16 pouces pour lins ordinaires.

II. 16 séries de peignes de 10 pouces pour lins fins.

Fondée sur les mêmes principes que la machine Droulers, elle en supprime tous les inconvénients. Le guide des barrettes à disparu, de sorte que les machines durent plus longtemps tout en prenant moins de force au moteur.

Elle en a aussi tout les avantages. — En outre, des deux galets qui supportent la courroie, l'un sert à régler la marche des peignes et peut être fixé à volonté ; l'autre, mobile, sert de tendeur au manchon.

Ajoutons que les tourrillons portent deux masques, s'enclavant dans les extrémités creuses du galet, de façon qu'aucun brin d'étoupes ne puisse s'enrouler autour d'eux avant d'entrer dans les peignes.

Ces machines comportent encore d'autres perfectionnements importants, parmi lesquels les suivants :

1° Le pointage des doffers est complètement en rapport avec celui des nappes, les gros peignes étant en communication avec un gros doffer, et ainsi de suite.

2° La tension des courroies-manchons, qui se réglait par le haut ou par le bas, ce dont nous avons démontré les désavantages, se règle horizontalement par l'éloignement du galet mobile. La machine une fois réglée, peut de cette façon marcher sans danger d'arrêt.

Presses du système Vanoutryve pour machines à peigner

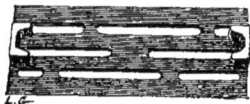 

Fig. 20. Fig. 21.

4° Enfin, un système de *presses à claire voie*, spécialement brévetées, en fonte maléable, retient le lin entre ses parois, avec moins de serrage et sans nécessiter de caoutchouc.

Avec ces nouvelles pinces, plus de talons rapportés, plus de ces boutons de couvertures qui dans les anciennes presses se brisent continuellement. Les tringles dont elles sont munies, s'enclavant dans les claire-voies, l'étalage irrégulier des lins n'y produit pas de mauvais effet, les parties les plus minces étant aussi bien retenues que les plus épaisses.

27

Pour les séries, M. Vanoutryve a adopté :

1° Pour les trois premières, la disposition qui permet de ne placer aucune aiguille directement derrière une autre (1), avec un pointage double pour le premier rang, suivant le système Horner.

2° Pour les autres séries, le quinconce simple, le trop rapprochement des pointes ne permettant pas alors d'adopter la première disposition.

_____

(1) Expliqué au peignage à la main.

CHAPITRE XII

Table à étaler

(SPREADER)

Nous entrons ici dans l'atelier des *préparations* ; il comprend la table à étaler, les étirages et les bancs-à-broches : on lui donne ce nom parce qu'il a spécialement pour but de *préparer* la matière à être filée.

La machine à étaler a pour objet la formation de ce qu'en terme de filature on appelle un *ruban* (riband). Sa fonction principale est *l'étirage*, aussi plusieurs filateurs lui donnent ce dernier nom sans aucun qualificatif. Selon nous, c'est à tort, car les machines que nous examinerons plus loin portent aussi le nom *d'étirages*. D'autres corrigent cette mauvaise expression en donnant à la machine à étaler le nom de *premier étirage*, les machines suivantes sont alors les deuxièmes, troisièmes étirages. Bien que ces dénominations soient justes, en ce sens que la table à étaler est le premier des métiers qui *étire*, nous croyons qu'elles sont encore fautives, et que les machines qui suivent la table à étaler jusqu'au banc-à-broches exclusivement doivent être appelées étirages : la raison en est que depuis la table jusqu'au métier à filer inclus toutes les machines étirent. Dès lors, tous les métiers ayant même fonction devraient logiquement avoir le même nom : on comprend qu'il s'ensuivrait une confusion regrettable. Aussi a-t-on pris l'habitude de désigner tous les métiers par leurs fonctions spéciales et non par une dénomination générale. Nous conserverons donc à la table à étaler son nom propre.

PRINCIPE DE LA MACHINE

Plaçons à la suite les unes des autres, de manière à former un cordon uniforme, plusieurs méchettes sortant de l'atelier de peignage. En les laissant entraîner par deux rouleaux tournant en sens contraire, elles seront poussées en avant et sortiront sous forme de *ruban*, puis en les engageant plus loin entre deux cylindres semblables et animés d'un même mouvement, nous verrons le ruban ressortir de l'autre côté. Si ces mèches forment une longueur de 5 décimètres par exemple, elles sortiront avec une longueur de 5 décimètres.

Mais, si au moyen d'une disposition particulière, nous donnons aux seconds de ces cylindres une vitesse plus forte qu'aux premiers, ils *étireront* le ruban et le rendront plus long : la matière s'éclaircira et gagnera en longueur ce qu'elle perdra en épaisseur. Les premiers de ces cylindres seront *fournisseurs*, c'est-à-dire qu'ils fourniront la matière aux seconds et ces derniers seront *étireurs*, c'est-à-dire qu'ils l'allongeront. C'est un semblable système qui, dans la machine à étaler constitue l'étirage, et plus les derniers cylindres tourneront vite, plus la matière sera allongée. Comme l'éloignement des deux cylindres et leur vitesse sont calculés et réglés d'avance, ainsi que nous le verrons plus loin, l'opération s'exécute sans effort. Il est évident que cet éloignement est toujours plus grand que la longueur des filaments.

Supposons que les derniers cylindres fournissent en une minute une longueur de ruban de 5 décimètres, si les étireurs donnent dans le même temps 25 décimètres, le ruban sera allongé de 5 fois 5 décimètres. Pour calculer quel sera l'étirage, on prend le rapport entre le débit de l'étireur et celui du fournisseur et on trouve 5, et on dit alors en terme technique que l'on a un *étirage de 5*.

Dans la pratique, pour calculer l'étirage nous verrons qu'on doit tenir compte des roues motrices et des pignons.

D'après ces explications nous définirons l'étirage : le *rapport entre les débits* de l'étireur et du fournisseur. En général, l'étirage d'une machine à étaler est de 15 jusque 40, ce qui veut dire que la quantité de lin fournie par les étireurs est quinze ou quarante fois moins épaisse que la quantité qu'ont donné les fournisseurs, ou bien encore que les étireurs marchent quinze ou quarante fois plus vite que les fournisseurs. C'est grâce à une semblable disposition que l'on peut fournir ce que l'on appelle le ruban.

DESCRIPTION DE LA MACHINE

Nous donnerons ici la description de la machine à vis ou à spirales qui est la seule aujourd'hui usitée dans les manufactures.

Les cylindres *fournisseurs* F' (pl. IX), sont précédés d'une *table* horizontale D, sur laquelle on étend les mèches et qui donne son nom au métier ; sur la surface de cette table sont des toiles ou *cuirs sans fin* E, d'environ 1 décimètre et demi de largeur, qui se meuvent continuellement en avant ; le but spécial de ces cuirs est d'amener le lin jusqu'aux cylindres fournisseurs qui le saisissent. Les bouts des mèches sont superposés les uns à la suite des autres, ces dernières forment une large bande qui est entraînée vers les cylindres. Engagées entre les fournisseurs, elles s'unissent entre elles par la seule pression que leur communiquent les rouleaux.

Plus loin se trouvent les cylindres *étireurs* H', mais sur le parcours et dans l'intervalle qui les séparent des premiers, les filaments sont maintenus parallèles au moyen d'une rangée de peignes ou *gills* G, soutenus par des *barrettes* G', qui se relèvent par files en marchant des fournisseurs vers les étireurs. Ce mouvement leur est communiqué par un système de vis (en *f*), dont nous donnerons plus loin le détail (1).

Enfin l'étireur H' unit plus fortement les mêches, et ces dernières conduites par un cylindre J' (*rouleau débiteur*) sont reçues sous forme de ruban dans un *pot* directement placé à leur sortie. Un *compteur a*, mis en rapport avec ce rouleau, indique la longueur débitée par la machine chaque fois que le pot est rempli.

N'omettons pas de dire que sur la même machine, on forme à la fois quatre ou six rubans (pl. X) qui marchent parallèlement et par paires. Il y a de la sorte quatre ou bien six cuirs sur la table de tôle, quatre ou six étireurs et fournisseurs avec leurs cylindres de pression, et quatre ou six rangées de gills sur le même encadrement.

Ainsi se présentent généralement toutes les machines à étaler, mais plusieurs comportent en outre quelques pièces qui ont encore leur importance et dont nous allons parler. Nous examinerons ensuite en détail les principales parties du métier.

Devant les fournisseurs, et de peur que le cordon ne sorte de la limite des cuirs, sont des *conduits e²* (pl. IX) en fonte qui guident les mêches un certain temps, ces conduits existent aussi quelquefois à la sortie et contribuent pour une certaine part au maintien du parallélisme des filaments.

Au sortir du fournisseur et pour forcer les mêches à s'enfoncer directement dans les gills, on place, à la hauteur des barrettes, un petit cylindre nommé *tendeur*. Ce rouleau prévient l'inconvénient qu'il y aurait à laisser les mêches flotter sur le sommet des peignes. On place aussi quelquefois devant l'étireur un rouleau d'appel pré-

---

(1) Le principe fondamental de l'emploi des aiguilles est dû à Philippe de Girard, qui le mit le premier en œuvre dans sa filature modèle, établie rue Meslay, à Paris. Seulement, Philippe de Girard y employait la méthode dite *à chaînes* (dont nous disons quelques mots à la fin du chapitre XIII). L'emploi des *vis* est dû au constructeur anglais Fairbairn. C'est le même système connu sous le nom de *gills-box* qui fonctionne aussi dans le travail de la laine peignée.

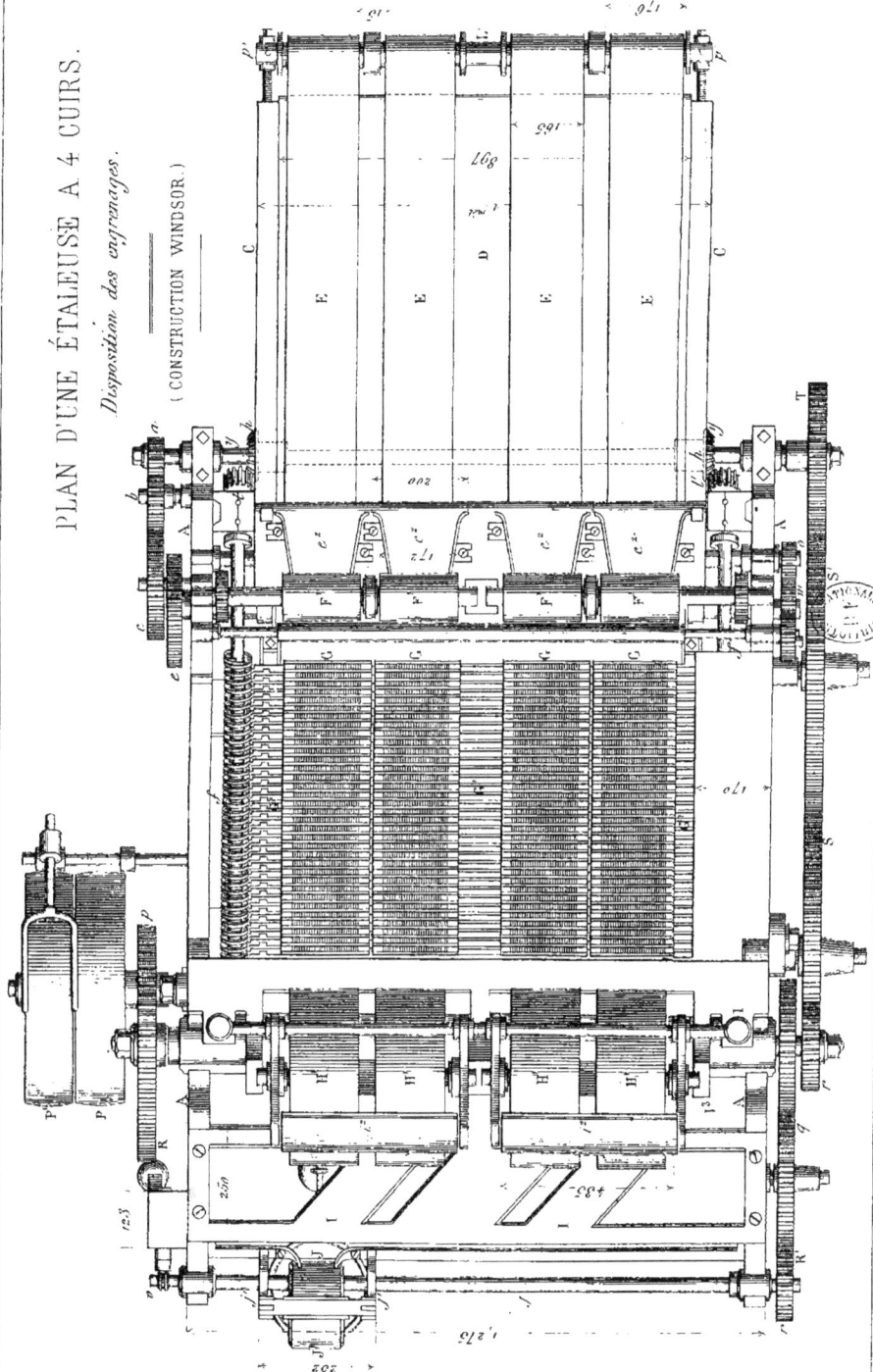

PL. IX.

PLAN D'UNE ÉTALEUSE A 4 CUIRS.

Disposition des engrenages.

(CONSTRUCTION WINDSOR)

Imp. de Camille Robbe, à Lille.

cédé d'un conduit conique qui guide la matière et la force à passer
entre les appareils-

Enfin pour éviter que la poussière et les déchets du lin mis à nu
par le mouvement des barrettes, ne s'attachent aux étireurs, on
munit ces derniers de *nettoyeurs i²* qui les en débarrassent.

Comme les machines sont quadruples ou sextuples, elles demandent pour être manœuvrées trois ouvrières (1) deux étaleuses pour
chaque côté et une enfant placée sur le devant (2) qui ôte la poussière des nettoyeurs, enfonce doucement le ruban dans les pots et
change ces derniers lorsqu'ils sont pleins. Dans certaines usines, on
emploie seulement deux ouvrières, une étaleuse et une surveillante;
dans ce cas, elles se remplacent mutuellement à toutes les heures,
à cause de la fatigue qu'occasionne la continuité du même travail.

Mais toutes les tables à étaler n'étant munies que d'un seul pot,
on devra réunir les quatre rubans en un seul; par suite, on a
besoin d'un système particulier qui permette de les placer l'un
au-dessus de l'autre, parallélement à eux-mêmes, de manière à
corriger les inégalités de l'un par les inégalités de l'autre, et aussi
d'affermir d'une manière plus convenable les endroits où se sont
unies les mèches. C'est pour arriver à ce résultat qu'on place au-
devant du rouleau d'appel et directement à la suite des étireurs
(à peu près à cinquante centimètres de ces derniers) une plaque I
en fonte polie, percée de trous rectangulaires et arrondis par où
l'on engage les filaments; on donne à cet appareil le nom de *paralléliseur* ou *table à réunir :* nous en parlerons plus loin. Dans les
anciennes machines, cette plaque était remplacée par un système
d'entonnoirs coniques ou par plusieurs rouleaux d'appel, lesquels
étaient loin de donner un bon résultat. Aujourd'hui toutes les machines nouvelles sont munies d'un paralléliseur.

---

(1) Généralement tous les métiers de filature sont manœuvrés par des femmes.

(2) On appelle devant d'une machine le côté par où l'on fait sortir la marchandise; le derrière est le côté par où on la fait entrer.

On remarque que la forme de la table à étaler est celle d'une ligne brisée (pl. X) horizontale dans la partie qui forme la table proprement dite, laquelle est située à un mètre environ du parquet, et oblique dans la portion formée par le châssis qui encadre les barrettes, dont la partie supérieure est environ à 1 m. 50 du sol.

La première partie de la table est ainsi disposée pour se trouver à peu près à la hauteur des femmes étaleuses, et afin de ne pas leur occasionner la trop grande fatigue qui résulterait de l'élévation et de l'abaissement continuel de leurs bras. La seconde partie est construite en vue de la forme des pots, qui doivent être assez allongés pour qu'ils puissent contenir une moyenne quantité de matière textile (1).

TRANSMISSION DES MOUVEMENTS.

DES DIFFÉRENTS GENRES DE CONSTRUCTION DE TABLES A ÉTALER.

La transmission des mouvements est nécessaire à connaître pour le calcul de l'étirage, comme elle se fait d'une manière identique pour tous les métiers de préparation il est indispensable que nous en disions quelques mots.

En principe, la disposition des engrenages est toujours la même chez tous les constructeurs, et les différences qui les distinguent sont peu sensibles. Toutefois, afin de donner une idée des variations qui peuvent exister dans l'agencement de ces machines, nous examinerons plusieurs des systèmes les plus employés.

---

(1) La table à étaler est propre à la filature du lin en ce sens qu'on ne pourrait l'appliquer à l'étirage de la laine ou du coton. Ces dernières matières ont toujours besoin d'une certaine torsion qui puisse soutenir le ruban dans l'effort qu'on lui fera subir ; cette torsion devient inutile dans le cas où les produits présentent, comme le lin, des filaments longs et secs, doués en même temps d'une certaine élasticité.

TABLE A ÉTALER A SIX CUIRS.

CONSTRUCTION LAWSON.

Disposition générale de la machine.

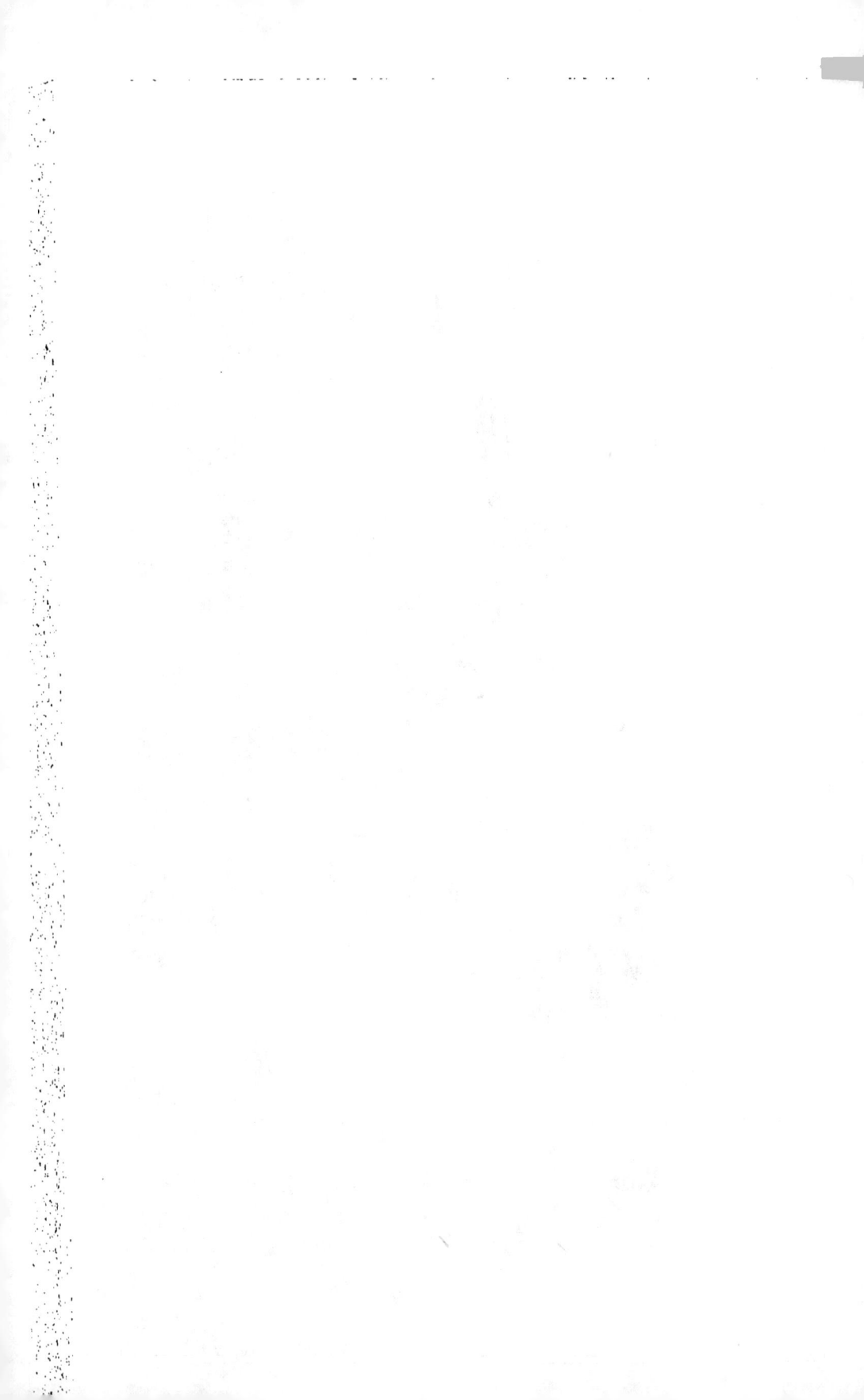

La planche IX représente une machine construite par MM. *Windsor frères*, de Lille.

La machine de l'usine transmet directement le mouvement à la table, au moyen d'une courroie de transmission qu'on peut placer, grâce au jeu d'une fourchette N', sur l'une ou l'autre des poulies P et P' du métier.

Un pignon *p* placé sur la douille de la poulie fixe engrène directement avec la roue R qui fait tourner l'étireur inférieur et qui est situé sur l'axe de ce cylindre ; c'est ce pignon par conséquent qui transmet le mouvement au rouleau.

A l'extrémité opposée de l'axe de l'étireur sont deux pignons : le premier *q* qui, par l'intermédiaire R', fait mouvoir le cylindre d'appel inférieur, en engrénant directement avec le pignon *r* fixé sur l'axe *j* de ce cylindre ; le deuxième *r* qui, par deux intermédiaires S et S' transmet le mouvement à la roue T fixée sur l'arbre de commande des vis.

A l'extrémité de cette roue est un pignon *a*, qui engrène par l'intermédiaire *b* avec une roue tête de cheval *c*, dont le mouvement est divisé par un autre pignon qui fait mouvoir la roue *e* du fournisseur. Les pignons *o*, *m*, etc., que l'on aperçoit à l'extrémité de la commande du fournisseur donnent le mouvement par intermédiaires au tendeur et au second rouleau des cuirs sans fin.

Si l'on veut bien se rendre compte de l'organisation de ce système, on verra que la roue T, fixée sur l'arbre de commande des vis, dirige tous les engrenages, soit directement, soit indirectement. Aussi suffit-il de changer cette roue pour modifier l'étirage de la machine. On la nomme indifféremment *pignon commandeur, de rechange, de laminage, d'étirage*, etc. Et comme l'étirage peut varier par l'un ou l'autre cylindre, elle est quelquefois, mais rarement, placée sur l'étireur.

La table à étaler construite par *Combe*, et représentée par la planche XI, présente quelques légères différences avec celle dont nous venons de parler.

28

La commande se trouve d'abord du côté opposé (1). Le pignon A, fixée à demeure sur l'axe de la poulie, donne le mouvement à la roue B; et celle-ci porte sur sa douille le pignon C qui, par deux intermédiaires D et E, commande le *pignon d'étirage* F; une coulisse H facilite le changement de ce pignon, et permet de déplacer la roue E par rapport à son diamètre. Un levier de tête de cheval relie les axes des roues D et E.

Le secteur I sert de support à la fourche de déclinche K, laquelle peut être fixée au moyen d'écrous en I', I", I'", suivant que la poulie de transmission est située dans le sens de L ou de L'. Un arbre M, qui traverse toute la largeur du métier, porte deux excentriques qui correspondent à chacun des leviers O, et dont l'extrémité peut être tournée à volonté vers le haut ou vers le bas, suivant le sens dans lequel on appuie sur la manivelle N; en desserrant légèrement les leviers au point de pression, on peut, lorsqu'on nettoie ou qu'on répare le métier, faire reposer les branches de romaines sur leur extrémité.

Les pignons P et R, situés un peu au-dessus de l'intermédiaire E, du côté opposé à la commande du fournisseur, servent de point d'appui à ce rouleau. Le compteur S est situé du côté de la commande et le mouvement est donné au rouleau d'appel du côté opposé.

Dans la machine construite par *Lawson*, que nous avons donnée dans la planche X (comme vue perspective d'une table à étaler), les engrenages sont ordonnés de la même façon.

Ce métier se fait remarquer par son mode de préservation extérieure, au moyen de plaques à poignées (P²), dont la manœuvre est très-facile; à l'intérieur, chacun des engrenages se trouve

_____

(1) Dans quelques métiers construits par Combe, les deux bras de la fourche de déclinche sont munis de rouleaux. Ceux-ci tournent alors avec la courroie lorsqu'on la fait passer d'une poulie à l'autre, et qu'elle exerce un certain frottement sur les tringles entre lesquelles elle se meut.

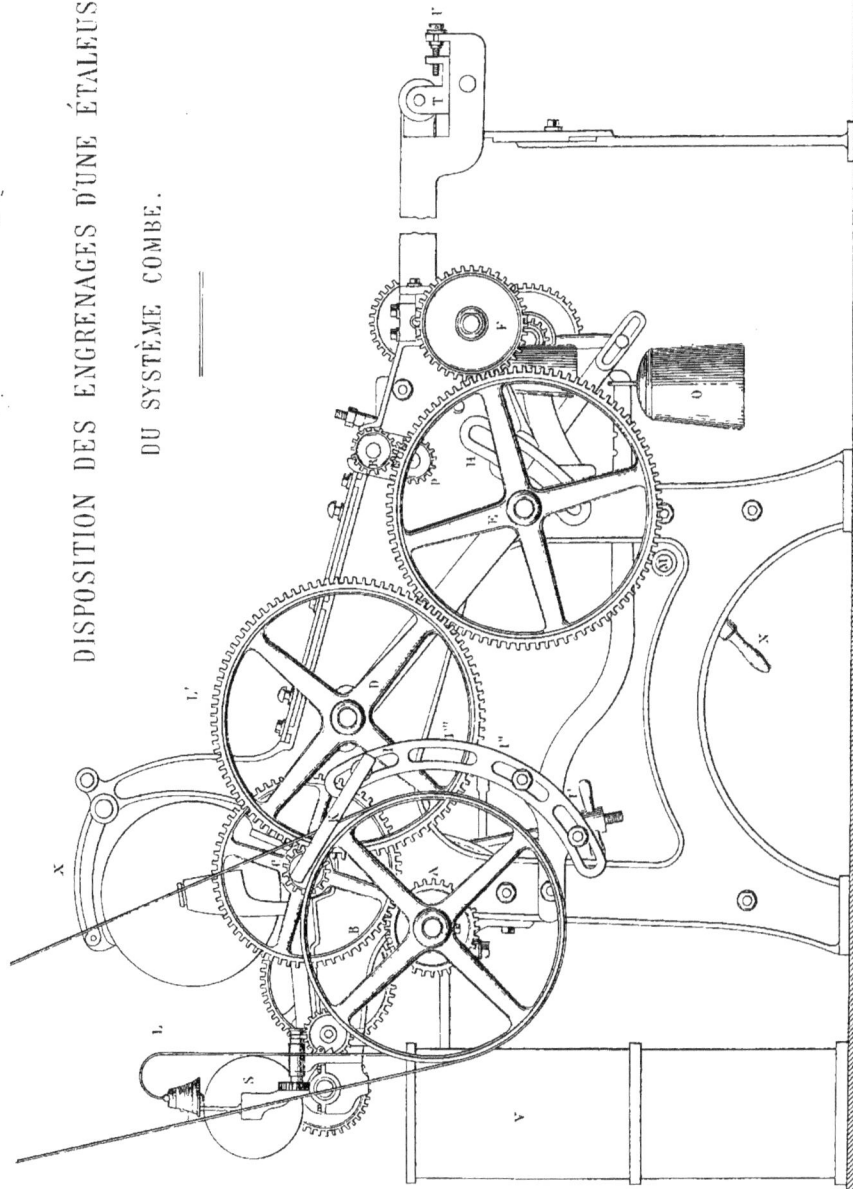

PL. XI.

DISPOSITION DES ENGRENAGES D'UNE ÉTALEUSE

DU SYSTÈME COMBE.

Imp. de Camille Robbe, à Lille.

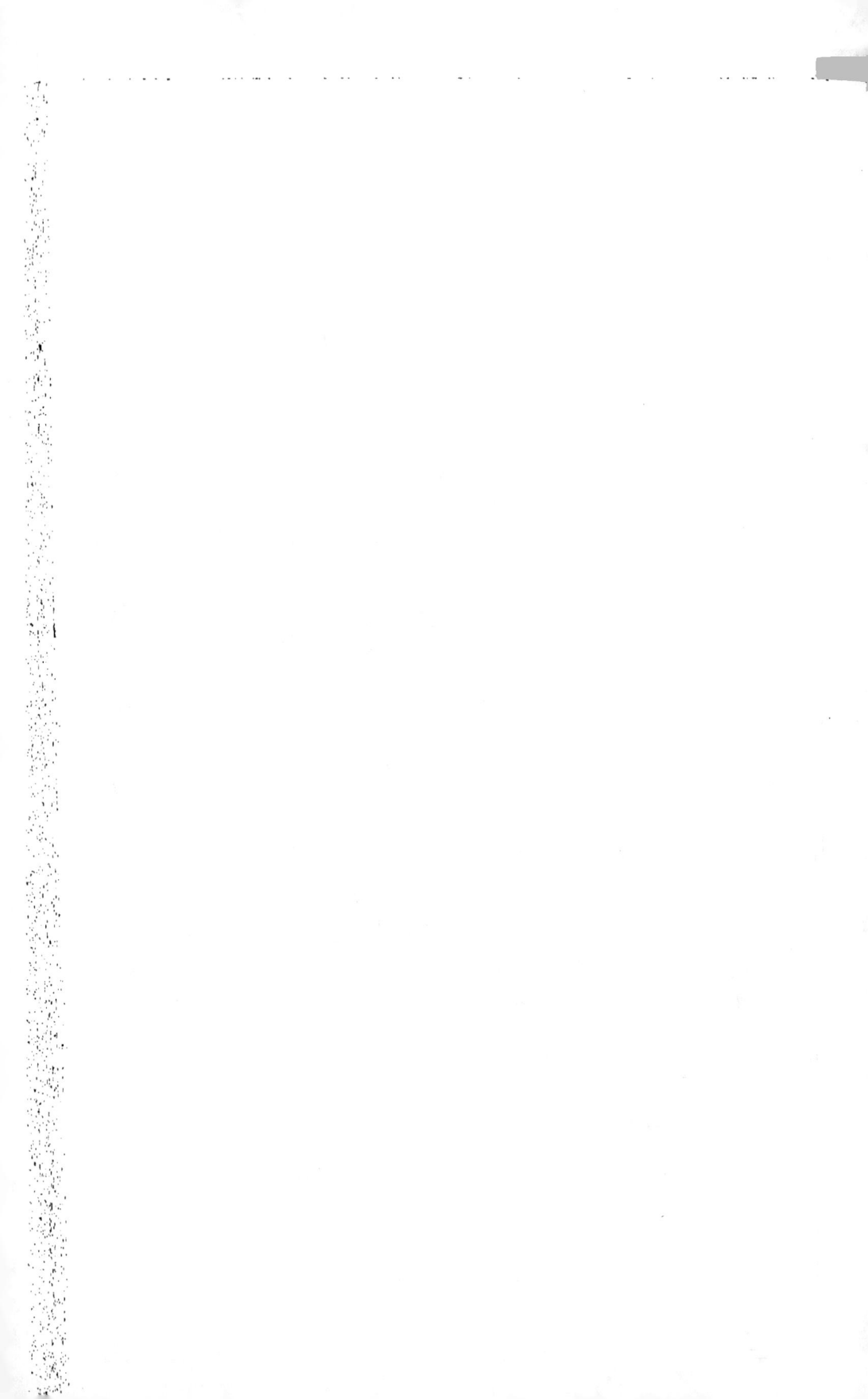

enveloppé sans que le recouvrement des pièces soit un obstacle à la rapidité du service, en cas où quelques réparations ou changements seraient nécessaires.— L'arbre de transmission qui porte les poulies est indépendant du reste du métier.

Les tables construites par *Ward* se distinguent par leur grande solidité. Le rouleau tendeur y est souvent supprimé, à cause du grand rapprochement des gills et des fournisseurs. Les leviers sont à double branche, ce qui donne une pression beaucoup plus puissante. Les excentriques d'arrière des systèmes Combe et Lawson y sont remplacés par deux leviers à poignée en forme de T, placés sur le devant de la machine, et qui peuvent, en se basculant sur une des règles qui font partie du bâtis, soulever les branches des romaines, par leur extrémité ; on maintient les leviers dans cette position élevée en les accrochant sur la traverse d'arrière. Les pressions des rouleaux se règlent sur le dessus de la machine au moyen d'écrous à ailes.

Les machines construites par *Walker, Fairbairn*, etc., présentent avec celles dont nous venons de parler quelques changements de détail ayant rapport au bâtis, aux grillages préservateurs, etc.; nous parlerons plus loin des différences plus importantes, qui, dans les machines de ces constructeurs, concernent les pignons de rafle et les mouvements récepteurs.

DES DIVERSES PARTIES DE LA TABLE A ÉTALER (1).

Des cuirs sans fin. — La marche des cuirs E (pl. IX), où sont d'abord placées les mèches, est due au mouvement de deux rouleaux en fonte L', d'un diamètre sensiblement égal, autour duquel ils sont enroulés. Ces cylindres marchent tous deux dans

(1) Les différentes parties de la table à étaler sont pour la plupart identiques à celles des autres machines de préparation, c'est pourquoi nous les examinerons avec quelques détails.

le même sens, ils sont traversés par des axes en fonte p' rattachés de chaque côté au bâtis de la machine ; l'extrémité de ces axes formant tourillon tourne dans des coussinets convenablement ajustés.

Le second rouleau, celui qui se trouve le plus près des fournisseurs, est immobile, et par conséquent toujours à une distance constante de ces cylindres. Il est commandé au moyen d'un intermédiaire par la roue m du fournisseur inférieur et sa rotation est généralement de 1/20 moins rapide que celle de ce rouleau.

Le premier cylindre peut se mouvoir à volonté au moyen de vis de rappel p' et de joues dont sont munis les coussinets ; les quatre cuirs reçoivent, s'il en est besoin, une plus forte tension, par le plus ou moins grand éloignement de ce cylindre.

Des cylindres fournisseurs. — Les cuirs guident les mêches vers les fournisseurs par les conduits c^2. Les cylindres supérieurs de pression F', en fonte et d'un assez fort diamètre, sont reliés à un axe, qui par ces deux extrémités se rattache à des joues latérales pratiquées dans la partie supérieure du bâtis. Souvent le rouleau ne fait que peser de son propre poids sur le cylindre du bas, souvent aussi ce poids est augmenté par des leviers à poids Z (pl. X) ou des ressorts dont le point d'appui est sur le bout des cylindres de pression.

Le fournisseur inférieur est un rouleau de diamètre uniforme dans toute sa longueur, et beaucoup plus petit ; il est ordinairement en fer forgé, et ses extrémités rattachées au bâtis, tournent librement dans des coulisses. On comprend d'après ce que nous venons de dire que ce fournisseur est guidé par les précédents ; par suite, la vitesse des mêches étant la même que celle d'un point quelconque pris à l'extérieur sur la circonférence de ce cylindre, il suffit pour connaître cette vitesse d'observer celle de ce point dans l'unité de temps. On se reportera plus haut si l'on veut se rendre compte du système d'engrenages qui en règle la marche.

Le tendeur G (pl, IX), placé devant les fournisseurs et sur le même plan que le point de contact des étireurs, est peu nécessaire. Vu son petit diamètre, il présente souvent l'inconvénient de *bobiner* c'est-à-dire d'amener peu à peu sur sa circonférence un certain nombre de filaments, qui lui donnent l'apparence d'une bobine et nuisent beaucoup à son jeu.

Des barrettes. — Au sortir des fournisseurs, les mèches rencontrent les barrettes G' qui les conduisent aux étireurs.

Les barrettes jouent un très-grand rôle dans la filature de lin ; elles existent en effet dans toutes les machines, sauf dans les métiers à filer, nous avons dit plus haut la raison pour laquelle elles étaient situées dans un plan oblique dans la table à étaler, et pour les autres métiers dans un plan horizontal.

Le but de ces barrettes est de guider les filaments en ligne droite d'un appareil à l'autre, de maintenir leur parallélisme de la manière la plus parfaite possible, de constituer une résistance suffisante à l'action de l'étireur et de leur servir de point d'appui en les empêchant de flotter dans le vide (1).

Comme nous le savons déjà, elles sont guidées par des vis *f*. A cet effet, elles sont terminées par de petites plaques en fonte auxquelles on donne comme épaisseur celle d'un pas de vis et dont on taille les extrémités obliquement comme les dents d'engrenages, de manière à leur faire suivre le filet ; quelquefois on y pratique aussi des rainures droites et verticales pour recevoir le bord des règles latérales qui leur servent de guide. La longueur des barrettes qui, dans les anciennes machines atteignait à peine 55 à 60 cent., varie aujourd'hui de 165 à 180 cent., grâce au nombre doublé des cylindres et des cuirs sans fin, et les têtes sont élargies dans la même proportion. C'est ce qui a amené la suppression d'un grand nombre de vis ainsi que de leurs supports, et c'est ce qui fait que

---

(1) M. Morauw a fait breveter en 1868 une étaleuse *sans gills*. L'organe principal, qui est un hérisson sous lequel passe la mèche, rappelle le principe des défeutreurs de laine peignée.

les machines nouvelles ont une bien plus grande économie de construction que les anciennes. On utilise pour le travail la place occupée par toutes les pièces inutiles et on arrive ainsi à un avancement réel dans la production.

Toutes les barrettes portent deux rangées de peignes ou gills, elles sont toujours en fer, et leurs extrémités dites *têtes de barrettes* sont trempées *au paquet*.

Leur mouvement doit être, pour le lin coupé, de 5 à 6 p.% plus rapide que le développement des fournisseurs, ce qui veut dire qu'un point quelconque pris sur la circonférence d'un de ces cylindres parcourt dans le même temps un chemin un peu moins long ; par contre, ce mouvement doit être moins rapide que celui des étireurs. Pour le lin long, le développement est égal à celui des fournisseurs. De cette manière, la matière est mieux tendue sur les peignes.

Pour calculer la vitesse des barrettes dans l'unité de temps, on divise le nombre de tours fait par les vis en une minute, par leur pas. Ainsi, par exemple, si une vis, ayant un pas de deux filets par pouce, fait 30 tours, les barrettes parcourront une longueur de 15 pouces dans le même temps.

Du mouvement récepteur. — On conçoit que dans les tables à étaler de grandes dimensions, et généralement dans les fortes machines de préparation, les barrettes ont un très-grand poids, et que par suite elles ont besoin d'être soutenues dans leur chute du chemin supérieur au guide inférieur. C'est dans le but de prévenir un choc inévitable que les divers constructeurs ont joint à leurs machines le mécanisme dit *de réception*, parcequ'il *reçoit* effectivement l'extrémité des barrettes.

Dans les machines construites par *Fairbairn*, de Leeds, ce système consiste surtout en cames, placées à l'extrémité de petits axes en fer de même dimension que les vis et situées entre elles. La vis inférieure porte un excentrique qui soulève les cames à toutes les chutes. Celles-ci soutiennent alors les barrettes et les amènent plus doucement sur leurs guides. Cette amélioration a aussi pour effet de conserver les barres d'acier qui servent de guides, et de rendre moins susceptibles d'usure la partie de la machine qui sans cela exigerait le plus de réparations.

Daus les étaleuses de construction *Lawson*, *Windsor*, etc., un simple ressort, avec ou sans contre-poids, appuie contre les barrettes lorsqu'elles tombent, et le mouvement récepteur est supprimé. L'usure est par suite beaucoup plus rapide.

Dans les machines construites par M. Ward, le mécanisme de réception consiste en un balancier, muni de martelets à chacune de ses extrémités, et qui oscille constamment sur une traverse du bâtis. Lorsque la première barrette tombe, elle est reçue par l'extrémité du balancier qui pour un instant est ramené par le choc à sa position primitive, mais revient aussitôt recevoir la seconde barrette.

Du jeu des vis. — Les vis sont disposées par paires contre les parois intérieures du bâtis de la machine. Dans chacun des couples, l'une est superposée à l'autre, celles de dessus conduisent à l'étirer les barrettes qui supportent les mèches, tandis que celles du dessous ramènent à l'extrémité opposée les barrettes vides. On a soin de donner un pas double à la vis inférieure, afin que les barrettes soient plus rapidement amenées sur le dessus et pour en économiser la moitié par dessous. Un guide parallèle à chaque vis et que l'on appelle *le chemin*, trace la route à suivre et mène les gills sur une horizontale très-droite, tandis qu'une autre coulisse verticale, placée à chaque extrémité, les force à tomber et à monter verticalement.

Lorsqu'une barrette est arrivée à l'extrémité de sa course inférieure, elle est soulevée par une came qui la porte un peu au-dessus du chemin supérieur et la soutient un moment à cette hauteur jusqu'à ce qu'elle soit saisie par la vis du haut qui doit la guider.

Cette came présente un dos assez allongé et concentrique de manière à bien remplir son effet. Une came de moindre dimension, souvent adaptée à l'extrémité opposée de la vis supérieure, est destinée à pousser les barrettes, lorsque celles-ci ne tombent pas assez vite de leur propre poids.

Le mécanisme est ordonné de telle sorte que le mouvement de chaque vis correspondante soit identique, et que les cames de ces vis agissent en même temps sur les extrémités de la barrette.

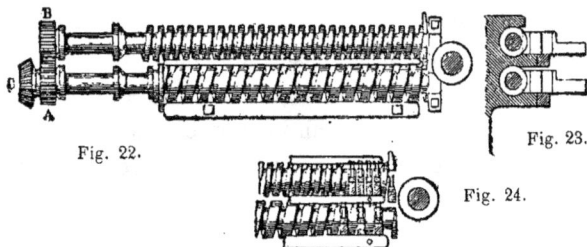

Fig. 22.   Fig. 23.

Fig. 24.

Jeu des vis dans les machines de préparations.

Nous avons vu plus haut comment le mouvement était transmis à l'arbre de commande des vis. Ce dernier porte sur son axe une roue d'angle engrénant à l'intérieur de la machine avec un pignon conique C (fig. 22) moteur de la vis inférieure située sur l'axe qu'il meut. A peu de distance et sur l'axe de ce pignon est une roue droite A, engrénant directement avec une autre roue B, située sur l'axe de la vis supérieure; le mouvement, d'après les principes que nous avons donnés plus haut, doit avoir lieu en sens contraire. C'est ce qui fait que l'une conduit les barrettes en avant et que l'autre les ramène en arrière.

On a rarement occasion de calculer la vitesse des vis. Il suffit pour cela de faire le produit de la vitesse de l'étireur par les pignons commandeurs, et de prendre comme diviseur le produit des commandées. Si l'on veut se rapporter au mouvement général que nous avons donné dans la pl. IX, par exemple, on voit que l'on aura comme pignons commandeurs la roue *r* fixée sur l'axe de l'étireur et le pignon conique *y*, et que les roues commandées sont le pignon variable T et la roue de la vis commandeur.

Du pignon de rafle. — On ajoute généralement au pignon d'étirage un système qui permet de prévenir les rafles, et qui varie un peu avec les divers constructeurs (1).

Dans la table à étaler du système *Combe*, par exemple, le pignon n'est pas calé sur son axe, et la pression seule d'un écrou le fait adhérer assez fortement sur l'embase. Au cas où l'une des barrettes accroche, l'écrou dont le filet est dans le sens de la marche se dévisse complètement et la roue tourne folle en avant. Il en résulte que, les fournisseurs s'arrêtant et le système de devant continuant à marcher, le ruban casse près des cylindres étireurs.

Dans la table à étaler du système *Lawson*, le pignon d'étirage est muni d'un rochet à frottement doux, adhérant sur un second calé sur l'axe, et auquel fait suite un ressort à boudin placé dans l'intérieur de la douille. Les mêmes effets se produisent par la détention subite de ce ressort.

Dans les machines construites par *Fairbairn*, la rafle est évitée au moyen d'une goupille qui traverse la douille, et qui casse lorsqu'une résistance quelconque se manifeste (2).

Des étireurs. — Conduites par les barrettes G', les mêches s'engagent entre les étireurs H'. Ces cylindres, d'un diamètre plus gros que les fournisseurs, marchent aussi plus vite dans un rapport très-variable suivant le degré d'étirage de la machine.

Les cylindres de pression (supérieurs) qui sont très-gros compa-

---

(1) Ce point a une extrême importance dans les machines de préparation.

(2) Dans les *bancs d'étirage* du système Fairbairn, il y a ceci d'avantageux, que chaque tête ayant son arbre de commande, la rafle ne se fait jamais que pour une tête à la fois.

rativement aux autres, sont en bois, et traversés par un axe en fer. Comme ils ne pourraient, par leur seul poids, déterminer une pression suffisante, on les munit toujours de contre-poids fixés à l'extrémité de leviers à plusieurs crans et à bras très-long. Afin qu'ils soient toujours dans un très-grand état de propreté, ce qui est essentiel pour la bonne marche du métier, on maintient sur leur surface au moyen d'un jambage en fonte une plaque i^2 couverte d'un drap ou d'un feutre. — Les rouleaux qui servent actuellement pour filatures se composent, suivant la grandeur de leur diamètre et l'essence de bois employé, d'une, deux, trois ou cinq pièces collées les unes contre les autres et passées ensuite au tour (1).

Les étireurs proprement dits (inférieurs) font entièrement corps avec leur axe; celui-ci est tantôt indépendant, tantôt il constitue l'axe même des poulies motrices.

Des paralléliseurs. — Les paralléliseurs I appelés encore *tables à réunir*, ont pour effet de soutenir les rubans amenés par les étireurs et de les réunir en un seul pour passer au rouleau débiteur J. Ce sont des plaques horizontales en fer poli, placées un peu plus bas que les étireurs et munies de fentes correspondant à chaque ruban.

Dans la machine à étaler, ces fentes sont au nombre de quatre ou six, quadrangulaires, allongées, et ayant leurs bords fortement arrondis pour éviter toute déchirure et favoriser le glissement. Placés dans chacune d'elles, les rubans glissent régulièrement le long de la plaque et parallèlement les uns aux autres jusqu'au point de réunion. L'angle d'inclinaison des fentes est de 45 degrés.

Il faut avoir soin, dans tous les cas, de proportionner la dis-

---

(1) Un tourneur en bois de Lille, M. Merchez, a fait breveter un mode particulier de collage et d'assemblage pour rouleaux. Les types déposés sont au nombre de deux. Le premier est composé de trois pièces à rainures et languettes, s'adaptant ensemble, et ne pouvant se désagréger qu'en glissant parallèlement ou perpendiculairement à l'axe du rouleau. Le second est aussi composé de trois pièces assemblées à queues d'héronde, mais ne pouvant se désagréger qu'en glissant parallèlement à l'axe.

tance à parcourir à la résistance de la mèche. Le dernier ruban, qui
a un chemin plus long, doit être assez fort pour arriver sans rupture jusqu'au point de réunion. Ceci est très-important, car on voit
ce ruban, dans certaines manufactures, se casser continuellement
et par suite s'arrêter court ; ce qui exige une surveillance toute
particulière. Cette rupture peut dépendre de la trop grande vitesse
de la machine ou du trop fort éloignement des paralléliseurs d'avec
les cylindres étireurs. Ce désavantage est donc facile à corriger.

An sortir des paralléliseurs, les mèches sont conduites dans les
pots par le rouleau *débiteur* ou *lamineur* J'. Ce rouleau est unique
et remplace les anciens rouleaux d'appel au nombre de trois ou
quatre ; il est muni d'un nettoyeur o^2. Il n'a rien de particulier ; on
lui donne généralement $\dfrac{1}{20}$ plus de débit qu'aux étireurs, afin
d'empêcher les cordons de flotter.

Compteur. — On place ordinairement aux machines à étaler
un compteur a dont le but est de déterminer pour chaque pot une
longueur et un poids identique de ruban.

Il y a deux sortes de compteurs : le compteur à cadran et le
compteur à sonnette.

Le compteur à cadran est divisé en 8 ou 12, et une aiguille y
indique la quantité de ruban sortie. Il n'est presque plus employé
à cause de l'attention qu'il demande et de son facile dérangement.

Voici la disposition du *compteur à sonnette* (fig. 25.)

Une vis sans fin A, placée à l'extrémité du rouleau débiteur, engrène directement sur une première roue B ;
cette dernière porte sur son axe une autre vis
sans fin C, qui engrène avec une autre vis D
munie de deux taquets. Dans leur révolution,
ces taquets rencontrent une sonnette E, et
avertissent ainsi l'ouvrière qu'une certaine
longueur de ruban a été fournie. La mèche est
alors rompue et le pot remplacé par un autre
vide.

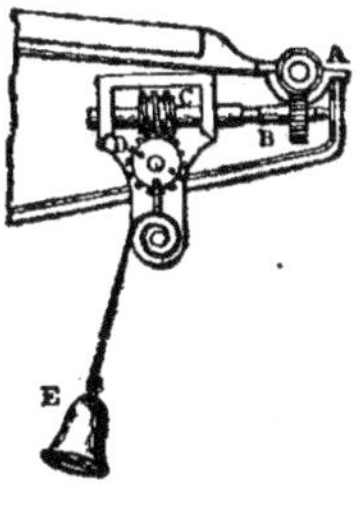

Fig. 25. — Compteur
à sonnette.

Cette longueur est facile à calculer.

Nous savons que le débit du lamineur doit être égal au produit de sa circonférence par sa vitesse.

Or, si le diamètre de ce rouleau est de 0,084, par exemple, sa circonférence sera de $0,084 \times 3,1416$ ou 0,263.

La vitesse se calculera par le nombre des dents de la première roue B et de la seconde D : si l'une a 51 dents et l'autre 36, elle sera par minute de $51 \times 36 = 1836$.

La longueur débitée sera alors $\dfrac{1836 \times 0,263}{2} = \dfrac{482}{2} = 241\,\text{m}$.

Si la roue D n'avait qu'un taquet, la longueur débitée serait de 482 mètres.

Pour raisonner ce calcul, on considère la vis sans fin comme un pignon d'une dent : cette vis faisant 36 tours pendant une seule révolution de la roue, va 36 fois plus vite que cette dernière. La roue de 51 dents a aussi un mouvement 51 fois moins rapide que la vis sans fin qui la commande.

Dès lors, la vis sans fin du rouleau débiteur aura un mouvement plus rapide que les deux roues réunies et marchera par suite 1836 fois plus vite.

Ce résultat est calculé sur des mesures métriques, mais si on veut l'avoir d'après la construction de la machine, constructions basées sur les mesures anglaises, puisque le numérotage final est anglais, on l'obtient alors en *pouces*. Pour l'avoir en *yards* on divise le produit par 36, nombre de pouces anglais contenus dans un yard, et le diamètre du rouleau débiteur est alors donné en pouces.

Supposons 58 dents (1) au premier pignon, 66 au second, un cy-

---

(1) Pour éviter aux directeurs de filature l'ennui de compter les dents une à une, les constructeurs ont souvent soin d'indiquer sur l'armature de la roue le nombre de dents réel et le nombre de dents au pouce anglais ; la division de ces deux quantités donne alors au quotient le diamètre de la roue.

lindre de 3 pouces et une roue à deux taquets, on aura comme résultat :

$$\frac{58 \times 66 \times 3 \times 3,1416}{36 \times 2} = 501 \text{ yards}.$$

soit 1002 yards de longueur pour un taquet.

Des pots de filature. — C'est dans des pots cylindriques et allongés, appelés en anglais *sett cans* (ou garniture) que le ruban vient se rendre.

Les pots les plus nouveaux sont en tôle avec un cercle en fer à chacune de leurs extrémités ; les pots anglais ont un troisième cercle en leur milieu (endroit qui reçoit le plus souvent les coups de genou de l'ouvrière qui les fait avancer). On n'emploie presque jamais le fer-blanc qui a l'inconvénient de se bosseler rapidement et qui dure très-peu de temps. — Ces pots doivent être assez larges et profonds, de manière à contenir une moyenne longueur de ruban et autant que possible il faut que leur poids soit uniforme.

Au sortir de la table à étaler, on les pèse pour connaître le poids de ruban que chacun d'eux contient et pour les assortir à la machine suivante ; car, malgré l'exactitude du compteur, l'ouvrière qui n'est pas toujours habituée au retour périodique et régulier du coup de sonnette, peut rompre le ruban ou trop tôt ou presque toujours trop tard. On obtient le poids net du ruban en plaçant un pot vide dans le plateau opposé à celui où l'on a mis un pot plein. Quand on se sert de la bascule de Quintenz et que les pots ont poids égal, on déduit la tare de mémoire.

Il y a quelqnefois dans le poids de légères différences que l'on doit savoir combiner derrière les étirages ; on joindra par exemple uu pot qui pèsera une livre de plus à celui qui pèsera une livre de moins, ou bien un pot de deux livres en sus à deux autres pots dont le poids serait diminné d'une livre pour chacun. Avec l'habitude, il est facile d'établir ces moyennes.

CHAPITRE XIII.

Table à étaler *(Suite)*.

Calcul de l'étirage. — Ce calcul s'applique à tous les métiers de filature. Nous allons d'abord indiquer par quel raisonnement on a été conduit à sa formule, et comment on l'applique dans la pratique.

En réduisant le mécanisme à sa plus simple expression et sans tenir compte du nombre des engrenages intermédiaires, nous avons :

1° Le pignon de rechange commandeur d'une première roue.

2° Un pignon fixé à l'extrémité de cette roue, commandeur d'une seconde roue.

3° Un 3e pignon commandeur de la roue du fournisseur.

En tout, trois pignons commandeurs d'une part et trois roues commandées de l'autre.

Désignons par c, c', c'' les commandeurs.

Et par r, r', r'' les roues commandées.

Nous devons pour calculer l'étirage trouver la vitesse du fournisseur qui dépend de celle des étireurs. Or, si nous représentons cette vitesse par v, nous trouverons pour vitesse de la première roue :

$$\frac{v \times c}{r}$$

La vitesse de la seconde roue sera :

$$\frac{v \times c \times c'}{r \times r'}$$

Et la vitesse de la roue du fournisseur :

$$\frac{v \times c \times c'}{r \times r' \times r''}$$

Si nous indiquons par d et d' les diamètres de l'étireur et du fournisseur, nous aurons pour le débit de l'un :

$$\pi \times d \times v$$

Et pour le débit de l'autre :

$$\frac{\pi \times d' \times v \times c \times c' \times c''}{r \times r' \times r''}$$

Ces deux débits divisés l'un par l'autre doivent donner *l'étirage*, et l'expression générale de ce dernier sera :

$$\pi \times d \times v : \frac{\pi \times d' \times v \times c \times c' \times c''}{r \times r' \times r''}$$

Ou en supprimant les quantités communes :

$$\frac{d \times r \times r' \times r''}{d' \times c \times c' \times c''}$$

L'étirage est donc égal au *produit du diamètre de l'étireur par les commandées, divisé par le produit du diamètre du fournisseur par les pignons commandeurs.*

Si nous voulons appliquer pratiquement ces données, prenons l'exemple suivant, calculé sur un métier construit par Lawson (Leeds).

L'étireur d'une table à étaler a 4 pouces 1/2 de diamètre. Le *pignon de rechange*, fixé sur l'arbre de commande des vis, a 40 dents, la roue qu'il meut au moyen de deux intermédiaires en a 38. Du côté opposé à son axe il porte une roue de 18 dents, engrénant avec une tête de cheval de 78 dents qui porte un pignon de 22. La roue du fournisseur engrénant avec ce pignon a 72 dents et le fournisseur 3 pouces 1 2. Le calcul pourra être disposé de la manière suivante :

	Commandés	Commandeurs.
Pignon commandeur		38
Rechange	40	
Pignon de l'arbre des vis.		18
Tête de cheval.	78	
Pignon de la tête de cheval		22
Roue du fournisseur	72	
Diamètre du fournisseur		3 1/2
Diamètre de l'étireur	4 1 2	

$$\text{Étirage} = \frac{40 \times 78 \times 72 \times 4\ 1/2}{38 \times 18 \times 22 \times 3\ 1\ 2} = 19,19, \text{ soit } 20.$$

Chaque constructeur fournit en même temps que la machine un certain nombre de pignons de rechange, dont le nombre des dents est en raison directe de l'étirage. La table à étaler, sur laquelle nous opérons, possède comme pignons d'étirage :

40^d.   50^d.   60^d.   70^d.   80^d.

Correspondant aux étirages :

20   25   30   35   40

Calcul de la pression sur les cylindres —On doit avoir soin de maintenir sur les cylindres une pression suffisante. Celle-ci a pour but de les empêcher de se soulever d'une manière anormale sous l'effort constant exercé par la masse des fibres qui passe entre leur ligne de contact.

Une *trop grande* pression use prématurément les garnitures de de rouleaux, les supports des cylindres, et les cylindres eux-mêmes;

elle prend au moteur une force superflue, consomme par suite une plus forte quantité d'huile, fatigue le métier et abîme le lin.

Une *trop faible* pression ne produirait pas pour les cylindres l'effet que l'on doit en attendre ; elle donnerait des grosseurs suivies de coupures, et occasionnerait un fil très-irrégulier.

La pression est toujours convenable si l'étirage du ruban peut avoir lieu, sans qu'il se produise de solution de continuité.

D'une manière générale, cette pression doit être assez considérable sur les étireurs, qui ont besoin d'être très-adhérents pour saisir tous les brins et même vaincre la résistance que ceux-ci opposent. Elle peut être moindre sur les fournisseurs, qui opèrent sur une plus grande masse et ne font guère que retenir le lin. Pour les débiteurs qui n'ont à faire aucun effort, le poids seul des cylindres peut suffire.

Ce sont généralement des *leviers* à poids qui communiquent la pression.

Ces poids ont la forme d'un cylindre allongé ou d'un parallélipipède rectangulaire.

Nous savons qu'un levier est une barre qui s'appuie sur un point fixe autour duquel elle est sollicitée à tourner par deux forces différentes : la puissance et la résistance. La distance du point d'appui à l'un des deux efforts s'appelle *bras de levier*.

Pour résoudre les problèmes qui se rapportent à la pression des cylindres, on part de ce principe que la *puissance et la résistance des bras de levier est en raison inverse de leur distance au point d'appui.*

En voici un exemple :

I. On veut connaître la puissance qui ferait équilibre à une résistance de 80 kilogs placée à un décimètre du point d'appui, sa puissance étant de 20 centimètres du point d'appui ?

Il faut multiplier la résistance par le bras de levier agissant sur elle, soit 80 × 10 et diviser le produit par le bras de la puissance. On obtiendra au quotient la puissance qui devra faire équilibre à la résistance :

30

$$\frac{80 \times 10}{20} = 40 \text{ kilogs.}$$

II. A quel distance faudra-t-il placer une puissance de 40 kil., quand une résistance de 80 kil. se trouve à 1 décimètre du point d'appui ?

Il faut multiplier la résistance par son bras de levier, et puis diviser par la puissance. On obtiendra au quotient la distance de la puissance.

$$\frac{80 \times 10}{40} = 20 \text{ centimètres.}$$

III. Si l'on applique une puissance de 40 kil. à 20 centimètres du point d'appui, quelle sera la résistance qui lui fera équilibre étant placée à 1 décimètre du point d'appui ?

Il faut multiplier la puissance par son bras de levier, puis diviser par le bras de levier de la résistance. On obtiendra au quotient la résistance faisant équilibre à la puissance :

$$\frac{40 \times 20}{10} = 80 \text{ kilogs.}$$

Calcul de la production en longueur. — Pour calculer la production en longueur d'une table à étaler dans un espace de temps donné, il faut calculer le développement de l'étireur pendant ce temps.

Si nous désignons par n le nombre d'heures de travail, par v la vitesse durant ces heures, le diamètre du cylindre étant d, et l la longueur débitée par pot, nous aurons :

$$\text{Développement} = (3{,}1416 \times d)\, v$$
$$\text{Longueur totale} = (3{,}1416 \times d \times v)\, n$$
$$\text{Nombre de pots débités} = \frac{3{,}1416 \times d \times v \times n}{l}$$

D'après cela, supposons que les étireurs fassent 100 tours par minute, leur diamètre étant de 0,150 millimètres, leur circonfé-renre sera :

$$0,150 \times 3,1416 = 0,47124$$

La longueur des brins est de :

$$0,47124 \times 100 = 47,15 \text{ par minute.}$$

Par heure : $47,15 \times 60 = 2829$

Par jour : $2829 \times 12 = 33948$ mètres.

Pour obtenir le véritable chiffre pratique, on déduit 15 p. 100, ce qui tient compte des arrêts de toutes sortes :

$$33948 - 5092.20 = 2885,60.$$

Ou bien, on multiplie par 0,85

$$33948 \times 0,85 = 2885,60.$$

Et si la longueur débitée par la sonnette est de 241 mètres, par exemple, le nombre des pots débités sera :

$$\frac{33948 \times 0,85}{241} = 120 \text{ pots environ.}$$

Pour avoir le produit en yards, il faudrait multiplier le diamètre de l'étireur en pouces par 3,1416 et par sa vitesse, et diviser le tout par 36.

On peut encore calculer le produit d'un étirage au moyen de la formule $2\pi r n$, r étant le rayon du rouleau détireur, et n le nombre de ses révolutions par minute.

Calcul de la production en poids. — Pour connaître le poids total débité peur toute une journée, on multiplie le poids d'un seul pot par le nombre de ces pots obtenus dans la journée.

Mais, comme on ne trouve à la bascule que des poids différents pour chacune des pesées, on doit souvent, pour trouver le poids moyen d'un pot, faire le produit de la charge par mètre étalée sur les cuirs par la longueur obtenue pour un coup de sonnette, et diviser ce produit par l'étirage de la table.

Dans les machines anglaises les plus nouvelles, l'étalage est réglé à 11 livres (5 kil. 500) par 500 yards (457 mètres).

ANCIENS MÉTIERS.

Généralement, les tables à vis ou à spirales sont seules usitées aujourd'hui. Néanmoins, on peut rencontrer encore dans certaines usines de vieux métiers dits à chaines, d'autres dits à tambour ou système circulaire, dus à Worthword, et construits par Decoster, De Bergues Spréafico, etc.

Les métiers à chaines sont ceux où les barrettes sont guidées par des chaines, qui tournent d'un mouvement continu autour de deux rouleaux tendeurs. Contrairement au système à vis, il y a autant de barrettes sur une face que sur l'autre, et celles-ci sur la face inférieure ont toujours les pointes des gills tournés vers le bas. Leurs extrémités sont fixées dans des coulisses qui, tout en les soutenant, guident leur marche. Mais comme, dans le mouvement de bascule qu'elles sont obligées de faire à l'extrémité de leur course supérieure, elles peuvent retenir quelques déchets sur les rubans qu'elles soutiennent, on a toujours soin de disposer sous l'encadrement une petite brosse-nettoyeur, tournant sans cesse dans un sens opposé au mouvement des chaînes. Ajoutons que les aiguilles des barrettes sont généralement plus courtes que dans les autres machines.

Si ces métiers sont encore tolérés chez certains filateurs routiniers, c'est parce que la production en poids y est presque toujours plus forte, et aussi à cause des rares dérangements du mécanisme. Mais on a reconnu à la table à vis une supériorité incontestée, surtout à cause de la régularité de son travail ; du ruban plus net qu'elle permet d'obtenir et parce que les barrettes peuvent s'approcher plus près des cylindres étireurs.

Dans ces machines, le mouvement du compteur dépend du fournisseur. Quant à l'étirage, au lieu d'être, comme dans les machines à vis, *en raison directe* du nombre de dents du pignon de rechange, il est au contraire en raison *inverse*.

Dans les machines à *système circulaire*, les barrettes soutenues par un tambour animé d'un mouvement circulaire continu ne font guère que tourner. Nous connaissons une usine où fonctionnent encore quelques-uns de ces anciens métiers.

238

CHAPITRE XIV.

Table à étaler (*suite*).

La formation du ruban est un des principes les plus importants de la filature, car c'est le point de départ de la formation du fil ; et, comme tout en étant la conséquence de la régularité du travail de la machine, elle dépend en grande partie de la manière d'étaler, il est bon que nous nous arrêtions sur ce point.

Il s'agit, en étalant, de réunir entre elles les diverses mêches, tant en les allongeant, de façon à ce qu'on ne puisse plus les distinguer les uns des autres et à ce qu'elles forment ensemble un cordon continu. Pour arriver à ce résultat, les ouvrières, s'il y a lieu, déplient d'abord les mêches, et, faisant disparaître la trace du pli par un léger coup de main, les couchent dans toute leur longueur sur les cuirs sans fin. Elles ont soin de les échelonner les unes sur les autres, de manière qu'elles se recouvrent mutuellement. A mesure qu'elles les placent sur la table, elles les étendent souvent avec la main, afin que les brins soient tous couchés dans leur longueur ; de même, elles les élargissent avec les doigts, avec la plus grande régularité possible, pour leur faire occuper à peu près toute la largeur des cuirs.

Ce sont là des principes généraux que toute ouvrière connaît. Mais de quelle manière les mêches doivent-elles se recouvrir l'une l'autre ; quelles sont les précautions à prendre pour arriver à ce résultat ? c'est ce que nous allons examiner.

Pour que le soudage de chaque mêche s'effectue, il faut que les pointes des queues se terminent d'une manière irrégulière et non par une section droite. L'étirage n'est possible qu'à cette condition véritablement indispensable. Rendons-nous compte d'un étalage effectué avec d'autres mêches et nous serons convaincus. Les étireurs, marchant plus vite que les cylindres fournisseurs, saisiraient la pointe d'une première mêche, l'entraîneraient rapidement, et celle-ci glissant sur celle qui la suit, la laisserait bientôt en arrière. Il se produirait dans le ruban des solutions de continuité, en terme de filage *des coupures.*

Mais si les mêches se terminent d'une manière irrégulière, qu'arrivera-t-il? L'étirage sera toujours alimenté, car, dès que les pointes de la première mêche, étirées par le cylindre, ne se présenteront plus en assez grande quantité à l'entrée de l'étireur, la seconde mêche, dont les pointes auront glissé sur une partie de la première, viendra s'offrir à son tour au rouleau, qui l'étirera et s'emparera de la troisième lorsque l'étirage de cette seconde mêche aura cessé. Les mêches ne pourront de la sorte se distinguer entre elles et le ruban sera d'une grande netteté.

D'ailleurs, lorsque les mêches sont bien peignées, les filaments de lin, qui sont tous de longueurs différentes, sont très-propres à être étalées et il est facile sur la table de la machine de les unir à une autre mêche. Dans la filature de lin coupé, nous avons vu que pour favoriser cette irrégularité au peignage, on avait soin plutôt d'arracher brusquement les filaments mis en masse que de les couper avec un instrument tranchant.

Pour arriver à un bon système d'étalage, on doit indiquer à l'ouvrière certaines précautions à prendre, lui donner des conseils. Nous n'admettons pas la routine de certains filateurs, qui laissent l'ouvrière étaler comme elle l'entend.

Les principales précautions que doit prendre l'ouvrière sont :

1° De bien diviser les mêches avant l'étalage, selon la qualité du lin, et de façon à ne pas trop charger la machine ;

2° D'étaler sur toute la largeur des cuirs sans fin, sans chiffonner la matière ;

3° D'étaler autant que possible le même poids en lin dans l'intervalle d'un coup de sonnette à l'autre, et surtout sans changer ce poids avec le numéro pour la même machine.

Nous disons d'abord que les mèches doivent être bien divisées. Cette opération se fait ordinairement à la main, quelquefois avec la balance qui n'a, dans ce cas, qu'un seul plateau équilibrant un poids constant. L'emploi de cet instrument, excellent lorsqu'il s'agit de matières secondaires (comme les étoupes pour la carde), n'est plus aussi bon, quand ont veut étaler des lins : la matière souvent se chiffonne et s'entrelace, ce qui détruit le parallélisme des brins.

Dans tous les cas cette division n'est pas la même pour tous les lins, mais il est surtout nécessaire de ne pas la changer pour les lins de la même sorte. Evidemment, pour les lins fins et les lins coupés, les poids étalés ne seront pas les mêmes que pour les lins ordinaires, mais aussi la machine et l'étirage seront changés.

Lorsqu'on a trouvé le poids convenable, on doit s'y conformer. Il pourra se présenter certaines difficultés au moment de changements marqués dans la finesse de certaines parties de lin, mais si l'ouvrière est intelligente, elle saura, au bout d'un certain temps, étaler les quantités nécessaires. Elle n'arrivera certainement à son but qu'après quelques tâtonnements, Mais elle s'apercevra facilement du trop fort chargement de son métier, si les rubans, au lieu d'entrer correctement dans les peignes, flottent au-dessus d'une certaine quantité.

Nous avons dit en second lieu que l'ouvrière doit échelonner son lin convenablement, et sans trop grand écartement entre les extrémités des mèches. Aucune règle ne peut être posée pour cet écartement, car celui qui est convenable pour les lins fins ne l'est aucunement pour les lins de qualité médiocre. Il est en quelque sorte en rapport avec le chargement. L'ouvrière devra se conformer en ce qui s'y rapporte aux conseils du directeur et du contre-maître. Elle ne peut non plus s'inquiéter des lignes qu'on aurait tracées de distance en distance sur les cuirs sans fin, car outre que ces indications servent peu par elles-mêmes, l'ouvrière ne peut plus les découvrir lorsque les mêches sont étalées.

On tolère, dans certaines filatures, un étalage à la main, excellent dans certains cas et qui donne assez souvent de bons résultats. C'est celui qui consiste, en plaçant les mêches sur les cuirs sans fin, les unes à la suite des autres, à les tirer de la main droite par une extrémité, tandis qu'on appuie sur l'autre bout avec la main gauche. C'est là une sorte d'étirage à la main, précédant le travail de la machine.

Nous n'avons pas à le déconseiller, c'est à chacun d'en juger l'opportunté L'inconvénient le plus sérieux qu'on reproche à ce système est de bomber les mêches et par suite de les empêcher d'entrer facilement dans les gills.

Nous avons dit plus haut que c'était une faute de changer le poids avec le numéro. Certains manufacturiers, par exemple, étalent 25 grammes pour un numéro donné en laissant entre l'extrémité des mêches un écartement de 1/2 décimètre. Cet écartement étant bien établi et trouvé bon, ont-ils à faire un numéro plus gros, ils étalent double poids par mêche, avec un écartement de 1 décimètre. Notons que c'est pour la même machine et pour le même pignon. Or, outre qu'ils auront presque toujours donné un trop fort chargement à la machine, ce qui ne peut qu'amener un mauvais ruban, croient-ils avoir suffisamment alimenté l'étirage ? Le nouvel écartement produira des coupures sans nombre, auxquelles on peut remédier bien vite, il est vrai, si on peut en saisir les causes, mais qui n'en existeront pas moins. En outre, en supposant que le nouveau poids convienne à la machine, ceci pourra-t-il constituer un système régulier pour chaque numéro ? Dans une filature, il arrive très-souvent qu'on ait à faire des numéros variés, et avec ce système il faudrait dans certains établissements changer le poids à étaler presque tous les jours.

Mais, pas plus qu'on ne doit trop charger la machine pour la

31

fabrication des gros numéros, on ne doit pas trop diminuer le poids des mèches pour des numéros fins. Certains fabricants, dans ce dernier cas, diminuent encore les doublages derrière les bancs d'étirage. Ils montrent par cela même, qu'ils n'ont aucune notion de l'utilité des doublages qui servent à la régularisation du ruban primitif et par suite du fil. En outre, il n'est jamais possible de pousser ce système assez loin pour compenser les différences qui existent de certains numéros à d'autres.

Rappelons-nous que le numéro dépend de l'étirage et plus tard des doublages successifs, et non de la manière d'étaler. Voulez-vous un gros numéro, étirez peu; voulez-vous au contraire un numéro plus fin, donnez de plus forts étirages à vos machines. Nous savons même que quelques filateurs, n'ayant en vue que ce principe, ne changent jamais leur pignon dans la table à étaler et par suite conservent toujours un même étirage. Ils trouvent dans les bancs d'étirage assez de ressources pour parvenir à la fabrication du numéro qu'ils ont en vue. Leur système ne peut être mauvais. C'est une de ces nombreuses combinaisons par lesquelles on peut arriver à un résultat aussi avantageux qu'avec d'autres méthodes. L'expérience en démontre à chacun la juste application.

Nous n'avons pas admis non plus ce système qui consiste à laisser le soin de l'étalage à l'ouvrière seule, pour assortir ensuite les rubans en un poids constant derrière le premier étirage. Ainsi, par exemple, on est convenu de mettre 30 kilogs derrière ce métier, mais comme chacun des pots avec cette méthode peut avoir un poids très-différent, le nombre de pots qui composeront les 30 kilogs sera tantôt de 9, tantôt de 10, tantôt de 13. Alors, le ruban qui sortira de la machine aura toujours le même poids, même avec un nombre varié de doublages et c'est cè poids qui servira de base au calcul.

Ce système, avons-nous dit, est irrationnel et irrégulier; en voici les raisons. Il présente d'abord un inconvénient, parce qu'il ne convient que pour un assortiment; car, bien qu'on puisse l'utiliser à la rigueur, lorsqu'on a un grand nombre de pots à sa disposition, il est tout à fait impossible de le faire lorsqu'on est arrivé à la fin de cet assortiment, le nombre des pots étant diminué de beaucoup. On se contente alors d'une simple approximation. On ne peut, non plus, comme dans le système ordinaire, remplacer un pot par un autre, lorsque le premier est vide, puisque ces pots n'ont pas le même poids, ce qui résulte du principe même. Il suit de là que, comme les longueurs des rubans sont loin d'être identiques, on est obligé, pour retirer tous les pots ensemble, de rattacher des bouts de rubans aux premiers et d'en gâter ainsi les extrémités. Lorsqu'on n'est pas certain du poids total, on est encore quelquefois obligé de peser de nouveau les garnitures comme vérification, et de corriger soi-même les inégalités.

Si nous insistons sur ces principes, c'est qu'on peut les ranger parmi les points les plus importants de la fabrication des fils. On se demande quelquefois pourquoi tel fil est incorrect, boutonneux, inégal ; ceci peut provenir de la mauvaise construction des machines ou de leur ancienneté, des combinaisons fautives qu'on aura employées ou des matières trop médiocres. Mais on peut, si le ruban est mauvais, avoir du fil dans de mauvaises conditions, même avec d'excellentes machines, avec des combinaisons bien faites, avec des lins de première qualité. Nous le répétons, le poids peut varier avec l'étirage, mais que la manière d'étaler reste la même pour tous les lins, pour tous les numéros. Les ouvrières chargées d'étaler commettront bien moins d'erreurs dans une opération où les erreurs sont si importantes et peuvent peser sur toute une fabrication.

CHAPITRE XV.

Repasseuse-Etaleuse Masurel.

(Const. Walker).

I. — DESCRIPTION.

Cette machine, d'invention récente, ne supprime pas le peignage mécanique, comme on l'avait dit tout d'abord, elle est destinée à remplacer les repasseurs à la main et la table à étaler. Elle est due à M. Masurel, directeur de la filature de M. A. Chappelier, à Masnières.

Voici comment elle est ordonnée :

Les poignées de lin, saisies par un ouvrier, qui en forme des poids égaux, sont placées sur deux plaques en fer-blanc, qu'un ingénieux mécanisme fait avancer à sa portée. Elles sont aussitôt directement engagées sur la table à repasser par la rotation continue de deux chaînes plates sans fin qui reçoivent le mouvement de quatre roues hexagones, deux inférieures, deux supérieures. Ces roues sont surmontées chacune de romaines pour faire pression. Les poignées de lin sont engagées entre la chaîne inférieure supportée par une glissière fixe, et la chaîne supérieure retenue par une pression continue,

De chaque côté de la table et au fur et à mesure qu'ils s'avancent, les cordons ont leurs extrémités repassées légèrement par deux nappes sans fin, garnies de peignes gradués, et tournant d'un mouvement régulier et constant. Ces nappes, placées obliquement, communiquent aux aiguilles des peignes un mouvement héliçoïde qui maintient les fibres parallèles et perpendiculaires aux chaînes plates. Les étoupes provenant de ce travail, recueillies par des brosses placées contre les gills, sont reprises à rebours par des doffers, et rejetées dans un bac inférieur au moyen d'un doffing-knife.

Après avoir été soumises au repassage sur une course d'environ deux mètres, les mèches sont amenées dans une coulisse au moyen du jeu continuel de deux rateaux en fer, qui les entraînent. C'est dans cette coulisse que se trouve le cuir d'une table à étaler à un rouleau. Aussitôt qu'une poignée de lin y est tombée et qu'elle est entraînée par le cuir, celle qui la suit vient se mettre à sa suite, comme l'y placerait une ouvrière étaleuse ; le cuir engage ces cordons sous les fournisseurs, et ainsi de suite.

La table à étaler étant perpendiculaire à la table à repasser, la forme de la machine est complètement angulaire.

II. — OBSERVATIONS.

Avant de parler des avantages que peut présenter cette machine, j'en indiquerai les inconvénients.

Tout d'abord le repassage, qui est une sorte de complément du travail des machines, me semble tout autant destiné à faire disparaître les boutons qui se sont amassés à l'extrémité des mèches après peignage, qu'à paralléliser les fibres. La repasseuse, selon moi, ne fait guère que maintenir le parallélisme et doit donner un fil boutonneux.

En outre, la machine n'a qu'un cuir, et nous ne croyons pas possible que l'on puisse regagner en vitesse le travail de deux, quatre ou six cuirs étaleurs.

Remarquons aussi qu'un seul ruban présente difficilement autant d'homogénéité dans toutes ses parties, que plusieurs rubans dont les irrégularités, se corrigeant en quelque sorte mutuellement, donnent au cordon total une égale épaisseur dans toutes ses parties. Dès qu'il sera irrégulier en sortant de la table, le ruban se corrigera peu aux étirages.

Enfin, les deux rateaux qui, semblables à deux mains mécaniques, viennent saisir les cordons peignés, me semblent devoir laisser l'un des côtés de la mèche plus bombé que l'autre dans le sens de la largeur. Mais ici, peut-être pourrait-on remédier à cet inconvénient en inclinant le cuir du côté opposé.

Quoiqu'il en soit de ces remarques, qui me semblent logiquement déduites, je dois dire cependant que les quelques filateurs qui ont employé jusqu'ici cette machine en ont déclaré le travail satisfaisant. Doit-on se contenter de ces affirmations ou attendre qu'une plus longue pratique ait édifié l'industrie à ce sujet ? Je l'ignore. Mais d'autre part, une communication ayant été faite il y a quelques mois au Comité de filature au sujet du même appareil, le rapporteur a fait les observations suivantes :

« Cette machine présente-t-elle des avantages réels sur le système ordinaire au point de vue de l'économie, de la perfection du travail ?

Voici les réponses que donne son examen chez le constructeur et les affirmations de son inventeur, après un usage de deux machines pendant six mois.

L'économie du travail est manifeste. En marche normale, qui pourrait être aisément dépassée, on obtient avec 16 presses de 90 grammes par minute et pour 10 heures, 864 kilogr.

Or, au lieu de 28 à 30 francs pour le salaire de 5 ou 6 repasseurs à 4 francs, et de trois ou quatre étaleuses à 2 fr. 50 c. que nécessiterait le procédé ordinaire, la nouvelle machine n'emploie au plus que trois garçons au salaire de 1 fr. 50 c., et assure ainsi une économie de 20 à 25 francs par jour, et de 6000 à 7000 francs par an.

Outre cette réduction considérable dans les prix de main-d'œuvre, son usage offre au filateur le double profit de ne devoir réclamer

aucun apprentissage des enfants qu'elle emploie, et de le placer à
l'abri des inconvénieuts du chômage qu'entraîne éventuellement
l'absence des nombreux ouvriers spéciaux exigés par la méthode
habituelle.

Quant à la perfection du travail, cette machine présentait dans
dans ses débuts une infériorité en partie supprimée aujourd'hui. Si
la très-habile disposition des tabliers permet de n'engager les poignées de lin dans les peignes obliques que par leur extrémité pour
arriver progressivement jusque vers le cœur, ce repassage cependant laissait à désirer, puisqu'il n'opérait que d'un seul côté. Pour
obvier à ce défaut, l'inventeur surmonte une surface plus ou moins
étendue du tablier par une nappe circulaire de peignes maintenue
dans un chassis que guident des vis. On peut ainsi, en variant les
distances de rapprochement, modifier à volonté le repassage des
poignées.

En résumé, si l'emploi de cette machine supprime les avantages
du classement des lins repassés, elle offre au point de vue de la
simplicité du fonctionnement, de l'économie de main-d'œuvre, de la
régularité des produits, des priviléges incontestables qui doivent
la faire rechercher pour l'usage des gros numéros, la consommation permanente des mêmes sortes de lins, dans les localités peu
fournies d'ouvriers. En attendant qu'une expérience plus générale
la favorise des perfectionnements qui la complèteront, elle présente une idée pratique, un progrès réel, dignes d'être signalés à
l'attention des filateurs. »

— Nous apprenons tout récemment que le brevet de la repas-
seuse-étaleuse vient d'être cédé, moyennant un prix très-élevé, au
constructeur anglais Lawson. Entre les mains de cet habile mécanicien, la machine Masurel ne peut que se perfectionner de jour
en jour et se répandre. D'ailleurs, l'engouement dont elle est
aujourd'hui l'objet en Angleterre en est la preuve, et nous avons
la certitude que bientôt elle prendra place parmi les machines
usuelles de la filature de lin.

CHAPITRE XVI.

Bancs d'étirage.

(*Drawings*).

Lorsqu'un certain nombre de pots ont été remplis à la table à étaler, et qu'on en a vérifié le poids, on les porte derrière le premier banc d'étirage, dit doubleuse ; au lieu de réunir les mêches pour en former un ruban, cette machine réunit ensemble plusieurs rubans, qui sortent en un seul sur le devant du métier. On est dispensé du soin d'étaler, mais on retire des pots qu'on a disposés les uns à côté des autres les bouts supérieurs des rubans qu'ils contiennent ; on les engage soi-même entre les fournisseurs, d'où ils suivent assez régulièrement jusqu'au paralléliseur, dans les fentes duquel on les fait passer rapidement ; puis on les fait sortir en un seul au rouleau d'appel.

Cette réunion de rubans en un seul est désignée sous le nom de *doublage*. Elle a pour effet de donner au ruban sorti de la table une plus grande régularité, tout en l'étirant toujours. Les inégalités des uns et des autres peuvent de la sorte facilement se compenser.

Quand on a réuni les rubans sur cette première machine, on les fait passer sur un second banc d'étirage, puis sur un troisième et enfin sur un quatrième, quand on veut obtenir des fils d'un numéro très-élevé. Sur ces divers métiers, le ruban se régularise de plus en plus, quant au travail, il est identique ; la seule différence qui existe est dans le nombre de doublages et dans le degré de l'étirage. Toutes les manufactures comportent aujourd'hui au moins trois étirages; quand on emploie le quatrième banc, on lui donne un étirage très-petit, afin de ne pas fatiguer la matière. .

Le mécanisme de ces machines est le même que celui de la table à étaler, nous nous dispenserons de le décrire. L'ensemble des métiers est encore à peu près identique. Nous n'y retrouvons plus la table en tôle qui est remplacée par un certain nombre de rouleaux conducteurs, mais on y voit encore les cylindres, les barrettes conduites par des vis et les rouleaux d'appel, tout cela fonctionnant de la même manière et d'après les mêmes principes. Dans la forme générale existe quelque différences : ainsi les deux appareils sont presque toujours placés à la même hauteur, ce qui fait que les rangées de peignes qui vont de l'un à l'autre marchent suivant une direction horizontale. Les fournisseurs sont souvent au nombre de trois et l'un d'eux est placé entre les deux autres. Les rubans s'engagent au-dessous du premier fournisseur, passent ensuite au-dessus du cylindre du milieu et de là sous le troisième cylindre pour être saisis par les gills. On donne le même mouvement au premier et au troisième, qui étant d'un même diamètre font le même nombre de tours ; le fournisseur du milieu adhère aux autres par son propre poids, et, comme en outre les rubans le serrent fortement contre les deux autres, il est inutile d'exercer une pression sur ce rouleau. Remarquons que les boulons qui soutiennent l'ensemble du bâtis permettent de faire varier l'écartement des fournisseurs d'avec les étireurs, selon la qualité du lin que l'on travaille.

Quant aux bancs d'étirage eux-mêmes, ils ne varient que d'après les dimensions, qui vont en augmentant du premier au dernier, le nombre de *têtes d'étirage* (séries de barrettes), la finesse des gills dont les aiguilles sont au premier banc plus lâches et d'un numéro plus bas. Aux paralléliseurs, une fente correspond à chaque passage.

Le *premier étirage* est le plus solidement construit ; il a souvent deux têtes d'étirage, six ou huit passages, et trois rubans par

32

passage, l'étirage est compris entre 15 et 25. Pour les numéros
très-élevés (lin coupé en deux), chaque tête a de 6 à 8 rubans, dont
on peut réunir 3 à 6, 4 à 8 ensemble, parce que le rouleau d'appel
se divise en deux ; l'étirage varie de 8 à 12. Pour les numéros au-
dessus de 100 (lins coupés en 3 et 4), l'étirage est compris entre
8 et 10.

Le *deuxième étirage*, porte souvent trois têtes et 6 rubans par
tête, se réunissant en 3 ou 6, l'étirage allant de 12 à 22. Pour le
lin coupé on met 8 rubans par tête, se réunissant à 2, 4, 6 ou 8
ensemble, l'étirage variant de 12 à 18.

Le *troisième étirage* porte 4 têtes, 6 à 8 rubans par tête ; pour
le lin coupé, 8 à 12, étirage très-faible.

Le *quatrième étirage* a 4 têtes, 12 rouleaux par tête, un seul
ruban par rouleau. Très-peu d'écartement entre les peignes. — On
ne se sert du quatrième étirage que pour le lin coupé et les numéros
fins. Le ruban doit y être très-faible et l'étirage presque nul, afin
que les filaments ne soient pas en quelque sorte trop cotonneux au
banc-à-broches.

La pl. XII représente un banc d'étirage : vue d'élévation. Sa
construction diffère peu de celle de la table à étaler.

A, A', rouleaux d'appel pour l'entrée des rubans venant des pots
de la table à étaler.

B, pignon d'étirage.

C, C', pignons des fournisseurs.

E, pignon du rouleau intermédiaire des fournisseurs.

F, secteur pour les variations de déclinche.

G, levier à main pour soulever les romaines des étireurs.

Le reste du métier est identique à la table à étaler pl. XI.

Doublages. — Nous avons dit que le doublage était la réunion
des divers rubans derrière les étirages. Aussi, quand un ruban
sort de l'un des bancs, il a acquis un nombre de doublages égal

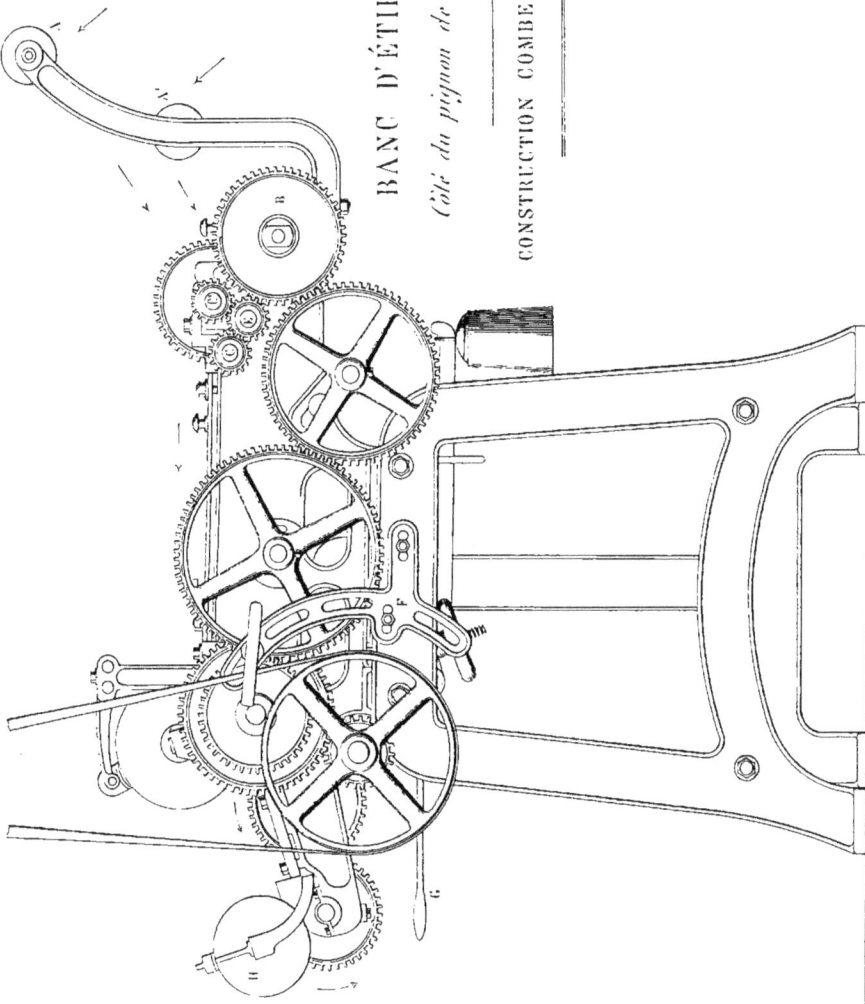

BANC D'ÉTIRAGE,

Côté du pignon de rechange.

CONSTRUCTION COMBE ET BARBOUR.

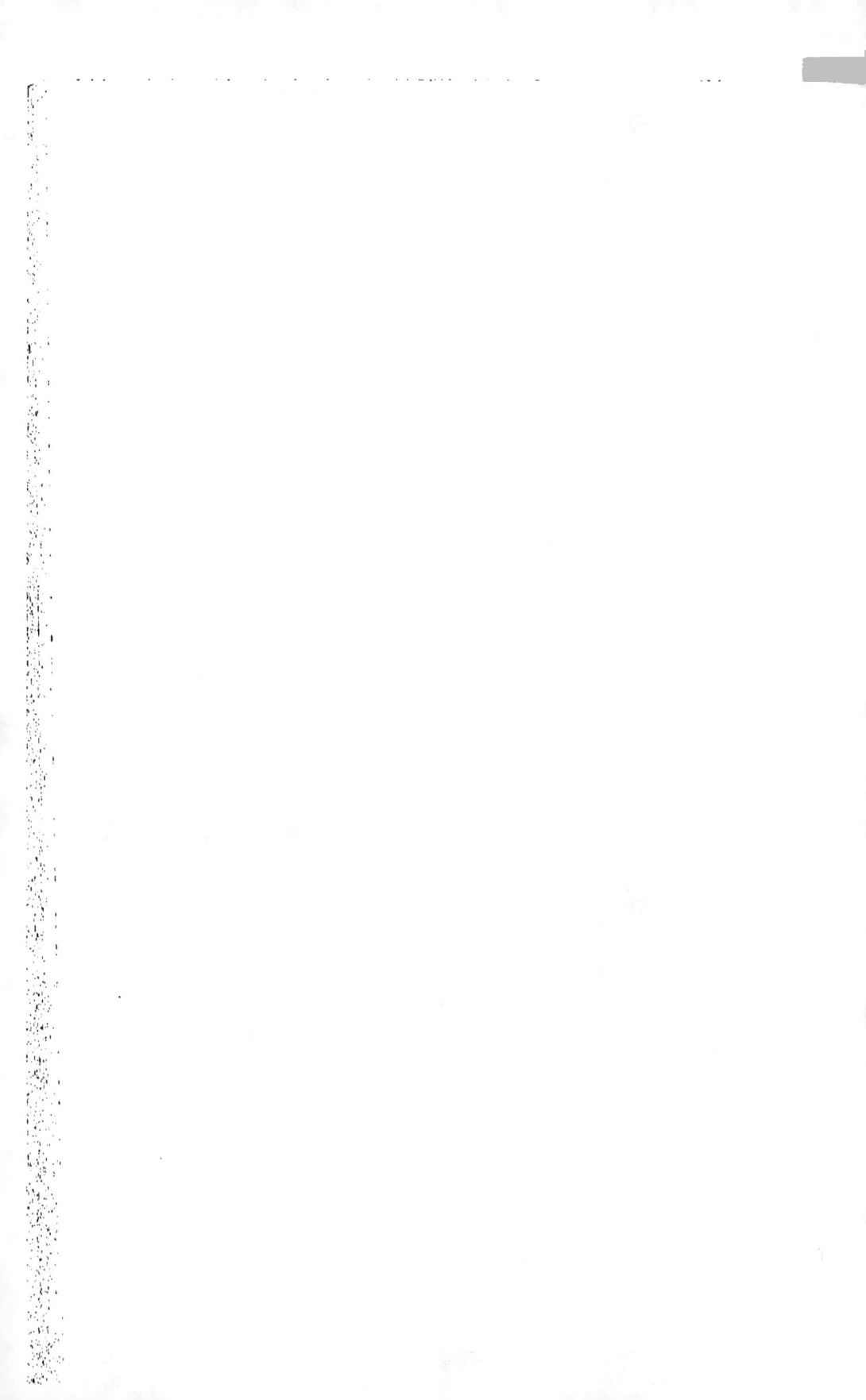

au nombre de rubans qui l'ont produit. S'il a fallu 10 rubans, on dit que le doublage est de 10.

C'est par le calcul des doublages qu'on connaît le poids du ruban sortant, en multipliant le nombre des rubans eux-mêmes, par le poids de l'un de ces rubans, divisé par l'étirage.

Supposons, en effet, qu'un des pots placés derrière l'un des étirages pèse 6 kilogs 300 grammes ; si le ruban sortant est la réunion de 10 rubans du même poids, il est devenu 10 fois plus fort, il faudra donc le multiplier par 10 ; mais si la machine étire 14, ce poids deviendra 14 fois plus faible pour une longueur égale, il faudra donc le diviser par 14. On aura donc pour poids sortant :

$$\frac{6,300 \times 10}{14} = 4 \text{ kilogs } 500.$$

Le poids du ruban sortant est encore égal au rapport du poids total des rubans à l'étirage :

$$\frac{63,000}{14} = 4 \text{ kilogs } 500.$$

Production. — La *production en longueur* se calcule de la même manière que pour la table à étaler. On ne déduit cependant que $\frac{1}{6}$ pour 100, pour les arrêts de toute nature et les nettoyages.

Les cylindres étireurs pour lin long, qui peuvent avoir de 2 à 3 pouces (anglais) débitent environ 30 *yards* par coup de sonnette. Les étireurs pour lin coupé, qui ne devraient pas avoir plus de 2 pouces pour les premiers et seconds étirages et plus de 1 p. 1/2 pour le troisième et le quatrième, ont généralement un développement de 20 à 25 *yards*.

Quand on veut calculer la *production en poids* dans l'unité de temps, on doit tenir compte du poids et de la longueur des rubans qui forment l'assortiment. On déduit encore du chiffre trouvé $\frac{1}{6}$ pour 100, afin de se rapprocher du chiffre pratique.

Cette production s'obtient en multipliant le poids de l'assortiment par la longueur développée par l'étireur, et divisant ce produit par la longueur des rubans multipliée par l'étirage. En voici un exemple :

Dans un banc d'étirage, le poids total des rubans qui forment l'assortiment, est de 80 kilogr., et leur longueur est de 400 yards ; quel poids de ruban ce métier donnera-t-il par minute, si la machine étire 16 et si l'étireur développe 30 yards ?

$$\frac{30 \times 80}{400 \times 16} = 0 \text{ kil. } 375 \text{ gr. par minute.}$$

Ce qui fait pour une heure :

$$0,375 \times 60 = 22,500.$$

Et par journée de 12 heures :

$$22,500 \times 12 = 270$$

Soit avec déduction de 1/6 pour 100 :

$$270 - 0,45 = 269,55.$$

Etirage. — La méthode de calcul que nous avons indiquée pour la table peut ici s'appliquer. D'une part, le produit des commandés par le diamètre de l'étireur, d'autre part le produit des commandeurs par le diamètre du fournisseur, divisés l'un par l'autre donnent le chiffre exact de l'étirage.

Un étirage construit par Lawson a les engrenages suivants : sur son cylindre étireur de 2 pouces 1/2 de diamètre est un pignon de 61 dents qui, par 2 intermédiaires, commande la roue variable d'étirage de 84 dents, à l'extrémité de l'arbre qui supporte cette roue est un pignon de 30 dents, commandant une roue de 80 dents, portant sur sa douille un pignon de 21, qui fait tourner la roue du fournisseur de 80 dents.

Le fournisseur a un diamètre de 2 pouces 1/2. L'étirage sera de :

$$\frac{84 \times 80 \times 80 \times 2,50}{61 \times 30 \times 21 \times 2,50} = 14.$$

Pignons de rechange donnés par le constructeur :

72	84	96	108

Étirages correspondants :

12	14	16	18

Mais les effets produits par le pignon de rechange, sont variables suivant que ce pignon est fixé sur l'axe de l'étireur ou sur l'arbre de derrière.

Dans le premier système, la roue de l'arbre de derrière devient pour ainsi dire un intermédiaire. Or, je suppose la machine construite de telle sorte, que le pignon fixé sur l'étireur transmette directement le mouvement à l'autre cylindre, on laissera alors à l'étireur une même vitesse, quant au contraire, celle du fournisseur changera et tendra à devenir moindre, l'étirage sera évidemment plus grand. Si, dans la disposition du métier, les deux cylindres reçoivent leur mouvement de la roue fixée sur l'arbre qui porte la poulie de commande, l'étireur ayant un pignon plus petit, augmentera de vitesse, celle du fournisseur ne changera pas, et il y aura encore augmentation d'étirage.

Dans ce cas, quand on veut se servir d'un *nombre constant* pour calculer cet étirage, on fait le produit du nombre de dents du pignon de rechange, par l'étirage qui lui correspond. On obtient le nombre de dents d'un nouveau pignon avec le quotient du nombre constant par l'étirage cherché.

Dans le second système, beaucoup plus suivi, l'étirage diminue ou augmente selon que la denture du pignon est plus ou moins nombreuse. Ceci vient de ce qu'il commande directement le fournisseur, tandis que l'autre cylindre a une vitesse constante. Le nombre des dents étant plus petit, le rouleau commandé marche plus vite, l'étirage diminue ; le nombre des dents augmentant, le nombre des révolutions du fournisseur est moindre, l'étirage devient plus fort.

Pour le calcul de l'étirage dans les machines de cette construction, le nombre constant est égal au quotient du nombre de dents du pignon de rechange par l'étirage trouvé, et le nombre des dents du pignon cherché au produit du nombre constant par l'étirage que l'on veut obtenir :

Si nous voulons avoir une application pratique de ces principes, prenons pour exemple le métier suivant :

Étireur, 3 pouces ; pignon de ce cylindre, 30 dents ; rechange, 40 dents ; pignon de l'arbre des vis, 20 dents ; tête de cheval, 60 dents ; pignon de la tête de cheval, 16 dents ; diamètre du fournisseur, 1 pouce ; roue de ce cylindre, 40 dents.

$$\frac{40 \times 60 \times 40 \times 3}{30 \times 20 \times 16 \times 2} = 14,42.$$

Supposons d'abord que le pignon de rechange soit fixé sur l'étireur, ce sera alors celui de 30 dents. Si nous voulons un étirage moindre, soit de 12, le pignon devra être plus grand et aura 36 dents, si, au contraire, on désire un étirage plus fort, soit de 20, le pignon alors plus petit aura 21 dents.

Mais si nous supposons le pignon de rechange fixé sur l'arbre de derrière, ce sera celui de 40 dents pour arriver au même étirage. Donnons à la machine un pignon plus grand, soit de 54 dents, nous aurons un étirage de 20, c'est-à-dire plus grand ; avec un pignon plus petit, de 32 dents par exemple, l'étirage sera de 12, c'est-à-dire moindre.

CHAPITRE XVII.

Bancs d'étirage (*Suite.*)

Les étirages sont aujourd'hui des machines indispensables à la filature de lin. En principe, un fil ne sera net et correct qu'à la condition d'avoir été doublé et étiré plusieurs fois.

Ces métiers sont pourtant venus les derniers. Les premiers fils fabriqués en France passaient directement de la table à étaler au banc-à-broches et de là au métier à filer. Mais aussi la différence est grande entre les produits d'alors et ceux de nos manufactures actuelles. Il n'y a plus que les fils pour toile d'emballage qui ne soient plus passés aux étirages, car il n'est pas nécessaire qu'ils aient la netteté des autres. De nos jours presque toutes les filatures qui produisent des numéros au-dessus de 10, ont deux ou trois bancs d'étirage.

Le but de ces machines est de régulariser le ruban primitif, de rétablir le parallélisme des brins, et, selon les cas, d'assouplir la matière première elle-même.

La régularisation du ruban par les étirages est un fait établi. Doublés sur plusieurs bancs et étirés chaque fois d'une certaine quantité, les rubans ne peuvent qu'être plus réguliers. Il suffit, pour s'en convaincre de comparer le ruban qui sort de l'étaleuse et, celui que l'on place derrière le banc-à-broches.

Mais nous disons aussi que les brins deviennent d'un parallélisme plus correct. Ceci est dû à l'étirage que subit le ruban total, sur chacun des métiers. Les étireurs allongent en effet la matière, et par cette traction, forcent les filaments à prendre une position

rectiligne parallèle à eux-mêmes. Il est nécessaire néanmoins pour
donner une plus grande régularité au ruban total, de changer
chaque fois le côté par où chacun d'eux entre dans un étirage. Il
n'y a toutefois aucune règle à observer ici, c'est un principe que
nous posons et que l'on suit naturellement. Lorsqu'on range, en
effet plusieurs pots derrière un banc d'étirage, on fait passer
ensemble par les étireurs, les bouts supérieurs des rubans : or,
remarquons que lorsque ce ruban tombe de l'étaleuse, la partie
antérieure va au fond du pot, par conséquent, c'est la partie
postérieure que l'on fait entrer dans la machine et le côté du ruban
change à chaque moment. Cependant ceci n'aurait pas lieu dans
le cas où l'on renverserait les rubans d'un pot dans un autre. Aussi,
est-ce une grande erreur en filature, de garnir un pot vidé avant
un autre, avec une partie d'un ruban voisin. Certains ouvriers
agissent ainsi sans connaître la conséquence de ces remaniements,
qu'il est toujours urgent d'empêcher.

Les étirages assouplissent encore la matière première. Ceci n'est
vrai que jusqu'à un certain point ; il est des lins qui ne pourraient
supporter d'être longtemps travaillés, d'autres, au contraire, y
gagneraient beaucoup. Il est de fait, dans tous les cas, que la
plupart des lins ont une souplesse bien plus grande au sortir du
dernier étirage, qu'en entrant dans l'étaleuse. Mais parmi eux,
certains produits durs et cassants, très-chargés de matière résineuse et qui perdent beaucoup sur ces métiers (on le voit d'ailleurs
par les dépôts qui s'accumulent sous chaque machine), ces lins,
dis-je, s'énerveraient par un trop grand travail, et ce serait les
fatiguer inutilement que de les faire passer sur plus de deux ou
trois bancs. Quoique l'on fasse, on ne pourra jamais produire de
hauts numéros avec toutes sortes de lins. Et d'ailleurs, il est un
fait dont quelques industriels ont pu se rendre compte : il peut
arriver, en effet, qu'un des métiers s'arrêtant brusquement, on soit
obligé d'enlever tout le lin dont il est garni, pour le soumettre à un
nouveau peignage et le faire passer ensuite à la table à étaler. Or,

remarquons que si le lin est mauvais ou médiocre, il perd beaucoup à cette manœuvre, et qu'au contraire, si la matière est fine
et de qualité supérieure, elle gagne et peut donner des numéros
plus élevés.

Il y a, dans ces machines, quatre éléments variables et que doit
régler le filateur ; ce sont :

1° La *quantité d'étirages* qu'on doit donner au ruban à chaque
passage (quantité qui varie toujours, comme pour la table à étaler,
avec le nombre de dents d'un pignon de rechange);

2° Le *nombre de doublages*;

3° L'*écartement* à établir entre l'étireur et le fournisseur ;

4° Les *pressions* que chaque tête de cylindre doit supporter.

La combinaison des doublages et des étirages, pour arriver à un
numéro donné, est une des opérations les plus complexes de la
filature. En principe, plus on réunira de rubans sur ces machines,
plus on aura de chances de régularité dans le fil que l'on veut
fabriquer. Néanmoins, le filateur doit juger lui-même si sa machine
peut supporter tel ou tel nombre de rubans sans être engorgée, où
si le lin qu'il emploie, peut passer sur un troisième ou quatrième
banc d'étirage sans s'énerver. Dans un grand nombre de manufactures, dans le but d'éviter de trop grandes complications en même
temps que pour éloigner les erreurs répétées pour les ouvriers, on
adapte derrière chaque machine, un nombre de doublages constant
et on ne fait varier que les étirages. Il est évident que ce système
est excellent, en ce sens que tout en permettant d'arriver à un bon
résultat, il évite véritablement au contre-maître de grands
embarras, et fait que les ouvriers, habitués à un même nombre de
pots, maintiennent toujours ce nombre complet; mais nous ne
pouvons le poser en règle définitive, une autre méthode pouvant
encore donner de bons produits. Quoiqu'il en soit, nous croyons
qu'il serait bon que chaque établissement possédât au moins trois
bancs, sinon quatre, à moins que l'on ne file des numéros très-bas.
Si l'on file en même temps que ces derniers des numéros assez

33

élevés, on fait passer les rubans des uns sur trois bancs, quant aux
autres, en supposant qu'on ne veuille pas déranger un ordre établi
et se servir des mêmes machines, on les fait passer sur
un même nombre de bancs, mais avec un système qui rende
la machine inutile pour ces numéros. Par exemple, étirer 12 en
doublant 12, c'est absolument comme si l'on n'avait rien fait.

Voici un exemple de doublages pour numéro moyen. Je suppose
une table à étaler de 4 cuirs, et pour les autres machines les
nombres suivants :

Table à étaler . . . . 4 rubans.
1er étirage. 18   do
2e étirage 12   do.
3e étirage 6   do

Doublage total : 4 × 18 × 12 × 6 = 5,184.

Autre exemple pour les numéros fins :

Table à étaler . . . . 6 rubans.
1er étirage. 24   do
2e étirage 16   do
3e étirage 8   do

Doublage total : 6 × 24 × 16 × 8 = 18,432.

Il ne faut jamais diminuer le nombre de doublages à mesure que
le numéro hausse. Nous avons indiqué dans un autre chapitre
l'inconvénient de cette méthode. Dans ce cas, certains filateurs
peignent leur lin outre mesure et le font passer très-peu sur les
étirages. Ils arrivent à de bons résultats, mais en multipliant les
étirages, ils produiraient encore mieux. Nous connaissons dans le
Nord une filature de fins numéros, dont les produits sont toujours
excellents et qui emploie trois doubleuses, deux seconds étirages,
un troisième et un quatrième.

Les éléments qui présentent le moins de difficultés pour le filateur sont les pressions à donner aux étireurs et les écartements de
ces cylindres d'avec les fournisseurs. On juge que la pression d'un
rouleau est convenable lorsqu'elle suffit pour le laminage des
aspérités que présentent les brins, et quand les cylindres supérieurs
tournent bien. Pour des étireurs de même diamètre et de vitesse
constante, étirant des rubans à peu près de même grosseur, la
pression sera toujours la même, on l'augmentera légèrement avec
les écartements. Ces écartements, faciles à régler, varieront avec
les longueurs des brins et seront un peu plus grands que ces
longueurs.

Les étirages forment un ensemble de machines qu'il est nécessaire de mettre en rapport entre elles, de telle sorte que ni l'un ni
l'autre des métiers à alimenter ne puisse chômer par défaut de
production des machines qui précèdent. Il est important de régler
chacun des débits pour que ce principe soit observé scrupuleuse-
ment.

Pour qu'une machine soit en rapport avec celle qui l'alimente, il
est nécessaire que le produit du développement de son étireur par
le doublage soit moindre que le produit de son étirage par le développement de l'étireur qui alimente.

Supposons qu'un banc d'étirage produise deux rubans, avec un
doublage de 12 pour chacun, un étirage de 12,5 et un développement de 18 yards; la machine qui alimente débite 36 yards. La
comparaison nous donnera :

$$36 \times 12,5 = 450.$$
$$2 \times 12 \times 18 = 432.$$

Il suit de là qu'il ne peut y avoir de chômage pour la machine
alimentée, puisqu'elle recevra en plus 18 yards.

Pour connaître la longueur des yards absorbés, il faut multiplier le nombre d'assortiments par 12 (nombre de rubans), puis

par 18 (débit de la machine qui les reçoit), et diviser par 12,5 qui exprime l'allongement.

$$\frac{2 \times 12 \times 18}{12,5} = 34 \text{ yards } 56.$$

Quand on veut connaître par avance le nombre de rubans qu'un des bancs d'étirage devra fournir à celui qui le suit, il faut d'abord faire le produit du débit de l'étireur de la machine qui fournit les rubans par l'étirage du métier qui les reçoit, et diviser le tout par le développement de l'étireur de la machine alimentée.

En voici un exemple :

Une table à étaler a pour son étireur un développement de 29, le premier étirage qu'elle alimente directement étire 10 et a le même débit. Le nombre de rubans fournis sera de

$$\frac{29 \times 10}{29} = 10 \text{ rubans.}$$

Le premier étirage ayant souvent deux têtes, il y aura dix rubans par tête.

Cette machine produit six rubans pour le deuxième étirage. Celui-ci a un cylindre étireur développant 24,40 et un étirage de 15. Le nombre de rubans fournis par le second étirage sera :

$$\frac{2 \times 29 \times 15}{24,40} = 36 \text{ rubans}$$

Le métier ayant trois têtes, produisant chacune deux assortiments, il y aura 12 rubans par tête et 5 par assortiment $(3 \times 12 = 6 \times 6)$.

Le troisième étirage produit 12 assortiments pour le banc-à-broches ; et comme il a trois têtes, il y a 16 rubans et 4 assortiments par tête, et 4 rubans par assortiment $(3 \times 16 = 12 \times 4)$.

D'après la même méthode, il fournira 48 rubans pour un étirage de 8 et un développement de 24,40.

$$\frac{6 \times 24,40 \times 8}{24,40} = 48 \text{ rubans.}$$

L'étireur du banc-à-broches développe 18,5 et on a alors, pour un étirage de 6, le nombre de broches alimentées par le dernier métier. Comme il est nécessaire, pour avoir un nombre exact, de tenir compte des arrêts de toute nature, on ajoute 5 °/₀ au nombre trouvé :

$$\left.\begin{array}{l} \dfrac{12 \times 24,40 \times 6}{18,5} = 94,96 \\ 5 \text{ pour } \text{°/°} \quad . \quad . \quad . \quad . \quad 4,74 \end{array}\right\} 100 \text{ broches.}$$

En multipliant par 1,05 on arrive au même résultat :

$$94,96 \times 1,05 = 99,70.$$

CHAPITRE XVIII.

Banc-à-broches à mouvement différentiel.

(*Roving frame*).

Lorsqu'on a retiré les rubans du dernier étirage, on porte les pots derrière le banc-à-broches. Pour la première partie du travail, ce métier ressemble complètement à ceux que nous venons de décrire, car on lui livre de la même manière plusieurs rubans qui doivent être étirés ensemble. Toutefois, la principale différence qui existe, c'est qu'au lieu de réunir en une seule toutes les préparations, il en forme autant qu'il y a de rangées de peignes, rangées qui sont toujours au moins au nombre de quatre pour le même encadrement. Engagé entre les cylindres fournisseurs du métier, chacun des rubans est porté par les gills jusqu'à l'appareil étireur et descend sur une *broche*; là, il est légèrement tordu et est enroulé sur un bobineau.

Ainsi, le banc-à-broches a trois fonctions à remplir, dont deux nouvelles; il continue l'*étirage* qu'ont déjà donné à la mêche les quatre premières machines, mais il ne fait que commencer la torsion et l'envidage. Le but de l'*envidage* est de placer le ruban de telle sorte que les *renvidages* des métiers à filer s'opèrent avec une plus grande facilité, soit en faisant occuper une moindre place à la préparation en l'enroulant autour d'une bobine, soit en permettant de placer le tout au-dessus du cylindre fournisseur dans une position d'où il puisse se dérouler sans aucun inconvénient. Quant à la *torsion*, elle sert à la fois à empêcher le ruban de s'enchevêtrer sur les bobines, en même temps qu'à soutenir la préparation dans le trajet qu'elle aura à supporter.

La *broche*, qui donne la torsion, se compose d'un axe en fer,
surmonté à l'extrémité supérieure de deux branches recourbées
qui en sont les *ailettes*. L'une est creuse pour livrer passage au fil,
l'autre équilibre celle qui lui correspond. La préparation, passant
dans un anneau creusé au sommet de la broche, continue par
l'ailette, passe par l'angle qu'on a ménagé à l'extrémité de
cette dernière et est guidée autour de la bobine par un petit crochet
appelé *queue de cochon*. L'axe de la broche, soutenu par une traverse, tourne dans un *collet*. Comme les broches sont en assez
grand nombre (24 à 72), qu'elles ont une assez grande largeur et
que leur mouvement de rotation est fort rapide, il est nécessaire,
malgré leur peu de poids individuel, de donner à leur pivot une
forme cônique, qui est celle avec laquelle on obtient le moindre
frottement. Ordinairement, elles sont réduites de diamètre à leur
extrémité, et leur pointe tourne dans une crapaudine en bronze,
tournée à sa partie supérieure pour recevoir l'huile, et ajustée
dans une traverse en fonte qui fait partie du bâtis. Les broches
sont en outre parfois bridées à leur extrémité et tournent dans un
collier qui les empêche de vibrer dans leur mouvement de rotation.
Leur vitesse ne va guère au-delà de 850 tours par minute, et est
en moyenne de 650.

La *bobine* est placée sur l'axe de la broche. Elle se compose d'un
tuyau cylindrique (*fût* ou *fusée*) et d'un rebord placé à chaque extrémité qui en détermine la hauteur. Ces bobines ont trois mouvements, car en même temps qu'elles tournent indépendamment du
mouvement des broches, elles peuvent aussi monter et descendre
sur toute la longueur de l'axe qui les soutient, Leurs dimensions
varient souvent avec les numéros des fils à produire, et il y en à
toujours deux rangées distinctes, non situées dans le même plan.
Le gros fil légèrement tordu qui s'enroule sur leur fût est désigné
dans le langage technique de la filature sous le nom de *mêche* ou
rove.

L'ensemble du banc-à-broches devra toujours être tenu dans un très-grand état de propreté, à cause de la précision qui doit exister dans tous ses mouvements, mais les broches et les bobines ont surtout besoin d'être bien nettes. Nous verrons plus loin en effet que l'envidage souffrirait beaucoup si la bobine éprouvait le moindre retard dans sa rotation.

DE L'ENVIDAGE

L'ailette qui circule autour de la bobine détermine l'envidage. La *préparation* est enroulée en spirales sur le fût depuis le haut jusqu'au bas et en couches successives, elle est livrée par l'étireur avec une vitesse invariable, de telle sorte qu'il y a toujours une même longueur à envider dans un même temps donné. Mais il est nécessaire pour que la longueur enroulée par l'ailette ne soit pas supérieure à la longueur fournie par l'étireur, en d'autres termes, pour que l'envidage ne soit pas supérieur à la production, que la bobine soit, en même temps que la broche, animée d'un mouvement de rotation. Cette rotation doit être plus lente évidemment que celle de l'ailette, et la différence des mouvements de l'un et de l'autre organe doit-être égale au nombre de tours nécessaires pour l'envidage.

Supposons, par exemple, que le fût de la bobine soit de 80 millimètres, et que le débit de l'étireur soit par minute de 15 mètres. L'ailette devra dans ce cas, pour effectuer complètement l'envidage faire autant de fois le tour de la bobine que 80 sera contenu dans 15000, c'est-à-dire 187 fois. Mais le nombre de tours de l'ailette étant plus grand que le nombre exigé, soit de 400 tours par exemple, la différence de 400 à 187, c'est-à-dire 213, devra être compensée par le nombre de tours de la bobine.

L'envidage de la mêche comprend deux mouvements, l'un qui permet de contourner le fil en anneaux, et que l'on peut appeler *mouvement rotatif*, l'autre qui dépose successivement les anneaux par couches ascendantes et descendantes, et que nous appellerons *mouvement translatif*. Chacun d'eux est soumis aux deux lois suivantes :

1re loi. — *Le mouvement rotatif varie en raison inverse de la circonférence d'enroulement ;* c'est-à-dire que quand le diamètre d'enroulement d'une couche augmente du double, la vitesse d'envidage est diminuée de moitié.

2e loi.— *Le mouvement translatif est inversement proportionnel au diamètre d'envidage.*

Ces deux lois sont très-logiques ; car, si la longueur fournie par l'étireur est constante, la vitesse de rotation, pour un envidage exact, doit changer avec le diamètre d'enroulement, et comme le diamètre augmente, cette vitesse doit diminuer, et varier en raison inverse du diamètre d'enroulement. (Pour chaque couche, ce diamètre varie toujours suivant une progression arithmétique dont la raison est le double du diamètre du fil.)

La seconde loi, nécessitée de même par la variation dans le diamètre des couches successives à engendrer, est naturellement identique à la première. L'une règle l'uniformité de tension, l'autre, la répartition homogène de la mèche.

Comme corollaire des lois de l'envidage on peut déduire : que *les spires de chaque couche doivent être exactement juxtaposées et se toucher en formant une hélice aussi peu inclinée que possible, d'un pas égal à l'épaisseur du fil.* Car de deux couches superposées ; si d'après la première loi, le mouvement de rotation est deux fois plus lent à la seconde couche qu'à la première, le déplacement rectiligne d'après la seconde loi s'opère de son côté deux fois plus lentement. La mèche enroulée aura donc dû, pour un tour complet, parcourir la même hauteur dans un sens que dans l'autre.

— Il semble que, pour l'observation automatique de ces lois, une série de mécanismes compliqués soit nécessaire. Cependant, en les examinant attentivement, il est facile de voir que, sauf la nature des mouvements, elles sont complètement identiques. D'où il suit,

34

que l'on peut se contenter d'un seul système de variation, pourvu que l'on emploie deux transmissions différentes : l'une transformant un mouvement de rotation continu, l'autre transformant le mouvement rotatif en un mouvement de translation rectiligne.

Les appareils de variation employés pour les bancs-à-broches comportent sept genres, qui sont :

1° Un cône droit, sur lequel on déplace une courroie munie d'un tendeur (*système Houldsworth*).

2° Un système de deux cônes hyperboliques, sur lequel se déplace une courroie sans tendeur (*sytème Lawson*).

3° Un galet se déplaçant sur un cône animé d'un mouvement rotatif (*système Windsor*).

4° Une échelle de pignons superposés les uns aux autres, avec lesquels engrène successivement une roue droite à chaque course du chariot (*système Windsor*).

5° Un galet se déplaçant entre deux cônes (*système Walker*).

6° Un système de deux plateaux de friction, dont l'un tourne entrainé par l'autre (*système Fairbairn*)

7° Une poulie extenseur augmentant graduellement de diamètre (*système Combe et Barbour*).

L'un ou l'autre de ces appareils agit, non pas sur la vitesse de la broche ou de la bobine, mais sur la *vitesse d'envidage*, qui n'est autre que la différence des deux rotations. Le mouvement de rotation total est produit par un mécanisme *à roue différentielle* qui donne son nom au métier, et qui communique d'une part, la vitesse de rotation commune aux deux organes produisant la torsion de la mèche, d'autre part, la vitesse d'envidage fournie par l'un des appareils de variation.

Dans les anciens métiers, dont quelques-uns sont encore employés aujourd'hui, les désavantages sont réels. C'est alors la préparation qui, entrainée dans un mouvement circulaire de l'ailette, entraine à son tour la bobine.

Pour que cette dernière ne soit pas lancée avec une vitesse trop grande, on la maintient dans ce cas au moyen d'une corde tendue par un plomb qui en enveloppe en partie la base. C'est un système fort empirique, car le frottement de la corde à plomb n'est jamais très-régulier ; pour peu qu'il cesse de se faire sentir, la bobine s'échappe; la préparation devient lâche, ne s'envide pas assez vite et va s'accrocher, soit à la broche, soit à quelque autre partie du métier. Si, au contraire, le frottement de la corde se fait trop sentir, et il est difficile que cela n'arrive pas quelquefois, la préparation trop fortement tendue est étirée là où elle ne doit pas l'être, et peut même se casser entièrement. On conçoit, d'ailleurs, et l'expérience ne laisse aucun doute à cet égard, que, dans ce système, une certaine tension de la préparation est une condition nécessaire de la régularité du travail : or, cela seul est un inconvénient grave, au moins pour certaines matières. Dans la préparation du long brin, on s'en aperçoit peu ; car des filaments longs, pour peu qu'ils soient tordus ensemble, supportent assez facilement cette tension; mais il n'en pas de même pour les étoupes et surtout pour les étoupes courtes. Aussi les préparations d'étoupes courtes se font-elles toujours très-mal sur les bancs-à-broches ordinaires. On n'évite guère un inconvénient que pour tomber dans un autre. Ou bien on tend peu la préparation et alors elle est sujette à s'accrocher, sans compter que les bobines deviennent molles et sont toujours mal faites ; ou bien on la tend plus fortement, et alors elle s'étire ou se casse ; que si l'on veut éviter cet inconvénient en la tordant davantage, on nuit au travail ultérieur des métiers à filer. Tout ceci, à vrai dire, est beaucoup plus applicable encore à la filature de coton, où on opère sur des brins dont la longueur excède rarement 28 ou 30 millimètres ; aussi est-ce dans la filature du coton que les bancs-à-broches à mouvement différentiel ont été d'abord et plus généralement appliqués : il est incontestable pourtant qu'on peut faire sur la filature des étoupes, et surtout des étoupes courtes, les mêmes observations.

C'est donc pour éviter tous ces inconvénients qu'on a imaginé de donner aux bobines un mouvement qui leur fut propre. Nous verrons tout-à-l'heure comment ce mouvement est obtenu, suppo-

sons-le maintenant établi. On conçoit d'abord qu'on obtient par
là une régularité plus grande : en outre, comme ce n'est plus la
préparation qui entraîne la bobine, on peut la tendre beaucoup
moins et seulement au degré nécessaire pour qu'elle se couche
régulièrement sur le fût, sans compter qu'elle n'a plus à subir
l'effet de ces soubresauts de la bobine que dans le système
ordinaire il est à peu près impossible d'éviter.

TRANSMISSION DES MOUVEMENTS.

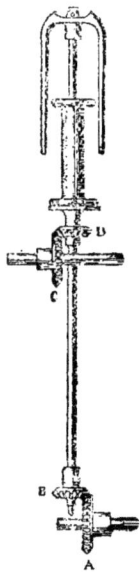

Fig. 26.—Commande
des broches et des
bobines au banc-
à-broches.

La disposition des engrenages d'un banc-à-
broches diffère de celle des autres machines de
préparation en ce qu'elle comporte, outre le système alimentaire de l'étirage, les systèmes de
commande des broches et des bobines (1).

Ces deux appareils sont commandés par l'intermédiaire des pignons coniques A, B, C, D,
engrénant l'un avec l'autre. L'axe du pignon B
fait corps avec la broche, et détermine ainsi
directement le mouvement de l'ailette ; l'axe du
pignon D est constitué par un tube enveloppant
la broche, complètement indépendant de celle-ci,
et fixé à demeure sous le plateau où est la bobine.
Chacune de ces roues coniques est répétée autant
de fois qu'il y a de broches et de bobines, elles
sont commandées par l'intermédiaire de roues
droites placées à l'extrémité des axes des
pignons C et A.

Une roue (pl. XIII) fixée sur l'arbre moteur,

---

(1) Les constructeurs ont longtemps hésité pour savoir de quel genre de commande ils se
serviraient pour les broches. Après avoir essayé les cordes, les vis sans-fin, les roues héli-
coïdes, les roues droites, ils en sont arrivés aux roues d'angle, et ont reconnu que ce système
seul permettait de donner à l'ailette un mouvement régulier et sans complications.

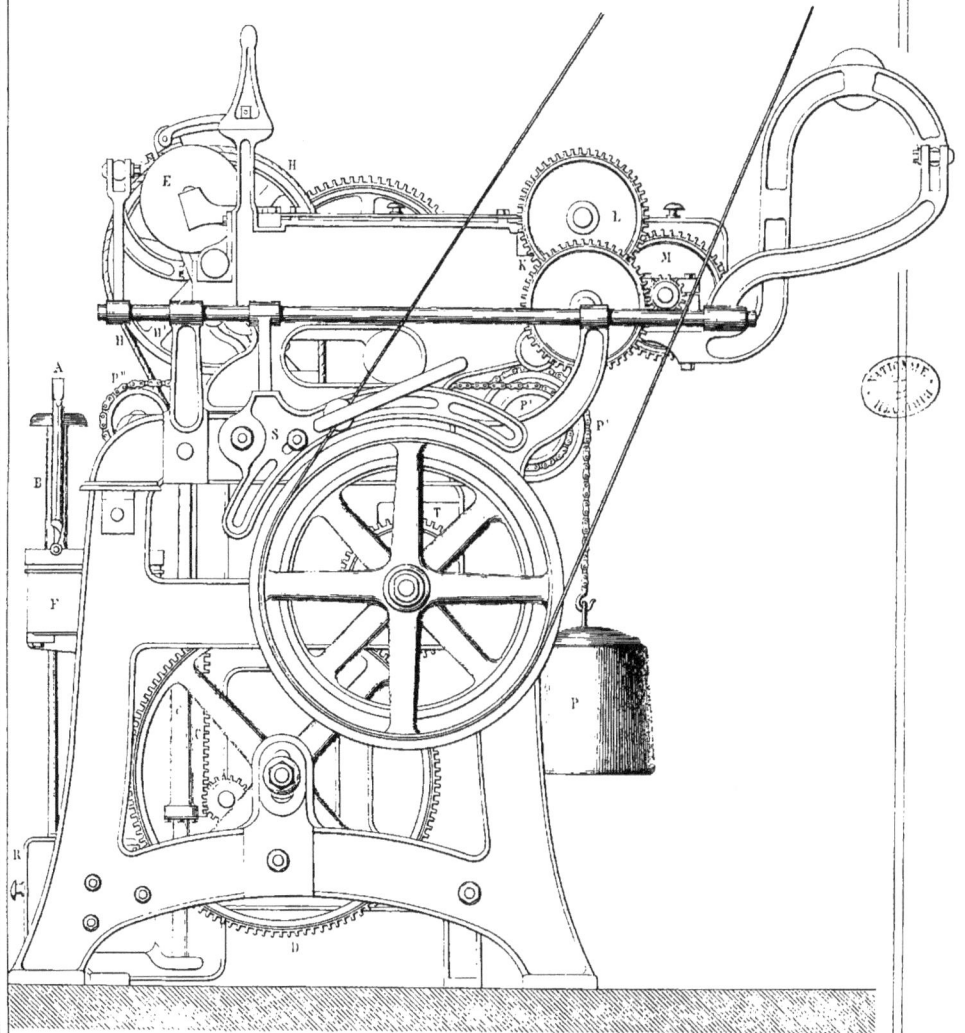

BANC-A-BROCHES DU SYSTÈME COMBE.

ÉLÉVATION.

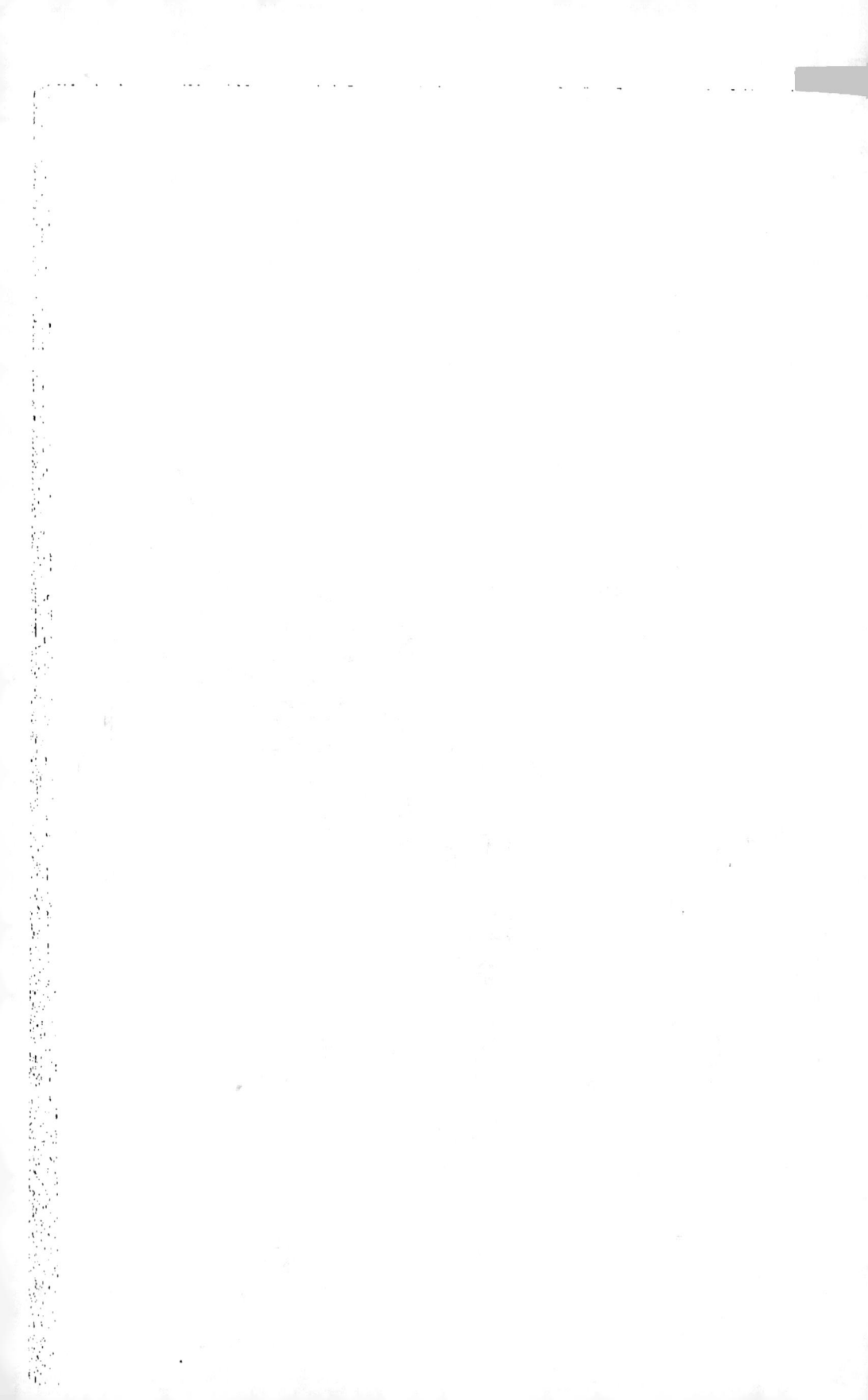

commande par un ou deux intermédiaires la roue droite placée sur l'axe du pignon A (1).

Une seconde roue placée sur le même arbre commande par intermédiaire la roue droite de l'axe C. D'autre part, cette roue en commande aussi une autre portant sur sa douille la roue de torsion engrénant avec la roue de l'étireur.

Le système alimentaire de l'étirage qui commence à partir de cette roue est le même qu'aux autres machines. Après deux intermédiaires est la roue de rechange fixée sur l'arbre de commande des vis, et ainsi de suite.

Voici le détail de la planche XIII qui nous représente un banc-à-broches construit par Combe, vu du côté de la commande :

T, pignon fixé sur la commande, engrénant avec l'intermédiaire D.

D, roue radiale, communiquant le mouvement à la roue de commande des pignons de broches.

R, platine protectrice de ces pignons.

F, chariot renfermant les pignons des bobines.

P, contre-poids pour le règlement du monte-et-baisse, relié au chariot par P', P''.

L, M, N, système alimentaire d'étirage : pignons opposés au rechange.

K, roue du fournisseur.

E, étireur.

B, bobine, — A, ailette, — C, crémaillère.

S, secteur pour variations de déclinche.

H, corde enroulée sur l'expanseur de Combe (voir détails pl. XV), et sur la poulie H'.

---

(1) L'un de ces intermédiaires, que l'on appelle *roue radiale*, est fixé au centre de la genouillère du chariot, il s'éloigne et se rapproche du monte-et-baisse à chaque montée et descente.

TORSION DE LA MÊCHE.

La torsion dépend en même temps de la vitesse de l'étireur que de celle des broches, il est donc nécessaire de connaître ces données.

Pour connaître la vitesse des broches, on suit toujours le même principe de diviser les commandeurs par les commandés, à partir de l'arbre de commande jusqu'au pignon de broche, et de multiplier le tout par la vitesse de l'arbre moteur.

Supposons que l'arbre moteur marche avec une vitesse de 140 tours par minute ; il porte sur son axe une roue de 52 dents commandant un pignon droit fixé à l'extrémité de l'arbre de commande des broches et qui porte 20 dents. En face de chaque broche, cet arbre porte un pignon conique de 36 dents commandant le pignon de broche de 20 dents. La vitesse de chaque broche sera alors :

$$\frac{140 \times 52 \times 36}{20 \times 20} = 655 \text{ tours.}$$

Pour connaître la vitesse du cylindre étireur, on fait d'abord le produit des dents du pignon de torsion fixé sur l'arbre moteur par la vitesse propre de cet arbre, et on divise par le nombre des dents de la roue fixée sur l'axe de l'étireur. Or, si la vitesse de l'arbre moteur est de 140 tours, comme nous l'avons déjà supposé, et que le pignon de torsion qui y est fixé a 60 dents, nous aurons d'abord :

$$140 \times 60 = 8400.$$

Si nous donnons 60 dents à la roue du cylindre étireur, nous trouverons pour vitesse de ce cylindre :

$$8400 : 60 = 140 \text{ tours.}$$

Avec une circonférence de 0,18 centimètres, son rendement sera de :

$$140 \times 0,18 = 252 \text{ décimètres.}$$

Connaissant la vitesse des broches et la vitesse de l'étireur, nous ferons alors le raisonnement suivant :

1re méthode. — Si pour 665 tours des broches par minute, l'étireur développe 252 décimètres dans le même temps ; pour une longueur de 1 décimètre, il y aura 665 fois moins de tours, autrement dit :

$$665 : 252 = 2 \text{ t. } 60 \text{ par décimètre.}$$

Ce qui donne 2 tours 60 centièmes pour la torsion d'un décimètre de mèche. La torsion connue en décimètres, nous verrons plus loin qu'il est facile de la transformer en pouces anglais.

2e méthode. — On emploie encore pour calculer la torsion une autre méthode qui consiste à diviser le produit des commandeurs par le produit des commandés, multipliés par la circonférence du cylindre étireur et par 3,1416. Ce système est plus simple que le précédent, en ce sens qu'il dispense de s'occuper de la vitesse des broches.

Supposons, par exemple, que la roue située sur l'axe de l'étireur ait 72 dents ; elle commande par intermédiaire la roue de torsion fixée sur l'arbre moteur, et qui en a le même nombre. Du côté opposé est placée sur l'arbre moteur une seconde roue de 50 dents, qui par intermédiaire commande un pignon de 32 fixé sur l'arbre de commande des broches. Chacun des deux pignons coniques formant le système de commande des broches a l'un 27, l'autre 22 dents. La circonférence de l'étireur étant de 2 pouces $^1/_4$; on aura pour torsion :

$$\frac{72 \times 50 \times 27}{72 \times 32 \times 22 \times 2\,^1/_4 \times 3,1416} = 0 \text{ t. } 271.$$

On trouverait alors le pignon à placer pour une torsion de 0,271 en remplaçant dans notre opération le chiffre qui représente le nombre des dents du pignon par celui qui représente la torsion :

$$\frac{72 \times 50 \times 27}{0,271 \times 32 \times 22 \times 2\,{}^{1}/_{4} \times 3,1416} = 72 \text{ dents.}$$

3e méthode. — Toutefois, la méthode la plus généralement employée, pour la recherche du pignon ou de la torsion, consiste à se servir d'un *nombre constant* donné. D'une part, la torsion est obtenue en divisant le nombre constant par le nombre des dents du pignon placé ; d'autre part, on connaîtra le nombre des dents du pignon à placer en divisant le nombre constant par la torsion que l'on veut obtenir.

Nous obtiendrons le nombre constant par la même opération que nous avons déjà fait connaître, en ne faisant pas toutefois figurer au diviseur le chiffre 72, nombre de dents du pignon, ni 0,271, nombre de tours représentant la torsion (1).

$$\frac{72 \times 50 \times 27}{32 \times 22 \times 2\,{}^{1}/_{4} \times 3,1416} = 195,3 \text{, nombre constant.}$$

Il est évident que ce n'est que par une pratique prolongée que l'on parvient à donner à chaque numéro de mèche (2) la torsion qui lui est nécessaire. Dans la filature au sec, cette torsion est ordinairement assez faible, parce qu'une mèche trop tordue ne pourrait s'étirer avec facilité ; pour la filature au mouillé, elle doit être réglée de telle sorte que la mèche puisse traverser sans rupture le bac à eau chaude du métier à filer.

Le tableau suivant, dont les données ne peuvent être qu'approxi-

---

(1) La théorie de la torsion est donnée entièrement au chapitre qui traite des métiers à filer au mouillé.

(2) Pour trouver le numéro exact de mèche on peut employer la méthode suivante : mesurer d'abord une certaine longueur, multiplier ensuite 540 (poids d'un paquet N° 1) par cette longueur, et diviser le produit trouvé par son poids multiplié par 329,040 mètres (longueur d'un paquet).

matives, indique la torsion par décimètre et par pouce qui convient le mieux à chaque numéro de mèche :

NUMÉRO DE MÈCHE	TORSION POUR LE SEC		TORSION POUR LE MOUILLÉ	
	par pouce	par décimètre	par pouce	par décimètre
1	0,35	1,38	"	"
2	0,45	1,77	0,35	1,38
2 1/2	0,50	1,97	0,40	1,58
3	0,60	2,37	0,50	1,97
3 1/2	0,70	2,77	0,55	2,17
4	0,80	3,16	0,60	2,37
4 1/2	0,90	3,55	0,65	2,56
5	1,00	3,95	0,70	2,77
6	1,11	4,38	0,85	3,35
7	"	"	1,00	3,95

Remarquons que la torsion est donnée, soit par pouce anglais, soit par décimètre, mais qu'on peut facilement trouver l'une lorsqu'on a l'autre. Quand on a obtenu la torsion par pouce, on la multiplie par 3,95 ou 4, pour l'avoir par décimètre, car il y a 3,95 à 4 pouces anglais dans un décimètre ; et quand on veut obtenir par pouce la torsion que l'on a eu en décimètre, on la divise par 3,95 ou on en prend le quart.

Lorsqu'on veut avoir une autre torsion au banc-à-broches, il suffit d'un simple changement de pignon qui peut glisser dans une coulisse concentrique à une roue qu'il engrène. Ce pignon (*pignon de torsion*) commande, comme nous l'avons vu, tout le système du mouvement différentiel ; il est fixé à l'extrémité de l'arbre moteur,

35

commandeur des broches et commande au moyen d'intermédiaires, la roue fixée à l'extrémité du cylindre : il sert dès lors, à obtenir sa vitesse par minute. Il suit de là, que ce pignon agit simplement sur l'étireur, en augmentant ou diminuant sa vitesse, et que la vitesse des broches reste la même. En conséquence, la torsion est dite plus ou moins forte, suivant qu'elle se répartit sur une plus ou moins longue étendue de mêche ; elle diminuera quand on augmentera la vitesse du cylindre, et par contre elle augmentera quand on la diminuera.

ÉTIRAGE.

L'étirage moyen pour le lin long est compris entre 12 et 20 ; pour le lin coupé, entre 8 et 15.

Cet étirage s'obtient toujours de la même manière que sur les autres machines de préparation. En voici un exemple calculé sur un banc-à-broches construit par Lawson (Leeds) :

Diamètre de l'étireur, 2 pouces 1/4 ; pignon de ce cylindre, 27 dents ; rechange sur l'arbre de derrière, 42 dents ; pignon de cet arbre, 30 dents ; tête de cheval, 60 dents ; pignon de la tête de cheval, 20 dents ; roue du fournisseur, 20 dents ; diamètre de ce cylindre, 2 pouces :

$$\frac{42 \times 60 \times 80 \times 2,25}{27 \times 30 \times 20 \times 2} = 14$$

Pignons de rechange de la machine :

| 36 | 42 | 48 | 54 | 60 |

Étirages correspondants :

| 12 | 14 | 16 | 18 | 20 |

CHAPITRE XIX.

Mouvement différentiel.

———

1º MOUVEMENT DIFFÉRENTIEL DE HOULDSWORTH.

Le mouvement différentiel, inventé par Houldsworth, perfectionné dans la suite par Koechlin, Windsor et Fairbairn, est aujourd'hui généralement appliqué aux bancs-à-broches de la filature de lin. Il a remplacé avantageusement les machines dites Dragg, à système circulaire, qui de nos jours, sont abandonnées presque partout.

C'est par l'organisation de ce mouvement qu'on règle l'envidage du fil autour de la bobine. On donne d'abord un mouvement à la broche, qui, dans ses révolutions successives dépose le fil par couches autour de la fusée cylindrique, et on fait de même mouvoir la bobine d'un mouvement circulaire continu. Nous avons vu que ces deux rotations, quoique calculées l'une sur l'autre, étaient tout à fait indépendantes, et que la rotation des bobines était surtout indispensable pour un envidage parfait. « Mais dès l'instant qu'on donne aux bobines leur mouvement propre, on est entraîné à de nouvelles complications parce que ce mouvement est nécessairement variable (1). En effet, à mesure que la préparation

———

(1) Le mouvement différentiel que nous analyserons tout d'abord est l'ancien mouvement de Houldsworth perfectionné, c'est-à-dire agissant avec deux cônes.

est envidée, la circonférence du fût augmente, il faut donc alors
un nombre moindre de tours de l'ailette sur la bobine pour envider
une même longueur de ruban ; et comme la vitesse des broches
aussi bien que la longueur de ruban produite par minute, sont des
quantités constantes, c'est la vitesse des bobines qui doit changer
pendant le cours du travail (2). » Rendons cette vérité sensible
par des chiffres.

Nous avons admis (chap. XVIII) comme vitesse des broches, 400
révolutions par minute, et pour longueur de ruban produite dans
le même temps 15 mètres; ce sont là des quantités constantes.

Nous avons admis également, comme circonférence du fût de la
bobine 80 millimètres, et dans cette hypothèse nous avons trouvé
que l'excédant de la vitesse des broches sur celle des bobines,
devrait être de 187 révolutions par minute. Mais la circonférence
du fût augmente à mesure que les couches de préparations s'y
déposent et de là résulte un changement dans le rapport. Supposons qu'après le dépôt de plusieurs couches la circonférence du fût
soit de 160 millimètres ; c'est-à-dire double de ce qu'elle était d'abord,
dès-lors, l'excédant de la vitesse des broches sur celle des bobines
devra être diminué de moitié, au lieu de 187 tours il ne devra plus
être que de 93,5. Or, la vitesse des broches étant demeurée la
même, c'est celle des bobines qui aura dû augmenter, de manière
à rétablir le rapport. Cette vitesse était précédemment de :

$$400 - 187 = 213.$$

Elle devra être maintenant de :

$$400 - 93,5 = 306,5.$$

Or, dans ce système, non-seulement le mouvement des bobines

---

(2) Coquelin.

doit être réglé en conséquence des rapports actuels, mais encore il doit changer avec le progrès de l'envidage; de telle sorte que l'excédant de la vitesse des broches sur celle des bobines augmente en raison de l'augmentation du diamètre ou de la circonférence des fûts. En d'autres termes, la différence de la vitesse des broches à celle des bobines, doit être en raison inverse du diamètre du fût (1).

Il y a à ce sujet plusieurs remarques importantes à faire.

On voit d'abord que pour régler les mouvements dans les différentes phases du travail, il ne faut pas faire porter le calcul sur la vitesse absolue des bobines, mais sur la *différence* de cette vitesse avec celle des broches. C'est en effet cette différence seule qu'il faut considérer, puisque c'est elle qui *doit être en rapport inverse avec le diamètre du fût*. Quant à la vitesse absolue, elle ne suit aucune proportion. Il suit de là que l'agent mécanique, au moyen duquel on opère les variations du mouvement (et cet agent est ici le cône), ne doit pas avoir une action directe sur la vitesse des bobines, mais sur la différence : autrement il serait impossible d'y établir une progression. Dès-lors aussi, il doit y avoir un organe distinct qui produise la différence et c'est sur cet organe que le cône doit agir. Tout cela constitue un problème qui, au premier abord, paraît insoluble : on verra pourtant que la difficulté a été heureusement vaincue.

En second lieu, quoique la progression à établir doive être régulière, elle ne doit cependant pas être continue. En effet, le diamètre du fût n'augmente pas sans cesse, mais seulement lorsqu'une couche de préparation est entièrement formée et qu'une nouvelle couche cemmence ; c'est-à-dire lorsque le chariot est arrivé à l'extrémité de sa course, dans le haut ou dans le bas. Pendant toute la durée de l'ascension ou de la descente du chariot, le diamètre du fût est le même, et par conséquent le mouvement ne doit pas changer. Il suit de là, qu'au lieu d'une progression continue de mouvement, il faut des changements brusques opérés

(1) Démontré : page 265

à chaque renouvellement des couches. De plus, comme ces changements doivent s'effectuer chaque fois que le chariot arrive à l'une des extrémités de sa course, c'est du chariot même qu'ils doivent dépendre. Ainsi, dans le cas présent, les variations dans la vitesse étant produites par le déplacement de la courroie, qui agit sur un diamètre plus ou moins grand selon la place qu'elle occupe sur le cône, il faut d'abord que ce déplacement soit produit, non pas d'une manière continue, mais brusquement et à intervalles réguliers ; et en outre qu'il soit produit par l'action même du chariot arrivé à l'extrémité de sa course dans le haut on dans le bas.

Mais quoique le chariot règle pour ainsi dire la vitesse du cône, il ne doit pas avoir lui-même une vitesse constante. Les couches de préparation sur le fût de la bobine se forment en effet plus lentement, à mesure que le diamètre augmente, puisqu'elles se composent toujours d'un égal nombre d'anneaux et que ces anneaux ont un développement plus grand. Il faut donc que le mouvement du chariot soit ralenti en conséquence. Dès lors, la dépendance du cône et du chariot doit être réciproque. Ce dernier, chaque fois qu'il arrive à l'extrémité de sa course, diminue la vitesse du cône en déplaçant la courroie, et comme il est indirectement commandé par le cône même, il subit l'influence du changement qu'il a produit. En somme, d'après ce que nous venons de voir, le mouvement différentiel, qui présente beaucoup de complications à première vue, devient beaucoup plus simple, quand on remonte à l'origine des effets produits ; il nous reste à expliquer l'enchaînement et l'usage des diverses pièces du métier.

Mouvement des broches et des bobines.

Le mouvement des broches et des bobines, doit tout d'abord fixer notre attention. (Voir page 264).

Nous ne reviendrons pas sur la disposition des pignons coniques ou *esquives* (1) destinés à faire mouvoir les deux appareils ; elle a été expliquée dans le chapitre précédent, (page 268). Ajoutons que les broches, fixées à demeure sur l'axe de leurs pignons, en reçoivent un mouvement direct. Quand aux bobines, leurs pignons sont surmontés chacun d'un *plateau* circulaire, fixé sur le collet de la broche servant d'axe, et dont la surface se trouve de niveau avec celle du chariot ; un petit piton ou *argot* se trouve en saillie sur chacun des plateaux et vient se fixer dans un des trous percés à la base de la bobine : l'un et l'autre étant adhérents, il n'ont de la sorte qu'un seul et même mouvement de rotation.

Le mouvement des ces esquives est dû à une roue fixée sur un tube ou *boîte* qui enveloppe une partie de l'arbre moteur et qui ne reçoit aucune impulsion directe de ce dernier. Cette roue, qui communique d'une manière indirecte avec les esquives des bobines, ressemble totalement à la commande des broches, dont nous avons plus haut donné la description. Comme c'est elle qui donne le mouvement aux bobines, nous devons conclure que c'est par son intermédiaire que sera réglee la différence de vitesse des deux appareils, et celà, grâce au système qui lui servira de commande ; or, voici comme ce système est ordonné.

Mouvement de la roue différentielle.

Sur le tube qui sert d'axe à la roue dont nous parlons, et parallèlement à elle, est une des roues coniques de l'organe différentiel

---

(1) A proprement parler, le mot *esquive* veut dire poulie. Sur les anciens bancs-à-broches, on donnait ce nom à la poulie qui recevait la corde de commande des broches ; le pignon conique qui remplace cette corde sur les nouveaux métiers, a par suite pris le même nom.

(1ʳᵉ roue T'), qui engrène par intermédiaire conique (2ᵉ roue *t*) avec une roue conique (3ᵉ roue T) parallèle à la première, mais fixé sur l'arbre moteur. De telle sorte que cette roue recevant son impulsion de cet arbre, la communique par intermédiaire à la

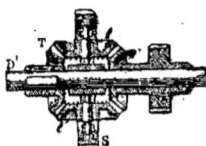

Fig. 27. — Détails de la roue différentielle.

S, roue différentielle, folle sur le moteur D.
T, roue conique, fixée sur D.
T', roue conique, folle sur D.
t, roues coniques, engrénant avec T, T'.

première roue conique fixée sur le tube, et par suite à la roue de commande des bobines qui lui est parallèle. En conséquence, lorsqu'on met le banc-à-broches en mouvement, l'impulsion première communiquée aux bobines en même temps qu'elle l'est aux broches, n'est pas différente pour l'un ou l'autre de ces appareils,

mais nous allons voir que c'est la roue S dite *différentielle*, entourant les pignons coniques, qui vient règlementer ces mouvements, dont le jeu est facilité par la position qu'occupent ces pignons, l'un sur le tube, l'autre sur l'arbre moteur.

D'après ce que nous venons de dire, nous connaissons à peu près la structure de l'organe différentiel. En résumé, cinq roues principales donnent le mouvement. L'arbre moteur D porte sur son axe un pignon conique T maintenu par deux vis et placé en regard d'un second pignon T fixé à l'une des extrémités d'un tube ou boîte qui entoure l'arbre moteur. Dans une position perpendiculaire sont placés deux autres pignons parallèles et coniques *t*, qui engrènent à l'intérieur d'une roue droite S qui les couronne. La roue droite est mise en mouvement par le cône, et le cône par l'arbre moteur.

Comme les trois roues sont égales, si leurs révolutions sont identiques, les mêmes dents, en contact, se rencontreront toujours. Mais si elles tournent avec des vitesses inégales, la rencontre n'aura plus lieu de la même manière. Nous allons examiner comment elle s'effectue sur notre banc-à-broches.

Considérons sur la roue A (fig. 28) la dent qui se trouve au
sommet ; celle-ci se porte d'abord
en avant, passe sous l'arbre
E (1), pour arriver au point d'où
elle est partie. Mais quand elle
y est revenue, quoique sa révolution soit entièrement effectuée,
elle n'a pas encore rencontré
la roue B qui est descendue,
entraînée par D ; cette rencontre
n'aura lieu que lorsqu'elle aura

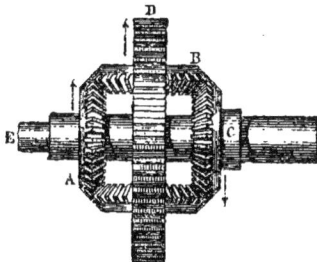

Fig. 28. — Organe différentiel.

franchi la distance parcourue en sus par la roue différentielle.

Si nous supposons cette distance franchie, la dent de la roue A
rencontrera celle de la roue B, avec laquelle elle était d'abord en
contact. D'une part, celle-ci aura fait une révolution entière ;
d'autre part, la dent de la roue A aura fait aussi une révolution,
plus la distance parcourue par D.

On peut donc dire que la vitesse de A surpasse la vitesse de B
de toute la vitesse de D ; ou mieux, que la vitesse de B égale
celle de A moins celle de D.

Ceci posé, considérons de l'autre côté, sur la roue C, la dent
du sommet. Celle-ci est animée d'un mouvement en dehors et fuit
derrière l'arbre moteur, pendant le temps que la roue B est
entraînée par D. Il est clair que cette dent rencontrera B avant
d'être revenue au point d'où elle est partie.

Si nous la supposons revenue à ce point de départ, elle aura
regagné la distance que lui aura fait perdre la roue différentielle.
D'une part, B aura accompli une révolution entière ; d'autre part,
C aura fait une révolution moins la distance parcourue par D.

On peut donc dire que la vitesse de C égale celle de B, plus
celle de D.

---

(1) La direction des flèches indique le sens de rotation de chacune des roues.

Si nous résumons ces observations, nous aurons :
D'un côté :

$$B = A - D.$$

(Traduisez : *nombre de tours* de B égale *nombre de tours* de A moins *nombre de tours* de D).

D'un autre côté :

$$C = B - D.$$

Nous en tirons, en supprimant les quantités égales, et additionnant :

$$C = A - 2 D \;(^*).$$

Si nous supposons que la roue D tourne en sens inverse de A, nous aurons en raisonnant de la même manière :

D'une part :

$$A = B - D$$
$$\text{ou } B = A + D$$

D'autre part :

$$C = B + D.$$

D'où :

$$C = A + 2 D \;(^*).$$

Des deux formules (*) nous tirons :

$$C = A \pm 2 D.$$

D'où la loi :

La vitesse de la roue commandée est égale à la vitesse de la roue qui commande, plus ou moins deux fois la vitesse de la roue différentielle.

Moins, *si la roue différentielle tourne dans le même sens que la commande.*

Plus, *si elle tourne en sens contraire* (1).

Cette loi serait encore vraie, si l'une des roues, B par exemple, n'était pas égale aux autres. Supposons en effet le cas où la roue différentielle tourne dans le même sens que la commande, le nombre de dents de A étant *d*, celui de B, *d'*. Nous aurons successivement :

$$B = \frac{A \times d}{d'} - D.$$

$$C = \frac{B \times d'}{d} - D.$$

$$\text{D'où } C = \frac{A \times d \times d'}{d' \times d} - 2\, D.$$

Supprimant les quantités communes :

$$C = A - 2\, D\ (^\star).$$

On arriverait pour le cas où la roue différentielle tournerait en sens inverse à :

$$C = A + 2\, D\ (^\star).$$

Des deux formules (*) on tire :

$$C = A \pm 2\, D.$$

Qui exprime la loi citée plus haut.

---

(1) Pour changer le sens de rotation de la roue différentielle, on croise la courroie du cône. Dans ce cas, la bobine tourne plus vite que la broche, et la roue différentielle marche moins vite.

Nous verrons plus loin que, dans le banc-à-broches, la roue C commande les bobines, et que la roue D, qui tourne toujours dans le sens de la commande, reçoit son mouvement d'un cône. Or, comme sur ce cône une courroie glisse du plus petit diamètre sur le plus grand, l'expression 2 D devient de plus en plus petite, tandis que C, c'est-à-dire la vitesse des bobines, croît en sens inverse à 2 D, diamètre du cône.

Voici comment M. Delmotte, résume les *effets produits* par cet organe : « Cette roue couronne deux pignons coniques placés verticalement dans son intérieur. Ces pignons ont deux mouvements différents, dont l'un de rotation sur eux-mêmes, communiqué par un troisième pignon conique dans les dents duquel ils engrènent ; l'autre de translation autour de ce pignon communiqué par la roue différentielle. Ces deux mouvements combinés ont pour but de retarder la vitesse des pignons fixés dans l'intérieur de la roue d'un tour à chaque cercle qu'ils décrivent autour du pignon qui les commande.

En effet, la roue différentielle tourne d'un mouvement en dehors et entraîne dans sa rotation les pignons qu'elle porte, et leur fait faire un mouvement de translation autour du troisième pignon qui les commande. Ce pignon tend toujours à donner à ceux qu'il commande une vitesse égale à la sienne, qui est elle-même égale à celle de l'arbre moteur sur lequel il est maintenu par deux vis, mais comme il tourne d'un mouvement en dehors en communiquant un mouvement en dedans aux pignons qu'il commande, pendant que ceux-ci en font un de translation autour de lui ; il résulte de ces différents mouvements que les dents du pignon commandeur courent après ceux des commandés et qu'à chaque cercle que ceux-ci décrivent autour de lui, il se produit un tour de retard sur la vitesse de l'arbre moteur.

Les pignons fixés dans l'intérieur de la roue différentielle deviennent à leur tour commandeurs d'un quatrième pignon conique fixé à l'une des extrémités de la boîte qui tourne sur l'arbre moteur qui lui sert d'axe et commande une série de *plateaux* circulaires qui entraînent la bobine dans leur rotation. Ce pignon tourne d'un mouvement en dedans, avec ceux qui le commandent et qui tendent à lui donner une vitesse égale à celle qu'ils reçoivent du pignon fixé sur l'arbre moteur, mais comme le mouvement de translation se produit en dehors par la roue différentielle, il résulte que les dents des commandeurs, reculent dans un sens contraire à la rotation du commandé, et qu'à chaque cercle qu'ils décrivent autour de lui, il se produit un second tour de retard.

Ce qui démontre *qu'à chaque tour de la roue différentielle, la boîte reçoit deux tours de retard sur la vitesse de l'arbre moteur*, il s'ensuit que plus la vitesse de translation est grande, plus elle retarde la boîte et par conséquent plus la vitesse de rotation des plateaux est petite, et à mesure que la vitesse de translation diminue, celle des plateaux augmente.

On peut donc résumer que les pignons fixés dans l'intérieur de la roue différentielle exercent deux fonctions consécutives, dont l'une est de transmettre le mouvement aux plateaux circulaires par la vitesse de rotation qu'ils reçoivent de l'arbre moteur, et l'autre, d'opposer un frein à cette vitesse par le mouvement de translation que la roue différentielle fait produire. » En somme, c'est la roue droite qui couronne les deux pignons coniques qui vient établir une *différence* entre le mouvement des broches et celui des bobines, qui sans cela serait exactement le même, de là lui vient son nom de roue *différentielle*. On peut, en agissant plus ou moins fortement sur cette roue, soit augmenter, soit diminuer, la différence. En outre, comme nous avons dit plus haut que cette même différence devait être en raison inverse du diamètre du fût, nous devons conclure que *la vitesse de la roue différentielle doit être en raison inverse du diamètre des bobines*. Comme cette roue est réglementée par le cône, ceci nous amène à montrer comment cet effet se produit.

Mouvement des cônes.

Le métier a deux *cônes* (1), l'un concave, l'autre convexe, qui ont leur sommet en dedans, tourné à l'opposé l'un de l'autre, et dont l'un est commandeur, tandis que l'autre est commandé. Une courroie les enveloppe tous deux et comme elle se déplace successivement sur toute leur surface, on la voit occuper au commencement le plus petit diamètre pour arriver au plus grand à la fin de l'opération. Mais cependant, dans toutes les positions de la courroie, *la somme des diamètres* de ces cônes *est toujours une quantité constante.*

Le cône supérieur est toujours animé d'un mouvement uniforme de rotation, mais il n'en est pas de même pour le second : car, comme la courroie agit d'un côté sur un plus grand diamètre et de l'autre sur une circonférence plus petite, la vitesse du second cône diminue pour chaque couche en raison inverse des diamètres croissants de la bobine. Le cône commandé porte à son extrémité un pignon, qui engrène avec une première roue droite, dont l'axe porte à son extrémité le pignon de la roue différentielle. Entre ce dernier pignon et la roue droite, s'en trouve un plus petit, commandeur d'une seconde roue, dite *de rechange* pour le réglement des courses du chariot, laquelle porte sur sa douille un pignon *de rechange* comme la roue. Ce pignon commande une roue double qui se trouve sur l'arbre de direction du monte-et-baisse. C'est à l'extrémité de cet arbre, qui traverse toute la longueur du métier, que se trouve le pignon commandeur de la lanterne, *ou roue à échelle*, ainsi nommée parcequ'elle fait monter et baisser le chariot par l'intermédiaire d'un pignon qui parcourt une échelle.

Ainsi, le cône donne comme nous venons de le voir, le mouve-

---

(1) On voit encore beaucoup d'anciens métiers à cône et poulie. La poulie se déplace alors au moyen d'un tendeur parallèlement à l'axe dudit cône.

ment au chariot, mais c'est aussi lui qui communique aux bobines le surplus de vitesse pour l'envidage. Non-seulement le nombre de tours du cône inférieur diminue en raison inverse des diamètres croissants des bobines, mais en outre, à mesure que la courroie avance, le diamètre du cône est toujours proportionnel aux diamètres correspondants de ces bobines.

Mouvement du chariot. — Crémaillère

Après avoir étudié le mouvement du cône, nous devons nous occuper de celui du chariot.

Ce mouvement est aussi variable, mais au lieu de s'accélérer de plus en plus comme celui des bobines, il va au contraire en diminuant à mesure que la vitesse de celles-ci et du cône augmente, les unes, à cause de leur diamètre progressif, l'autre, à cause du mouvement horizontal de la courroie. Remarquons tout d'abord que, de ce que le diamètre des bobines est proportionnel au nombre de course du chariot, résulte un des grands inconvénients du banc-à-broches. C'est que si un ruban vient à se casser derrière la machine, et qu'on néglige de le rattacher, il faut attendre, pour le faire à nouveau, que toutes les bobines soient pleines, et que les levées soient effectuées. Si on reliait le ruban après avoir passé une série du monte-et-baisse, on conçoit facilement que la bobine serait défectueuse, son diamètre ayant complètement changé dans le rapport.

Comme le chariot est assez pesant, on a été forcé de l'équilibrer par des contre-poids, qui ne font supporter aux engrenages que des efforts réguliers. La régularité d'ascension est maintenue, soit au moyen d'une genouillère qui s'appuie sur l'axe de la radiale, soit au moyen de coulisses pratiquées sur les côtés du bâtis, et dans lesquelles il doit être ajusté avec beaucoup de précision.

S'il n'était pas d'aplomb, il produirait en remontant un mouvement saccadé qui nuirait beaucoup à une mèche peu tordue.

Dans quelques bancs-à-broches d'ancienne construction, le chariot est équilibré par une boule placée à l'extrémité d'un levier, et son mouvement est donné par un pignon conique mobile, tournant toujours dans le même sens, engrénant alternativement avec deux autres pignons entre lesquels il est placé, et qu'il touche, grâce au jeu d'une fourchette, à chaque mouvement de monte-et-baisse.

Nous avons vu qu'actuellement le chariot était commandé par une *roue à échelle*. Le mouvement de cette roue se fait toujours en sens opposé à la course qui précède. Ainsi, à la *première course*, le petit pignon qui la commande engrène extérieurement ; et, comme il tourne d'un mouvement en dedans, la roue à échelle tourne d'un mouvement en dehors, et le *chariot baisse*.

Lorsque ce pignon a entièrement parcouru la denture de là roue, il décrit un demi-cercle autour de sa dernière dent, et vient engréner intérieurement avec celle-ci. Alors commence la *seconde course*, le mouvement du pignon se produit en dehors, la direction de la roue en dedans, et le *chariot monte*. Les mêmes mouvements se reproduisent à la troisième course, et ainsi de suite.

Mais pendant le mouvement que le pignon décrit autour de la dernière dent qu'il échappe, existe un moment d'arrêt, pendant lequel un *clichet* agit sur une *crémaillère* et joue un peu avant que le chariot soit arrivé à l'extrémité de sa course. Alors aussi la courroie vient fonctionner sur le diamètre de la course suivante, ralentit la vitesse du cône qu'elle commande, et fait regagner un tour aux plateaux des bobines. Autant il y aura de courses du chariot, autant il y aura de tours de regagnés qui, dans le calcul, devront être déduits de la vitesse exigée à la première course.

Chaque banc-à-broches a donc une crémaillère située sur le devant du métier, et dont le nombre des dents correspond à la grosseur de la mèche en même temps qu'au numéro que l'on veut

obtenir. Une crémaillère qui aura un grand nombre de dents conviendra à une mèche fine et à un numéro élevé, ce sera le contraire
pour une crémaillère à denture moins nombreuse. Ceci tient à ce
que le diamètre de la bobine augmente beaucoup moins à chaque
couche pour une mèche fine que pour une préparation plus grosse.
Remarquons cependant que le diamètre des mèches n'est sensiblement différent que dans le cas où l'on passe d'un numéro très-bas
à un autre beaucoup plus élevé, c'est pourquoi il est d'usage de ne
changer de crémaillère que dans un intervalle d'au moins vingt
numéros.

Il y aurait cependant inconvénient à négliger d'opérer ce changement. Car dans le cas où la crémaillère n'aurait pas assez de
dents pour le numéro que l'on voudrait obtenir, on verrait la
mèche s'enrouler irrégulièrement sur le fût et l'on retirerait de la
broche une bobine trop molle. Dans le cas où il y aurait des dents
de trop, la bobine serait trop serrée. Toutefois, quand on ne
dispose pas d'une crémaillère convenable pour correspondre au
numéro de la mèche, on tourne la difficulté en changeant le pignon
du chariot fixé à la partie inférieure du métier. Les courses de ce
chariot deviennent alors plus ou moins rapides, et la mèche en
s'espaçant ou en se serrant sur la bobine donne en fin de compte
le même résultat.

La crémaillère règle le nombre de courses du chariot. Elle
avance toujours d'une dent au fur et à mesure de deux couches
successives de mèche, et dans ce mouvement elle entraîne une
petite chaîne qui la rattache à la fourche de la courroie du cône.
Retenue d'un côté par un poids qui la tire constamment de gauche
à droite, et de l'autre par cette chaîne, la fourchette glisse toujours
sur un nouveau diamètre du cône à mesure que la crémaillère
avance d'un cran entier. Plus vite la chaine se déroule, plus vite
aussi la courroie parcourt de diamètres, et d'après ce que nous
avons dit plus haut, plus la roue différentielle diminue de vitesse.

Mais nous venons de dire qu'il faut deux courses de chariot

37

pour que cet effet se produise et voici comment : Le pignon de crémaillère se règle par le nombre de dents d'une roue à échappement fixée à l'extrémité d'un arbre appelé *rocher*. Deux clichets agissent sur cette roue, l'un au-dessus, l'autre au-dessous, et chacun d'eux joue séparément à chacune des courses du chariot. A la course d'ascension, le clichet supérieur laisse échapper une dent, mais le clichet inférieur en retient une autre; à la course de descente, le clichet inférieur lâche aussi la sienne. De la sorte, il s'échappe un cran de crémaillère pour deux courses de chariot, c'est-à-dire pour deux fois la hauteur qui s'étend entre le pied et la tête d'une bobine; et l'un des deux clichets est toujours au milieu d'une dent, tandis que l'autre clichet est à l'extrémité d'une autre dent. Comme ces deux clichets sont liés ensemble, il leur est facile d'exécuter leurs mouvements simultanément. Ce mouvement est, soit un mouvement de monte-et-baisse, et alors il est dû au chariot, soit un mouvement d'avance et de recul, et alors il est dû à l'arbre de la lanterne. C'est selon le système employé.

Dans le banc-à-broches à cône, la crémaillère commande une roue qui engrène directement avec elle; cette roue porte sur sa douille un pignon variable, dit *pignon de crémaillère*, commandant une roue variable comme elle, la *roue du rocher*, fixée à l'extrémité opposée du rocher lui-même et dont la fonction est de retenir la crémaillère. On peut changer l'un ou l'autre selon le numéro de mèche.

On rencontre des bancs-à-broches où la chaîne est supprimée, et dans lesquels la crémaillère entraîne une poulie tournant sur un petit arbre à rainures, lequel, par l'intermédiaire de courroies, fait mouvoir le cône ainsi que le chariot. On voit aussi d'autres machines où la crémaillère se trouve derrière le métier; le cône commandeur est remplacé dans ce cas par une roue ou une poulie, et la crémaillère a un tendeur qui la suit dans son recul. Enfin, on rencontre d'autres bancs où la crémaillère est supprimée et remplacée par un index qui donne le même résultat; quand alors on veut mettre le banc en rapport avec le numéro de mèche, on change la roue du rocher.

On comprend que lorsque la bobine est complètement remplie, la totalité des dents de la crémaillère a été parcourue par la roue ; par suite, il est besoin, pour la confection de nouvelles bobines, de remonter cette dernière dans toute sa longueur. A cet effet, dans les bancs-à-broches les plus récemment construits, on a menagé au dehors du métier une roue manivelle qu'il suffit de tourner dans un sens pour faire reprendre à la crémaillère une position convenable ; on évite ainsi à l'ouvrière un travail plus long, qu'elle devrait faire à l'intérieur même du métier. De même, lorsque le chariot a effectué un nombre suffisant de fois le mouvement de monte-et-baisse, la courroie du cône est arrivée à l'extrémité de sa course. Or, il se trouve au dehors une *pédale* sur laquelle il suffit d'appuyer pour soulever le cône et permettre à l'ouvrière de faire remonter plus facilement cette courroie. Comme la crémaillère guide la courroie, on conçoit que la banc-brocheuse doit simultanément presser la pédale et tourner le volant.

2° MOUVEMENT DIFFÉRENTIEL RÉGULATEUR DE FAIRBAIRN
(*Pl.* XIV).

Considérant que la courroie glissait quelquefois irrégulièrement sur le cône, M. Fairbairn, de Leeds, a supprimé cet agent. Il a inventé le banc-à-broches à *mouvement différentiel régulateur*. En principe, c'est le déplacement successif d'un *galet*, placé entre *deux plateaux* et entraîné par la rotation de ces derniers, qui détermine le ralentissement gradué du chariot, en même temps que celui de la roue différentielle, et par suite la rotation progressive des bobines. Le déplacement de ce galet s'opère méthodiquement au moyen d'une grande *came* dont nous parlerons plus loin, qui remplace la crémaillère du système à cônes.

Le mouvement est donc produit par *deux disques parallèles* R et R' (pl. XIV), montés sur axes verticaux et mobiles. Le disque inférieur R repose sur un pivot et porte un pignon conique R^2 à son extrémité supérieure ; il est ordinairement en fer plein. Le disque supérieur R' est au contraire creux dans son entier, et porte aussi à son sommet un pignon conique R^3 parallèle à celui du premier disque. L'un et l'autre de ces pignons engrènent avec une roue d'angle p^2 qui porte à l'extrémité de son axe un *pignon droit* G^3, dit *de rechange*, placé sur le côté du métier. Si nous voulons suivre le mécanisme, nous voyons que deux intermédiaires G' et G^4 font suite à ce pignon, qui est de la sorte dirigé par le pignon de commande E du métier.

Ces disques transmettent le mouvement à un *galet q*, placé entre eux, animé d'un mouvement de rotation variable et qui tend à se rapprocher de leur centre. L'axe de ce galet porte à une de ses extrémités un pignon q^1 commandeur d'une roue assez forte q^2, dont l'arbre porte à chacune de ses extrémités, d'un côté le pignon s commandeur de la roue différentielle, de l'autre, le pignon s^2 qui transmet au chariot son mouvement. Le premier fait mouvoir la roue différentielle par l'intermédiaire d'un simple pignon s'. Le second par l'intermédiaire d'un pignon s^3 de même grandeur, commande une roue très-grande S' fixée sur un arbre horizontal S^2 qui traverse tout le métier et qui porte à son extrémité le petit pignon v duquel le chariot reçoit son mouvement.

Le mouvement de déplacement se communique au galet par un levier V' placé verticalement, oscillant sur une traverse du bâtis, et qui se rattache à l'aide d'une bielle v' à l'extrémité de son axe.

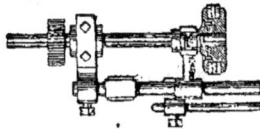

Fig. 29. — Détails du galet mobile.

Un second galet, beaucoup plus petit, est fixé au haut de ce levier, et la came V^2, qui, comme nous l'avons dit, remplace la crémaillère du banc-à-broches à cône, s'y maintient toujours en contact à l'aide d'un contre-poids p^3. *Ce galet et la came ont* donc *des mouvements* complètement *dépendants l'un de l'autre*.

BANC A BROCHES DU SYSTÈME FAIRBAIRN,

A MOUVEMENT DIFFÉRENTIEL RÉGULATEUR.

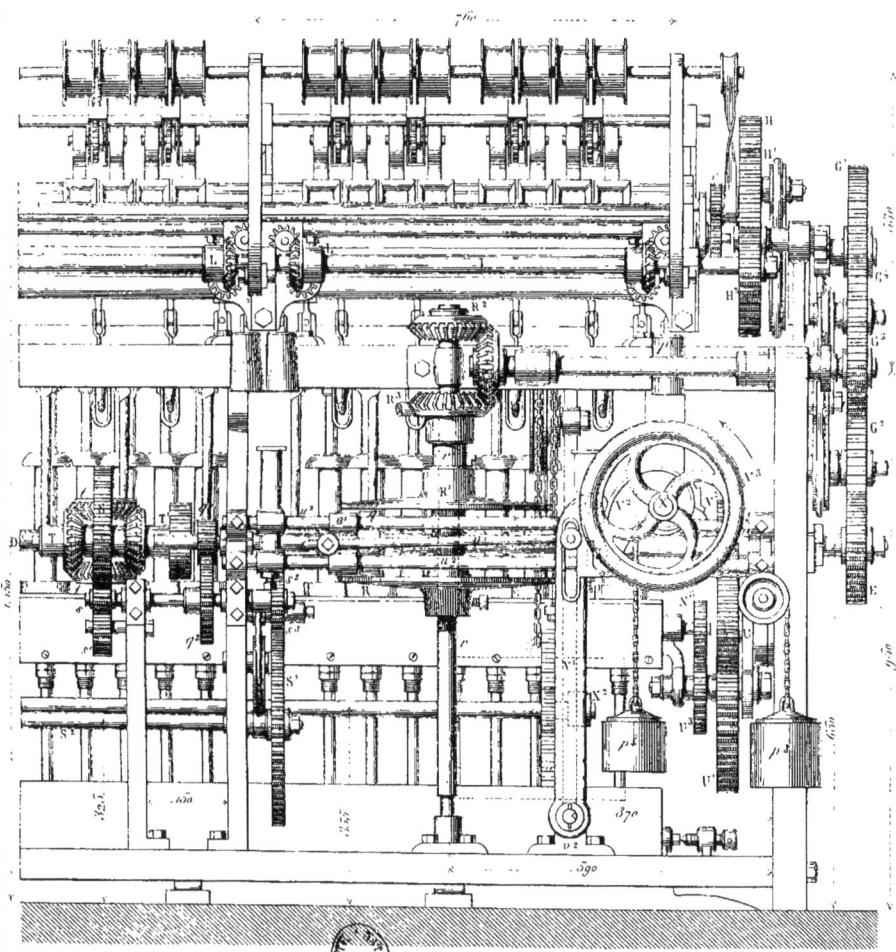

Une des parties principales du mouvement régulateur est un arbre *horizontal* X, muni d'un coté d'un *volant à main* V^3 et de la came V^2 dont la forme est celle d'une développante de cercle ; de l'autre coté, d'une roue à rocher X' (fig. 30), dite *crémaillère circulaire*, retenue comme dans le banc-à-broches Houldsworth par deux clichets x et x' au-dessus et au-dessous. A une extrémité de cet arbre, la came est constamment sollicitée par un contre-poids ; de l'autre coté, les clichets empêchent l'arbre, et par suite la came, de suivre leur mouvement. Ce n'est par conséquent que lorsque ces clichets laissent échapper une dent toute entière que l'action du contre-poids doit se faire sensiblement sentir.

Un arbre *vertical* X^2, muni de deux arrêts y et y', correspond à la roue à rocher. Entre chacun de ces arrêts, est une fourche x^2, qui peut glisser le long de cet arbre, et qui fait corps avec le chariot porte-bobines.

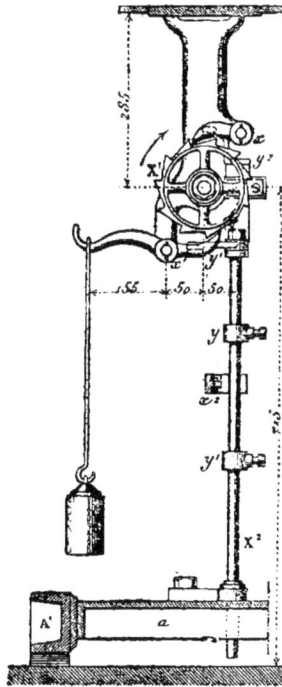

Fig. 30. — Jeu des clichets et de la crémaillère circulaire dans les bancs-à-broches du système Fairbairn.

Supposons alors que le chariot effectue son mouvement. S'il monte, la fourche x^2 rencontrera un des arrêts y, soulèvera l'arbre vertical X^2, et l'extrémité supérieure de ce dernier rencontrant l'un des clichets le forcera à se soulever : une demi-dent s'échappera. S'il descend, la fourche se heurtera à l'arrêt du dessous, l'arbre vertical redescendra, forcera l'autre clichet à se soulever, et une autre demi-dent s'échappera encore. Une dent toute entière aura donc avancé, et la came, sollicitée par son contre-poids, sera descendue d'une certaine quantité.

D'où il suit, que la came aura bougé de la valeur d'une dent, quand le chariot aura accompli son mouvement de monte-et-baisse complet, par suite après que la bobine aura reçu deux couches en plus. Et lorsque toutes les dents de la roue à rochet se seront échappées, la came sera entièrement descendue de toute l'amplitude de sa courbe.

La position du galet étant dépendante de la position de la came, le mouvement de déplacement se fait par conséquent avec régularité.

Lorsqu'on veut augmenter ou diminuer la grosseur de la mêche, la méthode que nous avons indiquée pour le banc-à-broches à cônes ne peut plus être utile. Il faut alors changer la roue à rochet X', que nous avons appelée *crémaillère circulaire*, et la remplacer par une autre de plus ou moins de dents ; plus, pour les gros numéros, et moins, pour les mêches fines (Le constructeur fournit toujours une quantité de crémaillères de rechange).

De ce que l'on change cette crémaillère, il s'ensuit que l'on modifie sensiblement l'importance de déplacement du galet de friction, et par conséquent le renvidage sur les bobines. Ces dernières, ayant une longueur constante, le pas de l'hélice tracé par la mêche sur la circonférence du fût, et le nombre de couches, devront subir de notables changements. Car, l'on comprend aisément que, pour remplir le même espace, une grosse mêche exige un nombre d'anneaux beaucoup moindre qu'une mêche fine, comme aussi un nombre de couches beaucoup plus restreint.

3° MOUVEMENT DIFFÉRENTIEL EXTENSEUR DE COMBE

(*Pl.* XV).

En remplaçant les cônes des anciens bancs-à-broches par un galet circulant entre deux plateaux de friction, pour remédier au

MOUVEMENT DIFFÉRENTIEL DE COMBE.

Fig. 1.

Fig. 2.

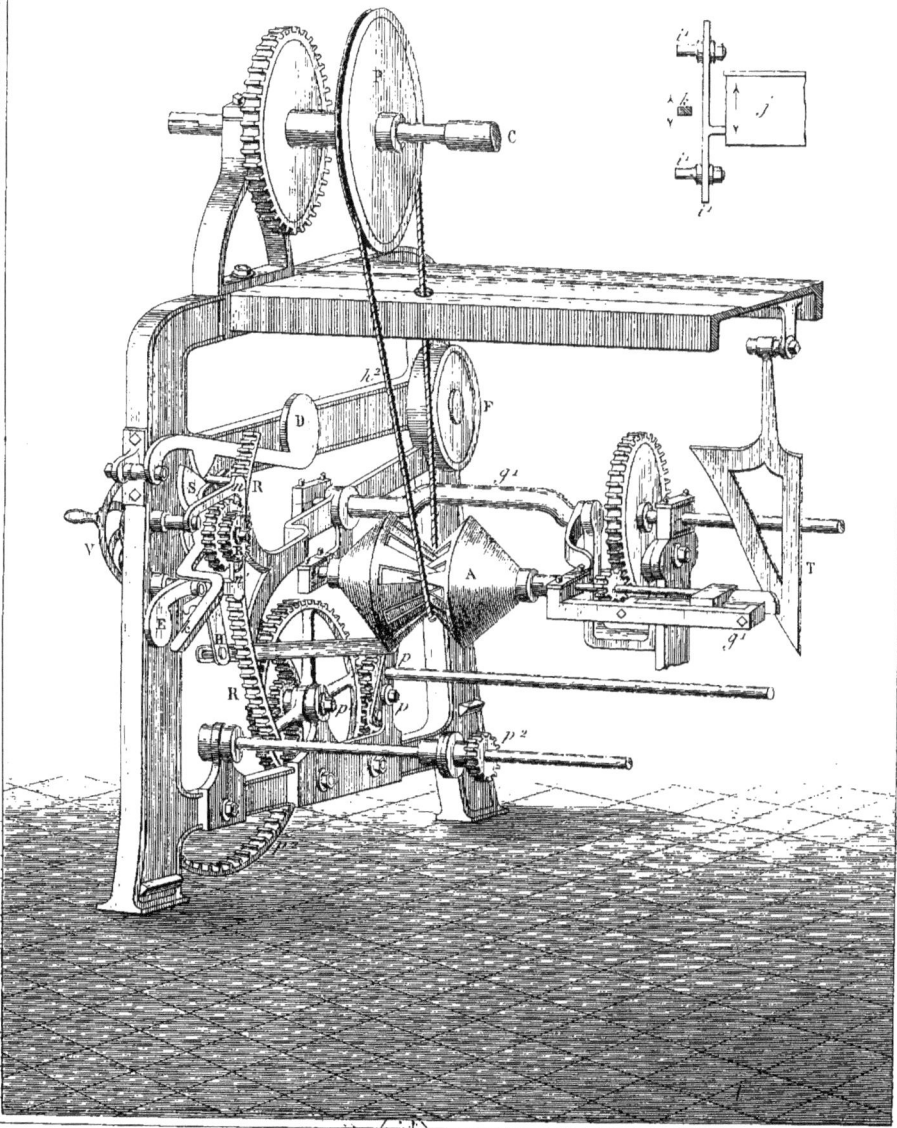

glissement inévitable de la courroie, M. Fairbairn n'avait pas considéré que son système devait nécessairement comporter ces mêmes inconvénients qu'il essayait de détruire. Il en ajoutait même deux autres : la diminution par le frottement dans le diamètre du galet et l'ennui qui résultait du changement nécessaire des crémaillères circulaires.

Par une méthode toute autre, M. Combe est parvenu à faire varier la vitesse de la roue différentielle, et à effectuer d'une manière plus simple et plus régulière les deux mouvements opposés nécessaires à l'uniformité de l'envidage, c'est-à-dire l'augmentation de la vitesse des bobines et la diminution de celle du chariot.

L'appareil de variation qu'il emploie consiste en une *poulie extenseur* augmentant graduellement de diamètre sous l'action d'une corde enroulée sur une poulie P. Celle-ci est fixe et par suite fait tourner le cylindre étireur.

Dans la planche XV, la roue à échappement R remplace la crémaillère circulaire du système Fairbairn, et est munie comme dans ce système des deux clichets n et n'. Le volant à main V sert à faire reprendre à l'expanseur sa position primitive. L'appareil de. variation est en A.

Deux chevilles i i' (fig. 2) sont ajustées au chariot porte-bobines j, lequel, dans son mouvement de monte-et-baisse les met successivement en contact avec le levier k.

D'une part, dans le mouvement de descente, par exemple, la tringle S (fig. 1) attachée à ce levier, change de position dès que le contact a lieu, après avoir traversé les points extrêmes auprès des leviers chargés D. Il en résulte que l'un des crochets n laisse échapper une demi-dent de la roue a rochet R, et lui permettant de faire un léger demi-tour, fait opérer au chariot g¹ un *mouvement d'ascension* jusqu'à la hauteur du quart de cercle chargé R, qui ferme alors l'expanseur au moyen du coin T. Ce quart de cercle avance d'une dent au fur et à mesure de l'envidage, comme la crémaillère au banc-à-cônes. D'autre part, ce changement de position compense l'augmentation de diamètre de l'expanseur dans la longueur de la corde h', et c'est alors que le levier angulaire Hp opère un mouvememt de recul, qui fait avancer les pignons p, les met en contact avec p^1, p^2, etc., pour faire ensuite opérer au chariot son mouvement de descente

Le reste du mécanisme est identique à celui du banc-à-cônes. — Il est bien entendu qu'à la fin de l'envidage on distance de nouveau les deux parties de l'expanseur en tournant le volant V, de même que dans le banc-à-cônes, on ramène la courroie sur le plus petit diamètre.

4° MOUVEMENT DIFFÉRENTIEL DE WINDSOR

MM. Windsor frères de Lille, ont remplacé la courroie de Houldsworth par un galet de friction pressé avec une certaine force sur la surface d'un cône. Celui-ci est disposé de façon que la génératrice supérieure de contact se trouve sur un plan horizontal : son axe est par suite naturellement incliné, et porte un pignon à dentures obliques qui commande la roue différentielle. — Le reste est ordonné de la même manière que dans le banc à deux cônes.

MM. Windsor ont aussi imaginé un appareil conique, analogue aux régulateurs des métiers à tisser, et formé de pignons droits superposés les uns aux autres. A chaque course du chariot, une roue se déplace d'un plus petit pignon sur un plus grand, pour arriver à la base du cône à la fin de l'envidage.

5° MOUVEMENT DIFFÉRENTIEL DE WALKER (1).

La principale modification consiste dans la circulation d'un galet de friction entre deux cônes hyperboliques, — pour le reste, mécanisme identique au banc-à-cônes. Dans cette disposition, les cônes sont fixes ; quand les bobines sont pleines, l'ouvrière, au moyen d'une tringle à manche fixée sur le devant du métier, fait cesser l'adhérence du galet et le remonte alors facilement pour un nouvel envidage.

---

(1) Ces dispositions ont été imaginées par ces constructeurs, mais MM. Walker et Windsor construisent aussi des bancs-à-cônes.

CHAPITRE XX.

Calculs relatifs au banc-à-broches.

I.

ENVIDAGE.

La vitesse de rotation de la bobine varie à chaque course du monte-et-baisse.

— La différence des vitesses angulaires de la broche et de la bobine, si elles tournent toutes deux dans le même sens, et leur somme, si elles tournent en sens inverse, doit se régler de façon que la bobine puisse recevoir dans un temps donné toute la mêche fournie par les étireurs.

Soient N le nombre de tours de la bobine par minute, et N' le nombre de tours de l'ailette.

Supposons (ce qui est exact) que les deux appareils tournent dans le même sens, et cherchons le rapport qui existe entre N et N'.

La projection horizontale de la bobine nous donne un cercle en *b*. L'ailette se projette en *a* et la mêche part de ce point pour s'enrouler sur le fût ; R est le rayon de la bobine.

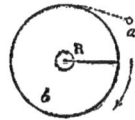

Fig. 31

Si cette dernière est immobile, et que l'ailette tourne, la quantité de mêche qui s'enroule par minute sera :

$$Q = 2 \pi R N'.$$

Mais l'ailette étant immobile, et la bobine tournant, on aurait :

$$Q' = 2 \pi R N$$

Les deux appareils tournant ensemble, la longueur de mèche qui s'enroule sur le fût sera égale à la différence Q — Q' ou q. On aura alors :

$$q = 2 \pi R (N' - N).$$

Ce qui prouve déjà que N $<$ N' (on aurait dans le cas contraire une valeur négative, et la mèche se déroulerait).

Comme avec l'augmentation successive des couches de mèche, le rayon R va en augmentant, il faut donc, si l'on veut que la qnantité q soit constante, que N soit variable et aille aussi en augmentant à chaque montée ou descente.

— Sur un banc-à-broches à deux cônes, faisant du N° 20 lin sec, l'ailette faisait 575 tours, et l'étireur fournissait par minute 27 yards. Nous avons calculé que le rayon de la bobine *vide* était de 3/4 de pouce, et devenait 1 pouce 3/4 *pleine*, après 41 montées et descentes.

La valeur de N était dans ce cas, au commencement de l'envidage :

$$N = N' - \frac{q}{2 \pi R} = 575 - \frac{27 \times 36}{2 \times 3,1415 \times 0,75}$$

$$N = 575 - 206,3 = 368,7$$

A la fin du renvidage on avait :

$$N = N' - \frac{q}{2 \pi R} = 575 - \frac{27 \times 36}{2 \times 3,1415 \times 1,75}$$

$$N = 575 - 88,4 = 486,6.$$

Or, l'augmentation ne se faisant pas tout d'un coup, mais bien en 41 fois, puisque à chaque montée ou descente la circonférence augmentait d'une couche, le problème se réduisait à poser 41 — 2 ou 39 termes arithmétiques entre 368,7 et 486,6, ce qui est très-simple.

On voit donc : 1° que la vitesse de la bobine est variable, puisqu'elle n'est pas la même au commencement qu'à la fin de l'envidage ; 2° que cette variation a lieu par saccades, puisqu'elle augmente à chaque montée et descente du chariot.

— Représentons par d le diamètre de la mêche. Si nous voulons poser d'une manière générale la formule de la loi suivant laquelle varie cette vitesse, on a toujours après X alternatives de monte et baisse :

$$q = 2 \pi (R + X d) (N' - N).$$

$$\text{Ou } N = N' - \frac{q}{2 \pi (R + X d)}$$

II.

MONTE ET BAISSE.

La vitesse du monte-et-baisse est en raison inverse du rayon de la bobine.

— (Par *rayon de la bobine*, nous entendons le rayon primitif augmenté de l'épaisseur des couches enroulées.)

Si la bobine a une hauteur de 8 pouces par exemple, la longueur L de mêche enroulée à la Xième alternative sera :

$$L = 2 \pi [R + (X - 1) d] \frac{8}{d}$$

Et s'il faut pour cette Xième alternative un temps représenté par t, la quantité q de mêche renvidée dans l'unité de temps (quantité qui doit être constante) sera alors :

$$q = \frac{2\,\pi\,[\mathrm{R}\,+\,(\mathrm{X}\,-\,1)\,d]}{d\,t}$$

D'où :

$$\frac{8}{t} = \frac{q\,d}{2\,\pi\,[\mathrm{R}\,+\,(\mathrm{X}\,-\,1)\,d]}$$

Or, comme $\dfrac{8}{t}$ est égal à la vitesse de translation du chariot, il est facile de voir que cette vitesse est en raison inverse du rayon $\mathrm{R}\,+\,(\mathrm{X}\,-\,1)\,d$.

III.

COURBE DES CONES.

La détermination de la courbe des deux cônes d'un banc-à-broches dépend de leur longueur fixée à priori et du rapport des diamètres extrêmes de la bobine.

On peut se proposer de déterminer analytiquement la nature de cette courbe, en supposant trouvée la longueur L des cônes, et en ayant calculé leurs rayons extrêmes R et R'. Nous supposons ces rayons égaux, et nous désignerons par α le diamètre de la mêche sortant des cylindres, d le diamètre de la bobine vide, d' le diamètre sur lequel se forme la dernière couche, et y', y, les rayons des cônes correspondant aux diverses couches de la bobine.

« Considérons un point M de la courbe des cônes ; nous supposerons (1) que c'est le point où se trouve la courroie, lorsqu'il

-----

(1) Nœgely.

y a m couches d'enroulées sur la bobine et que la $(m + 1)^{\text{ième}}$ est en train de se former. Soit d'' le diamètre de la bobine sur lequel elle se forme, on aura les relations :

$$\frac{R'}{R} \ : \ \frac{y'}{y} \ : : d'' : d \ (1)$$

$$y' + y = \frac{K}{2} \ (2).$$

Les avancements de la courroie du cône étant égaux pour chaque nouvelle couche qui vient s'enrouler sur la bobine, et de plus, le diamètre de cette dernière augmentant à chaque couche d'une même quantité α, on pourra poser :

$$\frac{L}{l} = \frac{d' - d}{\alpha}$$

l étant l'avancement de la courroie du cône pour chaque nouvelle couche.

Divisons les deux nombres par m.

$$\frac{L}{l\,m} = \frac{d' - d}{\alpha\,m} \ (3).$$

m étant le nombre d'avancements de la courroie à partir de sa position initiale O O'.

Quand la couche $(m + 1)^{\text{ième}}$ se forme (sur le diamètre d'' de la bobine); c'est-à-dire quand la courroie se trouve en $y\ y'$ ou au point M, $l\ m$ pourra être considéré comme l'abscisse du point M de la courbe des cônes, par rapport aux deux axes Ox et Oy.

d'' étant le diamètre de la bobine sur laquelle se forme la $(m + 1)^{\text{ième}}$ couche, on a $d'' = d + \alpha\,m$, d'où $\alpha\,m = d'' - d$, et la relation (3) pourra être remplacée par celle-ci :

$$\frac{L}{x} = \frac{d' - d}{d'' - d}$$

D'où, en posant $d' - d = h$ constante :

$$d'' = \frac{x\,h}{L} + d.$$

Substituant dans (1) pour d'' cette valeur, et pour y' sa valeur tirée de (2), on obtient l'équation suivante :

$$R h x y + (R + R')\,d\,L\,y - R\,\frac{K}{2}\,h\,x - R\,\frac{K}{2}\,d\,L = 0 \;(A).$$

Si, au lieu d'éliminer y' on élimine y, on arrive à l'équation suivante :

$$R h x y' + (R + R')\,d\,L\,y' - R'\,\frac{K}{2}\,d\,L = 0 \;(B).$$

Ces deux équations (A) et (B), du second degré en x et en y, de la forme générale :

$$B x y + D y - E x - F = 0 \quad (A')$$
$$B x y' + D y' - F' = 0 \qquad (B')$$

En posant :

$$R h = B, (R + R')\,d\,L = D,\; R\,\frac{K}{2}\,h = E, R\,\frac{K}{2}\,d L = F \text{ ou } R'\,\frac{K}{2}\,d L = F',$$

Représentent un axe d'hyperbole rapportée aux deux axes rectangulaires Ox et Oy pour l'équation (A'); aux deux axes $O'x'$, $O'y$, pour l'équation (B').

Ce qui va suivre se rapporte aux équations (A) (A') de la couche rapportée aux axes OX, OY ; les mêmes raisonnements seraient applicables aux équations (B) (B').

Afin de ramener l'équation (A') à la forme de l'équation de l'hyperbole rapportée à ses axes, il faut opérer deux changements d'axes, et l'on arrive définitivement à l'équation :

$$R\,h\,x''^2 = R h y''^2 + R'\,K\,d\,L = 0 \quad (D).$$

DÉTERMINATION DE LA COURBE DES CÔNES
AU BANC-A-BROCHES.

Imp. Camille Robbe, à Lille.

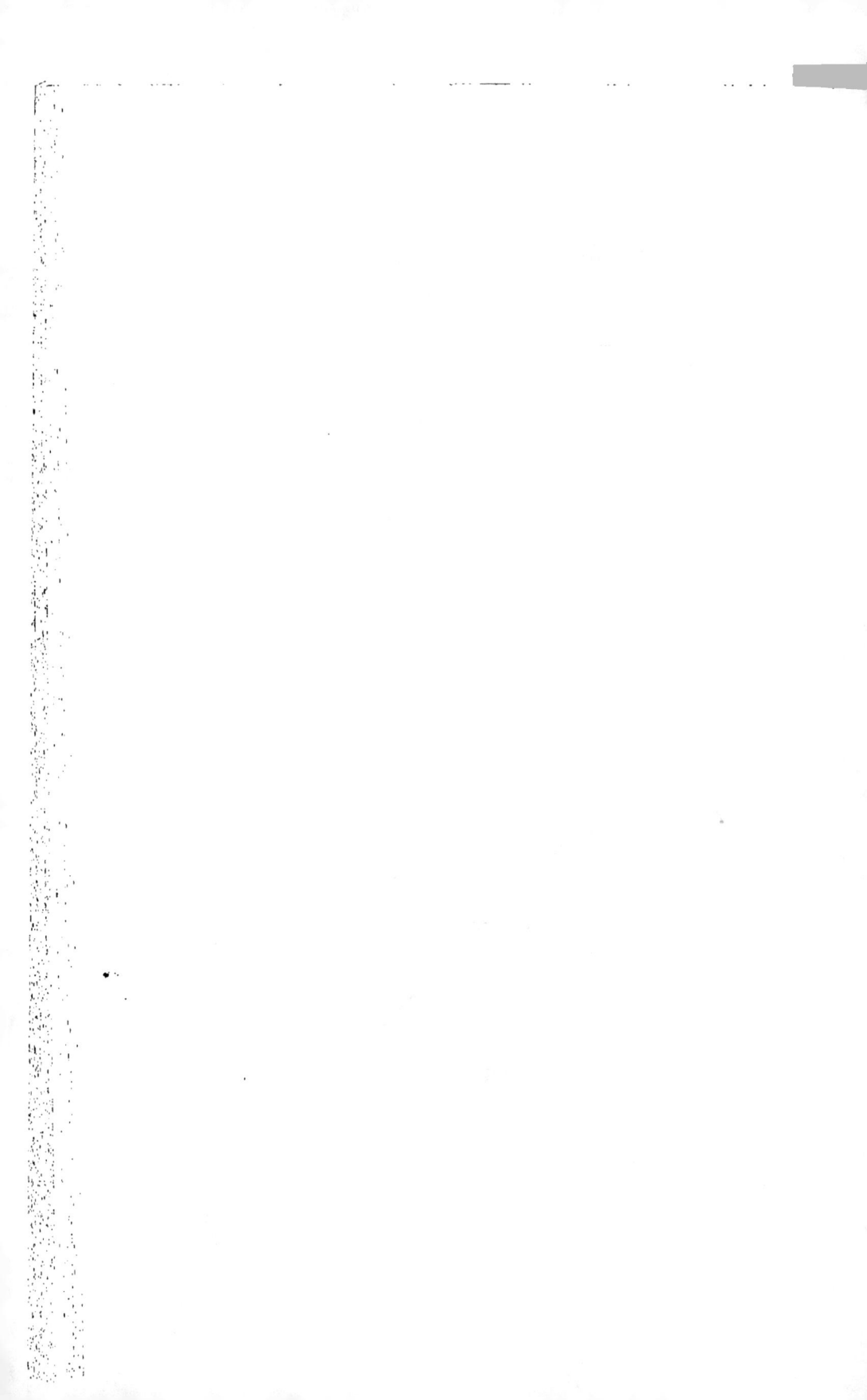

Qui représente une hyperbole rapportée a ses axes O"x", O"y" parallèles à OX', OY', et dont l'origine O" a pour coordonnées relativement à ces dernières :

$$x \text{ ou } a = \frac{- \sqrt{2}\,(D - E)}{2\,B}$$

$$y \text{ ou } b = \frac{\sqrt{2}\,(D + E)}{2\,B}$$

Les axes Ox', Oy', et par conséquent O"x", O"y" font un angle de 45 degrés avec les axes primitifs OX, OY.

De l'équation (D) on tire :

$$x''^2 - y''^2 = \frac{R'\,K\,d\,L}{R\,h} \quad \text{ou en posant} - \frac{R'\,K\,d\,L}{R\,h} = p :$$

$$x''^2 - y''^2 = p.$$

Si l'on fait $y'' = 0$, on a $x'' = \pm \sqrt{p} = \pm A$ (A, demi-axe transverse.)

Si $x'' = 0$, on a $y'' = \pm \sqrt{-p} = A \pm \sqrt{1}$ (valeur imaginaire, axe non transverse).

Si deux axes transverse et non transverse étant égaux, l'hyperbole est équilatère, et l'on voit, d'après les valeurs ci-dessus de x'' et de y'', que, suivant que les valeurs de p seront positives ou négatives, ce sera l'axe des x ou l'axe des y qui sera l'axe transverse ou focal de l'hyperbole.

Distance du centre à chacun des foyers : $\pm \sqrt{2\,A^2} = A\,\sqrt{2}$.

On possède ainsi toutes les données nécessaires pour tracer graphiquement l'hyperbole formant le profil des cônes d'un banc-àbroche quelconque ; il suffira, pour cela, de connaître les diamètres d, d', des bobines à la première et à la dernière couche, et de se donner à volonté la longueur L des cônes et l'un des rayons R ou R', en supposant, comme nous l'avons fait, que les deux cônes aient leurs rayons extrêmes égaux.

L'équation (D) étant indépendante du diamètre de la mêche et du nombre des couches renvidées sur la bobine, on voit que les changements de numéros que l'on peut être appelé à faire sur un banc-à-broches n'influent en rien sur la courbe des cônes, pourvu que d, d' et L restent les mêmes.

En second lieu, il est facile de voir qu'ayant déterminé la courbe de deux cônes en fonction d'une longueur déterminée L, et pour un certain rapport de diamètres $\dfrac{d'}{d}$, les mêmes cônes sont applicables pour tous les rapports de diamètres des bobines $\dfrac{d'_1}{d_1}$, $\dfrac{d'_2}{d_2}$, plus petits que $\dfrac{d'}{d}$, pourvu que l'on fasse varier convenablement dans chaque cas L, ou la longueur des cônes qui devra fonctionner. En effet, nous avons vu que la détermination de la courbe des deux cônes d'un banc-à-broches dépend uniquement de leur longueur fixée à *priori*, et du rapport des diamètres extrêmes de la bobine, si donc on suppose le cas d'un banc-à-broches d'un rapport de bobines $\dfrac{d'_1}{d_1}$ plus petit que $\dfrac{d}{d}$ (rapport de bobines maximum adopté par le calcul de deux cônes de longueur L). on pourra toujours supposer $d_1 = d$, et dans ce cas ne pas altérer le rapport $\dfrac{d'_1}{d_1}$, il faudra que $d'_1 < d'$. Le banc-à-broches ($\dfrac{d'_1}{d_1}$) se trouve ainsi ramené au cas du banc-à-broches ($\dfrac{d'}{d}$), pourvu qu'on considère la levée comme terminée quand les bobines auront atteint le diamètre d'_1 ;

les mêmes cônes, calculés pour le rapport de bobines $\dfrac{d'}{d}$ pourront donc être utilisés dans le cas d'un rapport de bobines quelconque plus petit que $\dfrac{d'}{d}$, pourvu qu'on fasse diminuer en même temps L, ou la distance des deux positions extrêmes de la courroie.

Cette propriété des cônes hyperboliques des bancs-à-broches peut être mise a profit dans les ateliers de construction ; il suffit, en effet, de tracer une fois pour toutes une courbe des cônes, en fixant à volonté la valeur de K, somme des diamètres correspondants des cônes supérieur et inférieur, et en adoptant un *maximum* pour la longueur L et pour le rapport $\dfrac{d'}{d}$ des diamètres extrêmes de la bobine. Un tour à support fixe, établi de manière à faire décrire au burin la courbe ainsi déterminée, pourra servir à tourner les cônes convexes et concaves de tous les bancs-à-broches d'un rapport de diamètres de bobines inférieur à $\dfrac{d'}{d}$.

Il suffira, dans chaque cas particulier, de marquer bien exactement sur chaque paire de cônes les positions initiales et finales de la courroie.

CHAPITRE XXI.

Bancs-à-bobines de Lawson

(*Sliver roving*)

Ce métier se nomme *banc-à-bobines* parce que ces dernières y fonctionnent seules et sans le secours des broches. Il est plus en usage en Angleterre qu'en France. On l'emploie généralement pour faire des numéros au-dessus de 100, car il ne donne que de mauvais résultats avec des lins médiocres.

Le seul point de ressemblance qu'il ait avec le banc-à-broches, c'est qu'il possède comme lui des gills, qui donnent le parallélisme aux filaments, et un appareil étireur fonctionnant d'après les mêmes principes; le reste diffère notablement. Ainsi, après avoir quitté l'étireur, le ruban passe d'abord dans un bac à eau froide, puis vient s'enrouler sur un tube en fonte qui reçoit à son intérieur la vapeur à 4 atmosphères. Là, il se sèche complètement; les filaments, conservant le parallélisme que leur ont donné les gills, et reliés entre eux par la matière gommo-résineuse du lin, ont tout-à-fait l'aspect d'un ruban. Ce n'est qu'après avoir quitté le tube chauffé à la vapeur que le ruban vient s'enrouler sur des bobines, qui, au lieu d'être placées verticalement comme dans le banc-à-broches, sont placées horizontalement sur un gros cylindre en fer; ces bobines ont une vitesse de 5 % en plus que l'étireur, et un fil de fer animé d'un mouvement de va-et-vient guide le ruban sur leur surface.

Le ruban ainsi obtenu ne peut se filer que sur les métiers *à eau froide*, car l'eau chaude lui ferait perdre sa consistance au point qu'il ne pourrait sans se rompre arriver jusqu'aux fournisseurs. Le fil qu'on produit avec ce ruban, n'ayant pas été tiraillé par les broches, est beaucoup plus fin et plus nerveux que tout autre, et on le préfère pour la confection des tissus de toile fine écrue.

Le banc-à-bobines exige beaucoup de petits soins. Le ruban n'ayant pas de torsion, y constitue un *déchet* aussitôt qu'il a été échauffé ou déformé. C'est là surtout la raison pour laquelle il est peu employé en France. Il a certains avantages marqués qu'on ne peut aucunement contester. Ainsi le fil produit est plus fin ; comme machine même il est assez perfectionné, car on peut enlever les bobines pleines et les remplacer par des bobines vides, sans être obligé d'arrêter la marche du métier, et on peut aussi, si un ruban vient à se rompre derrière la machine, le rattacher sans inconvénient pour la préparation.

CHAPITRE XXII.

Métier à filer au sec

MÉTIERS A FILER.

(*Spinning frames*)

Il y a plusieurs sortes de métiers à filer, qui peuvent se diviser en deux grandes classes : les métiers à filer au sec et ceux pour lesquels on emploie l'eau chaude. On pourrait faire une troisième classe des métiers à eau froide qui sont peu employés, mais il nous semble que les éléments qui les constituent ne suffisent pas pour en faire un système ; tous les métiers à filer au sec peuvent en effet très-facilement être transformés en métiers à eau froide, dont l'unique but est de rabattre les petites barbes dont se couvre le lin lorsqu'il n'est pas mouillé.

Système au sec

Ce qui distingue essentiellement le système au sec du système à l'eau chaude, c'est que dans la première methode les brins de lin sont filés dans toute leur longueur, c'est-à-dire comme ils se trouvent, tandis que dans la seconde ils sont brisés par les cylindres. L'eau chaude favorise ce brisement, en ramollissant la matière gommo-résineuse qui forme une des parties constitutives du lin.

Les métiers à sec ne filent que de gros numéros, depuis le N° 1 jusqu'à 25 et 30 au plus; tels sont les fils de cordonnier, les fils pour toiles à sac et à voile, pour toiles de tente, pour tapis de pieds, et les fils pour toiles crémées-cartons jusqu'au compte 15 environ (15 fils au quart de pouce).

Les métiers à long brin, les seuls dont nous nous occupons ici, sont souvent *à écartement mobile*, c'est-à-dire qu'ils sont disposés de telle sorte que les appareils fournisseurs et étireurs puissent se rapprocher l'un de l'autre par une coulisse latérale. Cet écartement, qui varie de 6 à 18 pouces suivant la matière employée, le genre et le numéro du fil, ne peut être réglé avec précision que par une assez longue pratique. On peut néanmoins poser en principe qu'il doit toujours être en raison inverse du numéro à produire. Il ne doit pas être trop fort, car il occasionnerait de fréquentes ruptures, mais il doit excéder la longueur des brins, de manière que ceux-ci ne soient jamais engagés à la fois entre les fournisseurs et les étireurs.

Dans ces métiers, où la matière gommeuse n'est pas ramollie par l'eau chaude, les premiers cylindres où passent les mèches doivent être très-peu cannelés et les seconds ne le sont jamais. La pression entre les premiers doit être assez faible; il arrive que sans cela la résistance des brins est tellement grande, qu'il se forme bientot un sillon dans lequel la préparation passe toute entière.

L'écartement entre les broches varie de 2 pouces 3/4 à 4 pouces.

Nous allons donner la description de ces machines, et indiquer les différences secondaires qui peuvent les distinguer.

Description du métier au sec. — Nous avons vu que la préparation, au sortir du banc-à-broches, était enroulée sur une grande bobine. Celle-ci se place au-dessus du métier dans une position oblique qui lui permet de se dérouler avec facilité et pivote librement sur une broche qui la traverse (1). Les bobines

---

(1) L'élévation du ratelier varie avec les divers constructeurs.

sont ordinairement placées sur deux rangs U et U', et leur nombre correspond à celui des broches du métier (pl. XVII).

Au-dessous du rang que ces bobines occupent se place souvent une *tringle* en fonte polie destinée à soutenir la préparation jusqu'à son arrivée aux *fournisseurs*. Ces cylindres V, généralement cannelés de 18 à 24 au pouce, attirent constamment à eux la mèche de lin qui, par le seul effet de la traction, fait tourner la bocine et se dévide à mesure. De petits poids, placés à l'extrémité du levier, exercent sur eux une légère pression.

Les *étireurs* X viennent ensuite et leur diamètre varie de 3 pouces à 3 pouces 1/2. Le cylindre étireur proprement dit est un galet en fonte emmanché à chaud sur un axe en fer ; un rouleau en bois (noyer, cycomore ou aulne), d'un assez grand diamètre, est mis en contact avec lui, et y exerce une certaine pression au moyen d'un levier ou d'un ressort. Certains constructeurs donnent une faible cannelure à l'étireur, notamment pour les métiers à grand écartement de broches, destinés à la confection des gros numéros.

Comme la construction des machines exige que ces cylindres soient placés près des broches, il y a entre eux et les fournisseurs un espace assez grand. Cet espace est occupé par une tringle T' sous laquelle passe la mèche dont la torsion est ainsi maintenue, et par une plaque mobile W en fer poli, dite *plaque de détorsion*, qui guide la préparation vers les cylindres. Celle-ci est dirigée, pour qu'elle ne s'écarte pas dans l'étirage, par des *conduits* en fer-blanc que l'on rapproche le plus des étireurs. La fonction de ces derniers, qui marchent plus vite que les fournisseurs, est d'allonger la mèche dans l'intervalle qui les sépare pour la réduire à l'épaisseur voulue.

Le fil, à peine formé par les appareils étireurs, est enroulé par la broche Y sur la bobine du métier. Entre les cylindres et la broche se trouve une platine à charnière P, dite *platine guide-fil*, munie d'œillets pour livrer passage à la mèche, et qui a un double but :

DISPOSITION GÉNÉRALE D'UN MÉTIER AU SEC.

FRONT.

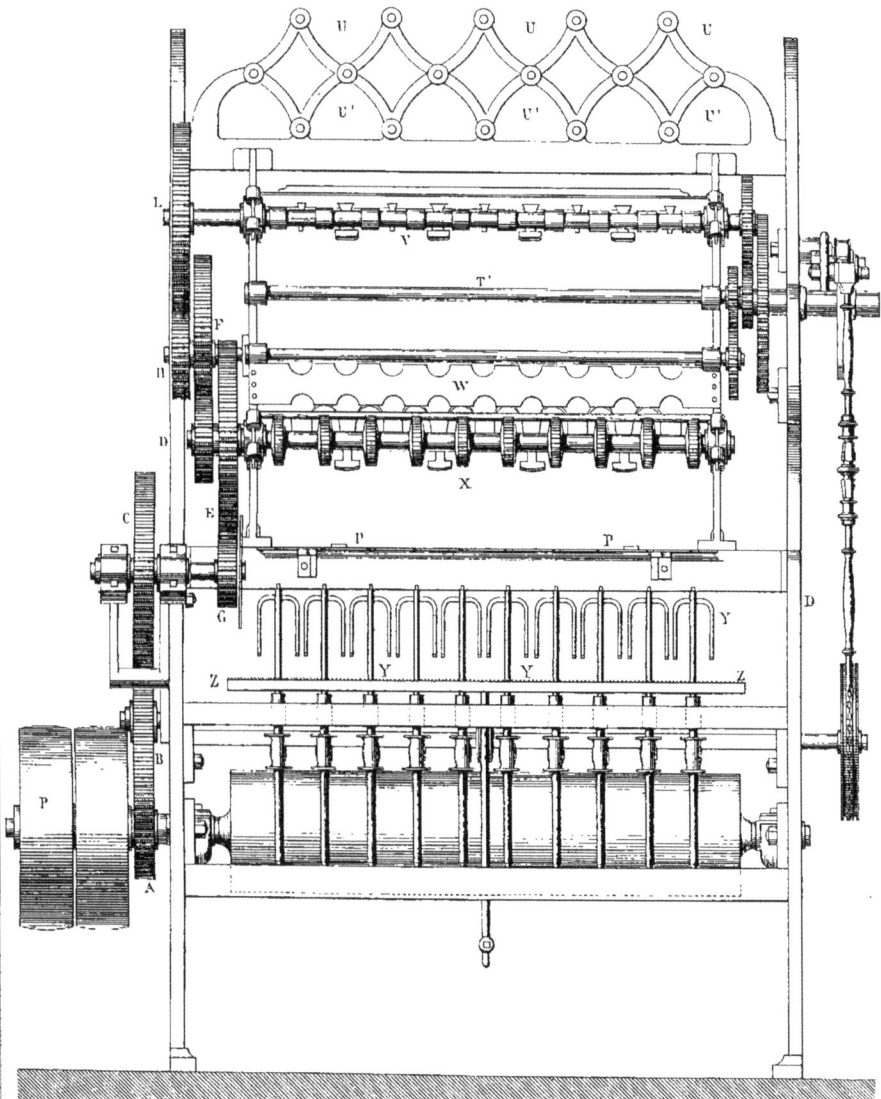

Imp. Camille Robbe, à Lille.

celui de guider le fil pour l'amener dans une position perpendiculaire aux broches, et celui de retenir quelque peu la chenevotte qui peut encore entourer les brins de lin filé au sec. Cette platine a aussi pour fonction d'exercer un certain frottement sur le fil, et par suite de l'empêcher d'être tiraillé et de sortir de l'œillet de l'ailette, ce qui arriverait sans aucun doute s'il était abandonné à l'action de la force centrifuge des broches.

Les broches Y, dont l'écartement varie de 2 pouces 3/4 à 4 pouces, ne sont pas maintenues par la tête sur le métier, et dès lors peuvent être arrêtées très-facilement, sans que la machine cesse de fonctionner. Pour la même raison, les varouleuses qui font les levées n'ont qu'à dévisser rapidement l'ailette de dessus l'axe pour enlever les bobines.

Le mouvement de la bobine est ralenti sans cesse par le frottement d'une corde de chanvre qui enveloppe la bague inférieure. La corde est fixée au moyen d'un nœud dans une entaille latérale, et, suivant une rainure pratiquée dans le pied, vient, au moyen d'un plomb qui la tend constamment, se fixer dans un des crans qui couronnent le chariot. C'est la fileuse qui veille à ce que le plomb dont nous parlons soit toujours convenablement tendu; elle s'arrête facilement au degré nécessaire, en tâtant le ruban au moment où il sort des étireurs. Pour donner de la tension au fil, elle avance le plomb vers la gauche, et pour le détendre, elle le recule vers la droite.

Dans tous les cas, elle ne doit jamais l'éloigner de telle sorte que le plomb, placé à quelques millimètres du plateau, ne fasse plus sentir son action sur la corde. Elle le place généralement à deux ou trois centimètres du centre. Lorsque les plombs ne sont pas assez lourds pour maintenir la bobine, il est préférable d'en augmenter le poids. On a parlé de mettre deux plombs au lieu d'un pour maintenir la bobine des deux côtés, mais de la manière dont le métier est construit, cette innovation serait une faute à cause de la quantité de plombs à changer aux levées : il s'agirait de trouver un système qui permettrait de les lever ensemble.

Quoiqu'il en soit, le fil doit être d'autant plus tendu que la vitesse de l'étireur est plus grande, car alors il se débite plus vite. Il doit aussi être d'autant plus tendu que la torsion est plus forte, car il se produirait dans le fil des nœuds en spirale ou vrilles. Outre cet inconvénient qui arrive aux fils trop peu tendus, ils ont encore celui de se laisser emporter par la force centrifuge et de s'accrocher soit aux broches, soit aux autres fils. Le contraire arrive pour un fil trop tendu qui alors se brise rapidement.

Transmission des mouvements. Nous allons examiner, sous ce titre, la manière dont les cylindres et les broches reçoivent leur mouvement, et comment fonctionne le plateau porte-bobines.

Sur toute la longueur du métier règne un tambour T (pl. XVIII) en fer-blanc, dont l'axe repose par ses extrémités sur le bâtis, et qui est entouré d'une série de courroies en coton, enroulées d'autre part sur la noix des broches. C'est ce tambour qui, par son mouvement de rotation plus ou moins rapide, détermine la vitesse des ailettes.

A l'une de ses extrémités, il est muni de deux poulies P, l'une fixe qui reçoit son mouvement de la poulie de transmission, et l'autre folle, qui, au moyen d'une fourchette d'embrayage, peut recevoir la courroie de commande lorsqu'on veut arrêter le métier.

On a placé devant les poulies motrices, et sur l'axe même du tambour, un pignon fixe A, qui transmet le mouvement à tous les engrenages. C'est ce qu'on appelle le *pignon de travail*.

Le reste des engrenages a reçu diverses modifications suivant les constructeurs. La plupart des métiers construits en France ont par exemple le pignon de tors fixé en bas, et du côté opposé à celui où se trouve le pignon d'étirage ; d'autres de construction anglaise, portent le pignon de tors en haut et du même côté, enfin, d'autres métiers portent du même côté le pignon de tors en bas et le pignon de laminage en haut.

La pl. XVIII représente un métier de construction anglaise de James Low, réputé pour ses métiers au sec.

MÉTIER A FILER AU SEC.

Système **J. LOW**, de Dundée.

Fig. 1.

Fig. 2.

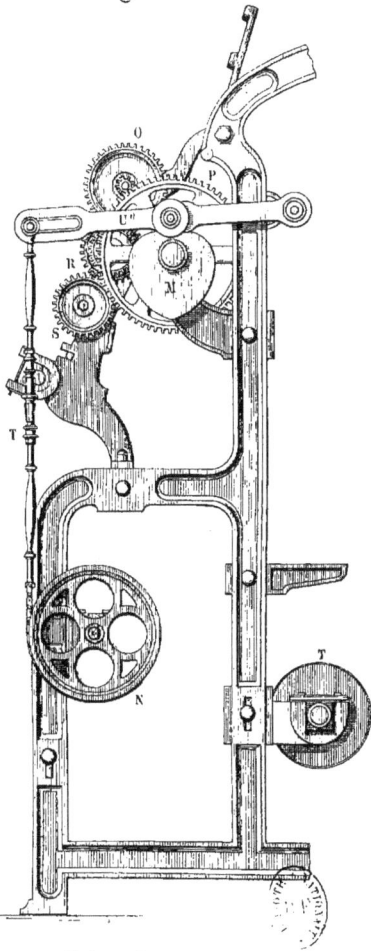

Côté de la commande
de l'excentrique.

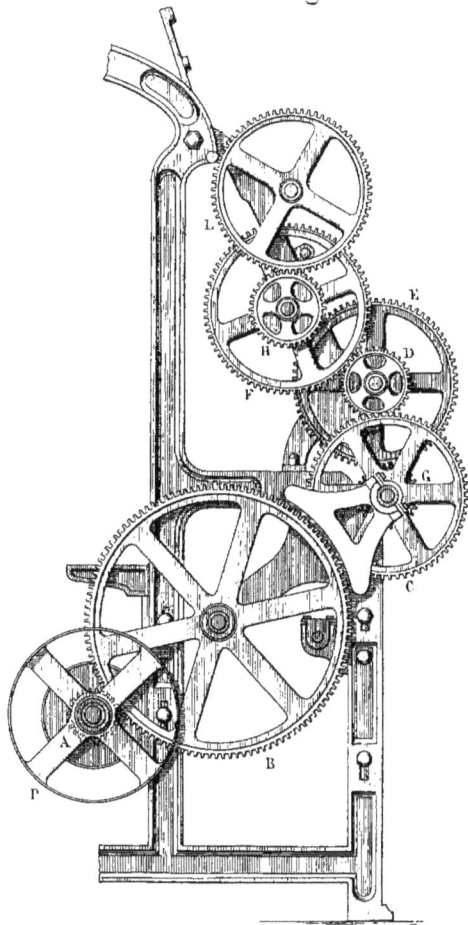

Côté des pignons d'étirage
et de torsion.

Imp. Camille Robbe, à Lille

Le pignon de travail A est suivi d'un intermédiaire B communiquant le mouvement à la *roue de torsion* C.

Le *pignon de tors* G, qui se trouve sur la douille de cette dernière, engrène avec la *roue de l'étireur* E qui, au moyen du pignon D fixé sur sa douille, fait tourner la roue F qui porte le *pignon d'étirage* H. C'est ce pignon qui fait marcher la *roue du fournisseur* L (1).

L'axe de ces cylindres, qui traverse tout le métier, porte du côté opposé un pignon S, destiné à transmettre le mouvement à l'excentrique M qui a pour fonction d'élever et d'abaisser le banc des bobines. Le mouvement est transmis à cet excentrique par l'inter-. médiaire des roues R et O. Chacune de celles-ci porte sur sa douille un pignon destiné à retarder le mouvement de la roue P, dont l'axe est celui de l'excentrique.

Celui-ci, qui doit marcher très-lentement par rapport aux autres organes mobiles de la machine, soulève à chaque tour le levier coudé U", et agit en même temps sur la roue N, reliée par une chaîne à l'extrémité inférieure de la branche verticale T. Celle-ci est munie en son milieu de deux filets en sens contraire, de sorte qu'il suffit de tourner la poignée centrale pour faire varier les points extrêmes de la course du chariot ; son extrémité supérieure peut en outre se mouvoir dans une coulisse.

Sur toute la longueur du métier règne un arbre qui sert d'axe à la roue N. Il est muni de distance en distance de petits renflements cylindriques auxquels est reliée, au moyen d'écrous à oreilles et de chainettes, une série de tringles verticales fixées au banc-à-bobines. Il résulte de cette disposition qu'à chaque ascension ou descente du levier, et par· suite à chaque tour de la roue N, les bobines montent et descendent avec une vitesse dépendante de celle de l'excentrique qui les commande.

---

(1) L'étirage peut à volonté se modifier d'après les deux pignons D et H , avantage réel sur certains métiers d'un grand nombre de constructeurs qui ne possèdent qu'un seul pignon d'étirage très-petit et se prêtant par suite à peu de combinaisons.

Nous avons sous les yeux un métier construit a Lille (Arnold et Cie) où la disposition des engrenages et la commande du chariot varient complètement (1).

Le pignon de travail communique par intermédiaire avec la roue de torsion, qui porte sur sa douille le pignon variable. Celui-ci communique directement avec la roue de l'étireur (2).

Du coté opposé, cette roue porte à l'extrémité de son axe un pignon, qui, par deux intermédiaires, donne le mouvement au pignon d'étirage (3), celui-ci porte sur sa douille une roue qui communique avec celle du fournisseur.

La commande du chariot se fait au moyen d'une *lanterne*. Sur l'axe du premier intermédiaire (après le pignon de travail) est un pignon, moteur d'une roue qui porte sur sa douille la roue de la lanterne. Celle-ci, dont l'axe traverse tout le métier, porte à son extrémité le pignon fixe qui détermine le mouvement de monte-et-baisse.

Les autres métiers à filer ne présentent, sous le rapport du mécanisme, que des différences de détail dans lesquelles nous n'entrerons pas.

MÉTIER A EAU FROIDE.

Cette machine (*système Vaizon*) ne diffère des métiers au sec ordinaires, que par la présence d'un auget rempli d'eau froide que l'on place entre les fournisseurs et les étireurs. Cette eau ne

---

(1) Le manque d'espace ne nous a pas permis de donner le dessin de ce métier.

(2) J'ai vu dans d'anciens métiers construits par Russell, le pignon de travail et la roue de torsion remplacés chacun par une poulie, et tout intermédiaire supprimé. Une courroie commandait alors directement le pignon de tors et lui communiquait un mouvement beaucoup plus doux.

(3) Ce constructeur donne à ses pignons d'étirage un très-fort diamètre, qui se prête par suite à un grand nombre de combinaisons.—Voir plus loin pour son système spécial de pression double.

décompose aucunement la matière, nous avons dit plus haut que pour cette raison, nous ne faisions pas de cette manière d'agir un système à part. On n'a d'autre but en effet par l'addition de cette eau, que de rabattre les barbes dont le fil est couvert et de le rendre plus lisse.

Les métiers à eau froide sont peu employés. Généralement, les manufacturiers qui en font usage s'arrangent de manière à ne pas faire pénétrer le fil dans le baquet. Ils ménagent à cet effet au-dessus de l'eau, une bande de drap qui, lorsqu'elle est à demi-immergée, reste constamment humide. Le fil frotte alors simplement sur le drap, se lisse d'une manière plus certaine et le but est rempli. — Le fil ainsi fabriqué n'est employé que pour les tissus qui doivent rester écrus.

M. *Gérard* et M. *Boucher* ont chacun fait breveter il y a peu de temps un métier à eau froide. Nous décrivons plus loin le premier (1).

MÉTIER A BARRETTES

Quoique ce métier ne soit plus employé, nous nous croyons obligés d'en signaler l'invention, laquelle a semblé pour quelque temps trancher une question importante de filature : à savoir, si l'anomalie qui existe entre les préparations (où l'on fait usage de barrettes) et la filature proprement dite (où on ne les emploie pas), si cette anomalie, dis-je, pouvait disparaître.

Le métier à barrettes de M. De Coster a été longtemps employé avec avantage pour le filage des numéros les plus gros, destiné aux toiles d'emballage et à la carderie commune. Il venait directement après les étirages, le banc-à-broches étant supprimé.

Comme aspect, cette machine ressemble beaucoup à l'ancien banc-à-broches à vis. Elle diffère des machines à filer ordinaires en ce qu'elle comporte une série de barrettes qui guident le fil

---

(1) Voir le paragraphe intitulé : *Addition et perfectionnements.*

entre les appareils fournisseurs et étireurs. De la sorte, la torsion s'exécutant sur une longueur très-forte, se fait avec la régularité indispensable aux bas numéros.

Ce fil est enroulé sur une bobine au fur et à mesure de l'envidage, et chacune des bobines est maintenue par une corde à plomb comme dans les autres métiers. Le chariot est régulièrement soulevé par une série de cœurs excentriques qui le soutiennent, et auxquels on communique un mouvement de rotation continu.

CHAPITRE XXIII.

Métier à filer au mouillé

C'est à Philippe de Girard que nous devons l'invention du métier à eau chaude, qui, contrairement au métier au sec, permet de filer les numéros les plus élevés. C'est cet inventeur qui, le premier, posa en principe la décomposition par l'eau chaude de la matière gommo-résineuse du lin, qui permet aux [fibrilles de se détacher en glissant les unes sur les autres sous l'action de l'étirage. Bien que les procédés mécaniques alors adoptés ne soient plus les mêmes que ceux qui sont aujourd'hui employés, toujours est-il qu'ils ont servi de base pour la construction des métiers actuels, perfectionnés successivement par Kay, Hall, Lawson, Fairbairn, etc.

On croyait auparavant que la matière textile, imprégnée d'humidité, ne pouvait être que plus ou moins altérée ; les faits sont venus rendre cette erreur impossible. Après avoir glissé les unes sur les autres, les fibrilles se soudent de nouveau ensemble et reprennent leur consistance première. Voici d'ailleurs, ce que nous lisons dans le brevet que M. de Girard prit le 23 juillet 1810 : « Les brins de lin ne sont qu'un assemblage de petites fibres collées l'une contre l'autre, se recouvrant mutuellement et dont les plus longues n'ont guère que 9 à 10 centimètres de longueur, et la plupart beaucoup moins. La substance qui unit ces fibres peut être facilement enlevée par divers agents. L'eau pure la ramollit et la dissout avec le temps, surtout si l'air se joint à son action. Les lessives alcalines chaudes, l'enlèvent presque instantanément ; il suffit même de plonger un brin de lin dans une pareille lessive pour le rendre divisible presque à l'infini. Si, après cette opération, on le tire par ses deux extrémités, on le sépare sans effort sensible en deux parties qui glissent l'une sur l'autre avant de se séparer, et qui se terminent en pointe très-éffilée. En saisissant l'extrémité d'une de ces pointes, et en tenant le reste du brin à 10 ou 12 centimètres de distance, on retire une fibre extrêmement fine, qui quelquefois peut se diviser encore de la même manière que le brin primitif. En continuant ces divisions, on obtient enfin des fibres presque imperceptibles, que l'on ne peut plus diviser qu'en les cassant, et qui opposent une résistance beaucoup plus grande qu'on ne l'avait attendu de leur ténuité. On s'aperçoit alors que l'on est arrivé aux fibres que l'on pourrait appeler *élémentaires*, et qui n'ont que quatre à dix centimètres de longueur.

La facilité avec laquelle les parties d'un même brin glissent les unes sur les autres avant de se séparer, leur extrême ténuité, et par conséquent leur multiplicité, offrent le moyen d'étirer, d'allonger presque indéfiniment un brin sans le casser, et à plus forte raison un assemblage de brins. La forme des fibres élémentaires paraît faciliter le succès de cette opération ; leurs extrémités effilées sont propres à rendre leur jonction invisible, et à être retenues dans le fil, tant par l'effet de l'entrelacement que par celui de la torsion.

Si l'on prend un fil quelconque, pourvu qu'il ait été lessivé, qu'on en détourne un bout de 10 à 12 centimètres, et qu'on essaie de le casser, il n'oppose qu'une très-petite résistance, et si on le mouille en répétant l'expérience, la résistance devient absolument nulle, ce qui prouve que celle que l'on éprouvait d'abord n'était qu'un frottement des fibres entrelacées et tortillées ; l'humidité, en les ramolissant, les redresse et fait cesser cette résistance. Telle est la base sur laquelle repose le nouveau procédé. »

On obtient par ce mode de filage des produits plus beaux en même temps que plus fins ; les lins longs donnent sur ces métiers

du N° 6 à 80, les lins coupés donnent jusqu'au N° 300 et au-
dessus. Mais il est vrai de dire aussi que des produits, même
médiocres, peuvent fournir des numéros beaucoup plus élevés
qu'au sec, ainsi, par exemple, on obtiendrait sans peine au mouillé
le N° 40 avec des lins destinés à la fabrication du N° 25 sec, et
des matières destinées à faire du N° 25 à l'eau chaude donneraient
difficilement au sec du N° 18.

Il suit de là que les produits obtenus au sec demandant l'emploi
de matières plus solides, ont par conséquent une plus longue
durée. Dès lors, le consommateur qui fait usage de toiles de lin
sec est toujours certain de les voir moins vite usées que les toiles
plus fines fabriquées avec du fil mouillé. Le fabricant de tissus de
lin sec y trouve aussi un grand avantage, car en tissant une toile
de lin sec avec le même numéro et la même longueur de fil qu'une
toile de lin mouillé, il gagne environ 8 % de métrage en sus.

Mais le filage au sec demande plus d'expérience et plus de soins
que le mouillé. En outre, chacun des métiers au sec vaut environ
12 fr. de plus à la broche. C'est ce qui fait que la filature au
mouillé domine.

APPAREIL VERDURE.

Quelques filateurs soumettent les mêches en bobines, au sortir
du banc-à-broches, à une opération spéciale dont le but est de
préparer le lin au travail des métiers à eau chaude. Ils suppléent
ainsi, surtout pour les lins durs, a l'insuffisance d'un premier
rouissage.

L'appareil dont ils se servent est une grande cuve cylindrique
en forte tôle pouvant au moins résister à cinq ou six atmosphères.
Des ouvertures y sont ménagées au-dessus et sur les côtés pour y
introduire à volonté, soit de l'eau chaude ou froide, soit de la
vapeur ou de l'air.

A l'intérieur se trouve le *porte-bobines*, long plateau mobile sur un axe vertical. De distance en distance, on a disposé des baguettes sur la platine pour le passage des bobines pleines.

On introduit celles-ci par le *trou d'homme*, placé à la partie supérieure, de 0^m34 de grand diamètre sur 0^m28 de petit. Un joint en caoutchouc, comprimé par deux vis, permet à volonté de fermer hermétiquement cette ouverture.

— Pour se servir de l'appareil, on dispose d'abord les bobines sur le plateau, puis on ferme le trou d'homme. On ouvre alors simultanément le *robinet d'introduction de vapeur* et *le robinet d'air*. Bientot cette vapeur reste seule dans la cuve, après avoir chassé l'air contenu entre les parois des mêches, ainsi que celui qui renplissait l'appareil. Le robinet à air est alors fermé pendant cinq à dix minutes.

Au bout de ce temps, on fait arriver, soit de l'eau froide qui condense immédiatement la vapeur, soit de l'eau tiède ou bouillante : cette eau est souvent celle qui provient d'une opération antérieure. Dans ce dernier cas, on ouvre auparavant le robinet à air ; car la vapeur, qui s'accumulerait dans le haut de l'appareil, y formeratt pression et empêcherait l'entrée de l'eau ; ou bien, l'air dissous dans le liquide, se développerait dans le vide et produirait un effet similaire.

(Quelques filateurs, pour dissoudre plus complètement la gomme du lin, chauffent l'eau à la température d'ébullition).

Ces opérations terminées, on laisse tout écouler par le *déversoir* (robinet inférieur de côté) qu'on ouvre en même temps que le trou d'homme. Puis on sort les bobines par cette dernière ouverture, et on les porte sur le métier à filer.

Lorsqu'on se sert de cet appareil pour les lins très-durs, il est bon de toujours employer l'eau très-chaude ou la vapeur, mais la première principalement, la vapeur ayant l'inconvénient de distiller la gomme. On ajoute alors quelquefois soit de la soude, soit du savon de soude ou de potasse.

Certains industriels remplacent ce traitement par une longue trempe à l'eau froide.

En somme, les filateurs qui se servent de l'appareil Verdure, concluent :

1° Que les fils obtenus sont plus denses ;

2° Que le traitement donne d'excellents résultats pour les lins durs ou gras, et les étoupes longues ;

3° Qu'il ne convient aucunement, ni pour les lins rouis sur terre, ni pour les étoupes grossières.

Ces faits s'expliquent aisément :

Car, si le fil obtenu est plus dense, c'est qu'il contient moins de matière gommeuse, que par suite pour la même longueur et le même titre il faut employer plus de filaments qu'à l'ordinaire.

Si l'on s'en trouve bien pour les lins durs ou gras, c'est que l'action que l'eau chaude ou la vapeur exercent dans leur ensemble les débarrasse d'une partie de leur matière gommo-résineuse ou de leur graisse trop abondantes.

Enfin, si ce traitement a des conséquences désavantageuses pour les lins rouis sur terre, c'est que la matière déjà énervée par une méthode de rouissage assez désavantageuse, ne peut être impunément soumise à un nouveau travail de ce genre.

DU MÉTIER AU MOUILLÉ. — DESCRIPTION

Ce qui distingue principalement ces métiers des machines au sec, c'est la présence d'un auget placé en dessous des bobines et qui règne sur toute la longueur du métier. Cet auget est surmonté de tuyaux alimentaires munis de robinets, et par lesquels on fait arriver, d'abord l'eau d'alimentation, puis ensuite la vapeur nécessaire pour amener le liquide à la température voulue.

Cette température varie suivant la qualité du lin que l'on file et ne se règle convenablement que par la pratique. On peut dire

41

cependant d'une manière générale que la température de 30 dégrés environ est celle des lins de Caux et de la plupart des lins de Russie; 60 à 70 degrés celle des lins jaunes de haute qualité, 80 à 90 degrés celle des lins plus forts et plus gros.

On a soin de couvrir complètement les augets de planches mobiles, pour éviter l'évaporation de l'eau chaude, qui dans les moments de grand froid produit un brouillard factice. La mèche sort alors par une petite ouverture pratiquée à cet effet. En outre, comme le tournoiement rapide des broches ne cesse de faire jaillir l'eau des augets, on ménage exprès une planche inclinée qui conduit alors cette eau dans une rigole : il n'en est pas moins vrai que, malgré ces précautions, et même dans les établissements les mieux dirigés, la salle où se trouvent les métiers est toujours à demi-inondée.

Il y a plusieurs méthodes pour forcer la préparation à passer dans les augets. Ainsi, on la fait glisser sous de petites tringles en cuivre attachées dans le fond et qui règnent sur toute la longueur. De cette manière, à mesure que la préparation se dévide sur la bobine par l'effet de la traction qu'elle éprouve, au lieu d'aller directement aux fournisseurs qui l'attirent, elle entre dans le bac à eau chaude, s'y enfonce et le traverse dans toute sa longueur. D'autres fois, ces tringles sont remplacées par le tuyau de vapeur placé à l'un des angles de l'auget, et par une barre de métal située dans l'autre angle (*Voir page* 330).

Les bobines du métier à eau chaude, au lieu de se trouver dans une position oblique comme dans le métier à sec, sont au contraire tout-à-fait verticales, ce qui nécessite l'emploi des guides en fonte pour amener le fil perpendiculaire dans les augets. Il y a deux rangées de bobines verticales placées l'une au-dessus de l'autre ; les bobines inférieures reposent sur une planche qui couvre une partie des bacs, les bobines supérieures sont maintenues par des planchettes placées au-dessus des brochettes du second rang.

Les fournisseurs sont toujours en cuivre et cannelés, les étireurs sont en cuivre et les rouleaux de pression qu'ils entrainent dans leur mouvement, en gutta-percha, en caoutchouc durci ou en buis. La cannelure varie de 18 à 40 par pouce, selon le numéro à filer, et s'altère rapidement (c'est ce qui oblige la plupart des filatures au mouillé à avoir une machine à canneler). Nous verrons plus loin que les diamètres changent aussi avec le numéro, et que les broches diminuent de grandeur à mesure que le fil est plus fin.

Le reste du métier au mouillé ressemble complètement à un métier à sec.

On divise les métiers au mouillé en quatre catégories.

La première file depuis les numéros les plus bas jusqu'à 20 ; elle a pour diamètre de l'étireur 2 3/4 à 3 pouces, pour cannelure de ce cylindre 18 dents par pouce, pour écartement des broches, 3 pouces à 3 pouces 1/2, comme hauteur du fût des bobines, 3 1/2 à 4 pouces.

Pour la deuxième, le diamètre de l'étireur est de 2 1/2 pouces. Cannelures, 24 au pouce. Ecartement des broches, 2 pouces 1/2 à 2 pouces 3/4. Hauteur des bobines 2 pouces 1/2 à 3 pouces.

La troisième a comme diamètre de l'étireur 2 pouces. Cannelures, 28 au pouce. Ecartement des broches, 2 pouces 1/4. Hauteur des bobines, 2 pouces à 2 pouces 1/2.

Le quatrième a pour diamètre de l'étireur 1 1/2 à 2 pouces. Cannelures, 32 au pouce, quelquefois 40. Ecartement des broches, 2 pouces. Hauteur des bobines, 1 1/2 à 2 pouces.

On file dans la deuxième catégorie du N° 20 au N° 50 ; dans la troisième, de 50 à 80 ; dans la quatrième, de 80 à 300 et au-dessus.

La vitesse de rotation des broches est en rapport avec le métier (1) et varie de 2000 à 3800 tours. (Cette dernière vitesse pour les numéros très-fins.)

---

(1) La vitesse des broches se calcule en multipliant la vitesse du tambour qui est celle de la poulie de commande par son diamètre et en divisant par le diamètre de la noix de broches.

Ainsi, un tambour de métier à filer fait 400 tours par minute, son diamètre est de

Remarques. — Les cylindres fournisseurs et étireurs sont beaucoup plus rapprochés que dans le métier au sec, et leur écartement est beaucoup plus facile à régler. Ceci tient à ce qu'on ne doit plus ici tenir compte de la longueur réelle du lin, dont les fibrilles, décomposées par l'eau, reviennent à une étendue égale à cet écartement.

Ce n'est pas à dire cependant que les cylindres doivent rester constamment à la même distance, il faut avoir égard à la matière que l'on emploie. D'une manière générale, on peut dire que les lins qui sont durs et fort chargés de matière gommeuse, demandent de plus grands écartements que les lins tendres et fins. C'est là le résultat qu'a donné l'expérience sans qu'on ait bien pu se rendre compte de la raison de principe.

Néanmoins, dans la plupart des manufactures, on conserve toujours une même distance entre les cylindres, parce que souvent les mêmes lins se filent sur les mêmes métiers.

Certains veulent simplement faire varier la pression au lieu de l'écartement, et dans ce cas l'augmentent outre mesure. C'est là une grave erreur. D'abord, il arrive qu'au bout d'un certain temps les étireurs cèdent à la pression continuelle qu'exerce la matière sur le cuivre, et que la mèche passe entièrement dans le sillon qui s'est creusé. Mais, même en supposant que le métal soit assez dur pour écarter l'inconvénient du sillage, il arrive que les cannelures des cylindres s'impriment avec une telle force sur les fils, que la torsion la plus forte ne peut les effacer, de manière que sur un grand nombre de points ils restent aplatis et comme broyés.

---

25 centimètres, il commande au moyen de rubans de coton les noix des broches dont le diamètre est de 3 centimètres. la vitesse des broches sera :

$$\frac{400 \times 0,250}{0,030} = 3335 \text{ tours.}$$

soit 3,470 tours, en ajoutant 4 pour 100 pour le glissement. Il existe de petits appareils (compteurs de tours) qui permettent de donner ce chiffre à la minute ; la marche de l'un d'eux est décrite et expliquée à la fin de ce volume.

Comme on le voit, le réglement de la torsion, la direction des écartements sont des points importants et sur lesquels doit s'arrêter l'attention du directeur de filature mouillée.

. Il nous reste à dire quelles sont les remarques qui font reconnaitre du premier coup le vice des écartements. Ainsi lorsque les cylindres sont trop peu éloignés, le fil se brise rapidement ; ou bien encore le fil au lieu de passer lentement entre les fournisseurs, qui le conduisent aux étireurs, glisse rapidement entre les premiers rouleaux et y forme des espèces de bouillons produits par la traction des brins. Souvent cet inconvénient vient de ce que l'eau n'a pas été suffisamment chauffée, il faut alors élever la température des augets. Mais, si les bouillons continuent à se produire, il n'y a d'autre remède que d'augmenter les écartements.

ADDITIONS ET PERFECTIONNEMENTS DE DÉTAIL.

Signalons d'abord un changement à la *commande des broches*, dû à MM. *Huret et Debruyn*. Dans l'état actuel, par suite de la tension inégale des courroies sur le tambour, il peut résulter une certaine irrégularité dans la vitesse des broches d'un même métier. En donnant le mouvement par engrenages coniques, on arrivait d'une part à plus de régularité, mais on se heurtait d'autre part à deux inconvénients, l'impossibilité d'arrêter l'aillette dans sa rotation, le bruit, l'usure rapide et la rupture des dents. MM. Huret et Debruyn, ont remplacé les anciennes commandes par deux cônes en matière solide et insonore, qui permettent, selon eux, d'arriver aux vitesses les plus grandes sans bruit et sans glissements. Au lieu de reposer dans une crapaudine, la broche est soutenue à la partie inférieure par deux collets. L'ouvrière qui doit rattacher un fil doit, pour faire cesser le contact des deux cônes et par suite arrêter l'aillette, appuyer sur une tringle verticale coudée, par le bas en forme d'équerre, avec laquelle elle soulève facilement la broche.

Cette idée de communication de mouvement au moyen de poulies coniques de friction a été reprise par la *Société linière Gantoise*. Mais ici l'un des cônes peut glisser librement du haut en bas de la broche, au lieu de faire corps avec elle. Une vis s'engage dans une rainure ménagée dans la broche et l'entraîne dans le mouvement de rotation. Les broches sont posées et tournent sur des consoles-crapaudines, qui sont fixées au moyen d'un écrou à une traverse. Le mouvement se transmet à l'axe porteur des poulies de friction au moyen d'engrenages, ou bien au moyen d'une courroie travaillant directement sur cet axe et sur l'axe de la poulie de commande. La surface des poulies des broches est garnie d'une rondelle de cuir ou de gutta-percha.

Ajoutons que malgré toutes les préventions contre la commande par engrenages, M. *E. Nouflard* en a tenté l'application. Son invention consiste en une boîte cylindrique en fonte sur laquelle est ajusté le pignon de la broche. Cette boîte renferme un frein composé de deux ressorts qui pressent sur deux demi-colliers en bronze embrassant la broche presque complètement. Cette étreinte est suffisante pour que, dans la marche normale, la broche soit solidaire du pignon et se trouve entraînée avec lui. Mais il suffit de saisir la broche pour que, par l'effet des ressorts, le pignon tourne seul. Les surfaces frottantes sont en bronze et fer ou fonte malléable, il est donc facile de les lubréfier pour éviter l'usure.

La commande des broches par une seule courroie, circulant en serpentin autour des noix a été essayée, et abandonnée aussitôt. La rupture de la courroie ocasionnait l'arrêt du métier.

La lubrification des broches a fait aussi l'objet de quelques recherches. La partie interne des collets étant ordinairement lisse, l'huile employée au graissage descend peu à peu en vertu de son poids et disparaît assez rapidement. Il en résulte la nécessité de graisser souvent sans obtenir néanmoins un rendement uniforme.

M. *Dubreuil* a eu l'idée d'établir des collets rayés; le collet porte intérieurement un pas de vis à filet carré, tracé de telle sorte que cette hélice aille en s'élevant dans le sens du mouvement des broches. L'huile, au lieu de descendre vers la crapaudine, a par ce moyen une tendance à monter suivant les spires des collets. Certains filateurs, prétendent que si ce système permet de ne renouveler le graissage qu'à de longs intervalles, le pas de vis sujet à s'encrasser trop facilement, en rend l'emploi peu pratique; toutefois, cet inconvénient nous semble alors provenir de l'huile employée plutôt que de l'invention proprement dite.

M. *Combe* arrive à un résultat assez satisfaisant, en donnant des dimensions plus fortes à la crapaudine, qu'il remplit entièrement d'huile et qu'il recouvre d'un couvercle mobile en bronze.

D'un autre côté, M. *Eaton* propose de saturer une matière fibreuse du liquide lubrifiant, il affirme, avec raison qu'on peut de cette manière en prévenir toute perte inutile. Mais alors il faudrait voir si la matière spongieuse, s'encrassant au bout de quelques jours, ne devrait pas être trop souvent remplacée ; on perdrait alors à chaque changement toute l'huile dont elle serait imbibée.

Dans le même ordre de choses, M. *Staar*, pense diminuer les frais de graissage tout en adoucissant les frottements en garnissant l'intérieur des crapaudines ordinaires avec une pierre grasse connue sous le nom de talc écailleux, talc de Briançon, stéatite, etc. La cohésion que cette substance acquiert sous l'action d'une chaleur modérée en permet facilement le travail, soit au tour, soit par le moulage ; soumis à la température du rouge blanc, les objets confectionnés avec cette matière deviennent d'une dureté comparable à celle du quartz. Vu la nature de la pierre qui offre une surface toujours nette et polie, l'usure des broches et de leurs supports serait alors à peu près nulle.

Enfin, M. *Booth* n'indique pas moins de quarante dispositions de crapaudines combinées de manière à former au pied de la broche un réservoir d'huile suffisant pour éviter la répétition de trop fréquents graissages, empêcher la projection du liquide lubrifiant et le soustraire à la poussière de l'atelier. Nous ne fatiguerons pas le lecteur de la description de ces appareils. Les crapaudines sont, les unes, d'une seule pièce, les autres formées de deux parties, cuvette et couvercle, ce dernier s'adaptant à des crapaudines déjà en service.

— Le mode d'élévation des cordes à plomb des bobines, pour les enlever plus vite, au moyen d'une traverse horizontale et d'une manivelle, fonctionne déjà dans quelques filatures et nous n'en parlerons pas. On en obtient de bons résultats.

M. *Bernhardt* a encore perfectionné ce système par l'invention d'un mécanisme spécial, mis en mouvement au moyen de manivelles, et qui permet à l'ouvrière d'enlever simultanément toutes les bobines pleines *d'une levée* et de leur substituer automatiquement un ensemble de bobines vides.

— M. *Martin* a ajouté aux métiers à filer, en général, un petit mécanisme doux qui a pour but la régularisation du filage en agissant séparément sur le fil de chacune des broches. Cet appareil consiste en une petite balance renversée, à bras inégaux, dont la place est entre le rouleau de préparation et la broche. Le bras le plus long est toujours au contact de la mèche, et il advient que si celle-ci devient plus grosse que d'ordinaire, la résistance qui en résulte fait basculer le bras supérieur. Celui-ci applique alors contre la préparation une touche en métal rugueux qui, arrêtant pour un instant la torsion à l'endroit défectueux, permet un supplément d'étirage qui atténue les *floches* ou grosseurs d'autre genre.

— Les broches elles-mêmes ont été l'objet de quelques modifications. Les principaux inconvénients qu'on leur reproche sont : de casser au moindre choc à l'extrémité amincie de leurs tiges, lorsqu'elles sont trempées ; de tacher le fil par la rouille qui s'amasse aux extrémités du volant dans la filature au mouillé ; de s'user facilement à leurs courbures et de se couper assez rapidement ; d'érailler souvent les filaments à la partie interne du guide-fil, etc.

La principale invention qui nous paraît remédier avantageusement à ces difficultés est celle de M. *Huart* : l'ailette, au lieu d'être terminée en spirale, porte à son extrémité une fourche dont les deux branches séparées par un trait de scie forment crochet élastique. Cette fourche retient un petit guide-fil en porcelaine émaillée que l'ouvrière elle-même peut enlever et remplacer en quelques secondes.

— Nous passons sous silence les autres inventions de détail destinées, soit à centrer exactement l'ailette, soit à la guider dans son parcours, et nous arrivons aux divers systèmes de *casse-mêche*, dont le but est de prévenir le déchet qui résulte de la livraison de la mêche, lorsqu'un fil vient à casser entre les cylindres étireurs et la bobine, et que l'ouvrière ne rattache pas la préparation aussitôt la rupture. Ceci arrive dans tous les genres de métiers à filer soit que l'ouvrière ne le voie pas, soit que plusieurs fils se rompent à la fois.

MM. *Parent-Montfort*, *Page-Drino* et *Cimetère* ont inventé un appareil dans ce but. Le fil, passé dans le crochet d'une tige verticale tient celle-ci en équilibre ; dès qu'il se brise, le crochet abandonné à lui-même, s'écarte brusquement et fait avancer l'extrémité supérieure de la tringle ; celle-ci, coudée en avant et munie d'un bouchon, vient s'appliquer exactement dans la coulisse où s'engage la préparation. Il résulte de cette disposition que la mêche pressée dans son parcours, se rompt aussitôt, et cesse d'être livrée en pure perte. Il y aurait, d'après les brevetés, économie de 5/6 sur le déchet. MM. *Coppey*, *Boutemy*, etc., ont inventé des appareils de même genre.

— D'autre part, certains filateurs adoptent pour les métiers au mouillé une disposition spéciale, due à M. *Boucher*, et qui consiste à plonger entièrement les bobines dans l'eau du baquet, où elles sont retenues à leur base. Cette méthode a le grand inconvénient de barrer le fil, et par suite de le rendre invendable, mais elle peut être employée avec succès pour les fils destinés au

42

crémage. Dans quelques manufactures, on emploie cette disposition pour le filage à l'eau froide.

M. Boucher est encore l'inventeur d'un système de détrempe mécanique pour les métiers au mouillé. Il place, à l'intérieur du bac à eau chaude, un système de mouffles de petite dimension, qui ont pour but d'imbiber plus complètement la préparation. Ces mouffles déterminent un long circuit dans l'espace restreint de l'auge, et multiplient, ainsi, la durée de l'immersion pour chaque partie de la mèche. Les petites poulies, dont la réunion forme la mouffle, tournent librement sur leur axe, afin de ne pas exagérer les frottements.

— Le système actuel de pression des métiers au mouillé a été l'objet de quelques modifications, dues à MM. *Steverlynck-Delecroix et fils*. Dans le système ordinaire, les deux cylindres étireurs et fournisseurs sont reliés entre eux par le bon-dieu à grandes branches et la pression leur est communiquée au moyen d'un écrou, auquel fait suite une romaine. Les inconvénients que l'on trouve dans cette disposition sont nombreux. Tout d'abord, l'organisation de la pression est laissée au libre arbitre de l'ouvrière, qui, à chaque instant, tourne et retourne l'écrou sous prétexte de la régler. En second lieu, il arrive souvent que, si l'on donne un tour de trop à cet écrou, on relève la romaine à l'arrière; celle-ci vient alors presser contre le bois des baquets à eau chaude, et il s'ensuit que les rouleaux se brisent rapidement par suite du tiraillement auquel ils sont soumis. Cette disposition constitue, en définitif, un frein plutôt qu'une pression réelle.

MM. Steverlynck-Delecroix ont breveté un système qui supprime tous ces inconvénients. Ils ont d'abord raccourci beaucoup les branches de bons-dieux et supprimé les supports simples, ce qui permet de rattacher les fils cassés avec plus de promptitude et de facilité; ils ont ensuite fait disparaître la solidarité qui existe entre les supports. D'après l'organisation de leur mode de pression, il suffit au moyen d'une clef spéciale de soulever le bon-dieu pour enlever la paire de rouleaux du dessous, tandis qu'il faut dans le système actuel dévisser lentement l'argot réglementaire. L'ouvrière a en outre beaucoup plus de facilité pour nettoyer les rouleaux.

Les métiers de construction *Arnold* portent des rouleaux à double pression; dans le cas d'une poussée anormale sur l'un ou l'autre rouleau, les romaines s'équilibrant réciproquement, la force de l'une diminue lorsque celle de l'autre est trop forte.

— Nous ne parlerons pas ici des pressions du système *Gordon* sur les métiers de construction Combe, dont nous entretenons plus loin nos lecteurs. Nous arrivons de suite à la description des modifications totales apportées aux métiers à filer proprement dits.

— MM. *Bazin*, *Ruiz* et *Le Pelletier* ont fait breveter un métier dans lequel l'adjonction d'un pot tournant contenant le ruban a pour but de supprimer le banc-à-broches. Le ruban produit par les étirages et enroulé en spires serrées, est placé directement derrière le métier. La rotation imprimée au pot qui contient ce ruban, produit une mèche comparable à celle des bancs-à-broches; la préparation se trouve ensuite étirée et filée comme d'ordinaire.

—M. *Gérard* a pris en 1869 un brevet pour métier à eau froide, destiné, non pas comme celui dont nous avons déjà parlé, à former transition entre le sec et le mouillé, mais devant complètement remplacer le métier à eau chaude sur lequel il aurait une notable économie. Le changement principal consiste dans l'addition au-dessus des cylindres d'étirage et parallèlement à ceux-ci d'un tuyau percé de petits trous pour laisser tomber de minces filets d'eau froide sur la mèche.

— M. *Bazin* a fait breveter un métier qui est la contre-partie du filage actuel. La bobine est supprimée et le filage s'opère directement sur des tambours de grand diamètre. L'énoncé du principe de M. Bazin est conçu en ces termes : « La matière tourne comme l'ailette, c'est le tambour d'enroulement qui ne tourne pas. C'est-à-dire que le ruban tourne de même sens et de vitesse égale à l'ailette, et le fil sortant de cette dernière va s'enrouler en se tordant sur un dévidoir. »

—MM. *Bywater* et *Schaw* ont voulu de leur côté supprimer tous les métiers de filature, étirages et bancs-à-broches, pour les remplacer par une machine unique qui suppléerait à tout. Sur cet appareil les rubans sont enroulés horizontalement à la partie supérieure du métier, et après avoir glissé sous un petit cylindre d'embarrage, passant sous un rouleau garni de dents analogue au défeutreur de laine peignée, la mèche est ensuite étirée entre deux cylindres qui, simultanément animés d'un mouvement de translation circulaire, leur impriment un premier degré de tors. Cette mèche est guidée en dernier lieu sur la bobine que porte une broche ordinaire avec un anneau curseur en guise d'ailette.

Enfin, les dernières modifications ont été apportées aux métiers à filer par la société du *Comptoir de l'industrie linière*, à Lille. L'ensemble de tous ces changements dans le détail desquels nous ne pouvons entrer ici, se rapporte surtout à la forme de l'ailette — à la pression sur les rouleaux — à la commande des broches, au moyen d'une seule courroie agissant en sens contraire des cordes à plomb et tendue au moyen de poids pour l'uniformité de rotation des axes — au recouvrement des collets et crapaudines, au moyen d'une boîte destinée à les préserver de la poussière et pouvant se développer en vue du graissage, — à un mouvement de va-et-vient horizontal communiqué aux conduits guide-fil pour ne pas faire travailler les étireurs aux mêmes points, etc.

APPLICATION DU CONTINU A ANNEAU DANS LA FILATURE DE LIN.

MM. Steverlynck-Delecroix et fils ont, les premiers, appliqué aux métiers à filer un petit appareil qu'ils nomment *renvideur circulaire automatique*, et qui remplace l'ailette ordinaire. Le fil est alors déposé par un *anneau* mobile autour de la broche sur le fût de la bobine, qui monte et descend suivant les besoins de l'envidage ; la forme de ce *curseur* lui permet de glisser librement sur les bords supérieur et inférieur d'une bague fixée dans la platine du monte-et-baisse.

MÉTIER A FILER SANS AILETTES
au moyen d'un Renvideur circulaire automatique.
SYSTÈME STEVERLYNCK-DELECROIX & FILS, BREVETÉS, S.G.D.G.
A LILLE.

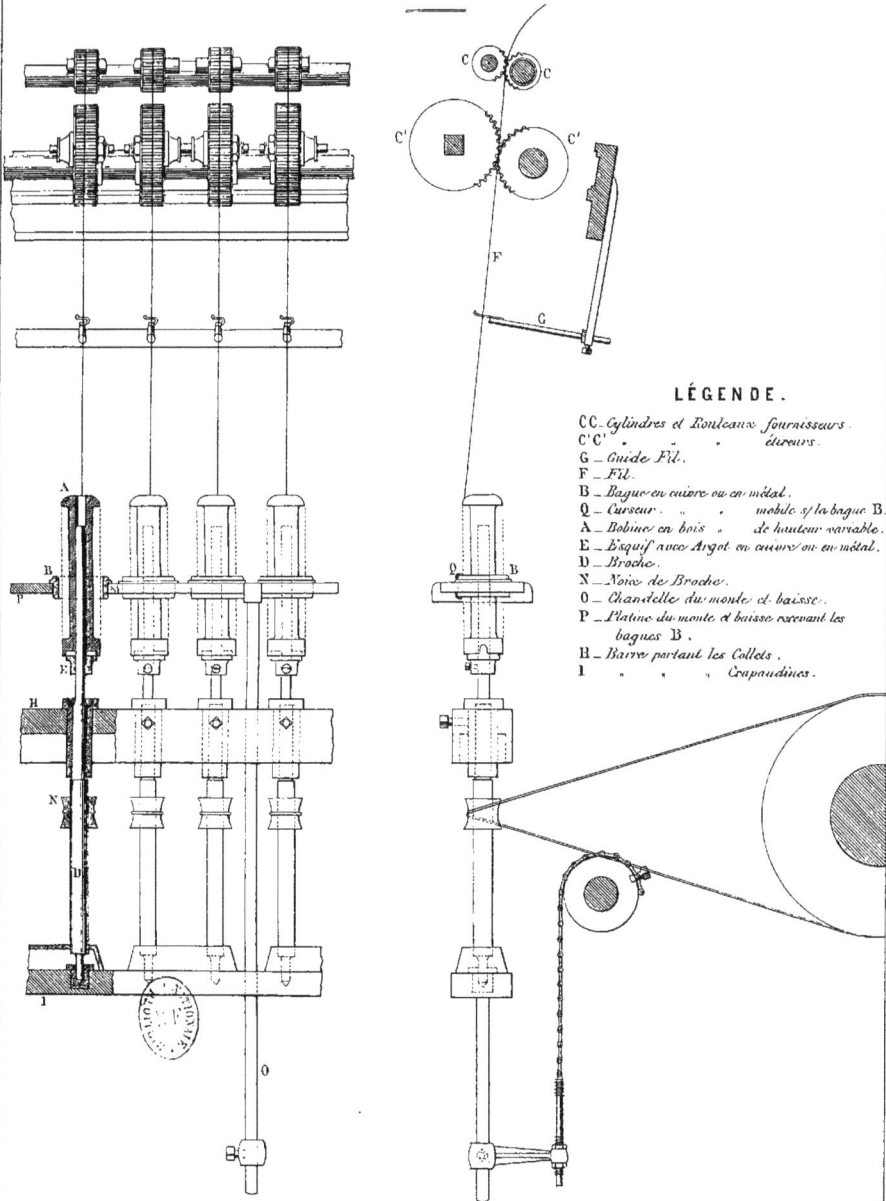

LÉGENDE.

CC _ Cylindres et Rouleaux fournisseurs.
C'C' _ " " " étireurs.
G _ Guide Fil.
F _ Fil.
B _ Bague en cuivre ou en métal.
Q _ Curseur " " mobile s/ la bague B.
A _ Bobine en bois " de hauteur variable.
E _ Esquif avec Argot en cuivre ou en métal.
D _ Broche.
N _ Noix de Broche.
O _ Chandelle du monte et baisse.
P _ Platine du monte et baisse recevant les
    bagues B.
H _ Barre portant les Collets.
I _ " " " Crapaudines.

Imp. Camille Robbe, à Lille.

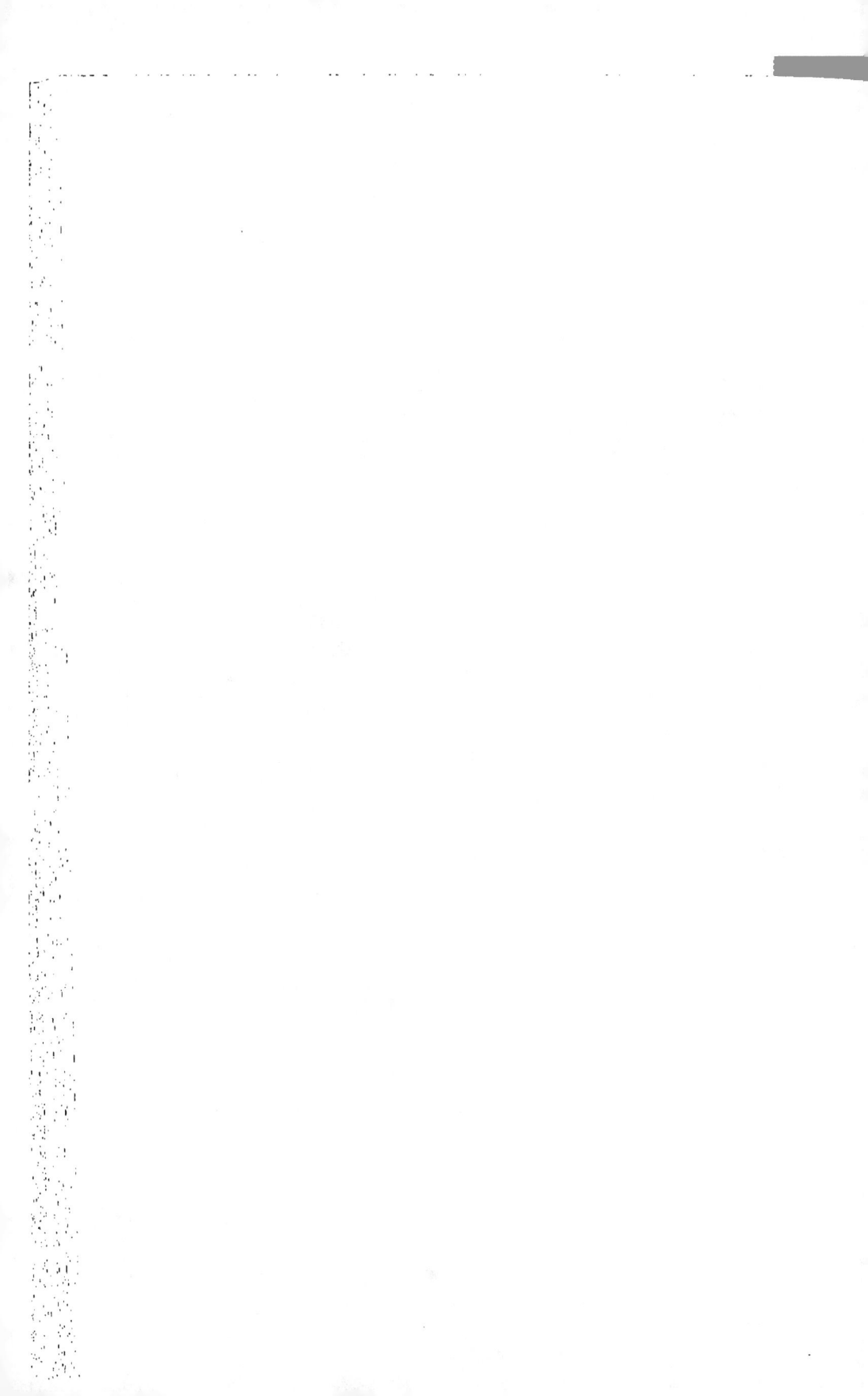

Dans l'application de ce système, la question était de savoir :

1° Si l'humidité, qui entoure constamment le fil dans le système à l'eau chaude, ne serait pas un obstacle au fonctionnement régulier du curseur ;

2° Si, dans le système au sec, les brins de chenevotte et matières étrangères dont pourrait être chargé le fil, ne produiraient pas le même inconvénient ;

3° Enfin, d'une manière générale, si le fil qui supporte peu de frottement lorsque le curseur est au faîte de la bobine, pourrait être soumis sans inconvénient à la tension et au frottement qui se font sentir lorsque ce curseur est arrivé à la base du fût.

Des expériences ont été faites sur des métiers au sec et à l'eau chaude. Elles n'ont amené aucun résultat, car, outre qu'elles n'ont pu concorder ensemble, elles ont été faites par un trop petit nombre de filateurs de lin pour faire force de loi. Les uns ont trouvé que le métier à anneau s'appliquait parfaitement au système à sec pour la confection des numéros moyens, mais que les difficultés étaient plus grandes lorsqu'il s'agissait de faire des fils plus gros ; d'autres ont affirmé que, pour le mouillé, le système convenait parfaitement pour les numéros compris entre 30 et 40, mais que pour des fils plus fins le curseur se coupait, les globules liquides s'opposaient à la régularisation de la marche, etc. — En 1867, on pouvait voir à l'Exposition universelle un métier à anneau filant mi-partie lin, mi-partie coton, et semblant donner des résultats satisfaisants.

Pour ce qui est dit de la manœuvre du métier, elle est toujours la même. Cependant, contrairement à ce qui a lieu d'ordinaire, on arrête les broches lorsque le chariot est arrivé au faîte de son mouvement d'ascension. Dans le cas contraire, le fil s'échapperait du curseur et l'ouvrière perdrait beaucoup de temps à le remettre. Pour plus de régularité, l'arrêt ne se fait que pour une face à la fois.

Les filateurs de coton et les retordeurs qui emploient ce système s'accordent à dire qu'ils en obtiennent environ 1/6 de production en plus que le métier à ailettes et un fil tout aussi régulier.

On peut donc, sans aucune présomption, attribuer au métier à anneau les avantages suivants :

1° *Économie de temps*, à cause de la rapidité des levées (les bobines s'enlevant par le haut et les varouleuses n'étant plus obligées de dévisser l'ailette), et de la grosseur des bobines, plus volumineuses qu'avec le système ordinaire.

2° *Économie de force*, grâce à la suppressisn des cordes à plomb (dragg), qui, dans les métiers ordinaires, servent de frein à la vitesse des bobines.

3° *Filage avec un seul métier des numéros les plus variés*, en n'exigeant qu'un changement de bagues d'un diamètre plus ou moins grand et de curseurs plus ou moins lourds.

4° *Régularité constante dans la torsion du fil*, le curseur étant maintenu par sa bague à une distance toujours égale du fût, et ne s'en rapprochant pas comme le volant d'une ailette sous l'influence de la force centrifuge.

TRANSMISSION DES MOUVEMENTS.

Le métier au mouillé est comme celui au sec, muni sur toute sa longueur d'un tambour en tôle de 8 à 12 pouces de diamètre, entouré d'une série de courroies étroites (1) qui donnent le mouvement aux broches. Ce tambour, monté dans des paliers fondus avec le bâtis, porte à l'une de ses extrémités le système de poulies qui commande le métier. L'une de ces poulies est fixe et reçoit le

---

(1) On emploie pour les métiers au mouillé des courroies de coton ou des cordes. Lorsqu'on fait usage de courroies, les noix de broches sont presque cylindriques ; lorsqu'on emploie les cordes, les noix ont la forme de deux cônes dont les pointes sont ajustées en sens inverse : dans ce cas, pour arriver à une tension plus régulière, on enroule deux fois la corde autour du corps de la noix. Les rubans de coton sont plus employés, parcequ'ils permettent d'obtenir plus de régularité dans la torsion du fil.

SYSTÈME FAIRBAIRN.

(DE LEEDS.)

MÉTIER A FILER A EAU CHAUDE.

Vue du côté de la commande.

Imp. de Camille Robbe, à Lille.

mouvement du moteur principal, l'autre est folle et facilite à
volonté l'interruption de ce mouvement.

La disposition générale des métiers au mouillé diffère peu suivant les constructeurs. Nos deux planches XX et XXI représentent
deux systèmes qui donneront une idée des différences qui peuvent
exister entre eux.

La planche XX nous donne l'ensemble d'un métier construit par
M. Fairbairn. Le *pignon de travail* A, fixé sur l'axe du tambour,
fait mouvoir tous les engrenages. Ce pignon communique, par un
intermédiaire que cache la poulie avec la *roue de torsion* B, dont
la douille C, laissée libre, indique la place du *pignon de torsion*.
Celui-ci doit engréner avec la roue E, qui, d'une part commande
directement la roue D, fixée à demeure sur l'axe principal des
étireurs de gauche, et d'autre part, fait mouvoir, au moyen de
l'intermédiaire F, la roue H, fixée également à demeure sur l'axe
principal des étireurs de droite. Derrière cette roue est un système
à vis sans fin qui communique le mouvement de va-et-vient à la
tringle qui précède le guide-fil.

En suivant l'axe de ces étireurs, nous trouvons à l'extrémité
opposée (fig. 32) de la roue H, le
pignon L, engrénant avec une roue
intermédiaire M, dont l'axe, muni
du *pignon d'étirage* R, engrène avec
la roue N du fournisseur. Un support
qui soutient l'axe de la roue T et du
pignon de rechange, est fixé contre
le bâtis par un écrou engagé dans
une coulisse. Sa position, par rapport
à l'axe du fournisseur, peut être facilement changée quand il s'agit de
remplacer le pignon d'étirage.

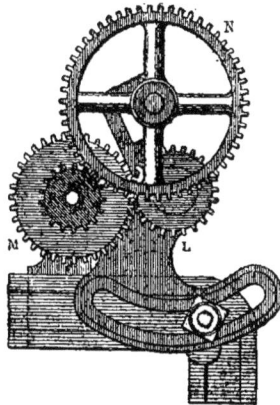

Fig. 32. — Disposition du pignon
d'étirage dans les métiers à eau
chaude.

L'intermédiaire F est destiné à supporter un pignon qui transmet le
mouvement à la roue G, et c'est à

l'extrémité de l'axe de cette roue qu'est située la roue de commande de monte-et-baisse. Celui-ci, qui se fait par excentrique,
est exactement le même que celui adopté par James Low pour ses
métiers au sec (pl. XVII).

La planche XXI représente un métier du système Combe, qui
ne porte qu'un ratelier de bobines au lieu de deux superposés. —
Les mêmes engrenages sont représentés par les mêmes lettres.
Le changement principal apporté dans la transmission du mouvement consiste dans la suppression d'un intermédiaire entre le
pignon de travail et la roue de torsion. Celle-ci a donc été agrandie,
et, comme le montre la figure, il en résulte quelques légers changements dans la commande de monte-et-baisse.

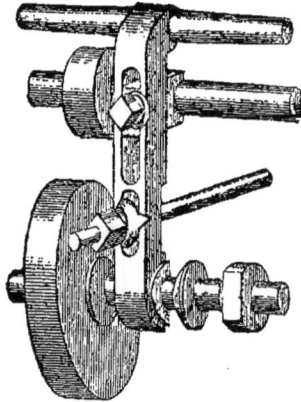

Remarquons ici qu'en dehors
des changements d'engrenages,
les métiers construits par Combe
se distinguent par l'adoption des
pressions du système Gordon
(fig. 33), subtitués au système
ordinaire adopté par tous les
constructeurs (1), l'avantage qui
résulte de leur emploi consiste
en ce que les rouleaux étant plus
grands, la pression est toujours
en ligne droite, il y a plus de
facilité pour faire des changements, et l'ouvrier a plus de
place pour nettoyer et arranger les cylindres pendant leur
marche.

Fig. 33. — Sellette de Gordon.

---

(1) Nous avons déjà fait connaitre les dispositions spéciales adoptées par MM. Arnold et
Steverlynck.

MÉTIER A FILER A EAU CHAUDE.

SYSTÈME COMBE ET BARBOUR.

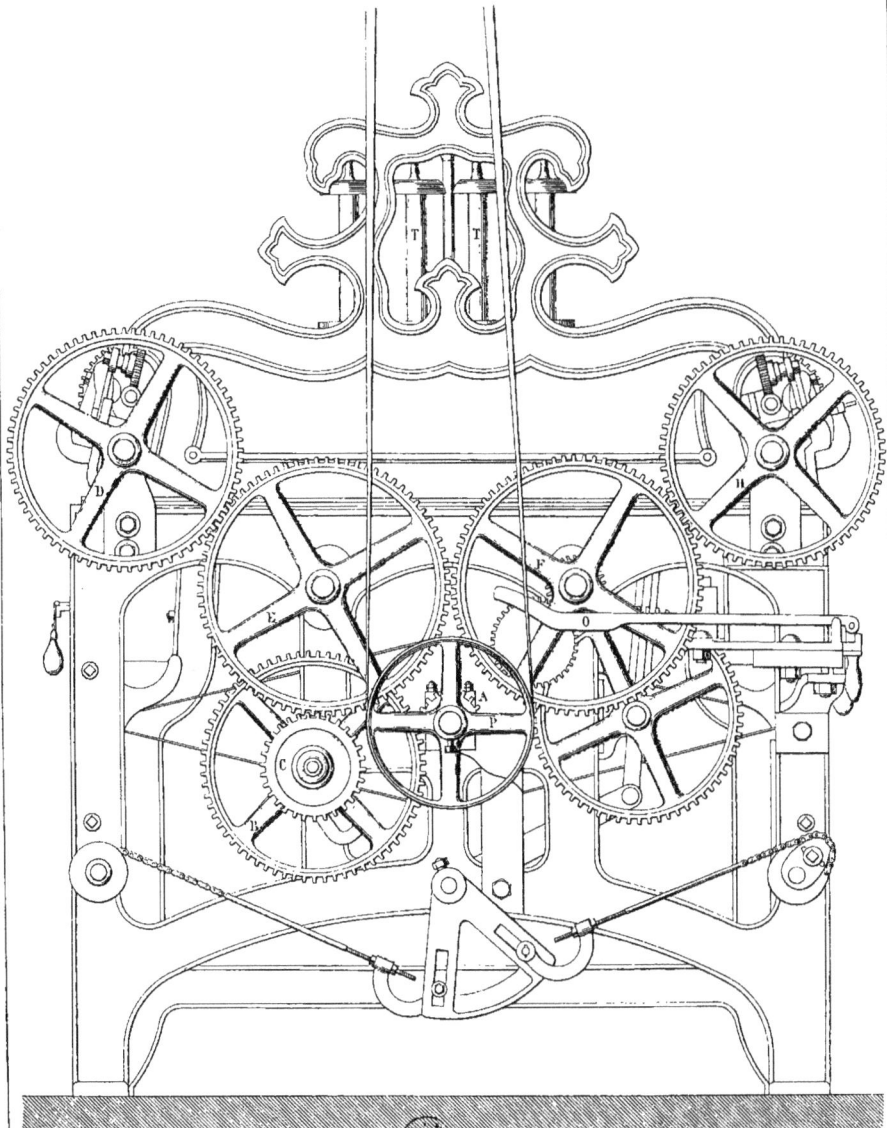

Imp. Camille Robbe, à Lille.

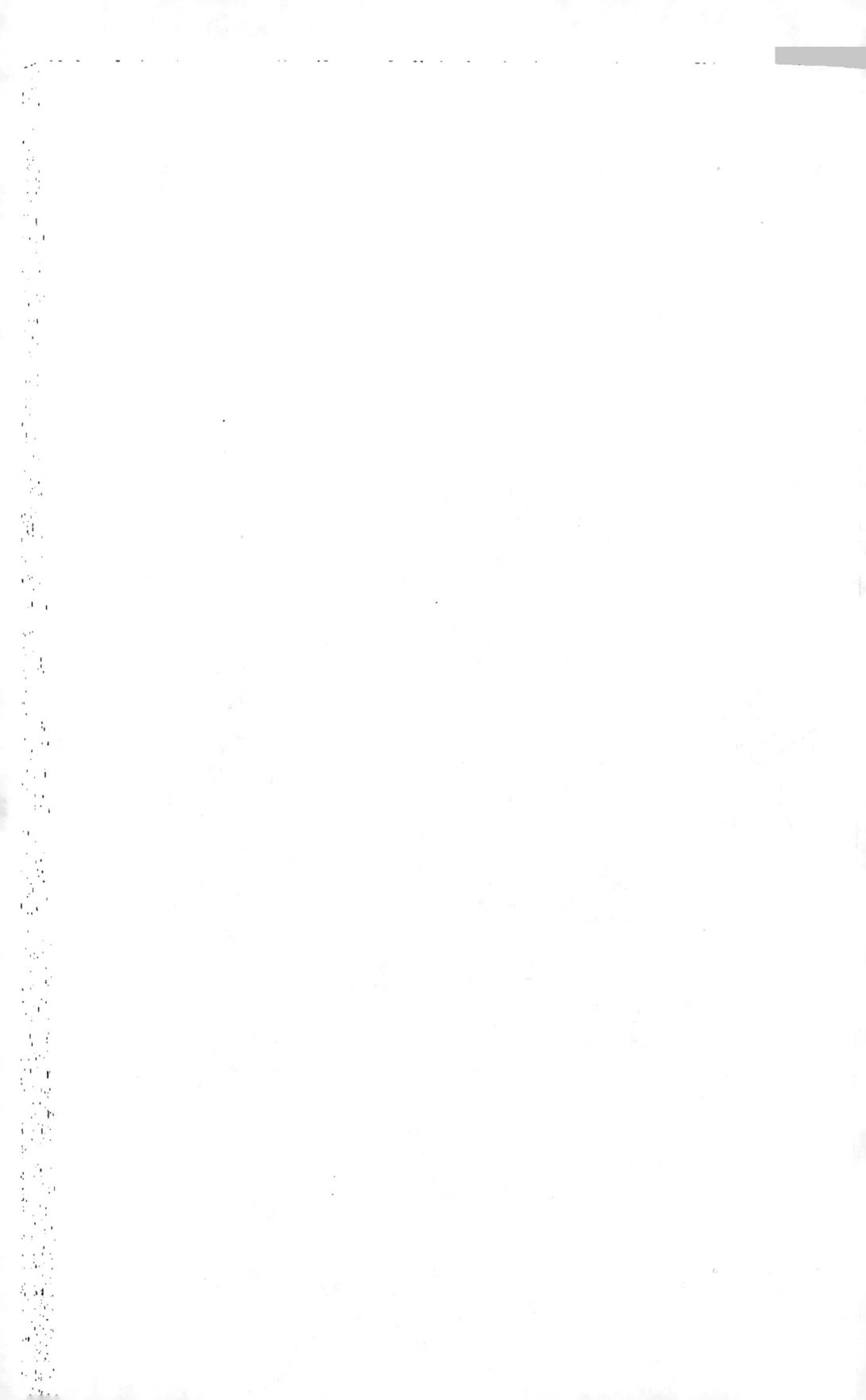

DÉTERMINATION DE L'ÉTIRAGE.

Il est assez difficile de déterminer l'étirage moyen des métiers à filer ; en règle générale, cet étirage doit *diminuer* avec le numéro et la matière, dans des proportions que la pratique seule peut établir.

Il se calcule de la même manière que dans les machines de préparation. On divise le produit des commandés et du diamètre de l'étireur, par le produit des commandeurs et du diamètre du fournisseur.

Adoptons par exemple les nombres suivants calculés sur un métier construit par Lawson :

Étireur, 4 pouces ; fournisseur, 1 pouce 3/4 ; rechange 30 dents, etc.

$$\text{Étirage} = \frac{80 \times 80 \times 4}{30 \times 40 \times 1\,_{3/4}} = 12,19.$$

(Il serait trop long de donner ici le nombre d'étirages correspondant aux rechanges, qui vont de 29 à 56 dents.)

Autre exemple, calculé sur un métier Fairbairn :

Étireur, 0,063 millimètres ; fournisseur, 0,038 ; rechange, 35 dents, etc.

$$\text{Étirage} = \frac{108 \times 70 \times 0,063}{35 \times 42 \times 0,038} = 8,52.$$

Rechanges fournis par le constructeur :

25 26 27 28 29 30 31 32 33 34 35

Étirages correspondants :

11,93 11,37 11,03 10,64 10,28 9,93 9,61 9,31 9,03 8,75 8,52

43

On peut trouver le pignon de rechange pour un autre numéro, par deux méthodes diverses :

1er Principe : *Le numéro à trouver est au numéro donné comme le pignon actuel est au pignon cherché.*

Le numéro 30, exigeant un pignon de 25 dents, quel pignon exigera le numéro 25 ?

$$25 : 30 : : 25 : x$$

$$x = \frac{25 \times 30}{25} = 30 \text{ dents.}$$

2e Principe : *Le poids actuel du paquet est au pignon donné, comme le poids du paquet à produire est au pignon cherché.*

Si le numéro 25, qui exige un pignon de 30 dents, donne un poids de 22 kilogs au paquet, quel pignon exigera le numéro 30 qui doit donner un poids de 18 kilogs ?

$$22 : 30 : : 18 : x$$

$$x = \frac{30 \times 18}{22} = 25^d.$$

Cette dernière méthode est la plus juste.

DE LA TORSION.

La torsion est le nombre de tours que l'on doit donner au fil, elle se calcule par pouce anglais ou par décimètre.

Quoi qu'on en ait dit, nous sommes d'avis qu'on doit tordre moins au métier à sec qu'au métier au mouillé, car, à numéro égal, les matières étant plus fortes pour le premier que pour le second, il est incontestable qu'avec une torsion moindre le fil sec aura une résistance suffisante pour être employé. Mais cette torsion varie suivant la demande de l'acheteur.

Les tisserands veulent généralement pour la toile des fils d'une torsion moyenne, en rapport avec la finesse, mais évidemment plus forte en chaîne qu'en trame ; pour les coutils, il en faut un peu plus ; les produits destinés à la fabrication des fils à coudre sont ceux que l'on tord le plus. Nous disons que la chaîne demande à être plus tordue, parce qu'elle doit être constamment tendue et supporter les frottements continuels de la navette ; la trame, au contraire, qui doit suivre les mouvements de cette navette, et passer entre tous les fils de chaîne, ne saurait être trop souple (sauf par exception pour treillis, ou articles de fantaisie.)

Toutefois, d'une manière générale, la torsion dépend de la longueur des brins, de leur qualité et de l'écartement des cylindres. Ce qui veut dire que les brins plus longs devront être moins tordus que les lins courts, que des lins tendres et faibles demandent plus de torsion que des lins nerveux et forts, que la préparation doit relativement être moins tordue avec de petits qu'avec de grands écartements. Les brins courts doivent être plus tordus parce qu'ils se détachent plus facilement les uns des autres, de même les lins médiocres parce qu'ils se soutiennent mieux avec une bonne torsion.

L'étude de cette torsion comprendra quatre points :

1° Démonstration de la loi fondamentale des torsions ;

2° Recherche de la torsion d'après l'énoncé de la loi ;

3° Recherche de la torsion d'après le nombre de dents du rechange ;

4° Recherche du pignon nécessaire à une torsion connue.

1° *Démonstration de la loi des torsions.*

La torsion est en raison directe de la racine carrée du numéro.

En effet, soit R le rayon d'une circonférence de surface S, soit r le rayon d'une circonférence de surface s.

Comme les surfaces sont égales au carré des rayons multipliés par le rapport de la circonférence au diamètre, on a :

$$S = \pi R^2 \quad s = \pi r^2$$

D'où l'on tire :

$$\frac{R}{r} = \frac{\sqrt{S}}{\sqrt{s}}$$

Or, si nous considérons deux fils de même torsion et de numéros différents n et N, les sections S et s étant inversement proportionnelles aux numéros, nous avons :

$$\frac{S}{s} = \frac{n}{N}$$

De cette relation avec la précédente nous tirons :

$$\frac{R}{r} = \frac{\sqrt{n}}{\sqrt{N}} \quad (1).$$

Si, d'un autre côté, les deux fils sont de mêmes numéros, mais de torsions différentes t et T, les rayons R et r sont inversement proportionnels aux torsions, nous avons alors :

$$\frac{R}{r} = \frac{t}{T} \quad (2).$$

Du rapprochement des formules (1) et (2) nous tirons :

$$\frac{t}{T} = \frac{\sqrt{n}}{\sqrt{N}}$$

Ce qu'il fallait démontrer.

2° Recherche de la torsion d'après l'énoncé de la loi.

D'après la loi que nous venons d'établir, on peut suivre deux méthodes pour le calcul de la torsion.

1° Multiplier le rapport de la racine carrée du numéro considéré à la racine carrée d'un autre numéro servant de type, par la torsion reconnue à ce dernier numéro.

Exemple. — Quelle sera la torsion à donner par décimètre au numéro 25 en supposant que je torde 35,3 pour le numéro 20?

D'après l'énoncé du théorème précédemment démontré, nous avons :

$$\sqrt{20} : \sqrt{25} :: 35,3 = : x.$$

D'où :

$$x = \frac{(\sqrt{25} = 5).}{(\sqrt{20} = 4,47)} \times 35,3 = 39,5.$$

2° Multiplier la racine carrée du numéro considéré par un *cœfficient constant* établi par la pratique, relatif au genre employé et qui va toujours en augmentant avec la finesse du produit.

Pour chaîne forte, ce cœfficient est de 2 par pouce, et 7,9 par décimètre.

D'après cela, quelle sera la torsion à donner au numéro 25, qui devra servir à cet usage ?

$$\sqrt{25} = 5 \times \begin{cases} 2 = 10 \text{ tours par pouce.} \\ 7,9 = 39,5 \text{ par décimètre.} \end{cases}$$

Les divers multiplicateurs sont réunis dans le tableau suivant :

GENRES DE. FIL	Multiplicateurs pour un	
	Pouce	Décimètre.
Trame ouverte	1,5	6,»
Trame ordinaire	1,6	6,3
Demi-chaîne	1,8	7,»
Chaîne ordinaire	1,9	7,5
Chaîne forte.	2,»	7,9
Chaine pour fantaisie	2,4	9,5
Filterie supérieure.	2,6	10,27
Filterie extra supérieure.	2,8	11,»»

Voici le tableau des torsions que l'on donne ordinairement dans le commerce à chaque numéro.

NUMÉRO DU FIL	TORSION PAR POUCE	TORSION par décimètre	NUMÉRO DU FIL	TORSION PAR POUCE	TORSION par décimètre
2	2.82	11.1	50	14.14	55.8
3	3.46	13.6	55	14.81	58.5
4	4.	15.8	60	15.48	61.1
5	4.46	17.6	65	16.12	63.6
6	4.90	19.	70	16.72	66.
7	5.33	21.	75	17.32	68.4
8	5.76	22.7	80	17.88	70.6
9	6.	23.7	85	18.44	72.8
10	6.32	24.9	90	18.96	74.8
12	6.92	27.3	95	19.48	76.9
14	7.48	29.5	100	20.	79.
16	8.	31.6	110	20.76	82.7
18	8.48	33.4	120	21.90	86.5
20	8.94	35.3	130	22.80	90.
22	9.38	37.	140	23.66	93.4
25	10.	39.5	150	24.48	96.6
28	10.58	41.7	160	25.28	99.8
30	10.94	43.2	170	26.06	102.5
35	11.82	46.6	180	26.82	105.9
40	12.64	49.9	190	27.56	108.8
45	13.40	52.9	200	28.28	111.7

Il est bien entendu que les données que nous indiquons ici ne doivent être regardées que comme la moyenne de ce qui se pratique ordinairement, c'est au contre-maître à voir s'il ne doit pas sortir de ces limites. Et il est à remarquer que souvent il doit le faire, soit à cause du bosselage d'un tambour, par exemple, ce qui amène la rotation irrégulière de la broche, soit à cause de l'usure des broches, collets, crapaudines, etc., ou encore à cause de la matière employée ou par le seul fait que l'acheteur désire la voir changer.

3° *Recherche de la torsion d'après le nombre de dents du rechange.*

Pour calculer la torsion, on agit de la même manière que pour le calcul de l'étirage, mais sans opérer sur les mêmes pignons et en tenant compte des diamètres de la noix des broches et du tambour du métier.

Exemple. — Quelle est la torsion par décimètre d'un fil produit sur un métier Fairbairn, par exemple, dont le diamètre du tambour est de 0,303, avec un pignon de travail de 32 dents, commandant une roue de torsion qui en a 92 et qui porte sur sa douille le pignon de torsion de 36 dents. Ce pignon commande par intermédiaire la roue de l'étireur de 90 dents, le diamètre de ce cylindre étant supposé de 0,198 mill. et le diamètre de la noix de broche de 0,032 mill.

La formule suivante servira de base pour le calcul :

$$\frac{\text{Roue de l'étir.}}{\text{Pig. de tors.}} \times \frac{\text{Roue de tors.}}{\text{Pig. de trav.}} \times \frac{\text{Diam. du tambour}}{\text{Diam. de la noix.}} \times \frac{100 \text{ mill.}}{\text{Circonf. étir.}}$$

Ce qui donne pour l'exemple cité :

$$\frac{90 \times 92 \times 0,303 \times 0,100}{36 \times 32 \times 0,32 \times 0,198} = 35,16.$$

La torsion du fil est donc de 35 tours 16 dixièmes par décimètre.

Pignons de rechange fournis par le constructeur :

31 32 33 34 35 36 37 38 39 40 41

Nombre de tours correspondant :

41,02 39,70 38,46 37,29 36,20 35,16 34,19 33,26 32,29 31,56 30,77

Cette torsion varie, comme nous l'avons dit, suivant certaines circonstances.

4° Recherche du pignon nécessaire à une torsion connue.

Il existe plusieurs méthodes pour trouver le pignon variable de torsion :

1° Ou trouver un *cœfficient constant*, qui, divisé par le nombre de tours par pouce ou par décimètre qu'on peut avoir, donne au quotient le pignon à placer, et qui, divisé par le pignon variable, donne la torsion.

Ce nombre constant s'obtient en retranchant le pignon variable de l'opération qu'on a faite pour calculer directement la torsion.

2° Ou bien multiplier le nombre des dents du pignon donné par la racine carrée du numéro obtenu, diviser ensuite ce produit par la racine carrée du numéro cherché.

D'après ce principe, quel sera le nombre de dents du pignon de rechange pour le numéro 50, s'il faut un pignon de 30 dents pour le numéro 100 ?

$$\frac{\sqrt{100} = 11 \times 30}{\sqrt{50} = 7,07} = 47 \text{ dents.}$$

PRODUCTION EN POIDS ET LONGUEUR.

Plus une broche tourne vite pour une torsion déterminée, plus la production est grande, et réciproquement.

Supposons que l'on ait à faire le N° 50, et que la torsion soit de 40 tours par décimètre. Si nous considérons 200 broches faisant 3000 par minute, nous aurons comme nombre de tours total :

$$3000 \times 200 = 600,000.$$

Ce qui nous donnera en longueur par minute :

$$\frac{600,000}{40} = 150,000 \text{ décimètres.}$$

Et par jour :

$$1500^m \times 60 \times 12 = 108,000 \text{ mètres.}$$

En divisant par 330,000 yards, longueur d'un paquet, nous aurons :

$$\frac{108,000}{330,000} = 3 \text{ paquets } 30.$$

Le poids du N° 50 étant de 11 kilogs., nous aurons comme production en poids :

$$3,30 \times 11 = 36 \text{ k. } 30$$

A cette méthode logique et claire, un grand nombre de praticiens préfèrent les systèmes empiriques suivants, au moyen desquels ils obtiennent de suite leur production en écheveaux :

1° En multipliant la vitesse par le diamètre du cylindre étireur et par 0,2 (nombre constant), on obtient au produit la quantité d'échevettes que fait chaque broche. — En multipliant cette quantité par le nombre de broches d'un métier, on a sa production en échevettes, et en divisant ce produit par 1200 (nombre d'échevettes contenues dans un paquet), on obtient la production totale en écheveaux.

On arrive de cette façon à un résultat *approximatif pour treize heures* avec 10 p. % de réduction.

Ainsi, on obtiendrait pour un métier de 200 broches, ayant des cylindres de 2 pouces, marchant avec 30 tours de vitesse, les résultats suivants.

Nombre d'échevettes par broches :

$$2 \times 30 \times 0,2 = 12 \text{ échevettes.}$$

Pour toutes les broches :

$$2 \times 200 \times 30 \times 0,2 = 2,400 \text{ échevettes.}$$

En écheveaux :

$$\frac{2,400}{1,200} = 200 \text{ écheveaux } ou \text{ 2 paquets.}$$

2° On peut encore obtenir la quantité produite *en douze heures*, en multipliant le diamètre du cylindre par sa vitesse, et en divisant par 58,5 sans réduction, et par 65 avec 10 %.

Soit un métier de 180 broches, avec un cylindre de 2 pouces, marchant 30 tours par minute. La production sera :

Sans réduction.

$$\frac{180 \times 2 \times 30}{58,5} = 184 \text{ éch. 51.}$$

Avec 10 pour 100 :

$$\frac{180 \times 2 \times 30}{65} = 166 \text{ éch. 15.}$$

3° On peut encore obtenir approximativement cette production, en tenant compte de la torsion et de la vitesse des broches.

On multiplie alors le nombre des broches par leur vitesse, et on divise ce produit par la torsion, multipliée par 180 ; on obtient ainsi *pour douze heures* le produit du métier en écheveaux sans réduction. Avec réduction de 10 p. %, ou multiplié par 200.

Sur un métier de 200 broches, marchant avec 3,000 tours, et tordant 12 par pouce, on aura comme production :

$$\frac{200 \times 3,000}{12 \times 180} = 277 \text{ éch. } 77.$$

Et avec 10 pour 100 :

$$\frac{200 \times 300}{12 \times 200} = 250 \text{ écheveaux.}$$

Tous ces moyens sont évidemment plus abréviatifs, mais moins justes qu'une méthode logique.

CHAPITRE XXIV.

Dévidage

Le but du dévidage est de donner au fil enroulé sur les bobines du métier à filer la forme commerciale ordinaire, qui permet de la manier plus facilement et d'en distinguer les sortes.

La machine, dite *dévidoir*, est l'intermédiaire qui facilite cette disposition. Elle marche, soit à l'aide de la main, soit mécaniquement, et dans ce dernier cas ; par engrenages ou par friction.

Il y a plusieurs systèmes de dévidage, mais la méthode écossaise est la plus en vigueur en France, et les machines sont réglées d'après les principes qu'elle fournit.

Les bobines, sortant du métier à filer, sont engagées sur des *broches* placées sur le devant du métier et laissent dérouler leur fil sur des *volants* situés directement en dessous. Elles sont guidées sur le parcours par des fils de fer attachés à une pièce de bois qu'on avance ou recule à volonté. Le volant lui-même, dont la circonférence est de 2 *yards et demi* (90 pouces), soit en mesures françaises 2^{m}285, mobile sur un axe, est formé de six rayons et d'autant de traverses, dont l'une peut facilement bouger pour permettre l'enlèvement du fil. La forme de ce volant est hexagonale.

Le périmètre du volant a souvant 2^{m}743 pour donner ce qu'on appelle la *bonne mesure*. Au bout de 120 *tours*, et plus souvent 121 ou 122, un coup de sonnette avertit que l'on a la longueur d'une *échevette* (en anglais *lea*), que l'ouvrière a soin d'entourer d'un lien pour la séparation des diverses parties (1) ; la réunion de 12 échevettes forme un seul *écheveau* (en anglais *hank*), Par suite, une échevette ayant 300 yards ou 10,800 pouces (274^{m}2), l'écheveau a 3,600 yards ou 129,600 pouces de longueur (3,290^{m}4). Un dévidoir complet est formé de 25 écheveaux (90,000 yards ou 82,260^m) et 100 écheveaux ou 4 dévidoirs forment un paquet.

Il y a donc dans un paquet : —
100 écheveaux.
1,200 échevettes.
4 dévidoirs.
360,000 yards.
329,040 mètres.

Ce système, dit méthode écossaise, est employé dans toute la France. — Quelques filateurs, parait-il, emploient des dévidoirs de 2^m 1/2 de circonférance ; le numéro de leurs paquets indique le nombre de fois mille mètres que contient le 1/2 kilog.

Le dévidoir ferait donc 400 tours par écheveau. (Nous avouons n'avoir jamais vu de ces sortes de paquets.)

En Angleterre, outre la méthode écossaise employée en France, en emploie encore trois autres systèmes :

1° *Dévidage*, dit *squirrel reel* : — Périm du dévid. = 1 1/2 yard ; 100 tours font une échevette de 150 yards ; 10 échevettes font un écheveau de 1000 yards ; et 40 écheveaux, un bundle de 60,000 yards.

2° *Dévidage anglais* proprement dit : — Périm. du dévid. = 3 yards ; 100 tours font une échevette de 300 yards ; 100 échevettes font un écheveau de 3000 yards ; et 20 écheveaux valent un bundle de 60,000 yards.

3° *Dévidage* dit *irlandais* : — Périm. du dévid. = 4 1/2 yards ;

---

(1) Pour reconnaitre ensuite au séchoir de quel devidoir provient chaque paquet, on prend l'habitude, dans certaines filatures, de faire faire à l'ouvrière un nœud spécial sur chacune des échevettes. La première dévideuse fait la remarque sur la première échevette, la deuxième, sur la deuxième échevette, et ainsi de suite.

120 tours font une échevette de 900 pieds ; 12 échevettes font un écheveau de 10,800 pieds ; et 20 écheveaux un dévidoir de 216,000 pieds.

En Autriche, la circonférence du dévidoir est de 3 aunes de Vienne (1 aune = 0^{m}77921). Le N° = le nombre d'écheveaux de 3,600 aunes de Vienne contenus dans 10 livres anglaises = plus 8,1 livres de Vienne (1 l. de V. = 560 gr. 01). Il faut donc 1200 tours de dévidoir pour la formation d'un écheveau.

Les autres pays emploient le dévidage anglais.

Nous n'entrerons pas dans le détail du mécanisme des dévidoirs, machines des plus imparfaites, et qui nous semblent susceptibles des plus grands perfectionnements (1).

La plupart du temps, l'asple porte à une extrémité une vis sans fin engrénant avec une roue dentée dont les divisions correspondent à 120 tours. Après une révolution complète une goupille soulève une sonnette qui avertit l'ouvrière. — Avec cette manière d'agir, le nombre de tours reste le même pour tous les écheveaux ; mais le dévidage n'est pas exact, puisque la longueur augmente par la superposition des fils. On n'avait pas encore, avant M. Boutemy (*voir la note* 1), trouvé de système qui garantît l'exactitude du nombre de tours.

Quant à la manœuvre, elle est très-simple. Les dévideuses trouvent peu de difficultés dans le travail qu'elles ont à faire, sinon avec des fils tout-à-fait mauvais. Elles doivent surtout prendre soin de bien faire leurs rattaches et de remplacer de suite les bobines

---

(1) De nouveaux perfectionnements ont été récemment apportés par M. Boutemy, ils ont pour but : 1° d'arrêter automatiquement l'appareil lorsqu'un fil vient à casser ; 2° de fractionner l'asple du dévidoir, de façon à ne pas l'arrêter simultanément sur toute la longueur, lorsqu'il s'agit d'enlever les écheveaux terminés ou de renouer les brins cassés ; 3° de rendre les volants ou guindres libres à l'une de leurs extrémités en écartant le support du tourillon, au moment où l'ouvrière doit retirer l'écheveau pour éviter les taches de cambouis ou l'accrochement suivi de rupture des fils. Le dévidoir de M. Boutemy prend beaucoup plus de place et coûte beaucoup plus cher que les appareils ordinaires de ce genre. Il est composé de plusieurs dévidoirs de 5 broches à la fois.

vides, pour ne pas manquer les écheveaux et par suite pour ne pas diminuer le poids des paquets. On remarque que les fils qui ont été rattachés aux métiers à filer se brisent souvent aux coupures et s'embrouillent.

Elles doivent aussi prendre grand soin qu'il ne se forme pas de croisures dans les écheveaux, inconvénient qui produit beaucoup de déchets au bobinage, travail préparatoire du tissage mécanique.

Ordinairement, dans une manufacture bien tenue, à chaque métier à filer correspond une machine à dévider qui porte le même numéro que le métier. Dans ce cas, on doit avoir soin que le fil fabriqué sur le métier de filature soit dévidé sur le dévidoir correspondant. Ce n'est pas à dire cependant qu'une ouvrière habile ne puisse en certains numéros dévider le produit de deux machines.

Le dévidage se fait ordinairement aux pièces, et est payé à la longueur, le même prix pour tous les numéros de fils. On fait le contrôle comme on l'entend, mais il ne faut jamais s'en dispenser.

CHAPITRE XXV.

Séchage. — Empaquetage.

L'humidité que le fil retient après avoir passé dans les bacs des métiers à eau chaude, doit disparaître complètement, si on veut le conserver intact. La fermentation, activée par l'eau et l'air, se propage rapidement dans la matière gommo-résineuse du lin, et fait du séchage des écheveaux une opération indispensable.

Vingt-quatre heures au plus tard après le dévidage, tous les fils doivent être portés au séchoir; au-delà de ce temps, ils se corrompent. Lorsqu'ils sont sur le dévidoir, ils ne sont sujets à se détruire que dans les parties qui sont en contact avec les traverses du volant, ou dans le cas où l'ouvrière aurait trop serré le fil qui marque la séparation des échevettes.

Les fils sont transférés au séchoir à l'aide de deux perches, dont l'une sert à les porter, l'autre à étendre les écheveaux et à les maintenir ouverts pour l'uniformité du séchage.

Le séchoir doit être un local vaste, muni de bons tuyaux de chauffage et d'issues convenablement placées pour la sortie des vapeurs humides. Il est important, surtout pour les filatures de gros numéros, qu'il soit suffisamment grand pour ne jamais être encombré, et qu'il y soit maintenu une chaleur constante de 25 à 30 degrés au moins.

Suivant l'avis de certains filateurs, il est préférable que les parties principales soient en fer peint, et non en bois qui pourrit trop facilement.

On peut faire sécher le fil à l'air libre, mais non en toute saison. Cette méthode a quelquefois l'inconvénient de raidir le fil à tel point qu'il est assez difficile de l'assouplir pour la vente ; elle est cependant regardée comme la meilleure.

Le plus souvent, le séchoir est installé au-dessus des générateurs, pour économiser le combustible. Dans ce cas, il y a toujours plusieurs étages communiquant entre eux par des trappes ; celles-ci servent souvent à faire descendre les perches chargées de fil d'un étage à l'autre, pour rapprocher graduellement les écheveaux mouillés du foyer de chaleur. Ce système est excellent en ce sens qu'il permet de sécher les écheveaux en leur conservant beaucoup de souplesse, mais il est dangereux à cause des incendies, et souvent le local ne suffit pas.

Dans certaines usines, on fait sécher le fil, d'abord à l'air extérieur, après le dévidage, puis au séchoir, vingt-quatre heures après ; dans d'autres au séchoir d'abord, puis à l'air libre pour lui rendre la *main* qu'il a perdue, mais ceci n'est pas toujours praticable.

Quoiqu'il en soit, on fera bien, si on le peut, de n'ouvrir le séchoir que trois fois par jour ; dans la matinée, pour enlever le fil séché et le remplacer par le fil venant des dévidoirs ; à l'heure de midi, pour changer de place les écheveaux et pour les secouer quelque peu ; vers le soir, pour la même opération. On doit avoir soin pendant ces trois visites d'établir chaque fois un courant d'air pour chasser la vapeur.

Il est indispensable, pour éviter de mélanger les sortes, de conserver à tous les écheveaux les étiquettes qui y ont été apposées ; et pour plus d'ordre, on fera bien de mettre une levée de dévidoir par chaque perche.

Ce qui doit aussi être spécialement recommandé c'est qu'aucun des écheveaux ne soit enlevé des perches avant un séchage complet. Sans cette précaution, le fil s'échauffe rapidement, entre en fermentation et se détruit.

45

M. *Dulac* est l'inventeur d'un séchoir spécial et qui se compose principalement d'ailes en bois formées de faisceaux parallèles, et tournant autour d'un arbre en fonte mû par une poulie. Les perches qui soutiennent les écheveaux sont placées sur ces ailes, et la force centrifuge en chasse rapidement l'humidité.

De l'avis des filateurs, cet appareil peut rendre de grands services pour les fils crémés, mais il présente pour les fils écrus l'inconvénient de les coller les uns sur les autres, en terme technique de les *étriquer*.

Quoiqu'il en soit, le fil est ensuite livré à l'empaqueteur qui vérifie s'il est bien sec. Il est obligé, avant de le mettre en paquet, d'en secouer fortement les écheveaux, les uns après les autres, en les tendant avec les bras sur une barre de fer ou du bois dur fixée à une traverse. Cette barre peut souvent se déplacer à la volonté de l'ouvrier, suivant qu'il la juge placée à une hauteur plus ou moins convenable.

Dans un grand nombre de manufactures et pour certaines qualités de fil, on ne se contente pas de cette opération. L'empaqueteur croise les écheveaux les uns au-dessus des autres, dans une salle carrelée en briques, et les arrose au fur et à mesure avec un balai de jonc, jusqu'à ce qu'il ait atteint la hauteur de 1^{m}50. Il charge alors le tout d'un poids suffisamment lourd, et retire au bout de vingt-quatre heures les écheveaux qui ont toute la souplesse et le moelleux désirable. Inutile de dire qu'un arrosage trop complet équivaudrait à un séchage imparfait, et qu'il faut faire cette opération de manière à ne pas pénétrer au cœur du fil.

Un des moyens les plus efficaces, mais aussi des plus longs et des plus dispendieux, est celui qui consiste à faire citerner une cave dans laquelle on ne laisse de vingt à vingt-cinq centimètres d'eau, et au-dessus de laquelle on pose une sorte de plancher à jour qui soutient le fil. Celui-ci est retourné toutes les cinq ou six heures, et retiré au bout de deux jours. Aux fils fins, on arrive de cette façon, à donner une souplesse naturelle qui souvent leur manque et qui est très-recherchée.

Les fils secs ne sont jamais soumis au même travail.

On pourrait, pour rendre le séchage en même temps plus facile que plus rapide et moins coûteux, extraire du fil au moyen d'une presse une partie de l'eau dont il est imprégné ; mais il serait utile, avant de faire l'expérience en grand, d'expérimenter sur quelques écheveaux.

L'empaquetage est une opération très-simple en elle-même, mais souvent trop négligée par les filateurs qui de cette manière nuisent quelquefois à la vente de leurs produits. Il est souvent des fils inférieurs qu'on prise beaucoup plus que d'autres par suite d'un bon paquetage. D'ailleurs, sous ce rapport les Anglais sont nos maîtres, et dans un grand nombre d'articles, la supériorité qu'ils ont acquise sur nous, tient beaucoup aux soins extérieurs qu'ils savent donner à leurs produits.

Une *forme* est nécessaire pour la confection des paquets de fil. Elle se compose essentiellement d'une plaque en bois dur, élevée sur quatre pieds, et surmontée de chaque côté d'un certain nombre de montants mobiles.

La longueur et la largeur des formes diffèrent avec les espèces de fil : elles sont plus grandes pour les gros, et plus petites pour les fins numéros. Une même forme peut servir pour les uns et les autres quand il arrive que les montants peuvent se rapprocher suivant la volonté du ployeur.

Certaines formes se meuvent par la mécanique, et la pression exercée sur le paquet est alors plus forte. Dans ce cas, la plaque mobile se soulève au moyen d'un engrenage mû par une manivelle, et les montants, qui sont en fer, sont alors munis d'un fermoir à leur extrémité supérieure. Quand les écheveaux sont en place ce fermoir est aussitôt rabattu, le fil est pressé contre sa surface et le ployeur noue les liens qu'il a eu soin de disposer par avance entre les interstices des montants.

En mettant en paquet, ce dernier doit prendre soin de ne pas confondre les fils des différents métiers, ni de plier des écheveaux incomplètement séchés.

L'empaquetage des fils diffère suivant les numéros. Jusqu'au numéro 5 un paquet se compose de quatre bottes de 25 écheveaux, du numéro 6 au numéro 20 de deux bottes de 50, au-dessus de ces marques, d'un paquet simple ou de deux bottes au plus. Pour les gros numéros, les écheveaux sont ordinairement en long et rangés un par un ; pour les numéros moyens, on en tord souvent deux ensemble ; les fils fins sont ployés en deux ou trois et on en tord toujours plusieurs écheveaux à la fois.

Le ployeur donne aux écheveaux une certaine torsion, légère dans la longueur, un peu plus forte à l'extrémité. Il a soin de ranger toutes les têtes d'une manière symétrique, de façon qu'elles présentent un beau coup-d'œil, et s'il le juge bon, il y passe un peigne qui aligne les fils. Il y a ordinairement quatre têtes pour la largeur d'un paquet.

Aujourd'hui, dans un grand nombre d'usines, on soumet les paquets à l'action d'une presse qui leur fait occuper moins de place. Cet instrument est à volonté, soit la presse hydraulique de Brahma, soit la presse à cric qu'on emploie pour les cotons filés, ou bien encore pour plus d'économie, une planche épaisse surchargée de quelques poids. Dans tous les cas, on ne fait agir la presse, que lorsque tous les écheveaux mis en place peuvent être reliés entre eux (1). Puis, lorsque les paquets sont terminés, on les porte au magasin, en ayant soin de les étiqueter.

Le magasin doit toujours être très-vaste, frais sans humidité et assez élevé. Les fils y sont rangés par sortes et par numéros, et autant que possible pesés pour vérification. Un poids inférieur est un défaut trop marqué, surtout dans une grande quantité de fils,

(1) Selon les divers numéros, on serre les paquets avec un écheveau, un et demi, 2 ou 2 1/2, et les paquets ont 4 ou 5 liens. Les paquets demi-longueur n'en ont que 3 ou 4.

pour qu'on puisse le passer sous silence. Ceci peut provenir, soit
de ce qu'il manque quelques échevettes, soit de ce qu'on a mêlé
des fils de numéros supérieurs au paquet; si le poids est trop
élevé, ceci peut tenir à un séchage imparfait, quelquefois aussi à
un temps pluvieux ou à un mélange avec de gros numéros. On
peut remédier à ces inconvénients au dévidoir ou au séchoir selon
le cas; et le remède devient toujours plus facile quand on connaît
la cause du mal. D'ailleurs, à ce sujet, la pratique est le meilleur
guide.

CHAPITRE XXVI.

Numérotage. — Calcul du numéro.

––––––––

1° NUMÉROTAGE ANGLAIS.

Le numéro indique en mesures anglaises le poids d'une longueur constante de fil. L'unité de longueur est l'échevette de 300 yards, et le poids dont on fait usage est la livre anglaise de 453 grammes. Si une échevette pèse une livre, le fil est du numéro 1 ; s'il faut deux échevettes pour faire la livre ou si l'échevette pèse deux livres, le fil est du numéro 2, et ainsi de suite.

D'après cela, comme le paquet est formé de 100 écheveaux de 12 échevettes chacun, le poids d'un paquet numéro 1 sera comme type :

$$0,453 \times 12 \times 100 = 543 \text{ kilog. } 600 \text{ gr.}$$

Dans le commerce, on prend en nombre rond 540 kilog., comme poids le plus approchant. Or, comme le paquet des numéros 2, 3..... 40, 50, sont la moitié, le tiers..... le 40°, le 50°, d'un paquet N° 1, il suffira, pour avoir le poids d'un paquet de fil, de diviser 540 par le numéro.

On peut, par suite, définir le numéro, *le rapport du poids du paquet type au numéro du fil à obtenir*. Réciproquement, le poids d'un paquet sera : *le rapport du poids du paquet type au poids du fil à obtenir*.

D'après ces données, le numéro d'un paquet de **34** kilog. par exemple sera de :

$$\frac{540}{34} = 16$$

Et le poids d'un numéro 16 sera par réciprocité :

$$\frac{540}{16} = 34 \text{ kilogr.}$$

Le tableau suivant donne les poids des paquets généralement adoptés dans le commerce :

NUMÉROS	POIDS	NUMÉROS	POIDS	NUMÉROS	POIDS
1	540 k.	22	25 k.	100	5k.400
2	270	25	22	110	4 900
3	180	28	20	120	4 150
4	135	30	18	130	4 1/2
5	108	35	16	140	3 850
6	90	38	15	150	3 600
7	78	40	14	160	3 370
8	68	45	12	170	3 170
9	60	50	11	180	3
10	54	55	10	190	2 840
11	49 1/2	60	9	200	2 700
12	45	65	8 1/2	220	2 450
13	41	70	8	240	2 1/4
14	39	75	7 1/2	260	2 070
15	36	80	7	280	2
16	34	85	6 1/2	300	1 800
18	30	90	6	400	1 400
20	28	95	5,750	600	0 900

Lorsque l'on connaît le poids normal d'un paquet, il suffit, pour connaître le *poids d'une échevette*, de diviser par 1,200, puisque le paquet contient 1,200 échevettes. Par suite, on divisera par 100, pour connaître le *poids d'un écheveau.*

Il est naturel que les paquets aient aussi leur *course*, c'est-à-dire, les 350,000 yards obligés. Chacun d'eux doit avoir au kilogramme :

NUMÉRO DU FIL	LONGUEUR au kilogr.	NUMÉRO DU FIL	LONGUEUR au kilogr.
1	605 mètres	55	33275 mètres
2	1210 —	60	36300 —
3	1815 —	65	39325 —
4	2420 —	70	42350 —
5	3025 —	75	45375 —
6	3630 —	80	48400 —
7	4235 —	90	54450 —
8	4840 —	100	60500 —
10	6050 —	110	66550 —
12	7265 —	120	72600 —
14	8470 —	130	78650 —
16	9680 —	140	84700 —
18	10900 —	150	90750 —
20	12100 —	160	96800 —
22	13310 —	170	102850 —
25	15125 —	180	108900 —
28	16940 —	190	114950 —
30	18150 —	200	121000 —
35	21175 —	220	133100 —
40	24200 —	240	145200 —
45	27225 —	260	157300 —
50	30250 —		

2° ESSAIS DE NUMÉROTAGE MÉTRIQUE.

A l'occasion de l'exposition de Vienne, en 1873, un congrès international s'est formé, dans cette ville, par les soins de la chambre de commerce de la Basse-Autriche, en vue de l'unification du mode de numérotage des filés.

Les questions posées étaient les suivantes :

« 1° Quels sont les inconvénients résultant de l'existence des nombreux systèmes de numérotage en vigueur ?

2° Est-il possible d'adopter pour tous les filés un système uniforme ?

3° Si cela n'est pas possible, pourrait-on adopter un système commun pour plusieurs filés différents, ou bien faut-il en adopter un particulier pour chaque filé ?

4° Quel système ou quels systèmes faudra-t-il adopter ?

5° Quelles sont les difficultés qui s'opposent à l'introduction de la réforme projetée, et quelles sont les mesures à prendre pour les écarter ?

6° Quels sont les moyens à employer pour exécuter les mesures reconnues bonnes ? »

On commença par nommer un *Comité préparatoire*, qui proposa au congrès les résolutions suivantes (1) :

« 1° Les systèmes de numérotage de filés actuellement employés gênent et entravent les transactions. Les filés sont un élément important du trafic international, et leur marche se développe avec chaque nouveau traité de commerce, avec chaque nouvelle voie ferrée ou télégraphique, avec chaque Exposition universelle. Des efforts doivent donc être faits pour se débarrasser de ces entraves, et le moment actuel paraît d'autant mieux choisi pour agir dans ce sens, qu'un grand pays producteur, possédant une population de

---

(1) Nous en extrayons seulement ce qui a rapport aux fils de lin.

70 millions d'habitants, vient de renoncer à son système de poids et mesures, pour se rallier au système métrique.

2° Il paraît fort possible, à la condition de tenir compte des différences de nature des diverses matières textiles, et de choisir des unités de longueur et de poids convenables, d'adopter un principe unique pour le numérotage des filés de toutes matières.

3° Le principe commun de numérotage à recommander est le suivant :

Le numéro sera donné par le nombre de mètres que comprend un poids donné, tel que un gramme, un décag., un hectogr. ou un kilogr.

La manière dont les filés sont facturés dans le commerce étant indépendante du système de numérotage, et certaines nécessités pratiques devant être prises en considération, les différentes espèces de filés seront, ainsi que cela s'est pratiqué jusqu'à ce jour, vendues dans le commerce, les unes au poids, les autres à la longueur.

4° Il y a lieu de recommander, comme développement de la circonférence des dévidoirs :

Pour les filés de lin 2 1/2 mètres.

5° Les changements aux appareils de dévidage, nécessités par l'adoption d'une nouvelle méthode de numérotage, sont des moins importants ; ils consistent dans le remplacement des romaines et de la lanterne des dévidoirs. Les frais et dérangements occasionnés par ces changements, sont absolument insignifiants, lorsqu'on les compare aux avantages considérables que procurera l'adoption de la nouvelle méthode.

6° Pour faire entrer dans la pratique les résolutions du Congrès il faut utiliser la voie de la presse, l'aide et les efforts des Sociétés industrielles, des Bourses de marchandises, des Chambres de commerce et autres corporations similaires, au besoin même employer les prescriptions légales. Le meilleur moyen de propagande serait toutefois l'entente libre et spontanée des filateurs. Il sera constitué un Comité international permanent, composé d'au

moins sept membres pris soit dans le sein du Congrès, soit même
en dehors de ses membres. Ce Comité se réunira à partir de
l'année 1874, au moins une fois par an, pour constater les
résultats obtenus, et décider les mesures à prendre pour arriver
à réaliser de nouveaux progrès.

— En France, à la même époque, une réunion de filateurs
français s'est tenue au Conservatoire des Arts et Métiers, pour
discuter d'une façon préliminaire sur ce sujet et préciser la forme
sous laquelle il conviendrait de faire connaître à la conférence
internationale de Vienne l'opinion des industriels de notre pays.

L'assemblée a été d'avis à l'unanimité :

1° Que l'unification du numérotage des fils était une des réformes
les plus désirables ;

2° Qu'elle devrait se faire en prenant pour base le système
métrique ;

3° Qu'on adopterait de préférence comme système de titrage
celui qui établirait le numéro d'après la longueur du fil contenue
dans un poids fixe et déterminé, ce dernier étant, d'ailleurs,
choisi selon la nature de chaque fibre et de manière à satisfaire à
toutes les exigences de la pratique, en fraction décimale du
kilogramme.

— Enfin, le Congrès international se réunit à Vienne et con-
sacra quatre séances à l'examen de la question.

— Dans la première séance, on adopta, après une courte
discussion, les deux premières propositions du Comité préparatoire,
à peu près dans la même formule.

En deuxième séance, on discuta la troisième proposition, en
examinant surtout les deux principes généraux applicables :
numérotage à la longueur et numérotage au poids ; et l'on conclut
à la nécessité d'adopter le premier système.

La troisième séance commença par une discussion sur le numérotage des soies (que nous laissons de côté), puis on en vint à
l'examen de diverses propositions ayant rapport à la base qui
serait prise, comme unité de longueur ou de poids. On finit par

laisser au Comité le soin de poser un principe, et après quelques minutes de délibération, la formule suivante fut adoptée à l'unanimité des voix : « Le système métrique est le principe de numérotage le plus recommandable. Les numéros des filés seront fixés sur la base du nombre de mètres que représente un gramme. »

En quatrième séance, on régla les conditions d'exécution de ce principe : un *strœhn* (écheveau) devrait contenir 1,000 mètres et aurait des subdivisions de 100 mètres, — quant à la circonférence du volant, elle serait fixée ultérieurement par un *Comité permanent* qui devrait demander l'avis des différents intéressés.

Un second Congrès International se réunira à Bruxelles, en 1874.

— Pour notre part, la méthode qui, à première vue, nous semblerait préférable si on adoptait un système de dévidage français, serait la base de 1,000 mètres au kilo par demi-écheveau. Seulement, on donnerait 2 m. au périmètre du volant, 100 tours formeraient alors une échevette de 200 mètres (2 × 100), 10 échevettes un écheveau de 2,000 mètres et 100 écheveaux un paquet de 200,000 mètres. Le poids du N° 1 serait de 200 kilogs. — Si l'on donnait 1,000 mètres au kilo par écheveau comme il en est question à Vienne, il serait beaucoup plus difficile de trouver une différence suffisante et pratique dans le poids des hauts numéros, on pourrait s'en convaincre par un tableau comparatif. Il serait même opportun de considérer si l'emploi de numéros fractionnaires ne deviendrait pas obligatoire, les numéros compris entre 1 et 20 différant entre eux de 1/2, 1/3, 1/4, et ceux au-dessus de 20 de 1/20 seulement.

3° DIVISION DES PAQUETS EN IRLANDE, BELGIQUE ET ÉCOSSE.

En Irlande, on divise les paquets par *bundles*. Or, le bundle étant le sixième d'un paquet anglais, il faudra multiplier son prix par 6 pour avoir la valeur réelle (*voir Dévidage, ch. XXIV.*)

En Belgique, le paquet n'étant composé que de trois bundles, les paquets belges sont la moitié des paquets anglais, et n'ont par conséquent que 50 écheveaux.

En Ecosse, on compte par *spingles*. Un spingle est le 25ᵉ du paquet anglais, la valeur doit donc être multipliée par 25.

On peut trouver dans un tableau de prix de Dundee les indications suivantes : 3 ibs = 2 sch. 6 1/2. Cela veut dire que le spingle qui pèse trois livres anglaises, vaut 2 schilling 6 deniers 1/2. Pour connaître le poids qui correspond à cette valeur, on multiplie par 25 et par 0,453 gr. (équivalent de la livre anglaise).

$$25 \times 3 \times 0,453 = 34 \text{ kilogs}$$

En se reportant au tableau qui détermine le poids de chaque paquet, on trouve que ce nombre correspond au numéro 16.

4° CALCUL DU NUMÉRO ANGLAIS.

Les données indispensables à connaître pour arriver à la formation d'un numéro de fil sont les étirages de chaque machine, les doublages nécessaires pour la régularité des rubans, la longueur et le poids du ruban primitif et la torsion à donner à la mèche. Quand on est en possession de ces indications, on est vraiment maître des machines et on les gouverne à sa guise.

Chaque métier, nous l'avons vu, étire plus ou moins selon le pignon qu'on emploie ; or, comme on a à sa disposition quatre ou cinq étirages différents pour la plupart des machines, on peut les combiner et les varier à l'infini pour obtenir divers résultats. On n'a donc besoin d'aucun autre moyen que celui-là pour amener son ruban au degré de finesse nécessaire et obtenir en numéro de fil tel resultat que l'on voudra.

Ceci vient encore à l'appui du conseil que nous donnions plus haut, de n'avoir qu'une seule et même manière d'étaler pour tous les numéros du fil. Rien n'empêche de placer constamment les poignées à la même distance, puisque les changements du pignon suffisent à donner l'allongement nécessaire.

Il est indispensable, dans tous les cas, de savoir faire usage des pignons. Quand on ne connaît pas la manière de s'en servir, ce n'est jamais que par un tâtonnement plus ou moins long que l'on peut arriver au numéro exact qu'on veut obtenir. Chaque fois que l'on change de numéro, ce qui peut arriver très-fréquemment, c'est un nouveau tâtonnement à faire.

La première fois qu'on se trouve en présence de machines qui n'ont pas fonctionné ou que l'on ne connait pas encore, la première chose dont on doive s'occuper, c'est de chercher quels sont les divers étirages qui correspondent aux pignons qu'on peut leur appliquer. Lorsqu'on les connaitra parfaitement, on pourra calculer son numéro d'après la méthode qui conviendra le mieux. On donnera le nombre de doublages nécessaires aux préparations et on réglera les torsions d'une manière convenable.

Ce n'est cependant que par la pratique que l'on peut arriver à régler cette torsion, comme à calculer la perte occasionnée par les déchets. Les étirages et les doublages peuvent avoir été très-bien combinés pour un numéro donné, mais le calcul est fautif, si l'on ne tient pas compte de la torsion ni des déchets.

On conçoit que cette torsion, raccourcissant le fil, augmente le poids du paquet, tandis que le déchet le diminue d'autant plus que le lin est plus grossier et plus chargé de matière gommeuse. Nous donnerons plus loin une méthode qui fait savoir d'une manière approximative le gain occasionné par la torsion. Mais la connaissance de la matière est indispensable pour juger de la perte qui provient du déchet. Cette perte varie avec chaque espèce de lin ; ainsi, les lins de Bergues perdent environ 3 1/2 pour 100, les lins de la Lys, 2 à 3 pour 100, les lins de Douai, 4 à 5 pour 100, les lins de Normandie 2 1/2 à 3 pour 100, les lins Picards, 4 1/2 à 6 pour 100, etc., etc. ; en somme, elle est en moyenne de 2 à 4 pour 100 pour les lins rouis à l'eau, et de 3 à 6 pour 100, pour ceux rouis sur terre.

Dans tous les cas, les méthodes employées pour le simple calcul des numéros sont multiples et varient avec chaque usine. Les uns emploient le système le plus complexe, qui est de déterminer le numéro à la table à étaler d'abord, puis aux bancs d'étirage, ensuite au banc-à-broches, et en dernier lieu, au métier à filer. Les autres, qui ne veulent pas avoir l'embarras de changer constamment leurs pignons, déterminent le poids de l'assortiment derrière le premier étirage, et donnant à chacune des machines un étirage moyen, ne changent que les pignons du banc-à-broches et du métier à filer. Ce dernier système est fort employé dans les filatures où le grand nombre de machines de préparation permet de n'appliquer que quelques systèmes par série.

On doit autant que possible arriver au poids mathématique du paquet, mais ceci est assez difficile. Dans tous les cas, l'erreur doit être assez peu sensible, c'est pour cela que l'on règle les dévidoirs de manière à toujours obtenir une bonne mesure.

Nous allons indiquer quelques méthodes d'après lesquelles on pourra se guider.

*
* *

Adoptons par exemple les nombres suivants :

La longueur marquée par la sonnette de la table à étaler étant supposée de 500 yards, et l'assortiment derrière le premier étirage ayant un poids de 90 kilogs, nous avons ensuite :

Étirage du premier banc d'étirage. .	16	
Étirage du deuxième banc	16	
Doublage		18
Étirage du troisième banc	14	
Doublage		8
Étirage du banc-à-broches	14	
Étirage du métier à filer.	9,54	

La longueur totale s'obtiendra en multipliant la longueur primitive, soit 500 yards, par les étirages multipliés les uns par les autres :

$$Longueur\ totale = 500 \times 16 \times 16 \times 14 \times 14 \times 9{,}54 = 259194880\ yards$$

Le produit du poids de l'assortiment par les divers doublages donnera le poids correspondant :

$$Poids\ total = 90 \times 18 \times 8 = 1296\ kilogs.$$

Ces données établies, il suffira d'une simple règle de trois pour arriver au résultat définitif, qui est le poids du paquet du numéro produit :

$$\frac{Longueur\ totale}{Poids\ total} = \frac{Longueur\ du\ paquet}{Poids\ du\ paquet}$$

Dès lors, si nous désignons le poids à trouver par x, nous aurons :

$$\frac{259194880}{1296} = \frac{360{,}000}{x}$$

$$x = \frac{1296 \times 360{,}000}{259194880}$$

$$= 18\ kilogs.$$

Ce poids correspond au numéro 30. Mais jusqu'ici il n'est que théorique, parce qu'il a été calculé sans que nous tenions compte de la torsion ni du déchet. Nous devons donc d'un côté produire une diminution, de l'autre un gain, et cela se fera, soit sur le poids de l'assortiment, soit sur la somme des doublages, soit sur l'un des étirages.

Nous donnerons plus loin la manière de calculer le gain occasionné par la torsion, supposons qu'il soit de 12 pour 100. Si la perte venue de l'évaporation est de 3 pour 100, on aura comme total 12 pour 100, moins 3 pour 100, soit 9 pour 100.

Si on veut diminuer l'assortiment, on aura pour poids réel :

$$109 : 100 : : 90 : x.$$

$$x = 83 \text{ k. } 500.$$

Si l'on veut changer au métier à filer, on a :

$$100 : 109 : : 9,04 : x.$$

$$x = 0,85.$$

Au banc-à-broches :

$$100 : 109 : : 14 : x.$$

$$x = 15,28.$$

* *
*

Voici un autre système qui permet encore d'arriver à un bon résultat :

Je suppose qu'on ait à faire du fil N° 25.

La table à étaler donnant toujours 500 yards par coup de sonnette, on étale 5 kilogr. 500 pour cette longueur. Le doublage du premier étirage étant de 18, son étirage de 16, on a :

$$\frac{5,500 \times 18}{16} = 6,187 \text{ grammes.}$$

On réunit au second étirage 12 rubans du premier banc, on étire de 14,5, ce qui donne :

$$\frac{6,187 \times 12}{14,5}$$

47

En réunissant 8 rubans du second étirage au troisième, étirant de 14,5, on a encore :

$$\frac{6,187 \times 12 \times 8}{14,5 \times 14,5} = 2,824 \text{ grammes.}$$

Je donne 12 d'étirage au banc-à-broches et j'ai :

$$\frac{2,824}{12} = 235 \text{ gr. } 35 \text{ pour } 500 \text{ yards.}$$

Le poids de 360,000 yards, longueur d'un paquet, sera donc :

$$\frac{235,35 \times 360,000}{500} = 169 \text{ kil. } 452.$$

Le poids du paquet N° 25 étant de 22 kilogs, l'étirage que je devrai donner au métier à filer, pour produire le numéro voulu, sera de :

$$\frac{169,452}{22} = 7,25.$$

Comme nous l'avons dit plus haut et démontré, on fait subir une différence à ces données en tenant compte de la torsion et de l'évaporation.

* * *

On trouve encore le numéro en cherchant tout d'abord le numéro de ruban de la table à étaler, pour arriver finalement au numéro du fil lui-même.

Ainsi, nous avons dit qu'un grand nombre de tables à étaler étaient réglées à 11 livres ou 5 kil. 500 par 500 yards.

Le poids d'un yard de ruban sera :

$$\frac{5,500}{500}$$

Le poids de 360,000 yards :

$$\frac{5,500 \times 360,000}{500} = 3,960 \text{ kilogs.}$$

Le ruban dont un paquet normal pèserait 3,960 kilogs constituerait un fil 3,960 fois plus gros que le N° 1 qui en pèse 540. Le numéro au sortir de la table à étaler serait donc :

$$\frac{1 \times 540}{3,960} = 0,014.$$

En multipliant par le produit de tous les étirages, et divisant par le produit des doublages, on obtiendrait le numéro du fil, sauf les déductions.

Autre exemple. — Une étaleuse est chargée à 24 kilogs pour 364 mètres, étirage 7 ; on demande le numéro au sortir de la table.

La longueur sortant de la table sera :

$$364 \times 7 = 2,548 \text{ mètres.}$$

La longueur de ruban pesant une livre anglaise sera donnée par la proportion :

$$2,548 : 24 : : x : 0,453$$

$$x = 48 \text{ mètres.}$$

Si, une livre anglaise de 453 grammes est contenue dans

48 mètres, autant de fois 48 contiendra 274^{m}2 (300 yards), autant il y aura d'échevettes, et le quotient exprimera le numéro :

$$\frac{48}{274,2} = 0,175.$$

Autre exemple. — Le calcul pourrait encore se faire d'après une marche identique si le numérotage français arrivait à se substituer au système anglais. Prenons par exemple le système de 1,000 mètres à la livre. La table à étaler donne 457^{m}5 par coup de sonnette, pesant 3 kilogs. Pour une livre ou 500 grammes on aura donc :

$$3 : 457,5 : : 500 : x.$$

$$x = 76,25.$$

Or, 76,25 multiplié par 1,000 mètres, longueur d'un écheveau français, donne pour numéro du ruban sortant de la table à étaler 0,07625.

Un doublage de 10 sur le premier étirage réduit ce numéro à 0,007,625.

Mais avec un étirage de 20 sur cette machine, il revient à 0,1525.

Doublage de 12 sur un second étirage :

Étirage de 10 sur la même machine : 0,127.

Doublage de 3 sur banc-à-broches : 0,0423.

Étirage de 10 : 0,423.

Numéro définitif avec un étirage de 5,88 sur métier à filer : 2,48

Soit 8 1/2 anglais.

Ce qui donne en résumé :

	Doublages.	Étirages.
1er Étirage.	10 rubans.	20
2e Etirage	12 »	10
Banc-à-broches . . .	3 »	10
Métier à filer. . . .	»	5,88
Produits	360 »	117,60

$$\text{Or,} \quad \frac{117,60}{360} = 32,66$$

Multipliant par 32,66 le numéro du ruban de la table à étaler, on trouve pour le numéro du fil 2,49. Numéro anglais 8 1/2.

*
* *

On arrive encore à calculer un numéro par la détermination du poids de l'assortiment derrière le 1er étirage, et après avoir combiné à l'avance un système d'étirages et de doublages.

L'on veut, par exemple, faire du N° 30 avec les doublages et étirages suivants :

Étirage du 1er étirage	. . . .	20	
" 2e "	. . . .	16	
" 3e "	. . . .	14	
" banc-à-broches	. . . .	12	
" métier à filer.	. . . . .	8	
Doublages du 2e étirage.	. . . . .		12
" 3e "	. . . . .		6

La longueur de ruban fournie par le 1er étirage étant de 200 yards, soit 182^{m}80, elle deviendra d'autant plus grande qu'elle sera plus de fois étirée, et d'autant plus faible que les doublages seront plus répétés. Elle sera au sortir du métier à filer :

$$\frac{182,80 \times 20 \times 16 \times 14 \times 12 \times 8}{12 \times 6} = 1,091,925 \text{ mètres}$$

Le poids du N° 30 étant de 18 kilogs, la longueur en mètres de 329,040, le poids de l'assortiment nous sera donné par la proportion :

$$18 : 329,040 : : x : 1,091,925.$$

$$x = 60 \text{ kilogs.}$$

On fait subir à ce poids la réduction nécessaire en vue de la torsion et de l'évaporation en filature.

* *

Nous avons vu que toutes ces données pouvaient être modifiées à *l'étirage* ou à *l'assortiment*, mais il est évident que l'on peut aussi changer au *doublage*. Le raisonnement se ferait dans ce cas de la manière suivante : le doublage actuel de l'un des étirages est au doublage à trouver, comme le poids du numéro actuel est au poids du numéro qu'on veut avoir.

Pour changer au doublage de deux étirages, ce serait :

Le produit des trois doublages actuels est au produit des doublages qu'on cherche, comme le poids du numéro actuel est au poids du numéro cherché.

On pourrait observer que ces raisonnements supposent que l'on se guide d'après un numéro déjà trouvé, aussi est-il tout aussi facile de changer suivant le *rapport des poids*. Ainsi veut-on varier l'assortiment d'un N° 30 pour faire un N° 35, le changement doit avoir lieu dans le rapport de 18, poids du premier numéro, à 16, poids du second.

Veut-on changer un assortiment de 90 kilog., on aura :

$$90 : x : : 18 : 16.$$

$$x = \frac{90 \times 16}{18} = 80 \text{ kilogs.}$$

Remarquons que l'on a, en outre, non-seulement à opérer tous ces changements sur le doublage, l'étirage ou l'assortiment, mais sur *plusieurs* de ces données ensemble.

*
* *

Pour déduire la *perte* occasionnée par l'évaporation, on se guide sur la nature du lin que l'on emploie. Pour connaître le *gain* donné par la torsion, on se fonde sur ce principe que le N° 25 tordu 10 tours par pouce anglais donne 10 pour 100 de perte en longueur. Or, si ce numéro donne 10 pour 100 de perte, le numéro 1 en donnera 25 fois plus, soit 250, et perdra, si on ne le tord qu'une seule fois, 10 fois moins, soit $\frac{250}{10} = 25$. Et, si l'on file du numéro 30 au lieu du numéro 1, la perte sera 30 fois moindre, soit $\frac{250}{10 \times 30}$ En outre, si au lieu de tordre un tour par pouce, l'on tord 11 tours 50 centièmes, on aura une perte de 11,50 plus forte, ou

$$\frac{250 \times 11,50}{10 \times 30} = 9,60 \text{ p. }\%.$$

On prend, pour opérer plus facilement, un nombre toujours constant, en posant pour point de départ le numéro 1 tordu 1 par par pouce, ce qui donne :

$$\frac{250}{10} = 25 \text{ nombre constant.}$$

Si on calcule sur la torsion par décimètre, le nombre constant est 6,33, d'où la règle suivante :

La perte en longueur que fait subir la torsion à un numéro s'obtient en multipliant la torsion par pouce de ce numéro, par 25 ou 6,33 et divisant par ce numéro. D'après cela, on résoudra facilement la question suivante :

Quelle est la perte qu'occasionne la torsion au numéro 80, tordu 19 tours par pouce ;

$$\frac{19 \times 25}{80} = 5,80 \text{ p. } \%$$

Quelle est la perte occasionnée au même numéro tordu 19 tours par décimètre ?

$$\frac{19 \times 6,33}{80} = 1 \ 1/2 \text{ p. } \%$$

Pour connaître la perte de torsion, on emploie encore parfois des multiplicateurs constants qui varient avec le genre de lin employé. Le nombre adopté multiplié par le nombre de tours par pouce et divisé par le numéro à former, donne l'augmentation pour cent en poids occasionné par la torsion.

Ces multiplicateurs sont :

30 : pour les lins secs et durs, jaunes ou autres couleurs, tordus pour chaine et trame.

25 : pour les lins de couleurs rouis à l'eau tordus pour chaine.

20 : pour les mêmes lins tordus pour trame.

Les Nᵒˢ 25, 30, 40, par exemple, tordus 10 par pouce et produits par un lin jaune, pour chaine, perdront :

$$10 \times 30 : 25 = 12 \ \%$$
$$\text{\textquotedblright} \quad : 30 = 10$$
$$\text{\textquotedblright} \quad : 40 = 7 \ 1/2$$

Les Nᵒˢ 80, 90, pour chaine, tordus 20, produits par un lin de couleur, roui à l'eau, perdront :

$$22 \times 25 : 80 = 6 \ 1/4.$$
$$: 90 = 5,55$$

L'augmentation de torsion étant connue, on doit diminuer la perte d'évaporation pour avoir la perte brute. Il va sans dire que le lin long perd plus que le lin coupé.

*
* *

On se sert souvent dans les filatures, pour connaître l'étirage à donner d'après la torsion au métier à filer, d'une *machine à diviser* à laquelle on joint une romaine. La romaine sert à donner le poids d'une certaine longueur de mèche. Or, cette longueur est fournie par la machine qui se compose d'un cercle de un yard de circonférence pouvant tourner sans arrêt 360 fois sur lui-même. En sortant du banc-à-broches, on mesure 360 yards de mèche, ce qui forme la millième partie du paquet, et on pèse à la romaine la longueur obtenue.

Supposons qu'on ait mesuré 360 yards, ayant pour poids 600 grammes, on cherche quel étirage on devrait donner au métier à filer pour produire du numéro 12, en adoptant la torsion de 10 tours par pouce.

On raisonne ainsi qu'il suit :

En tordant le numéro 12 de 10 tours par pouce, on lui occasionne une perte en longueur de $\dfrac{10 \times 25}{12} = 20$ %. L'on devra donc ou bien 1° ajouter cette quantité au poids trouvé, ou bien 2° augmenter l'étirage du métier à filer de ses $\dfrac{20}{100}$

Nous allons examiner chacune de ces deux méthodes.

D'après la première méthode on raisonne ainsi :

$$\text{Si } 600 \text{ gr. pèsent } \dfrac{600 \times 20}{100} = 120.$$

$$1 \text{ mètre pèse } \dfrac{120}{329}$$

43

360000 yards ou 329040^m pèsent $\dfrac{329040 \times 120}{329} = 120$ kil.

$$\text{Étirage à donner } \dfrac{120}{45} = 2,70.$$

Si l'on se sert de la seconde méthode, on multiplie 600 grammes par 1000 puisque c'est la millième partie du paquet, et l'on divise par 45, poids du paquet.

L'étirage est de 60 kilog. divisé par 45, soit 1,35. Diminuant le poids 20 % qu'il y aurait en superflu par le fait de la torsion, on trouve $\dfrac{1,35 \times 20}{200} = 2,70$. (Le résultat est évidemment le même, par l'un ou l'autre système.)

Ces méthodes logiques pour trouver l'étirage de filature sont souvent, dans la pratique, remplacées par d'autres systèmes, dont la plupart reviennent toujours au même principe. En voici quelques exemples :

1° On mesure sur trois bobines 36 yards de mèche dont on prend le poids moyen. Le nombre de grammes que pèse cette longueur multiplié par 10 plus la perte et divisé par le poids du paquet à obtenir, donne l'étirage de filature.

On a donc :

$$\frac{\text{Poids de 36 yards} \times 10 + \text{perte}}{\text{Poids à obtenir}} = \text{étirage de filature}$$

2° Partant de ce principe qu'une longueur de 10 yards du N° 1 pèse 15 grammes, on commence par chercher pour le numéro à former le nombre de yards qu'il faudra pour un poids de 15 grammes. On l'obtient en divisant la longueur totale de la mèche par le produit du poids de l'assortiment avec les doublages et par 66,6 auquel on ajoute la perte. Le quotient obtenu multiplié par 360,000, et divisé par 15, multiplié par le poids à obtenir donne l'étirage brut (moins la perte). Cette méthode, employée souvent par les directeurs anglais, peut ainsi se résumer :

$$\frac{\text{Longueur de mêche.}}{\text{Poids de l'assort.} \times \text{doubl.} \times 66,6 + \text{perte}} = \text{yards p. 15 gr. ou } a.$$

$$\frac{a \times 360,000}{15 \times \text{Poids à obtenir}} = \text{étirage brut.}$$

$$\frac{\text{N}^\circ \text{ du fil} \times 10 + \text{perte}}{a} = \text{étirage de filature.}$$

3° Pour trouver cet étirage, quelques praticiens multiplient encore la longueur de l'assortiment avec celle obtenue au banc-à-broches par le poids du numéro qu'ils veulent avoir, et ils divisent ce produit par le poids de l'assortiment, multiplié par le doublage. Ils divisent ensuite 360,000 yards, longueur du paquet, par le quotient obtenu dans cette première opération et ils ajoutent la perte.

4° On pourrait encore, pour trouver l'étirage de filature, diviser simplement le numéro à produire par le numéro de mêche au banc-à-broches, etc., etc.

5° QUELQUES FORMULES.

Pour résoudre la plupart des problèmes qui se présentent en filature, on pourrait s'aider de quelques formules.

Proposons-nous, par exemple, de trouver l'étirage à donner au métier à filer, et prenons pour base les quantités suivantes :

l longueur de l'assortiment.
P poids   „
e produit des étirages.
d „   doublages.
n poids du paquet à former.
p perte.

Pour avoir, au sortir du banc-à-broches, le poids de la longueur que la table à étaler fournit par coup de sonnette, nous multiplierons le poids de l'assortiment par les doublages, et nous diviserons le tout par le produit des étirages.

Nous aurons alors :

$$\frac{P \times d}{e}$$

Le poids du paquet de 360,000 yards sera par conséquent :

$$\frac{\left(\dfrac{P \times d}{e}\right) 360,000}{l}$$

Nous aurons l'étirage à donner au métier à filer en divisant cette quantité par n, poids du paquet, et en ajoutant au tout la perte subie p.

$$\left(\frac{\dfrac{(P \times d)}{e} \times 360,000}{l} : n\right) + p.$$

Ou en réduisant :

$$\frac{P \times d \times 360,000}{l \times e \times n} + p.$$

Cette formule nous donnera, pour le poids de l'assortiment :

$$\frac{l \times e \times n}{d \times 360,000} - p.$$

Pour la longueur de l'assortiment.

$$\frac{P \times d \times 360,000}{e \times n} + p.$$

Pour le poids du paquet :

$$\frac{P \times d \times 360,000}{l \times e} + p.$$

Et ainsi de suite....

CHAPITRE XXVII.

Résumé du travail des étoupes.

Les étoupes, qui proviennent du peignage du long brin, ont besoin, pour être transformées en fil, d'être nettoyées et redressées, de manière à former un ruban continu ou une nappe unie. Le nettoyage s'opère au moyen de *batteuses* et de *peigneuses*, le redressement des fibres et leur transformation en ruban s'obtiennent par l'intermédiaire des *cardes*.

* * *

· Nous avons vu que les compartiments des caisses placées au-dessous des machines à peigner, correspondaient à autant de séries graduellement agencées, et recevaient, selon leurs divisions, un assez grand nombre de sortes d'étoupes. On distingue le plus souvent trois genres dans ces étoupes : les *grosses*, les *moyennes* et les *fines*. C'est la classification qui doit résulter de tout peignage bien ordonné.

Les premières, qui proviennent de l'émouchetage, sont les plus mauvaises et les plus dures. Ce sont celles qui s'enlèvent du premier coup de peigne et qui proviennent du pied et de la tête. On les désigne sous le nom d'émouchures, codilles, etc.

Du peignage de la mèche sur les pointes les plus grosses résulte un second genre d'étoupes, dont les filaments de très-bonne nature, mais encore grossiers, peuvent donner des résultats satisfaisants.

Les peignes fins fournissent une troisième classe d'étoupes, de même nature que celles du second genre, mais composées de filaments plus ténus et plus divisés.

* * *

Dans la filature française, on soumet généralement les étoupes au travail des *cardes*, directement après le peignage du lin et sans aucune préparation ; mais on ne peut, en agissant ainsi, obtenir des fils bien réguliers et dépouillés de paille. Il arrive même que ces étoupes ne sont *cardées* qu'après que les dents de cardes ne peuvent produire l'effet désirable dans leur ensemble, c'est-à-dire après avoir été entassées dans des sacs, où elles se serrent, deviennent compactes, et en quelque sorte semblables à des boules.

Il n'est pas douteux cependant que la préparation préliminaire des étoupes ne donne les meilleurs résultats. Dans la filature de coton, par exemple, les cotons, sortant des ballots où ils ont été entassés, sont préparés au cardage par des machines spéciales, telles que le batteur-éplucheur et le batteur-étaleur. Pour la filature des étoupes, il faudrait quelque chose de semblable.

D'ailleurs, on a aujourd'hui si bien compris l'avantage qui résulterait de la préparation préliminaire des étoupes, que depuis quelque temps déjà certaines filatures françaises possèdent des appareils spéciaux, dont le but est de dégager ces filaments et de les débarrasser des impuretés dont ils sont chargés.

De ces machines, quelques-unes même sont assez anciennes. Telle est, par exemple, celle que l'on connaît sous le nom *d'escargot*, et qui agit comme la vis d'Archimède dont elle a à peu près la forme. Elle reçoit l'étoupe d'un côté et la rend de l'autre ouverte et nettoyée.

Le *diable* est dans le même cas. Cet appareil a l'apparence d'une caisse haute, ouverte seulement sur le devant. A la partie supé-

rieure, un arbre à double coude communique un mouvement alternatif de haut en bas à une série de baguettes en bois ; les étoupes,
jetées sur ces baguettes y sont agitées quelque temps, et tombent
bientôt pour faire place à d'autres. A la partie inférieure, elles sont
reçues sur un grillage incliné et ramenées vers l'ouvrier. Afin de les
maintenir sur l'extrémité des baguettes, on place vers le milieu de
celles-ci une cloison verticale, qui leur laisse cependant jeu libre.
Cette machine produit beaucoup de poussière.

Les appareils nouveaux du même genre sont peu ou pas employés.
Nous citerons comme l'une des machines les mieux coordonnées,
celle de MM. Brasier et Hodgkin : une première toile sans fin,
suivie de deux cannelés alimentaires, apporte l'étoupe qui est saisie
par deux cylindres ou tambours successifs, de diamètres différents,
garnis à leur circonférence de battes alternativement droites et
ondulées, et sort nettoyée sur une seconde toile sans fin. Au-
dessous des cylindres enveloppés de toutes parts, une claie métallique laisse tomber à la partie inférieure de la machine les corps
étrangers d'une certaine densité. Les poussières les plus légères
sont aspirées par un ventilateur placé au-dessus de la toile de sortie.

Les appareils, improprement appelés *peigneuses d'étoupes*, et
que l'on emploie parfois après le premier cardage, sont connus
depuis quelques années seulement. Ce sont des machines encore
très-imparfaites, d'un prix assez élevé, d'une marche très-lente et
de peu de rendement : elles donnent pourtant de très-bons résultats. Il nous serait assez difficile d'en donner une exacte description
sans l'aide de figures. — Nous nous proposons, dans un travail
spécial, d'examiner les avantages que l'on peut réaliser par leur
intermédiaire. Nous y traiterons aussi des résultats obtenus avec
les peigneuses du système Heilmann, jusqu'ici employées presque
exclusivement pour laine et coton, mais qui fonctionnent en grand
nombre pour le peignage des étoupes dans certains établissements
anglais.

*
* *

La *carde* fait partie de toutes les filatures. Le redressement des fibres qui constituent l'étoupe se poursuivant successivement sur plusieurs machines, on distingue deux genres dans les cardes : la *briseuse* et la *finisseuse*, appareils qui diffèrent principalement par le nombre des cylindres qui les composent et les numéros des garnitures employées.

Pour les numéros au-dessous de 30, on n'emploie qu'un seul genre de carde, la finisseuse ; pour ceux au-dessus de 30, on emploie la même carde avec des garnitures moins fines, en la décorant du nom de *repasseuse*, et l'on fait tout d'abord passer les étoupes sur la briseuse.

Nous décrirons tout d'abord la carde ordinaire.

L'organe principal est un *tambour*, ainsi nommé parceque c'est lui qui dans toute la machine offre la plus grande surface. Ce tambour tourne constamment et opère le travail des étoupes avec les cylindres qui lui sont juxtaposés : son diamètre varie de 4 à 6 pieds, et sa vitesse, toujours en raison inverse du diamètre, de 175 à 225 tours. Le tambour et les cylindres sont armés d'aiguilles à leur surface.

Un seul ouvrier suffit pour la manœuvre de la machine, car les cylindres alimentaires *(fournisseurs)* sont placés du côté de la sortie des rubans. Cette sortie est facilitée à l'aide de doffers ou *peigneurs*, au nombre de trois ou quatre, qui permettent d'obtenir plusieurs rubans à la fois, se *doublant* près du pot.

Une table horizontale placée à hauteur d'homme et munie de toiles sans fin facilite l'alimentation. Chacune des toiles est divisée en plusieurs parties égales, déterminées par une ligne coloriée, et sur lesquelles l'ouvrier étend la quantité d'étoupes fournie par les pesées d'une balance. L'uniformité dans la pesée et l'étendage des étoupes sont les seuls moyens d'obtenir la régularité du ruban.

Deux fournisseurs à dents obliques fournissent constamment la matière amenée par les toiles, pour la présenter à un cylindre que l'on nomme *délivreur*, parce que c'est lui qui la délivre au tambour. Sur la circonférence de ce dernier est disposée une série de six à huit paires de petits cylindres hérissés d'aiguilles. Chaque paire se compose d'un débourreur et d'un travailleur. Les *travailleurs* sont établis autour du grand tambour et tournent lentement sur leurs axes au rebours de sa rotation. Ils dressent et étirent les étoupes qu'ils enlèvent à ce dernier, et les transmettent, avant de revenir au point de rencontre, aux *débourreurs* qui leur sont contigus. Ceux-ci, qui marchent toujours plus vite, les reprennent à revers pour les restituer au tambour. Le déchet est reçu dans un énorme récipient creusé à dessein sous la carde.

Le cardage comporte donc deux principes : d'une part, la division et le partage des étoupes entre deux cylindres tournant de façon à se présenter leurs dents ; d'autre part, le passage de ces étoupes sans aucun travail lorsque l'un des cylindres présente le dos de ses aiguilles aux pointes de l'autre. Ces deux principes trouvent leur application dans les différents points du grand tambour où se rencontrent des débourreurs et des fournisseurs.

Généralement, les fournisseurs sont suivis de deux débourreurs, dont le second dégage le premier de l'étoupe qui lui est transmise, La matière, qui se trouve de la sorte immédiatement ouverte, est moins déchirée sur les paires de cylindres qui suivent, et par suite se travaille plus facilement.

Lorsque la matière textile arrive au sommet du tambour, elle est aussitôt saisie par les peigneurs. La denture de ces cylindres traverse un ruban continu de cuir d'une faible largeur enroulé en spirale sur leur surface, tandis que les garnitures du tambour faites sur plaques de bois rectangulaires et bombées, sont juxtaposées suivant des lignes parallèles à la génératrice de l'axe.

Les peigneurs, marchant très-lentement, sont superposés à l'entrée de la carde, et dégagent l'étoupe dont ils se chargent au moyen d'un doffing-knife agissant à leur surface. Celle-ci, s'échappant sous forme de *nappe* se rétrécit peu à peu et s'engage enfin sous forme de *ruban* entre le rouleau d'appel et son rouleau de pression. En avant des peigneurs sont deux *étireurs* qui fonctionnent absolument comme les rouleaux des étirages.

L'étoupe est enfin reçue par un petit *étirage*, nommé *Rotary gills*, disposé sur le côté de la machine, qui l'étire ordinairement de 4, et l'amène dans un pot, où la longueur débitée est déterminée par un compteur à sonnette.

La *briseuse*, dons nous avons parlé plus haut, ressemble tout-à-fait à la finisseuse que nous venons de décrire, mais n'a plus que quatre paires de cylindres autour du tambour, et un seul peigneur fixé par derrière. L'étoupe tombe alors en une nappe continue qui s'amasse peu à peu, et que l'on recueille pour étaler sur la toile sans fin d'une finisseuse.

* * *

Les étoupes doivent souvent être cardées plusieurs fois. Nous ne parlons pas des divers systèmes imaginés pour réunir successivement entre elles les cardes d'un même assortiment et les alimenter l'une par l'autre, systèmes que la pratique n'a jamais admis. En dehors de la complication des appareils, le grand inconvénient qui résultait de ces sortes d'inventions, était que l'arrêt d'une seule de ces machines avait pour effet de faire cesser le travail de l'assortiment tout entier. On en est toujours revenu à la méthode classique.

Dans ce cas, la table de la seconde finisseuse est supprimée, ses garnitures sont souvent plus fines, et l'on place au-dessous des étireurs, sur des supports ménagés à cet effet, de grandes bobines composées de dix à douze rubans réunis. Ces bobines sont formées sur une machine, dite *doubleuse*.

Il y a plusieurs systèmes de doubleuses. La plus employée se compose essentiellement de deux cylindres qui tournent dans le même sens, entre lesquels est posée une énorme bobine vide, traversée par une broche. La bobine obéit au mouvement des rouleaux vu la pression exercée sur les extrémités de la broche. On place les pots devant un manteau à dix ou douze passages, et la bobine entraîne dans sa course les rubans qui s'enroulent sur son fuseau. Ceux-ci sont soutenus par deux plaques en forme de rondelles disposées sur les côtés de la machine. Lorsque la bobine est pleine, on fait cesser le pression, et on l'enlève avec facilité.

* * *

Il faut régler une carde en rapport avec la charge qu'on doit lui livrer et le numéro qu'on veut produire.

En principe, cette machine fonctionne d'autant mieux qu'elle est moins chargée. Lorsqu'on veut en obtenir un rendement plus grand qu'elle ne peut donner réellement, l'étoupe couvre les dents des cylindres et les *engorge* complètement.

Dans l'alimentation de la carde, il faut éviter de laisser engager sur la toile sans-fin des matières dures qui pourraient briser ou plier les pointes et être causes de feu. Les aiguilles sur bois qui ne ploient pas sont sous ce rapport plus dangereuses que sur cuir.

Les dents les plus grosses sont celles des fournisseurs, parce que ce sont elles qui fatiguent le plus ; elles doivent diminuer de numéro à mesure qu'on s'éloigne de ces cylindres. Ces fournisseurs sont rapprochés le plus possible, afin que le tambour ne puisse leur enlever l'étoupe qu'on leur fournit.

Les débourreurs, de leur côté, sont d'autant plus rapprochés du tambour que la matière est plus fine, mais il est indispensable de bien régler leur écartement. Trop éloignés, ils n'exercent aucune action sur l'étoupe, qui se tord et bourre les cylindres. Trop rapprochés, ils la déchirent et l'énervent. Ils doivent, comme nous l'avons dit, marcher plus vite que les travailleurs, mais cette vitesse ne doit pas être exagérée, au détriment des fibres cardées.

Lorsque, ce qui arrive parfois, les matières doivent être ménagées, on éloigne quelque peu plusieurs travailleurs du tambour, sans rien changer aux transmissions de mouvements, de manière à diminuer le nombre d'étirages auxquels les filaments sont successivement soumis.

Quant aux doffers ou peigneurs, ils ne sont pas aussi éloignés du tambour que les débourreurs, mais graduellement moins rapprochés suivant la hauteur qu'ils occupent. Ainsi, le premier est placé plus loin que le second et enlève les brins les plus longs ; le second plus loin que le troisième et enlève les brins moyens ; le troisième saisit les étoupes les plus menues. Ces écartements sont faciles à régler, car tous les cylindrec, sauf le tambour, sont placés sur coussinets mobiles.

Enfin, l'un des moyens d'obtenir un bon cardage, c'est de conserver la garniture dans un état de propreté parfaite.

*
* *

La carde, machine essentielle de préparation, produit un *étirage* ; elle allonge en la rétrécissant la matière qu'on lui livre. Cet étirage est amené, comme partout ailleurs, par l'excès de la vitesse des étireurs sur les fournisseurs, sans que cependant, comme nous l'avons vu, l'action des premiers sur les derniers soit tout-à-fait directe. Il est aussi variable au moyen d'un changement de pignon.

L'*étirage*, les *vitesses*, la *production* se calculent exactement de la même manière que pour le long brin.

*
* *

La suppression de la carde pour le travail des étoupes a été proposée, mais n'a pas été jusqu'ici admise en pratique.

Cette innovation date de 1869 ; elle était due à M. Bayart qui voulait, après peignage, faire passer les étoupes sur deux tables à étaler successives. Ces appareils étaient essentiellement formés d'alimentaires suivis de deux hérissons superposés et d'une paire de rouleau de pression. Dans le premier, l'alimentation s'opérait au moyen d'une toile sans fin ; dans le second, la toile était remplacée par un support qui recevait deux ou trois bobines formées dans le passage précédent.

Dans le système classique, les étoupes passent de la carde sur les bancs d'étirage.

Les *étirages* pour étoupes sont à peu près de même construction que ceux employés pour long brin. Les fournisseurs y sont plus rapprochés des étireurs, ce qui donne moins de barrettes pour l'ensemble ; et même, ceux qui sont destinés aux gros numéros portent, au lieu de ces barrettes, un cylindre garni à sa circonférence de peignes formant hérisson, et auquel on donne le nom de *Rotary*. L'étirage varie de 6 à 12.

Les *métiers à filer* pour étoupes ont de moindres écartements. Lorsqu'ils servent indistinctement pour l'étoupe ou le long brin, cet écartement est mobile et variable de 6 à 18 pouces. La torsion y est environ de 1/8 plus forte que pour les fils de lin.

Le calcul des numéros se fait toujours de la même manière avec l'introduction des nouveaux éléments fournis par la carde. On ne fait généralement en étoupe que des numéros 6 à 20 en sec, et 10 à 180 en mouillé, mais on atteint plus haut, lorsque les étoupes sont peignées.

CHAPITRE XXVIII.

Disposition générale d'une filature de lin.

I. AGENCEMENT.

La disposition d'une filature dépend beaucoup de la conformation et de la grandeur d'un terrain, de la forme d'un local, et de mille autres détails qui font que l'industriel agit souvent comme il peut, non comme il veut.

Nous devons donc sur ce sujet, indiquer des données très-générales.

Autant que possible, il sera bon d'avoir un bâtiment construit pour cet usage, car la distribution et les dimensions nécessaires se rencontrent rarement dans toute autre construction.

On place généralement l'atelier de peignage en dehors du bâtiment de filature. Le magasin des matières premières en est aussi distinct. C'est le moyen de diminuer les frais d'assurance et de prévenir les causes d'incendie.

Dans le cas où il y a une machine à vapeur, le séchoir est souvent placé au-dessus des générateurs. Mais lorsque l'usine marche avec l'aide d'un moteur hydraulique, on l'installe au-dessus de la chaudière qui sert à chauffer l'eau des métiers à filer. Le bâtiment de filature a souvent deux étages : le rez-de-chaussée est destiné aux métiers à filer, et le premier étage aux préparations.

Les métiers à filer sont généralement placés sur deux rangs, en face l'un de l'autre, dans une salle voûtée et damée. Un espace d'environ 2 mètres sépare les deux rangées, et une poulie jumelle pouvant facilement porter deux courroies, commande une paire de métiers à la fois. Un bureau, placé à l'un des bouts de la salle, est réservée au surveillant qui y dépose ses outils et pignons de rechange.

L'étage des préparatious doit être assez élevé à cause des poussières malsaines qu'y produisent les machines. Dans la disposition des métiers, on doit surtout viser à les ranger par ordre, à leur faire tenir le moins de place possible, et à les placer de manière à économiser le personnel. Ce dernier point est très-important.

La machine à vapeur se trouve souvent installée dans un bâtiment attenant à la filature, afin de ne pas trop éloigner le moteur principal des métiers. La forge est située sur le côté, et à un étage supérieur l'atelier du tourneur et ajusteur.

Le dévidage est souvent placé sur le même rang que les machines de préparation, et séparé de celles-ci par une cloison. Ou bien, il est situé au-dessus, avec une salle de côté réservée pour l'empaquetage. — Les mansardes sont destinées à renfermer les grosses pièces de rechange.

II. DIRECTION.

Dans une filature de lin, la direction constitue un point des plus importants, tant sous le rapport de la surveillance des ouvriers que de la conduite des machines qui fonctionnent.

Pour ce qui concerne le premier point, le directeur de filature a des devoirs spéciaux à remplir, que chacun connaît, et dans le détail desquels nous n'avons pas à entrer ici.

Pour ce qui est de la conduite des machines, le directeur doit surtout examiner l'état des aiguilles des barrettes et des cardes, régler les écartements des cylindres de cardes qui se dérangent facilement, changer les pignons pour les diverses combinaisons de numéros, veiller à ce que chaque ouvrière exécute régulièrement le travail qui lui est confié, etc. Il doit encore avoir soin d'entretenir en bon état tous les métiers de l'établissement, et pour cela s'attacher à la régulurité du graissage des pièces et du nettoyage des machines. Ce graissage, lorsqu'il ne se fait pas automatiquement (ce qui est toujours préférable), est confié à des ouvriers spéciaux, chargés en même temps de recoudre les courroies, et dont la principale occupation est de prendre soin de la marche des métiers. Quant au nettoyage, il doit se faire autant que possible une fois par semaine ; les engrenages sont alors complètement démontés, et chacune des pièces est débarrassée des impuretés qui pourraient en gêner la marche : un métier doit, après cette opération, avoir les parties peintes exemptes de toute souillure, et les parties polies bien luisantes.

Dans les filatures importantes, le directeur a sous ses ordres des contre-maîtres de peignage et de préparation et des surveillants de filature et de dévidage.

Le contre-maître de peignage n'est pas indispensable. Souvent chaque peigneuse est dirigée par un ouvrier habile ayant sous ses ordres quelques *presseurs* dont il est le surveillant.

Le contre-maître des préparations est au contraire nécessaire ; c'est lui qui pèse les pots lorsqu'ils sont remplis, et veille à ce que les étalages se fassent d'une manière régulière, à ce que les rouleaux laminent bien, à ce que les doublages soient toujours au complet derrière les métiers.

Le surveillant de filature s'attache de son côté à la bonne marche des rouleaux, remplace ceux qui sont brisés ou altérés, prend soin que les renvidages se fassent bien, que la production de chaque broche soit continue et régulière, que les levées s'exécutent rapidement, etc.

Enfin, le surveillant de dévidage maintient le plus de régularité possible dans la levée des écheveaux, dans la pesée des paquets, etc.

Nous ne dirons rien de ce qui regarde le mécanicien ou le tourneur de l'usine. Ceci sort du cadre restreint que nous nous sommes réservé. Enfin, au menuisier de l'établissement incombe en outre, comme partie spéciale, la connaissance des bois à employer en filature. Ces bois sont :

l'*Aulne* : — pour rouleaux de pression des tables à étaler, bancs-à-broches et métiers à filer.

le *Noyer* : — pour rouleaux de métiers à filer ; peignes montés sur bois.

le *Sycomore:* — encore pour rouleaux de métiers à filer (Le bois destiné aux rouleaux doit être séché naturellement dans une salle où les courants d'air sont évités. Il faut avoir soin de le bouger de temps à autre et de le replacer de façon à laisser des interstices pour le passage de l'air. On ne doit l'employer que bien sec ; séché trop vite, il se fend de la circonférence au centre).

le *Hêtre* : — pour les presses des peigneuses.

le *Sapin* : — pour caisses inférieures de peigneuses ; bacs de métiers à filer (Autant que possible il faut qu'il soit sans nœuds ; et que les joints en soient mastiqués au minium).

le *Buis* : — rouleaux cannelés de filature ; préparations d'étoupes.

le *Tilleul*, l'*Orme* ou le *Bouleau* : — bobines de préparation et de filature.

le *Charme* : — dents d'engrenage (surtout bien sec), et rouleaux (il est préférable dans ce cas de le conserver en grosses bûches ; car, préparé pour cylindres, il se fend souvent du centre à la circonférence).

CHAPITRE XXIX.

Monographie et Filature du Jute et des filaments analogues.

Il existe en Asie et en Europe un certain nombre de plantes textiles dont on pourrait utiliser les fibres, soit dans la fabrication des tissus, en concurrence avec le chanvre et le lin dont elles sont les succédanées, soit dans la confection des cordages et emballages pour les remplacer en partie. Parmi elles, les unes sont bien employées, les autres ne le sont pas. Cette note a pour objet d'en donner la monographie, la filature et le mode d'emploi, et de faire connaître les nombreuses ressources en filaments utilisables que possède l'étranger et que nous possédons nous-mêmes. Nous signalerons ainsi à l'industrie le parti qu'elle peut en tirer, et bien que nous sachions n'apprendre aux filateurs que peu de choses véritablement nouvelles, nous croyons cependant que ces lignes seront lues avec intérêt par tous ceux qui s'occupent de matières textiles.

*
* *

Parmi ces filaments l'un des principaux est le *jute*, celui des textiles exotiques qui soient le plus employés dans le commerce de l'Occident.

Le jute, désigné encore sous le nom de *chanvre de Calcutta*, *chanvre du Bengale*, *paat indien*, est extrait de deux arbustes de l'espèce *corchorus*; le *corchorus capsularis* (corète à capsules) et le *corchorus olitorius* (corète comestible, mauve des juifs).

C'est à la Compagnie Anglaise des Indes Orientales que nous devons la découverte du jute. Les qualités de cette fibre et les avantages qu'on pouvait en retirer ne furent signalés en effet qu'en 1792, époque où elle envoya à Calcutta le docteur Roxburg, comme directeur du jardin botanique de cette ville, et dans le but de connaître quels étaient les filaments utilisables, dont le commerce pouvait devenir un monopole pour les possessions anglaises.

L'exportation cependant ne commença qu'en 1796. Après avoir dépensé environ 45,000 £ à cet effet, la Compagnie réussit à faire expédier une certaine quantité de jute à l'état brut et manufacturé. Cette quantité, indiquée dans un rapport sur les affaires de l'Inde, lu en 1831 à la Chambre de Commerce de Dundee, est évidemment assez faible. Il en résulte en effet que Calcutta envoya en Angleterre 521 mauds de jute, en Amérique 159, et à Hambourg 1100, en tout 65 tonnes (de 1015 kilogs.) Le rapport affirme en outre que pendant la même période les États-Unis reçurent environ 34,000 sacs tissés en jute, et qu'il en fut aussi envoyé d'assez fortes quantités à Penang, en Chine, et dans les Nouvelles-Galles du Sud. La Compagnie arrêta toutefois ses frais en présence du peu d'extension que prenait le trafic, et les exportations cessèrent jusqu'en 1800.

Ce fut la guerre de Russie qui força l'Angleterre à se tourner de nouveau vers les Indes. Les fabriques de Dundee et de Leeds devaient chercher ailleurs qu'en Russie le chanvre qu'elles en retiraient annuellement, et les directeurs de la Compagnie des Indes se décidèrent à envoyer à Calcutta un homme éclairé qui put établir cette culture en Asie. Les Indiens toutefois préférèrent au chanvre le jute auquel ils étaient habitués, et la Compagnie ne put se résoudre à recommencer de nouvelles dépenses pour l'exportation du textile exotique.

Cependant, le 4 Février 1803, une lettre collective des membres d'un des comités de la Compagnie, celui dit « du Commerce et des Plantations » fut adressée aux directeurs pour les engager à propager autant que possible la culture du chanvre dans l'Inde et surtout dans les districts dépendant des Anglais. Ceux-ci répondirent alors le 23 du même mois que des mesures sérieuses seraient prises dans ce but, et à cette époque créèrent aux Indes plusieurs fermes dont l'une fut placée sous la direction du savant docteur Buchanan. Celui-ci fit cultiver dans son établissement une grande variété de plantes textiles, et envoya en Angleterre des spécimens du chanvre brun de Bombay, de sunn du Bengale et de différentes sortes de jute ; il accompagna son envoi d'un rapport indiquant la ténacité de chacune de ces fibres et l'heureux parti qu'en tiraient les Hindous. Vains efforts ! car les expériences cessèrent en 1811, époque où l'on put se procurer plus facilement du chanvre de Russie.

Il n'en était pas moins vrai cependant qu'une découverte importante venait d'être faite, et les Anglais n'étaient pas hommes à abandonner cette source de richesses, malgré les frais que lui avaient occasionnés ses recherches et le peu de résultat auquel elle était arrivée. La Compagnie des Indes reprit l'exportation du jute, mais d'une manière intermittente, faisant en même temps filer ces fibres à façon dans les manufactures anglaises, et faire de nombreux essais à Londres par des fabricants de cordes et autres. Cette persévérance finit par être couronnée de succès : le jute fut peu à peu demandé, mais ce ne fut qu'en 1840 qu'il entra définitivement dans le commerce anglais, et depuis moins de temps encore, dans le commerce général. Nous en dirons quelques mots plus loin.

*
* *

Nous n'entretiendrons pas le lecteur de la culture du jute, sujet qui ne nous semble offrir aucun intérêt pratique. Il nous suffira de savoir que le jute se sème ordinairement pendant la saison des pluies, et comme seconde récolte ; les semailles se font à la volée en avril ou mai sur un terrain assez élevé, où la submersion ne peut avoir lieu, à la façon du riz de montagne. Elle sont précédées d'un labourage suivi d'un hersage, etc. Nous nous étendrons un peu plus sur sa préparation.

Les voyageurs qui, à cette époque, ont visité l'Inde, racontent qu'au moment de la récolte (de Juillet à Septembre), les Hindous coupent les plantes près des racines, et après en avoir fendu l'extrémité, les lient en paquets de 50 à 100 tiges. Le jute est alors roui à l'eau de même que le lin et le chanvre en France.

Les paquets sont placés dans un récipient convenable au nombre de 10 ou 15 à la fois, et maintenus constamment à l'humidité au moyen d'épaisses couches de gazon dont on les recouvre à la surface. Chaque jour, l'Hindou va visiter son jute, et c'est en grattant avec l'ongle l'enveloppe extérieure de l'arbuste qu'il s'assure des progrès de la décomposition ; il est admis qu'il peut retirer les tiges, lorsque le filament central se détache de l'écorce sans le moindre effort.

De même que pour le lin, la durée du rouissage dépend aussi de la température, mais la moyenne est ordinairement de huit à dix jours. Ce temps est toujours plus long lorsque le jute est destiné à l'exportation, afin d'arriver à la séparation certaine du tégument fibreux. Dans ce cas, l'influence de l'eau sur le jute est très-visible, car, d'une manière générale, les fibres exportées sont toujours plus blanches, peu chargées de paille et d'un prix plus élevé que celles qui sont destinées à être employées dans le pays, et qui sont d'une couleur plus sombre, moins propres et toujours meilleur marché. Ces dernières sont réputées plus durables, ce qui n'est pas étonnant puisque le rouissage les a moins énervées ; on en obtient aussi en poids un plus fort rendement par acre, ce qui s'explique aisément puisque les fibres sont plus chargées de paille.

Au moment venu, on détache le gazon qui a servi à recouvrir les fibres, et on retire le jute de l'eau.

Alors l'opérateur délie les paquets, y prend une poignée de tiges, et commence par enlever à la main près de la racine une partie de l'écorce. Cela fait, il frappe l'extrémité opposée sur une planche placée devant lui dans une position oblique, et il lui suffit souvent d'un ou deux coups pour séparer l'écorce d'un bout à l'autre et ramener les fibres intactes. A cet état de demi-préparation, le jute n'a pas besoin d'être teillé ; on se contente seulement de le *laver* pour en enlever les impuretés et la matière résineuse à moitié dissoute qui l'entoure.

A cet instant, l'opérateur descend lui-même en pleine eau, et faisant tourner au-dessus de sa tête les fibres humides il les bat petit à petit contre la surface de l'eau. Lorsqu'il juge que celle-ci a entraîné une grande partie des matières solubles, il étend rapidement en éventail au-dessus même du réservoir la poignée qu'il tient, et en enlève avec soin les matières étrangères visibles. Le jute est ensuite tordu, puis séché au soleil sur des bambous ou sur des cordes disposées à cet effet. Les fibres sont ensuite réunies en paquets de 1 ou 2 mauds pour être directement livrées aux courtiers vendeurs.

*
* *

Dans l'industrie, on ne fait pas de différence entre les filaments du *corchorus capsularis* et du *corchorus olitorius* ; les habitants de l'Inde désignent les deux espèces sous le nom de *jute* ou *hattajut*, et appellent le premier *ghu-nala-paat* ou *gheenatlapaat* et le second *bunghi-paat*. La plante est connue encore sous les noms de *putta* (sanscrit) et de *paut* (bengalais).

Le jute est cultivé dans le royaume de Siam, l'Annam, la Chine, la Malaisie (*rami-tsjina*), mais son véritable pays de production est l'Inde et principalement le Bengale. Dans cette dernière contrée, les plantations de cet arbuste sont très-étendues, et il y arrive à une hauteur de 2 à 4 mètres.

Dans l'Inde, le filage et le tissage du jute occupent chaque intérieur pauvre, et la fabrication des fils et tissus dans ces contrées
peut très-bien être comparée à l'ancien filage au rouet et au tissage
actuel à la main dans nos campagnes. Les veuves hindoues s'occupent principalement de la fabrication des toiles, surtout depuis
l'abolition par les Anglais de la loi des *Suttees*, qui leur ordonnait,
à la mort de leur mari, de se précipiter dans le bûcher où devait
être brûlé le défunt. Dans leurs moments perdus, les bateliers, les
laboureurs, les porteurs de palanquins, les domestiques imitent
cet exemple et s'installent au métier à tisser; seuls, les musul-
mans font exception et ne filent que le coton. Il est facile d'ailleurs
de remarquer les maisons où se tisse le jute, car une poignée de
la matière brute est suspendue au toit de chaume de chacune d'elles.

On file le jute sur une espèce de machine appelée *ghurghurea*
ou bien au moyen d'une espèce de broche (*takar*) et d'un rouet
(*dhara*). Le tissage se fait au moyen de métiers à tisser des plus
imparfaits. Quelques établissements anglais se sont montés cependant tout récemment aux environs de Calcutta.

En Europe, le jute est employé pour la confection des toiles à
sacs de tous genres, et ses étoupes servent à faire des tapis ou des
toiles très-communes. Mais toutefois les toiles de jute ne pourront
jamais remplacer les toiles de lin pour les usages domestiques,
car ne supportant facilement ni l'eau, ni encore moins les lessives
alcalines, elles ne sauraient être soumises à des lavages réitérés.

Dans l'Inde, on fait surtout avec le jute des sacs de *Gunny* qui
servent à renfermer le sucre et le riz d'exportation, et des tissus à
bordures rouges et noires, qui servent à faire des habits à la population pauvre du pays (frontières de l'Est) et que l'on appele *tat*,
megila, *choote*, etc.; de ce dernier mot est sans doute venu le nom
de *jute*. D'après les voyageurs, ces vêtements sont tout aussi solides
et plus agréables à porter que ne le serait pareille étoffe de coton;
quant aux sacs de Gunny, ce sont les mêmes que l'on réexpédie
vides d'Angleterre et de France aux États-Unis pour les faire
servir à l'emballage des cotons.

Aux Indes, les toiles de jute se vendent souvent cousues deux ou trois ensemble et ont généralement une largeur de 3/4 à une coudée. On en distingue trois sortes : la première, qui vaut 8 roupies les 100 pièces, a 4 à 5 coudées de longueur et 2 1/4 à 3 coudées de largeur, elle est préparée pour lits ; la seconde, plus grossière, vaut de 6 à 8 roupies les 100 pièces, les dimensions en sont les mêmes, elle est préparée pour les balles de coton ; la troisième ne se vend qu'en sacs doubles, de 40 à 50 roupies pour le cent, elle a 4 coudées de long sur 1 1/4 à 2 de large.

*
* *

Lorsque la préparation du jute (encore très-grossière comme on l'a vu) est terminée, on fait des lots deux parties : l'une, composée des brins les plus longs, est destinée à l'exportation, l'autre est formée des filaments les plus courts et utilisée dans le pays.

On a soin, avant d'emballer les fibres, d'en retrancher sur une longueur de 9 pouces environ, la partie de la souche avoisinant la racine et que l'opérateur a dû tenir dans la main au moment de la séparation de l'écorce. De ces bouts on confectionne une toile grossière dont on envoie des grandes quantités en Amérique pour l'emballage des cotons, ou bien on les vend aux fabricants de papiers, ou bien encore on les expédie en Angleterre. On a cherché à utiliser les matières amylacées et saccharinées qu'ils contiennent, pour en faire, au moyen de l'acide sulfurique, une sorte de glucose comestible, ou par fermentation, une sorte de *wiskey de jute* semblable comme goût à l'eau-de-vie de grain.

Les tiges de corchorus, séparées du filament sont employées aux différents usages auxquels sert l'osier dans nos contrées, on les utilise encore comme combustible ou pour la fabrication d'un charbon de bois léger.

— Si la préparation du jute, bien qu'encore imparfaite, était régulièrement conduite, le commerce en retirerait grand avantage, mais il n'en est pas ainsi. Ainsi, par exemple, après un séchage imparfait d'un ou deux jours, on emballe les fibres, qui, de blanc perle qu'elles étaient, atteignent bientôt une couleur plus sombre, prêtes au bout de quelque temps à se transformer par érémacausie en un produit ulmique ; d'autres fois, les ballots à peu près secs sont laissés par insouciance exposés aux chaleurs du climat, les fibres s'y échauffent, se décolorent et s'affaiblissent ; enfin, il arrive que, déposés tout humides sur le sol après le lavage, ou lavés dans une eau bourbeuse, les filaments se couvrent d'impuretés et qu'on les trouve à l'ouverture des ballots souillés par la terre glaise ou autres matières étrangères.

Ces inconvénients on fait songer, mais en vain, à la culture du jute en dehors de l'Inde. Après quelques essais infructueux opérés en 1857 à Dundee par Alex. Eason, on pensa à acclimater en Algérie une espèce de Corète dont M. Itier avait essayé la culture à Montpellier, et qu'il rapporta de Canton à Alger comme étant le *tsing-ma* des Chinois. Ceux-ci en faisaient, disait-on, les tissus les plus fins.

Semée à la pépinière centrale d'Algérie, cette plante atteignit au bout de six mois une hauteur moyenne de 1^m 25 à 1^m 50 et fournit 2000 kilogr. de filasse à l'hectare. Quelques échantillons furent envoyés à la Chambre de Commerce de Paris, qui estima que la corète n'avait fourni qu'une sorte de jute inférieur aux produits ordinaires de l'Inde ; d'autres estimèrent que le textile produit se rapprochait assez de la qualité de jute qui se vend en moyenne 40 fr. les 100 kilogr. Quoiqu'il en soit, cette fibre, dont la Picardie emploie une petite quantité, est généralement regardée comme assez faible et grossière. On la désigne parfois dans l'industrie sous le nom de *jute algérien*, et les naturalistes en font un arbuste à part qu'ils appellent *corchorus textilis* ; Decaisne la nomme *girardinia*. L'exposition permanente des colonies françaises à Paris en a reçu quelques échantillons résultant d'essais d'acclimatation à la Martinique.

* *
*

Suivant le docteur Farbes Witson, l'Inde produit annuellement en moyenne 300,000 tonnes anglaises de jute, dont 50 à 60,000 tonnes exportées à l'état brut et 80 à 100,000 sous une forme manufacturée ; le reste sert à la consommation locale. D'après la même autorité, la production admet une extension sans limites.

C'est surtout le district de Seratjunge qui fournit la majeure quantité des jutes exportés en Europe, et ce sont les places de Molda, Purnea, Natore, Rungbore et Dacca, dans le Bengale, qui le tissent principalement. Calcutta est le centre du commerce.

Les cultivateurs apportent le jute dans cette dernière ville, en ballots ou en fardeaux. Dans le premier cas, quelle que soit la qualité de la matière première, les ballots faits à la campagne, facilement reconnaissables, se vendent toujours à un prix peu élevé, parce que l'acheteur ne peut les ouvrir et constater la qualité du textile qui lui est livré. Dans le second cas, le jute est choisi, classé et emballé dans des établissements spéciaux.

L'emballage du jute en ville se fait à la presse hydraulique ; il y constitue une question assez importante, car il arrive souvent que les balles sont de suite embarquées ou remisées jusqu'à affrètement des navires, et que l'emballeur qui, avec cinq balles excéde 52 pieds cubes en volume doit payer l'extra-frêt qui résulte de la surcharge. Les balles sont d'environ 300 livres anglaises (parfois 225), mais vu le déchet et l'évaporation subséquentes, on met toujours 40 livres en sus et l'on compte généralement qu'avec 1300 fardeaux (*bundles*) on ne peut dépasser 300 balles.

A Calcutta, le jute s'achète souvent aux cultivateurs par des courtiers qui livrent directement aux maisons de vente. Celles-ci ont à leur solde des inspecteurs spéciaux qui le classent en sortes distinctes, en marquant chacune d'elles de signes différents et rarement du nom de la maison ; c'est en quelque sorte une *braque privée*, mais pour laquelle la confiance publique est passablement limitée.

C'est qu'en effet, parmi ces marques ce sont celles fournies par un certain nombre de maisons grecques de Calcutta (maisons qui ont pour la plupart des succursales à Londres ou quelquefois au Hâvre), qui priment avant tout et sont achetées en toute confiance par la généralité des filateurs de jute. Les autres marques, que les sortes soient mêlées ou non sous une même rubrique, ne sont achetées que suivant mérite. Elles se divisent généralement en trois catégories de différentes qualités ; dans la première (*fine*) les filaments sont d'un beau blanc perle, longs et résistants ; dans la seconde (*medium to good*) ils prennent une teinte plus fauve, sont moins forts et mal nettoyés du pied ; on range dans la troisième (*common*) les jutes dont la couleur est presque brune, et qui sont en même temps courts et faibles. On forme parfois une quatrième catégorie composée de jutes de rebut, que les Anglais appellent *Rejections*, et l'on peut en faire une cinquième avec les bouts et les morceaux qu'ils désignent sous le nom de *Cuttings* et *Roots*. Dans chacune de ces catégories, les différentes marques se divisent en trois genres que l'on désigne par des chiffres ou des lettres placées en dessous. Nous nous contenterons d'en citer seulement quelques-unes des plus connues.

En première catégorie, par exemple :

$\diamondsuit$ S & C / C / 3 ; $\diamondsuit$ S & C / C / 4 ; $\diamondsuit$ S & C / C / 5 ; — Schillizi and Co.

R B / J 3 ; R B / J 4 ; R B / J 5 ; — Ralli Brothers.

R & M / 1 ; R & M / 2 ; R & M / 3 ; — Ralli and Mavrojani.

$$\underset{\text{D}}{\text{A S \& C}} \; ; \; \underset{\text{K}}{\text{A S \& C}} \; ; \; \underset{\text{M}}{\text{A S \& C}} \; ; \; - \text{Astrizi Schillizi and Co.}$$

$$\boxed{\text{D P}}_1 \; ; \; \boxed{\text{D P}}_2 \; ; \; \boxed{\text{D P}}_3 \; ; \; - \text{David Petrocochino.}$$

Doss Brothers — sur Couronne — sur K — (en double triangle).
GOHO — (dans un cercle), etc., etc.

En seconde catégorie :

$$\underset{\text{A}}{\diamond\!\!\begin{matrix}\text{S \& C}\\\text{C}\end{matrix}\!\!\diamond} \; ; \; \underset{\text{B}}{\diamond\!\!\begin{matrix}\text{S \& C}\\\text{C}\end{matrix}\!\!\diamond} \; ; \; \underset{\text{C}}{\diamond\!\!\begin{matrix}\text{S \& C}\\\text{C}\end{matrix}\!\!\diamond} \; ; \; - \text{Schillizi and Co.}$$

$$\underset{1}{\text{R B}} \; ; \; \underset{2}{\text{R B}} \; ; \; \underset{3}{\text{R B}} \; ; \; - \text{Ralli Brothers.}$$

$$\boxed{\begin{matrix}\text{R M}\\\text{N J}\end{matrix}}_1 \; ; \; \boxed{\begin{matrix}\text{R M}\\\text{N J}\end{matrix}}_2 \; ; \; \boxed{\begin{matrix}\text{R M}\\\text{N J}\end{matrix}}_3 \; ; \; - \text{Ralli and Mavrojani.}$$

$$\underset{1}{\text{A S}} \; ; \; \underset{2}{\text{A S}} \; ; \; \underset{3}{\text{A S}} \; ; \; - \text{Astrizi Schillizi.}$$

$$\boxed{\text{E P S}}_1 \; ; \; \boxed{\text{E P S}}_2 \; ; \; \boxed{\text{E P S}}_3 \; ; \; - \text{E. Petrocochino and Co}$$

En troisième catégorie :

$$\underset{\text{A}}{\text{R \& M}} \; ; \; \underset{\text{B}}{\text{R \& M}} \; ; \; \underset{\text{C}}{\text{R \& M}} \; ; \; - \text{Ralli and Mavrojani, etc. etc.}$$

⁂

La plupart des filateurs français achètent leurs jutes bruts à Londres, quelques-uns à Liverpool ; nul ne fait de livraisons directes de Calcutta. Les filateurs anglais suivent à peu près la même méthode, bien qu'un petit nombre affrête pour Calcutta.

De même que le commerce des lins russes, le commerce du jute se fait en Angleterre par l'intermédiaire de commissionnaires ou courtiers qui vendent pour leur compte ou plus souvent pour le compte des maisons de Calcutta. Mais le titre de courtier est taxé et ne peut être pris indistinctement par tous, ce qui fait qu'outre les courtiers acheteurs ou vendeurs, il y a des courtiers-marrons.

L'établissement des docks anglais facilite beaucoup le commerce du jute et permet aux commerçants d'avoir en dépôt de fortes quantités de ce textile.

Embarqué à Calcutta, plus souvent comme supplément de cargaison que comme poids total, le jute, aussitôt son arrivée à Londres, est étiqueté au débarquement par les employés de la Cie des docks. Mis en magasin, il est bientôt visité par les filateurs jusqu'au jour de la vente fixé à Londres au mercredi.

Cette vente se fait à la criée dans des locaux spéciaux, par lots de 10 balles en surenchérissant de 1 sch. On achète à 3 mois, avec faculté de laisser la marchandise en magasin pendant ce temps sans payer aucun frais, sinon 15 % sur le prix comme engagement immédiat et avec obligation de tout payer avant complète livraison. Le courtage est de 1/2 % pour le vendeur et d'autant pour l'acheteur, soit 1 % lorsqu'un seul courtier réunit ces deux fonctions. La tare est de 1 livre anglaise par balle

A Liverpool, la vente a lieu le jeudi. Dans cette ville, il n'y a pas de courtage, la tare est de 5 livres par balle, mais on doit payer comptant.

Les courtiers-marrons demandent à Liverpool 1 °/₀ plus 4 pence par balle, et à Londres 5 sch. par tonne.

Il va sans dire qu'en dehors des livraisons faites dans ces conditions, certains filateurs achètent le jute à des négociants qui vendent pour leur propre compte et qui spéculent sur la livraison et le paiement à trois mois pour opérer avec moins de capitaux, ou à des vendeurs à petit profit présents à toutes les ventes et qui accaparent les meilleurs lots. Dans ces conditions, les frais intermédiaires sont cotés à 2 livres sterling par tonne.

*
* *

Les mêmes utopies qui ont prévalu un moment pour le lin ont aussi trouvé des adhérents pour ce qui concernait le jute. En 1859, en effet, on a essayé de *cotoniser* ce textile.

Il nous est inutile de dire combien les efforts ont été vains pour arriver à ce résultat. Mais il n'en est pas moins curieux de signaler jusqu'à quel point cette idée fut prise en considération par les détenteurs anglais, car on vendit à cette époque en Angleterre, les premières qualités au prix de 40 livres sterling la tonne et les secondes 30 livres sterling. Quand on reconnut l'aberration à laquelle on était arrivé, les jutes revinrent aux premiers prix et plusieurs débâcles s'ensuivirent.

Le prix du jute est assez variable, et a toujours augmenté à mesure de l'extension qu'a pris ce commerce. En 1840, les cours officieux constataient qu'on en obtenait facilement la première qualité à 28 fr. les 100 kilogs. Cette année, les cours moyens ont été de 21 à 23 livres sterling en première sorte, 18 à 21 livres en deuxième, 16 à 17 livres en troisième. Les jutes inférieurs se sont vendus de 12 à 15 livres, et au-dessous.

*
* *

Comme nous l'avons déjà dit, ce ne fut qu'en 1840 que commença réellement l'importation du jute en Europe.

En Angleterre, le prix modique de cette matière la fit tout d'abord employer avec succès dans la fabrication des toiles d'emballage, et l'emploi en devint ensuite de plus en plus important. En 1852, cette contrée en recevait déjà 6,500,000 kilogr., soit environ 47,860 balles, et le chiffre d'importation s'élevait en 1853 à 81,267 balles ; la consommation s'accrut ensuite dans les proportions suivantes :

1854 —	123,807	balles.
1855 —	203,303	»
1856 —	284,651	»
1857 —	242,770	»
1858 —	197,441	»
1859 —	391,441	»
1860 —	360,425	»

Jusque cette époque, les transactions de l'Angleterre qui retirait ce textile d'une de ses plus importantes colonies étaient des plus faciles, Le frêt des navires étant payée pour l'aller, le jute au retour servait de lest et le transport devenait peu coûteux.

En France, cet avantage n'existait pas, il fallait payer l'aller et le retour, et affrêter directement pour Calcutta ; on avait aussi à subir un droit d'entrée de 6 fr. 05 par 100 kilogr. y compris le décime. C'est ce qui fit que jusqu'en 1845, deux établissements seulement, l'un à Dunkerque, l'autre à Amiens, s'occupèrent dans notre pays de la filature du jute. Le traité de commerce fit disparaitre ces entraves, et les importations de Calcutta augmentèrent alors dans une proportion croissante, comme on peut le voir par le tableau suivant :

	BALLES DE 300 livr. anglaises	BALLES DE 225 livr. anglaises	PIÈCES DE JUTE	SACS
1861	356,048	»	250,662	18,408,900
1862	419,665	»	214,196	18,550,852
1863	745,547	47,617	24,091	21,403,289
1864	738,459	45,397	24,388	19,599,813
1865	818,777	95,124	152,696	31,155,142
1866	607,158	31,750	536,795	30,065,407

Le jute nous arrive maintenant en Europe de Calcutta par voie anglaise, ou plus rarement par voie directe, il a ses marchés qui sont Dundee, Liverpool et Londres, pour l'Angleterre ; le Hâvre et Dunkerque pour la France, mais ces derniers ont assez peu d'importance. Il suffit, pour se rendre compte de la consommation actuelle des jutes en Europe, de jeter les yeux sur les chiffres suivants publiés par le *Moniteur des Fils* :

Livraisons :

A Londres, du 1er Novembre 1872 au 31 Octobre 1873 . . . . balles 684,222

A Liverpool, du 1er Novembre 1872 au 31 Octobre 1873 . . . . . . balles 95,611

} 779,833

Importations directes :

A Dundee, ... 752,961
A Clyde 32,522
A Barrow. 41,497
Au Havre. 55,000

Consommation apparente pour les 12 mois finissant au 31 Octobre 1873 . . . . balles 1,661,813

Le tableau suivant donne à peu près le même résultat :

Stock :

Des jutes et cuttings à Londres, au 1er Novembre 1873 . . . . . balles 146,183	}	
Des jutes et cuttings à Liverpool, au 1er Novembre 1873 22,123		168,306

Importations directes :

A Londres, du 1er Novembre 1872 au 31 Octobre 1873			686,222
A Liverpool,	»	»	78,515
A Dundee,	»	»	752,961
A Clyde,	»	»	32,522
A Barrow,	»	»	41,497
Hâvre et Dunkerque »		»	55,000
		Balles. . . .	1,815,023

A déduire :

Stock :

A Londres, au 31 Octobre 1873 . balles 135,690	}	
A Liverpool, » » 10,407	162,097
Au Hâvre, » » 16,000	

Consommation apparente pour les 12 mois finissant au
31 Octobre 1873 . . . . balles 1,652,926

Ces évaluations sont basées sur la supposition que les stocks
entre les mains des consommateurs sont les mêmes aujourd'hui
qu'au 1er Novembre de l'année dernière. Il n'est guère possible
d'évaluer entièrement ce stock, mais autant que nous pouvons en
juger par nos informations particulières, il doit dépasser celui de

52

l'an dernier de 100 à 150,000 balles ; si l'on tient compte de l'augmentation considérable du nombre des filatures depuis six mois, on peut estimer aujourd'hui la consommation sur le pied moyen de 1,600,000 balles par an.

Les exportations de Londres pour le continent, pendant les douze mois, se sont élevées environ à balles   280,000

Auxquelles il faut ajouter les importations directes, déduction faite du stock sur place, soit   39,000

Pour avoir la consommation . . . . . balles   319,000

Ceci en supposant que le stock, entre les mains des consommateurs, soit équivalent à celui de l'année dernière.

Stock des Jutes et quantités en mer pour la Grande-Bretagne au 1ᵉʳ Novembre de chaque année depuis 1870 jusqu'à 1873, et estimation de la consommation pendant la même période, avec les prix des sortes convenables pour faire du bon fil Nº 7.

	1870	1871	1872	1873
Stock :	Balles.			
A Londres.	30,468	60,777	146,183	135,590
A Liverpool	5,751	15,631	22,123	10,507
En mer pour Londres, etc.	159,107	314,987	236,387	259,681
Pour Liverpool . . .	11,653	47,394	20,354	15,767
Ensemble	206,980	438,789	425,047	421,545
Consommation. . . .	923,504	1,057,318	1,416,157	1,661,813
Prix par tonne pour faire du bon fil Nº 7. . .	22 à 23 £	22 à 24 £	17 à 18.10	16.10 à 18

Pour donner une idée de la part que prend la France dans la consommation du continent, signalons que, d'après le tableau des douanes, l'importation du jute en France pour les huit premiers mois de 1873 a été de kil. :

$$\left.\begin{array}{l} \text{25,000,000 des entrep. de Londres . . . .} \\ \text{7,512,908 ven. direct. de Calcutta . . . .} \end{array}\right\} \text{32,512,908}$$

dont il faut déduire le stock au Hâvre
de 16,000 b., soit . . . . kil.   2,208,000

Ce qui donne pour la consommation des huit
premiers mois. . . . . kil. 30,304,908

L'importation des huit premiers mois de
1872, n'a été que . . . . kil. 17,450,300

On peut donc compter que la consommation des douze mois de cette année dépassera 25,457,362 kil., soit environ 329,400 balles.

*
* *

Le jute doit, avant d'être travaillé, subir une opération toute spéciale qui a pour but de l'assouplir. Nous voulons parler de la lubrification de ce textile, essayée pour la première fois par William Taylor, dans sa filature de Ruthven.

Dans la pratique, on en forme d'abord des litières de 3 à 4 mètres carrés, par couches de 0,08 à 0,10 centimètres, et on les arrose avec un arrosoir de jardin. La quantité lubrifiante de ce liquide varie de 25 à 30 pour 100 kil. de fibres, mais elle est toujours plus forte en été qu'en hiver à cause de l'évaporation rapide occasionnée par la chaleur de la saison ; sa composition n'est pas non plus la même dans toutes les usines. Les uns emploient l'huile de phoque, de baleine, ou de veau marin, et y ajoutent de l'eau de savon, parfois même de la potasse échauffée à 50° ; d'autres font usage d'une mixture d'huiles lourdes tenant en dissolution de la résine ou de la gomme, avec une émulsion alcaline à base de soude de potasse ou d'ammoniaque. Nous nous contenterons de donner quelques-unes des compositions généralement reconnues comme bonnes.

1° Mélange de 1 partie d'huile de hareng ou de phoque dans 5 parties d'huile de baleine et une certaine quantité d'eau.

2° Dissolution de 1 partie de résine ou de gomme dans 8 parties d'huile lourde à laquelle on ajoute de 4 à 12 parties de liquide alcalin (soit 5 à 20 °/₀ de soude). ·

3° Mélange de 4 k. 530 d'huile lourde (préparée comme ci-dessus) et de 463 gr. de carbonate de soude dans 45 litres d'eau.

Au-dessus de la couche arrosée, on en forme une seconde jusque 2 m. de hauteur au plus ; puis, on laisse fermenter.

La durée de la fermentation dépend de la température, elle dure d'autant plus longtemps que l'air est plus sec, et dans tous les cas ne dépasse jamais quarante-huit heures. Après ce temps, le jute est directement travaillé sur les machines.

Deux méthodes sont alors en usage ; ou bien le jute est *peigné* après avoir été coupé, et passe ensuite par les métiers ordinaires de filature : table à étaler, étirage, banc-à-broches et métier à filer au sec ; ou bien il est directement *cardé*, et se travaille successivement sur le loup, la carde, les étirages, etc. Le jute peigné est destiné à être filé aux numéros les plus élevés, le jute cardé aux numéros moyens et bas. En 1845, on ne filait en jute que jusqu'au N° 8 (titrage anglais) ; dix ans plus tard, on arrivait au N° 14 ; on est parvenu aujourd'hui à obtenir le N° 25.

*
* *

La grande longueur du jute amène évidemment à le couper avant de le travailler ; la *machine à couper* est la même qui sert pour le lin. Les machines à peigner peuvent aussi être employées indifféremment pour l'un ou l'autre textile.

Les autres métiers sont à peu de chose près identiques, mais bâtis d'une façon plus forte et plus solide, puisqu'ils doivent travailler une matière fort élastique et préalablement mouillée. La *table à étaler* n'a généralement que deux cuirs, et la distance de l'étireur au rouleau d'appel y est très-petite ; elle marche beaucoup moins vite, l'étirage y est plus faible et la pression plus forte que pour le lin. Les *bancs d'étirage* ne réunissent jamais que deux et parfois quatre rubans, les barrettes y sont souvent remplacées par des hérissons. Les *bancs-à-broches* et *métiers à filer* sont foncièrement les mêmes que pour le lin.

Quant à la machine à laquelle on donne le nom de *loup*, elle consiste principalement en un tambour en bois de 1 m. de diamètre sur 0,80 cent. de largeur, entouré de fortes aiguilles longues de 4 à 5 centimètres, et tournant avec une vitesse de 1200 à 1500 révolutions à la minute. Le jute est amené à l'aide de toiles sans-fin entre deux paires de cylindres cannelés qui le font avancer peu à peu et le retiennent en le laissant arracher successivement dans toute sa longueur par les dents du tambour. Il est alors réduit en tronçons de 0,08 à 0,10 centimètres, et sort derrière le métier d'où on l'enlève petit à petit.—Parfois, ce tibre est un peu modifié et l'une des paires des fournisseurs est munie de dents de cardes.

Les mélanges de jute et d'un autre textile (lin ou chanvre) se font à la table à étaler ou aux étirages, mais l'étalage à la table donne les meilleurs résultats. Le système préférable est alors, non pas d'étaler successivement des poignées différentes des textiles mélangés, mais de réserver sur la table un cuir pour le lin ou le chanvre et un cuir pour le jute : les deux rubans se doublant près du pot se mélangeront plus intimement.

On reconnaît généralement à l'odeur les tissus dans la fabrication desquels il est entré du jute.

Mais il existe d'autres moyens de constater la présence de ce textile.

Nous citerons en premier lieu l'emploi du microscope. L'usage de cet instrument est des plus utiles pour ceux qui sont familiarisés avec ce genre d'observations, mais, pour être absolument pratiques, les procédés d'investigations fournis par cet instrument sont encore, selon nous, trop délicats. Nous croyons cependant utile de les indiquer.

— Il est à remarquer que lorsqu'on traite une matière textile végétale par l'iode, il ne se produit généralement sur celle-ci aucune réaction ; seule, une coloration bleue se déclare si l'on opère sur des fibres préparées pour le tissage et contenant quelques parcelles de parou, ou si l'on traite des filaments qui contiennent de l'amidon, état de désagrégation de la cellulose qui la rend plus sensible aux agents chimiques. Mais, dans les conditions ordinaires, la cellulose proprement dite, qui forme en quelque sorte le squelette des fibres, ne se colore pas en bleu, à moins toutefois qu'un agent chimique capable de la désagréger ne vienne la désorganiser sans la décomposer.

D'après les observations de M. Vetillard, l'acide sulfurique faible peut produire cet effet, et la coloration bleue se manifeste en présence d'une petite quantité d'iode.

C'est en considérant le résultat amené par la double action de l'iode et de l'acide sulfurique, que ce chimiste a été conduit à distinguer entre elles les matières végétales ordinaires et le jute. Il s'est alors guidé, non pas d'après la coloration uniforme que présente la cellulose pure, mais d'après celle que prennent les diverses substances qui dans les textiles en général entourent la cellulose proprement dite. Ces substances ne se colorent pas du tout, ou se colorent en jaune plus ou moins nuancé.

Prenons par exemple le lin, dans lequel la fibre est constituée par un tube de cellulose rempli entièrement de la matière colorable en jaune. Extérieurement, la coloration paraît entièrement bleue, mais en examinant au microscope l'un de ces tubes scindé en deux parties, on remarque que leur section transversale présente l'aspect d'une circonférence jaune entourée d'un anneau bleu.

Dans le chanvre, la coloration vue en masse semble verdâtre, mais on remarque par un examen attentif que le milieu du tube est blanc et que la matière colorable en jaune forme à l'extérieur une mince membrane très-transparente qui détermine cet aspect.

Le coton présente une autre apparence, mais comme il n'est jamais mélangé au jute nous nous abstiendrons d'en parler.

Enfin, le jute lui-même, soumis à ces expériences, prend une coloration où le jaune domine partout, plus foncé cependant sur l'extérieur de la fibre. Ceci démontre en même temps que la quantité de matière colorable est dans ce textile en proportion beaucoup plus forte que la cellulose proprement dite.

— En dehors de cette méthode purement technique, il existe d'autres procédés plus pratiques pour constater les mélanges frauduleux du jute d'avec le lin.

Nous ne ferons que signaler celui qui consiste à soumettre la toile soupçonnée pendant quatre heures à l'action de la vapeur à haute pression ; au lavage, le jute détruit de cette façon, doit se séparer complètement de l'étoffe essayée.

— Mais le moyen le plus à portée de l'industrie pour distinguer, dans les tissus écrus, le jute du lin et du chanvre, est d'observer la manière dont se comportent autour de ces fibres les résines et matières gommo-résineuses qui les constituent. Sous la double action du chlore et de l'ammoniaque, le jute prend une belle couleur rouge vif, qui devient sombre et brunit en une minute ; les teintes que prennent le lin et le chanvre soumis aux mêmes influences ne peuvent être confondues avec celles du jute, les tons en sont fauves ou orangés, suivant le degré de rouissage de la plante.

Dans toutes les expériences par voie chimique sur les tissus écrus, il est bon d'effiler les échantillons d'essai pour mettre bien à découvert la chaîne et la trame. Et lorsqu'on n'est pas habitué aux colorations que prennent les diverses variétés de textiles, il est souvent bon d'opérer auparavant sur un tissu de jute ou de lin dont on connaît la composition avec certitude, afin de comparer les teintes obtenues avec celles des échantillons d'essai.

D'un autre côté, ces expériences doivent être conduites avec soin et avec méthode. Pour bien faire celle dont nous parlons, il faut, après effilage, tremper d'abord le tissu dans le chlore pendant une minute, on l'étend ensuite sur une assiette, et en y versant quelques gouttes d'ammoniaque, il doit se produire aussitôt une coloration marquée.

*
* *

A propos du jute, nous devons faire mention des quelques plantes exotiques que l'on confond souvent avec lui, et qui jouissent à peu près des mêmes propriétés. Ces plantes sont :

1° Le *jute-bâtard* ou *jute de Madras*, l'*hibiscus cannabinus* des naturalistes. Ce textile est cultivé au Bengale et y atteint une hauteur de 1 m. à 2 m. 50, on l'y désigne sous le nom de *maesta* ou *paut*, et on l'emploie comme le chanvre d'Europe. C'est la même plante que l'on désigne à l'ouest des Indes anglaises du nom d'*ambarie*, et qu'on apelle à Madras, *palungoe* ; au Tamil, *kongkura* ; à la Guadeloupe, *gomba*. On en expédie un peu en Angleterre.

2° La plante que les Chinois connaissent sous le nom de *kingma*, et qui n'est autre chose que le *sida-rhombœda* des naturalistes. Cet arbuste est cultivé au Bengale sous le nom de *safet* ou *lalburiala*, et à Java sous le nom de *lidagori* ; Roxburg l'apelle *arbulition indicum*. Le king-ma est considéré comme fournissant des filaments supérieurs au jute, mais nous ne connaissons rien qui le prouve.

3° — 4° — Le *phormium-tenax* et le *sunn*, sur lesquels nous nous étendrons un peu plus.

* *

Le *phormium-tenax* est un arbuste de la famille des *Liliacées*.
Cette plante fut découverte par Banks, dans le premier voyage
du capitaine Cook. Elle était depuis longtemps employée comme
matière textile par les habitants de la Tasmanie, d'où lui vient le
nom qu'on lui donne encore parfois de *chanvre de la Nouvelle-
Zélande*. Les naturels de ces contrées en faisaient des tissus plus
ou moins fins, des cordages, des filets, etc.

Pour en extraire les filaments, ils déchiraient les feuilles selon
leur longueur ; après en avoir enlevé les côtes et les bords, ils
battaient ensuite et tordaient dans l'eau les lanières qu'ils obte-
naient, afin de séparer la matière fibreuse du parenchyme qui
l'entourait. Le produit, séché à l'air, donnait cette filasse résis-
tante et d'un luisant soyeux que tout le monde connaît.

Les premiers Européens qui connurent le phormium furent
séduits par les qualités apparentes que possédait ce textile. La
Nouvelle-Zélande en produisant abondamment entre le 34ᵉ et le
47ᵉ degré de latitude méridionale, ils pensèrent que, puisque
cette plante arrivait assez avant dans le Sud pour y être exposée
annuellement à de fortes gelées, elle pourrait, sans trop de
difficultés, s'acclimater dans les contrées chaudes de l'Occident ;
quelques essais ont donc eu lieu dans le midi de la France et en
Algérie ; ils ont été des plus satisfaisants.

Le phormium végète en effet très-bien et mûrit annuellement
ses graines en Provence ; il croît à peu près partout, mais de
préférence dans les vallées et les lieux un peu humides. C'est une
grande et belle plante, à racine tubéreuse-charnue, et facilement
remarquable par ses feuilles rubanées, longues d'un à deux
mètres sur cinq à huit centimètres de largeur, difficiles à déchirer,
d'un vert gai et luisant en dessus, blanchâtre en dessous, et
bordées d'un liseré rouge.

De nombreuses expériences out été faites par Labillardière pour déterminer la tenacité des fibres de cette plante, qu'il trouva alors des plus résistantes. On lui avait donné le nom de *phormium*, du nom d'une herbe que les Grecs récoltaient et dont ils faisaient des tissus pour vêtements, on y ajouta le qualificatif *tenax*, pour insister sur cette qualité. En effet, la force moyenne des fibres du chanvre étant représentée par 16 1/3, celle des fibres du phormium est de 23 5/11, tandis que celle du lin est de 11 3/4, et celle de la soie de 34. Le phormium n'est donc surpassé en tenacité que par la soie.

L'extensibilité de ces matières a été aussi déterminée d'une manière précise ; celle du lin étant de 1/2, celle du chanvre 1, celle du phormium est de 1 1/2, celle de la soie de 5.

Malheureusement, comme chacun le sait, les fibres de ce textile ne résistent pas plus que le jute aux influences humides ; l'action prolongée de l'air humide, surtout l'action simultanée de l'eau et de l'air, le blanchissage, les désagrègent complètement. Les tissus de phormium se réduisent très-vite en étoupes ; les câbles, cordes ou tapis, tombent rapidement en parcelles. Ceci provient, comme dans le jute, de ce que les filaments proprement dits sont reliés entre eux par des substances albumineuses qui ne peuvent supporter l'influence de la chaleur humide ou des alcalis.

Comme on le comprend, ces inconvénients abaissaient sensiblement le prix du phormium brut, et ce textile, employé en France et surtout en Angleterre, ne sert plus aujourd'hui qu'aux mêmes usages que le jute ou à falsifier les tissus de lin ou de chanvre. Toutefois, les moyens de reconnaître sa présence ont été indiqués.

— Pour distinguer entre elles les fibres végétales, l'examen microscopique est encore le plus certain, et quoiqu'il ne soit pas à la portée de tout le monde, nous n'en négligerons pas cependant les indications. Ainsi, en traitant le phormium de la même manière que le jute, c'est-à-dire par l'iode et l'acide sulfurique, et en l'examinant au microscope, on remarque qu'il colore partout

en jaune, seulement la nuance n'est pas la même que pour
le jute.

Cependant, il est préférable, dans tous ces essais industriels,
d'avoir recours aux expériences directes qui sont aussi plus
pratiques. Ainsi, l'expérience du chlore et de l'ammoniaque, qui
réussit pour le jute, est de même applicable au phormium tenax.
Mais il paraît, d'après M. Vincent, que le véritable réactif qui
permettrait de distinguer le phormium des textiles étrangers serait
l'acide azotique à 36° chargé de vapeurs nitreuses (c'est-à-dire
centenant de l'acide hypoazotique). Sous l'influence de cet agent,
les fils de chanvre se colorent en jaune pâle à froid et à chaud Les
fils de lin à froid ne présentent aucun phénomène de coloration,
mais à l'aide de la chaleur ils acquièrent bientôt une légère teinte
rose qui passe ensuite au jaune. Quant aux fils de phormium, à
la température ordinaire, ils prennent, par l'action de l'acide
nitrique, une teinte rouge peu après l'imbibition ; si l'on désire
rendre la réaction très-prompte, il suffit de faire usage d'un
acide plus concentré ou quelque peu chargé de vapeurs nitreuses.
Le phormium se colore alors en rouge sang (1).

*
* *

Le *suun (crotularia jacea — légumineuses)* est employé dans
l'Inde au même titre que le jute, mais surtout pour la fabrication
des cordages et des toiles à sacs.

Les premières importations du sunn en Europe étaient destinées
à Dundee ; elles datent de la fin du dernier siècle. Comme le jute,

---

(1) Cette réaction indique, il est vrai, la présence du *phornium-tenax*, mais elle n'est pas
exclusive. M. Payen a trouvé que les fibres ligneuses et corticales de plusieurs espèces de
cocotiers, de *pandanus*, de *cordyline*, d'*agave*, de *cipsus*, la *mauritia flexuosa*, le *phellandrium aquaticum*, le *raphanus sativus*, l'*abaca de Manille*, deux *pastras* du Brésil, se com-
portaient à peu près comme le phormium-tenax.

cette fibre fut soumise, aux Indes, à un grand nombre d'expériences,
qui amenèrent quelques demandes non renouvelées de deux ou trois
filateurs anglais. Ce ne fut qu'en 1850 que son emploi devint plus
général, car on reconnut positivement à cette époque qu'elle jouis-
sait à un plus haut degré que le jute des propriétés de résistance
et d'élasticité, et sa consommation ne fit que s'accroître. Il s'en
vendait alors deux qualités, la première de 28 à 30 £ la tonne,
la seconde de 23 à 26 £. Un journal anglais l'« *Advertisser* » men-
tionne à cette époque dans les prix-courants qu'il publie, que la
toile de sunn valait 1 d 1/2 par yard au-dessous de la toile de
chanvre et 3/4 d. au-dessous de la toile d'étoupe. Ce textile, beaucoup plus cher que le jute, tomba en défaveur les années suivantes,
surtout quand on reconnût que moins encore que cette dernière
filasse, il ne pouvait être soumis aux influences humides. Comme
on le voit par le tableau suivant, les importations en 1860 étaient
à peu près les mêmes qu'au point de départ, le sunn par contre
avait augmenté de valeur :

```
(1850 — 1) imp. 1053 ton. ang. — val. 11944 £
(1852 — 3)   »   2579     »      —   »   30681 »
(1854 — 5)   »   7036     »      —   »   77590 »
(1856 — 7)   »   3696     »      —   »   52107 »
(1858 — 9)   »   2999     »      —   »   38181 »
(1860 — 1)   »   1372     »      — . »   20471 »
```

Dans les années suivantes, on n'importa plus en Angleterre que
des quantités insignifiantes de sunn, et aujourd'hui ce textile n'est
plus employé que dans les pays de production, mais moins cependant que la fibre du jute. Il est d'ailleurs connu aux Indes depuis
longtemps, les livres sanscrits l'appellent « sana » et les « Instituts
de Menou » disent que si le coton est réservé pour les Brahmines,
le fil qui doit servir aux sacrifices de Raypoot est toujours le sunn.
    Dans ces contrés, on récolte deux variétés de sunn qui consti-

tuent les deux qualités dont nous avons parlé ; l'une semée en mai ou juin atteint une hauteur de 10 à 12 pieds ; l'autre semée en octobre, s'élève à 5 ou 6 pieds. On sème toujours aussi drû que possible afin de n'avoir que des tiges simples, c'est même un prin-cipe aux Indes qu' « un serpent ne devrait pas pouvoir passer au travers d'un champ de sunn. »

La plante se récolte avant ou après maturité, suivant que l'on veut en obtenir une fibre tendre et soyeuse ou une filasse résis-tante. Après arrachage, on en forme des bottes de 10 à 12 tiges, dont on fait aussitôt immerger le pied dans l'eau un jour durant : cette partie de la plante qui serait dure et grossière s'attendrit alors rapidement et ne diffère plus sensiblement du reste de la filasse.

On suit pour le rouissage et la préparation du sunn les procédés quelque peu modifiés, qui sont employés pour le jute. Mais comme l'emploi de ce textile est aujourd'hui restreint à son pays de pro-duction et qu'il ne peut d'ailleurs en aucune façon remplacer avan-tageusement le jute, nous n'entrerons à ce sujet dans aucun détail.

CHAPITRE XXX.

Monographie et Filature du China-grass.

Après le jute et le phormium, l'une des matières textiles les plus employées, et dont le commerce est appelé à s'étendre de jour en jour, est le *China-grass*, encore désigné sous les noms de *ramie*, *ramieh*, *rhea d'Assam*, *ortie blanche sans dards*. Les naturalistes désignent l'arbuste qui le produit du nom d'*urtica boehmeria*, *nivea* ou *sanguinea*, — famille des *orties*, — tout en faisant une distinction avec une autre variété, la *bœhmeria candicans*, distinction que n'admet pas l'industrie lorsque le china-grass est à l'état manufacturé.

Un grand nombre de savants et d'industriels se sont déjà occupés de cette plante et ont fourni sur sa culture et son emploi des données très-précises. Nous citerons entre autre MM. Ramon de la Sagra, Decaisne, Pépin, Ozanam, Nicole, Roxburg, Caillard, Brukner, Grothe, Moerman, de Bray, etc., et nous aurons peu de chose à ajouter aux renseignements qu'ils ont fournis. Avant tout, cependant, quelques mots sur la manière dont on est arrivé à connaître les propriétés de cette plante.

*
* *

Les fibres de l'ortie, dit le docteur Grothe, ont été utilisées dès la plus haute antiquité dans les montagnes de l'Hymalaya, et ce qui le prouve, c'est que dans les anciennes poésies de Ramajana et de Kalidassa, il y est souvent question des *toiles d'ortie*, vantées par ces auteurs pour leur beauté et leur finesse.

Dans les Jahrbuchern de Nestor de l'an 904, on raconte aussi que les toiles à voiles des navires sur le Volga étaient presque entièrement fabriquées en fibres d'ortie.

Charlevoix désigne aussi sous le nom de *Tsjo* une ortie gigantesque, cultivée depuis longtemps à Corée et au Japon et dont les filaments servaient à la fabrication des étoffes.

Kæmpfer fait aussi mention de cette ortie, mais il cite plus particulièrement celle qui se cultive au sud de la Sibérie, au Kamschatka et le long du Volga, et qui, selon lui, est utilisée au Japon sous les noms de *mao, tejo et karav*.

Mais si l'on peut affirmer que les avantages du china-grass sont déjà connus depuis longtemps dans les pays de production, on peut dire de même que l'emploi de ce textile en Europe remonte encore assez loin.

S'il faut en croire le Dr Grothe, l'Allemagne en aurait la priorité, et les écrivains du temps passé auraient donné la description d'une fabrique près Leipsig qui, en 1723, consommait uniquement des fils d'urticée pour chaîne et pour trame.

Selon Roxburg, au contraire, les trois premières balles de fibres de ramie seraient arrivées de Sumatra à Londres, en 1810, dans India-House, où s'en seraient faits les premiers essais.

Sous le règne d'Elisabeth, le botaniste Lobel racontait aussi qu'à Calicut et à Goa les Indiens fabriquaient des tissus fins et délicats avec la filasse qu'ils tiraient d'une ortie : ces étoffes, importées de Java en Hollande, y furent bientôt en grande vogue et étaient alors désignées sous le nom de *neteldœk* (ortie-tissu). Cette dernière affirmation nous paraîtrait assez juste, car ce nom est encore conservé aujourd'hui en Hollande aux fines toiles de batiste qu'on fabriqua plus tard pour imiter les tissus de china-grass.

Aujourd'hui, le china-grass est filé et tissé en Chine comme nous avons vu que le jute et le sunn l'étaient dans l'Inde, et le *ha-pou* ou *toile d'été* des Chinois n'est autre qu'un tissu en china-grass.

L'Angleterre est la contrée du continent européen où cette matière s'expédie le plus ; elle est cotée sur les marchés anglais au même titre que les autres textiles, et c'est même actuellement le seul pays où, à notre connaissance, il se trouve des fabriques de china-grass en pleine activité ; trois filatures fonctionnent en effet à Wakefield, à Glasgow et Bradfort, et plusieurs tissages dans ces deux dernières villes.

*
* *

Il a été mille fois prouvé que le china-grass, qui vient très-bien en Chine et aux Indes, croîtrait avec la même vigueur dans un grand nombre d'autres contrées, et, pour ce qui nous regarde, dans le midi de la France et en Algérie. Ceci ressort d'ailleurs de ce fait que dans l'Inde, à ce qu'affirme *Campbell*, il est cultivé jusqu'à trois mille pieds au-dessus du niveau de la mer, dans les montagnes du Népaul et de Si Khim. Ajoutons que cette culture est des plus faciles.

Comme terrain, un sol médiocre suffit : M. Nicolle l'a en effet cultivé aisément dans les dunes sablonneuses de la Manche, et M. de Malartic sur le sol dur et grossier des plaines de la Crau, dans les Bouches-du-Rhône. Il croît plus volontiers cependant sur un terrain légèrement sablonneux, bien ameubli, et suffisamment frais comme celui des pays d'où il est originaire : c'est même là qu'il atteint son maximum de production. La longueur de ses racines exige, comme le lin, un sous-sol imperméable; il craint encore la trop grande humidité. Mais loin d'affaiblir la terre, il l'améliore, et la rend très-propre, après quelques années, à une culture appauvrissante ; il supporte facilement les gelées.

D'après la composition du china-grass (1), et comme les engrais qui conviennent le mieux à sa croissance doivent contenir la plupart des éléments qu'il retire au sol, on choisit de préférence pour amender la terre où il croît, les fumiers de ferme, les matières fécales et les tourteaux. — On peut même économiser sur le condiment en rapportant sur le terrain de la récolte les détritus de la plante elle-même, mais il est évident que cette seule précaution ne peut suffire.

Pour préparer la terre, il faut alors un labour profond suivi d'un hersage bien conduit. On la divise ensuite en bandes égales au moyen de sillons placés à un mètre de distance les uns des autres.

M. De Bray, directeur du journal le *Colon algérien*, qui s'est beaucoup occupé de la possibilité de cultiver la ramie en Algérie, donne aux colons, sur la manière de multiplier cette plante et sur sa récolte, quelques conseils que nous croyons utile de reproduire : « Le plant de ramie, dit-il, coûtant assez cher, la plupart des colons n'auraient pas les fonds nécessaires, pour planter de suite un hectare, voire même un demi-hectare. Nous allons leur indiquer un moyen fort peu dispendieux pour vaincre cette difficulté toute pécuniaire, c'est de créer une pépinière. »

---

(1) D'après le Dr T. E. Tornidge, la fibre de la ramie contient :

Potasse.	32,37
Soude	16,33
Chaux	8,50
Magnésie	5,39
Ox. de fer	0,07
Chlorure de sodium.	9,13
Phosphore.	9,60
Soufre	3,11
Carbone	8,90
Alumine et Silice	6,60
	100,00

La ramie se multiplie :

   1° par graine ;
   2° par bouturage ;
   3° par marcottage ;
   4° par éclats du pied ou des racines.

Nous examinerons successivement ces divers modes de multipli-cation, mais commençons par établir le terrain de notre pépinière, qui doit être dans les mêmes conditions quel que soit le mode de multiplication que nous emploierons.

Pépinière. — « Elle doit, dit M. de Marlatic, être établie dans un terrain léger, riche et frais. Une ou plusieurs planches du jardin potager conviendraient parfaitement. Le sol devra être défoncé et ameubli comme il a été dit plus haut. » On espacera les lignes, pour semer la graine ou planter les boutures, de 20 centimètres ; pour le marcottage ou les éclats de pied, elles devront être distantes de 50 centimètres.

1° *Multiplication par graine.* — La graine peut être stratifiée d'avance entre deux feuilles de papier buvard ou dans un linge mouillé, et lorsque l'on voit qu'elle est prête à germer, on la sème. Mais comme elle est extrêmement fine, il est utile, selon le procédé chinois, de la mêler dans cinq fois son volume de terre humide ; puis on répand aussi également que possible ce mélange sur la ligne tracée au rayonneur. — Il ne faut pas recouvrir la semence, car alors elle ne germerait pas. Mais il est prudent, pour la garantir des ardeurs du soleil, de la couvrir de paille ou de feuilles, ou bien encore d'établir au-dessus, sur des piquets d'environ 1 m. 25 de hauteur, un léger toit que l'on enlève la nuit pour que la rosée imprègne le sol.

On arrose légèrement avec un arrosoir dont la pomme est per-cée de trous très-petits, afin d'entretenir une humidité constante et égale. Dès que la graine commence à germer, on doit suspendre l'arrosage et se contenter d'humecter la paille ou les feuilles avec un balai trempé dans l'eau et que l'on secoue dessus.

Lorsque les plantes apparaissent, on peut enlever paille, feuilles et couverture. Il faut tenir le sol net de toute mauvaise herbe, et l'entretenir frais par des arrosages modérés.

On peut, si l'on a besoin de tout son plant, enlever avec une petite motte de terre les pieds trop rapprochés et les repiquer dans un sol bien préparé. Si l'on n'a pas besoin de tout son plant, on se contente d'éclaircir en arrachant les pieds les plus faibles.

M. Pépin a fait la remarque, déjà indiquée dans les livres chinois, que la multiplication par graine offre l'inconvénient de ramener, pour quelque temps, la plante à une rusticité plus marquée. Puis, comme les plants de semence n'atteignent la première année, que de 50 à 60 centimètres à l'automne, ils sont trop courts pour être coupés, il faut les conserver pour l'année suivante, ce qui fait perdre une récolte. Cependant, nous croyons qu'en Algérie, on pourrait faire les semis en automne, les repiquages au printemps, et que l'on obtiendrait ainsi une, si ce n'est deux récoltes, dès la première année.

2° *Multiplication par bouturage.* — Ce procédé de multiplication consiste à diviser les branches munies de plusieurs yeux et bien ouatées, en tronçons portant au moins deux yeux et d'une longueur de dix à douze centimètres. On couche ces boutures dans la raie, et l'on recouvre en ayant soin de ne laisser en dehors qu'un seul œil presque à fleur de terre ; puis l'on arrose avec un peu de purin. Ce procédé s'emploie au printemps, après la saison des gelées, ou en été, mais de préférence pendant les mois de mai, juin et juillet. Il faut avoir soin d'arroser chaque jour les boutures, avec de l'eau de pluie, si c'est possible, pour faciliter la formation des racines et empêcher que les boutures ne se dessèchent. Au bout de quinze jours ces boutures se développent rapidement, surtout si le temps est favorable et chaud, et si elles ont été placées dans un rayon abrité des rayons du soleil, mais ces boutures, comme les plants de semence, ont l'inconvénient de ne donner que la seconde année. Nous conseillons aux colons, comme pour la graine, de faire des essais en automne, et nous avons l'espoir qu'ils réussiront.

Multiplication par marcottage.— Nous en avons deux procédés, l'un qui nous est indiqué par M. de Malartic, l'autre par M. Moerman. Nous allons les exposer l'un et l'autre, laissant aux colons le soin de les expérimenter et de voir par la pratique lequel doit être préféré.

Selon M. de Malartic, « aussitôt que les tiges (des plants en pépinière) atteignent de 0,15 à 0,20, on pince l'extrémité. Il sort alors des rejets de l'aisselle de chaque feuille. Quand ces rejets ont de 0,08 à 0,10, on butte en ne laissant hors de terre que l'extrémité des pousses. Au bout de cinq à six semaines, tous ces rejets sont enracinés ; on les détache du pied-mère pour les transplanter. On opère de même pour les pousses nouvelles qui ne tardent pas à paraître. Chaque pied-mère peut donner en une saison de 150 à 200 plants. »

Selon M. Moerman, « le marcottage consiste à coucher en terre, à une profondeur de huit centimètres, de jeunes tiges ou branches (de la pépinière) que l'on y fixe par le moyen de crochets en bois, et qu'on recouvre par intervalles de terre. On a soin d'effeuiller la partie qui se trouve en terre, et l'on redresse celle qui se trouve au-dessus. Il y pousse promptement des racines aux endroits couverts de terre. On peut alors couper par intersection chaque branche enracinée en la séparant de la branche-mère et des sections voisines au moyen d'un couteau bien effilé. On obtient ainsi par toutes les sections autant de plantes nouvelles ; en agissant ainsi, on peut multiplier au besoin, annuellement, chaque plante au centuple, soit aussi rapidement qu'avec des semences, sans retour à l'état rustique et avec moins de soins et de pertes de récolte.

Quand on n'a en vue que de multiplier la plante et de faire des élèves, on peut ainsi, pendant tout l'été, traiter successivement les nouvelles tiges qui se produisent comme les premières. Dans ce cas, on aura en peu de mois, d'une seule plante, des milliers de rejetons, au point de pouvoir, en trois ans, avec une seule plante, avoir assez d'élèves pour planter vingt-quatre hectares de ces plantes ; ce qui prouve la fécondité et l'extrême facilité de propager la ramie. »

4° *Multiplication par éclats du pied ou des racines.* — On les retire facilement du pied des souches de la pépinière, mis à découvert, soit avec un couteau, soit avec la bêche. On les place dans un sillon, ouvert avec un rayonneur, en leur conservant leur assiette naturelle. Ils doivent être placés obliquement, de manière que l'extrémite dépasse de 0 m. 3 à 0 m. 4 le niveau du sol. Ces fragments de racines doivent avoir de 0 m. 10 à 0 m. 12 de longueur.

Les plantations par marcottage ou par éclats du pied, faites de mars en juin, donnent fréquemment deux coupes avant la fin de l'année.

Plantation. — Le sol ayant été bien préparé, comme nous l'avons indiqué précédemment, et divisé en petites planches d'un mètre de largeur, on trace au centre, avec le rayonneur, un léger sillon. Dans ces raies, dit M. de Malartic, des femmes placent les plants à 0 m. 80 les uns des autres, et les recouvrent de terre en ayant soin de bien les tasser. Les plants doivent être placés en terre ainsi qu'il a été dit pour la pépinière. Les pieds sont pincés et buttés (multiplication par le marcottage), seulement on laisse croître les jets jusqu'à ce qu'ils atteignent 0 m. 90 à 1 m. 20 ; alors on les coupe.

Tous les plants doivent, sans exception, être légèrement inclinés, lors de leur mise en terre. La reprise est ainsi plus assurée.

Travaux annuels. — La première année, la culture de la ramie exige quelques soins. Il convient de sarcler autour du jeune plant pour enlever les mauvaises herbes, mais, dès la deuxième année, ce travail devient inutile ; la plante a déjà poussé des racines si vigoureuses et si étendues, ses jets deviennent si nombreux, que les mauvaises herbes et les plantes parasites n'ont plus de place pour végéter. Dès lors, un léger labour à l'automne et un second au printemps, avec un binage après chaque coupe, sont les seuls travaux que cette plante exige. Et encore, dans le midi de la France, se contente-t-on du labour du printemps ; mais, dans notre Algérie, avec la force de végétation des mauvaises herbes en hiver, nous conseillons une scarification ou un léger labour, en automne.

Quant aux arrosages, ils sont absolument les mêmes que pour la luzerne.

Récolte. — Les tiges de la ramie doivent être coupées avant la floraison et quand elles ne sont pas encore mûres, lorsqu'elles ont atteint, pour la première coupe, de 90 centimètres à un mètre, et pour les autres coupes de 1 m. 10 à 1 m. 20. La filasse alors est plus fine et plus douce. Celle de la première coupe est toujours de qualité inférieure. Du reste, on sait que les tiges sont bonnes à être coupées quand elles deviennent brunes par le bas.

La coupe se fait avec un couteau mince et bien aiguisé ou avec une petite serpette, à 5 ou 6 centimètres au-dessus du collet des racines. Si, avant le binage qui suit la récolte, on peut donner un arrosage au fumier liquide (purin), la plante repoussera de suite de nouvelles tiges plus vigoureuses et en plus grand nombre.

Ajoutons que le rendement qu'on peut obtenir dans la culture de la ramie est immense, car dans certains sols, et sous certains climats privilégiés, parmi lesquels on pourrait ranger celui de l'Algérie, on peut atteindre jusqu'à quatre, et avec beaucoup de soins, jusqu'à cinq coupes par an. D'après les expériences personnelles de M. Brukner à la Nouvelle-Orléans, on peut arriver pour chaque coupe à 800 livres par acre, soit par hectare 750 kil. de filasse désagrégée. M. Houpiart-Dupré a aussi constaté qu'à Marseille et aux environs de Nice, on pouvait obtenir par hectare

400,000 tiges de 100 gr., soit 40,000 kil. qui, par dissication, se réduisent à 20,000. M. Andoynaud, professsur de physique au lycée de Nice, est arrivé à 600 kil. de filasse par hectare. Nous pourrions encore citer d'autres exemples, mais nous préférons ne pas insister plus longtemps sur cette question.

Nous arriverons de suite à la *préparation industrielle* que l'on est obligé de faire subir au china-grass avant de le filer.

*
* *

Avant de parler de la préparation industrielle du china-grass en Europe, nous dirons quelques mots de la manière dont on en extrait les filaments dans les pays de production.

En *Chine*, à *Bornéo* et à *Sumatra*, les tiges réunies par paquets sont d'abord, pendant plusieurs jours, abandonnées dans l'eau des fossés, jusqu'à ce que le partie fibreuse et l'enveloppe corticale soient faciles à séparer ; on les enlève alors aisément en brisant ces tiges vers le milieu, puis en faisant glisser le pouce entre le bois et la fibre d'une extrémité à l'autre : de cette façon, on retire de chacun des pieds deux magnifiques rubans.

Il y a diverses manières de traiter ces rubans : les uns les réunissent en paquets et les remettent dans l'eau pour en achever la désagrégation, d'autres les étendent simplement sur pré ; toujours est-il qu'au bout de quelques jours, on les relève, on les teille et on les peigne comme le lin, mais, sur des instruments des plus grossiers.

Aux *Indes* et à *Java*, la préparation se fait à peu près de la même manière.

Mais comme la ramie est, en Chine et à Bornéo, la plante qui sert principalement à la fabrication des tissus, il en résulte que les Chinois s'y prennent assez adroitement pour obtenir très-vite de grandes quantités de filasse suffisamment rouies. Aux Indes et à

Java, au contraire, l'ignorance à cet égard est frappante : le docteur Henley, qui s'est beaucoup occupé aux Indes Britanniques des moyens d'y développer la culture du china-grass, affirme que le même Hindou qui arrive presque sans peine à préparer par jour 50 k. de filasse de jute, arrive difficilement à désagréger dans le même temps 1 k. 1/2 de ramie.

Lorsque les fibres de china-grass sont destinées à l'Europe, elles sont peu ou pas du tout rouies. Dans le premier cas, elles ont une apparence rugueuse et grossière, et souvent adhèrent fortement entre elles ; dans le second cas, elles constituent la plante telle qu'elle vient d'être récoltée.

Il faut donc de toute nécessité soumettre ces tiges à une nouvelle préparation ; ou bien leur faire subir un *lessivage chimique* pour dissoudre la matière gommeuse qui les entoure ; ou bien les soumettre à un *rouissage* en règle ; en fin de compte terminer, après séchage, par un assouplissage à la machine à teiller. L'un et l'autre moyen sont employés, mais surtout le premier.

En *Angleterre*, on emploie la *méthode de Jungham Culpan* de Bradford, c'est-à-dire le lessivage du china-grass avec la soude caustique chauffée à haute pression. Ce procédé, qui n'est en définitive qu'une modification de celui dont on fait usage depuis si longtemps pour le lessivage des fils et des toiles, ou pour dissoudre la gomme qui incruste les fibres ligneuses de la paille destinée à être convertie en papier, donne cette filasse blanche et soyeuse que connaissent tous ceux qui ont vu du china-grass désagrégé. En somme, voici comment on opère :

Les paquets de china-grass sont lessivés dans un bain contenant 10 % de soude caustique surchauffée à laquelle on ajoute un peu d'huile. L'opération dure de 5 à 6 heures au moins, et se fait dans de grandes chaudières en fer, fermant hermétiquement par des couvercles boulonnés et avec colonne à parapluie, afin d'avoir la circulation continue de la lessive. Elle doit, pour être bien conduite, avoir lieu non à la température de l'eau bouillante, mais avec une surchauffe à 8 atmosphères ou plus.

Quand la masse a été soumise à ces agents chimiques, on enlève l'eau au moyen d'un hydro-extracteur, puis on fait sécher les fibres. Celles-ci sont alors bouillies dans l'eau pure pendant plusieurs heures et cette opération est renouvelée aussi souvent qu'on le juge nécessaire. Un bain à l'hypo-chlorite de chaux en termine le blanchiment.

Lorsqu'après cette opération on veut peigner ces fibres blanchies on est obligé de les humecter au préalable, comme le jute, afin de faciliter la division des fibres, avec un liquide composé d'une lessive savonneuse à laquelle on mêle un peu d'huile.

Le procédé de désagrégation du china-grass, tel que nous venons de le décrire, donne de bons résultats, il est aussi très-pratique puisqu'il est à peu près le seul employé en Angleterre, mais il est loin d'être économique. Les matières gommeuses qu'on retire par les agents chimiques entraînent en effet une certaine partie de la fibre elle-même, comme on peut d'ailleurs s'en rendre compte par la théorie de l'opération, théorie que nous allons essayer d'expliquer aussi clairement que possible :

D'une manière générale, toutes les fois que, par l'application d'une haute chaleur, et surtout quand l'action de cette chaleur se trouve aidée et développée par le puissant concours des alcalis, les matières organiques éprouvent un changement d'équilibre dans leur constitution : l'ammoniaque se produit artificiellement. Dans la préparation du china-grass, la surchauffe à 8 atmosphères et l'addition de 10 % de soude aident donc énormément à ce que de grandes quantités de ce corps prennent naissance dans les chaudières. Il en résulte que, comme l'ammoniaque, bien plus encore que la soude caustique, qui est un excellent dissolvant de la matière gommo-résineuse ou protéine qui lie entre elles les fibres textiles, ce produit exerce son action autour des filaments de la ramie.

Il se forme en même temps quelques acides gras et de l'acide carbonique ; les premiers se combinent aux alcalis qu'ils saponifient, le second se trouve aussi absorbé et forme des carbonates.

Mais, au contact de la soude et de l'ammoniaque, la cellulose ou la fibre proprement dite, ne peut entièrement rester intacte, il se produit toujours à ses dépens un peu d'acide oxalique et d'acide ulmique qui, formant avec les alcalis des sels oxalates et ulminates, facilitent la double décomposition et la réduction des sels métalliques que contiennent les matières gommo-résineuses sur lesquelles ils réagissent.

De tout ceci il ressort, que le moyen de désagréger complètement le china-grass est bien trouvé, mais que ce moyen est très-coûteux à cause de l'énorme perte qui résulte du traitement. On a donc proposé d'autres procédés.

Citons par exemple celui de MM. Wright et Cie, filateurs à Dundee, jugé digne d'une médaille d'argent par le jury de l'exposition de Londres.

La préparation du china-grass consiste alors dans une cuisson que l'on fait subir aux écorces dans une dissolution alcaline, après les avoir fait tremper pendant 24 heures dans de l'eau à la température de 90°; on lave ensuite complètement la fibre avec de l'eau pure et on la soumet enfin à l'action d'un très-fort courant de vapeur qui la sèche entièrement. Pour 70 kil. d'alcali, on met 200 litres d'eau et l'on rouit ainsi 1000 kil. de ramie; on blanchit ensuite au chlore.

Nous ferons grâce à nos lecteurs de l'énumération d'autres méthodes de ce genre, qu'il nous est très-difficile d'apprécier, puisqu'on les a peu ou pas mises en usage; et nous arrivons de suite au procédé économique de .désagrégation indiqué par M. Moerman, qui a été mis à l'essai dans quelques-uns des pays qui récoltent la ramie, que le gouvernement anglais doit faire essayer sur une grande échelle en 1874, et qui a toujours donné les meilleurs résultats. Cette méthode n'est autre chose qu'un rouissage manufacturier bien conduit et suivi d'un décorticage industriel à l'aide d'appareils spéciaux.

Partant de ce principe que la *fermentation acétique* est seule nécessaire pour conduire à bonne fin tout rouissage artificiel, et qu'il y a toujours danger pour la fibre à arriver jusqu'à la *fermentation putride*, M. Moerman a été conduit à employer des produits spéciaux qui permissent de maintenir la première sans atteindre la seconde. Il a été amené par la théorie à trouver ce que Terwangne avait appris par la pratique , car parmi les agents employés sont le charbon d'abord, puis l'argile, le soufre, etc. Voici sur quoi il fonde son raisonnement :

1° L'argile et les sels alcalins absorbent une bonne partie des acides qui se forment pendant la fermentation, dite rouissage ;

2° Le charbon, ainsi que certains sels carbonés, ont une vive action décomposante sur l'ammoniaque et les sulfhydrates qui répandent ces terribles odeurs, dont se plaignent tant et avec raison, les voisins des routoirs. Le carbone est avide d'hydrogène et décompose avec énergie l'ammoniaque et les sulfhydrates, s'emparant de leur hydrogène, il forme avec lui du carbure d'hydrogène, d'où résulte cette décomposition que : l'azote de l'ammoniaque s'en dégage sans odeur, et que le soufre des sulfhydrates, en se dégageant à l'état naissant, forme, avec les sels alcalins ou l'argile qu'on ajoute dans le bain, des sulfures alcalins qui restent dissous. Ces sulfures alcalins ont, en outre, une action décomposante, décolorante et désoxydante, entièrement remarquable sur les substances azotées, gommeuses, résineuses et albumineuses et aussi sur les sels métalliques.

Le soufre , par son affinité pour l'oxygène, décompose les sels métalliques colorants et autres en s'emparant de leur oxygène et en précipitant le radical incolore ou base des sels métalliques ; tandis que d'autres portions de soufre naissant décomposent les substances azotées et forment avec celles-ci des composés solubles dans l'eau.

Ce raisonnement suppose évidemment non que l'on opère dans l'eau courante ou dans des fossés boueux où les produits chimiques seraient entraînés ou absorbés, mais dans des réservoirs spéciaux. Les réservoirs qu'emploie M. Moerman sont en ciment et sont constitués par des carrés de 2 m. de côté et d'autant de hauteur placés successivement à la suite les uns des autres et formant ensemble un long rectangle. Chaque routoir, qui dépasse le sol d'un mètre environ, est muni d'un robinet de bois qui permet de faire écouler les eaux sales dans une coulisse longitudinale. De longues traverses en bois maintenues de chaque côté forcent l'immersion des tiges, et le routoir est bien couvert.

Il y a alors deux manières d'introduire les ingrédients chimiques ou bien en combinaison, ou bien sous forme brute.

Dans le premier cas, on fait bouillir ensemble, dans une cuve chauffée à la vapeur, du soufre en fleur avec de la soude, de l'argile ou de la chaux, afin d'en obtenir un polysulfure alcalin. On met dans le bain de rouissage une quantité de ce produit égale à 1 % environ du poids des tiges, et on y ajoute autant de charbon de mine moulu très-fin. On maintient la température de l'eau à 25°, et l'on provoque, autant que possible, au moyen d'une roue à palettes, un courant artificiel dans le liquide.

Dans le second cas, on répand dans les routoirs par 1000 k. de tiges :

1° 5 k. de soufre en fleur ;

2° 5 k. de charbon de terre moulu et tamisé ;

3° 5 k. de craie broyée (ou de carbonate de soude, de potasse, d'argile, etc.)

On introduit ensuite l'eau froide et on élève, en la maintenant, la température à 25°.

Au bout de cinq ou six jours, le china-grass brut est complètement roui, et l'écorce se détache du bois sans résistance. Un second rouissage est rarement nécessaire.

Enfin, l'opération terminée, on fait écouler l'eau, et on retire ensuite les tiges pour les faire sécher, soit sous hangars sur des claire-voies, soit à l'air libre en les plaçant en cônes sur la terre nue.

Le broyage et le décorticage s'opèrent ensuite sur trois machines spéciales.

La première est une broyeuse composée de 4 rouleaux en fer très-lourds mis en mouvement par un moteur qnelconque, entre lesquels des ouvriers passent les tiges pour en fendre le bois.

La seconde est aussi une broyeuse, mais composée seulement de deux paires de cylindres cannelés avec un mouvement de froissage. Le bois des tiges se brise ici en mille morceaux et tombe en partie sous le bâtis.

La troisième machine n'est autre chose qu'une cuve de 2 m. 50 de diamètre sur 1 m. de hauteur, au centre de laquelle se trouve un axe en fer entouré de quatorze palettes, et muni sur sa circonférence de six rainures au travers desquelles on passe les tiges déjà broyées. Un aspirateur-ventilateur, fixé sur la cuve, rejette toute la poussière à l'extérieur de l'atelier.

La pratique a démontré qu'avec un tel assortiment de machines on peut décortiquer journellement de 1,000 à 2,000 k. de tiges de ramie, et produire chaque jour de 200 à 400 k. de filasse, selon l'habileté des ouvriers.

Par la méthode que nous venons d'indiquer pour rouir le china-grass, la dépense en ingrédients est excessivement minime, mais les frais de premier établissement sont élevés. Les dépenses totales, que nous ne voulons pas détailler ici, ne s'élèvent pas à moins de 50,000 fr.

De la filature proprement dite du china-grass, nous n'aurons que quelques mots à dire. C'est qu'en effet on peut très-bien se passer de machines spéciales pour filer cette plante, la pratique ayant démontré qu'elle s'accomode de toutes les espèces de métiers qui servent à transformer les matières textiles :

1° *Des métiers au mouillé pour lin par exemple*, mais à condition d'employer l'eau froide. Aussi Marshall, de Leeds, a filé de cette façon jusqu'à 1,200 broches à la fois ; nous citerons avec lui MM. Verdure, à Lille ; Whiteworth et Cie, à Halifax ; Hargreaves, à Dundee ; F. Pasquay, à Wasselone ; la filature d'Olden-bourg, etc.

Le fil obtenu sur ces métiers est très-régulier, mais comme l'eau froide lui fait perdre un peu de son lustre, on doit, par la suite, cylindrer les tissus pour regagner l'éclat primitif de la fibre.

2° *Des métiers à laine.* C'est ainsi qu'il est filé à Bradford et à Wikefield, en numéros correspondant aux 100, 150 et 200 en lin. Le fil ainsi produit ne perd rien de son éclat, mais pour bien imiter la soie, il a l'inconvénient d'avoir trop de duvet.

3° *Des métiers à coton.* Des essais ont été faits pendant la crise cotonnière par MM. Bertel et Cordier, à Rouen ; le china-grass se filait bien, mais moins aisément que le coton, à cause de la longueur de ses fibres.

4° *Des métiers à filer la bourre de soie.* C'est M. Prosper Meynier qui a inauguré cette industrie à Lyon, et en a filé lui-même ; il est avéré d'ailleurs aujourd'hui qu'un certain nombre de fabricants lyonnais mêlent à leurs tissus du china-grass désagrégé à la manière anglaise et filé ensuite. D'où le tirent-ils?

— Mais de même qu'il se file sur tous les métiers, le china-grass peut être tissé en mélange avec tous les fils. A Bradford, on fabrique l'article robes avec chaîne en coton et trame en china-grass ; l'alliance du coton donne très-peu de main à l'étoffe. C'est le même tissu que les Chinois connaissent sous le nom de *ma-kann-mien-hoe.*

Je crois, dit M. Moerman, que l'on obtiendra les plus beaux tissus avec une chaîne en lin et une trame en china-grass. Je pense qu'il convient de choisir les dessins autant que possible, de manière à devoir les tisser à plusieurs pédales ou marches, afin que la trame surnage le tissu en différents petits dessins, dits piqués ou satinés, de manière à ce que la chaîne soit invisible. Le tissu a alors tout l'aspect des véritables soieries. Il est beau, brillant et lustré, surtout après un cylindrage. Avec une chaîne en lin le tissu a naturellement plus de main qu'avec une chaîne en coton. Il est alors plus solide, plus beau et de plus grande valeur.

Si l'on voulait tisser les tissus en china-grass, chaîne et trame, il faudrait donner avant tissage à la chaîne un bon et fort encollage à la dextrine, sans quoi les fils se défont en chaîne, à cause que les fibres en sont si soyeuses qu'elles glissent et se séparent l'une de l'autre, malgré la torsion qui ne suffit pas à les rendre très-adhérentes entre elles, pour résister aux efforts que subissent les fils de chaîne dans le tissage.

* *
*

Le china-grass est expédié en Angleterre à l'état brut de Sanghaï ou de Hankow, et comprend deux qualités : les *tiges blanches* et les *tiges vertes*, qui ne sont en somme qu'une seule et même filasse dont l'une est plus rouie que l'autre. Les prix moyens ont été, en Chine, de 1863 à 1865, de 8 à 14 taëls par piculs pour le blanc, et de 6 à 9 pour le vert. (Le picul vaut 60 kilog.) L'exportation de Sanghaï pendant ce temps a été de 8,133,500 kilog., et depuis ce temps elle n'a fait que croître.

D'après M. Mœrman, le compte simulé du consul belge à Sanghaï établit à cette époque le prix de revient de cet article brut à 80 livres sterling par tonneau rendu à Londres, soit 2 fr. 50 le kilog., ce qui semble cher pour en exporter avec avantage.

Mais en 1871, M. Bonsor, directeur d'une filature de china-grass à Wakefield, écrit à cet industriel qu'il achète à Hankow le china-grass brut à 8 1/2 taëls par picul, ce qui fait un prix de revient en Angleterre de 70 livr. sterl. par tonne au minimum. Le même filateur vend ses étoupes de china-grass brut sur la place de Londres à 7 1/2 deniers la livre. Il ajoute que la freinte sur la matière, variable suivant qualité de 23 à 38 %, peut être établie sur la moyenne suivante de 33 % de freinte ; 33 % de peignés ;

33 % étoupes et blouses ; et 1 % poussière. « J'ai travaillé, dit-il des centaines de lots de china-grass qui m'ont donné en moyenne les résultats suivants :

> 22 % freinte ;
> 42 » peigné ;
> 34 » blouses ou étoupes ;
> 2 » poussière.

J'ai obtenu parfois jusqu'à 44 % en peigné, ce qui m'a démontré qu'il y a avantage à n'acheter seulement que tout ce qu'il y a de mieux en matière brute. La différence dans le prix est facilement compensée par un rendement supérieur en peigné. »

On peut obtenir en china-grass les Nos les plus fins ; Marshall de Leeds qui en a filé jusque 1200 broches à la fois a été jusqu'au No 250. La société linière gantoise a obtenu facilement le 300. Ces fils sont relativement bon marché ; ainsi, d'après son tarif de juin 1868, la maison A. Moxgam, de Bradford, cotait le No 20 a 2 sh. 8 la livre, le 30 à 2 sh. 9 ; 40 : 3 sh. 1 ; 50 : 3 sh. 4 ; 60 : 3 sh. 7 1/2, etc., ce qui faisait pour chacun 7 f. 40, 7 f. 80, 8 f. 20 9 f. 30 et 10 f. la livre. (2 1/2 esc. à 60 jours).

Le commerce du china-grass pourrait certainement être implanté chez nous, même s'il fallait nous résoudre à l'acheter sur les marchés anglais, puisqu'en France cela se pratique en grande partie pour le jute. Néanmoins, ce par quoi il faudrait commencer ce serait d'accaparer complètement ce commerce, en cultivant la plante elle-même sinon en France du moins dans les vastes plaines laissées incultes de notre colonie d'Algérie. Nous ne doutons pas que les Anglais n'aillent l'y chercher, car la Chine qui l'emploie beaucoup elle-même, aime peu à en exporter, et d'ailleurs ne suffit pas au-delà de sa consommation. Les Anglais vont aujourd'hui chercher en Algérie l'*alfa* (voir ch. XXXII), qu'on n'y cultive que depuis quelques années et qu'ils font entrer dans la fabrication de leurs alpagas, ils iraient de même y chercher le china-grass.

.
. .

Nous n'entretiendrons pas plus longtemps nos lecteurs de ce textile. Il nous suffira, pour terminer, de citer les faits suivants qui démontrent incontestablement toutes les qualités de cette fibre.

Ainsi la tenacité de ces filaments a été plusieurs fois constatée.

Roxburg le premier, en faisant à ce sujet des essais comparatifs, assure que malgré leur extrême finesse et leur brillant, les filaments de l'ortie blanche dépassent tous les autres en force

Un journal anglais, le *Technologist*, rapporte aussi qu'en 1811, le docteur Buchanan, ayant adressé à la Compagnie des Indes un échantillon de china-grass, la Cour des directeurs fit filer cette précieuse fibre dans une manufacture de Londres. En comparant ensuite la tenacité du fil fabriqué avec un fil de même grosseur en chanvre de Russie, on constata que la ramie supportait sans se briser un poids de 252 livres, tandis que le chanvre se rompait à 82.

Les expériences ont encore été faites à ce sujet par Royle, qui déclare que, la force du chanvre étant représentée par 160, celle de l'ortie blanche est de 280.

Tout ceci est aussi confirmé par Georges Aston qui trouve que la force du chanvre de Saint-Pétersbourg étant de 160, celle de l'ortie blanche de Chine est de 250, de l'ortie cultivée d'Assam de 310, de l'ortie sauvage d'Assam de 343.

Enfin, la valeur industrielle des fibres de la ramie a été l'objet des recherches les plus consciencieuses de M. Ozanam. Les résultats en sont consignés dans le tableau suivant :

Nom des fibres comparées	RÉSULTAT DES ESSAIS MICROMÉTRIQUES			RÉSULTAT DES ESSAIS MICRODYNAMIQUES						
	Longueur de la fibre primitive	Largeur en millim.	Epaisseur en millim.	Persistance à la traction	Élasticité ou allongement sans rupture	Résistance a la torsion	Etant donnée la ramie comme unité			
							Grosseur	Persistance à la traction	Élasticité	Résistance à la torsion
China-grass	0 m 25 / 0 50	6/10	7/100	24 gr.	0m 003	tours 180	1	1	1	1
Lin	0 05	3/10	3/100	3 "	0 002	140	1/2	1/4	2/3	4/5
Chanvre . .	0 05	5/10	3/100	6 "	0 0025	176	2/3	1/3	3/4	19/20
Coton	0 03 / 0 06	4/10	5/100	2 "	0 004	696	1/3	1/3	1	4
Soie	50 00	2/10	1/100	1 "	0 011	1038	1/4	1/6	4	6

Des expériences micrométriques consignées dans ce tableau, il est résulté que la fibre primitive de la *ramie* se trouvait être, pour ainsi dire, de toute longueur. M. Ozanam l'a suivie dans une étendue de 0 m. 25 sur le champ du microscope sans la voir s'interrompre, soit qu'elle fût constituée par une cellule continue, soit que les cellules successives eussent perdu leurs cloisons de séparation par suite d'une fusion plus intime. On affirmait par ce fait la *grande solidité* de la fibre de china-grass.

Il a été aussi constaté que les fibres du *lin* et du *chanvre*, qui semblent si longues, sont en réalité très-courtes ; ce sont des fibres cellulées fusiformes de 0 m. 03 de longueur environ, juxtaposées à leurs extrémités, embriguées l'une sur l'autre (Les ruptures s'opèrent toujours sur un point faible de l'accolement).

Les mêmes essais ont aussi démontré que la fibre du *coton ordinaire* n'était que de 0 m. 02 à 0 m. 03 de longueur, et que celle du *coton longue-soie* allait jusqu'à 0 m. 06 ou 0 m. 07. De là, le *peu de solidité* du fil de coton, malgré la torsion qu'on donne à ces éléments réunis.

Les mesures microdynamiques du tableau ci-dessus ont été obtenues au moyen du dynamomètre expérimentateur de M. Alcan (1). Elles constatent, en premier lieu, la traction, l'élasticité et la torsion des fibres comparées ; puis, en second lieu, comme ces fibres proprement dites sont de grosseurs différentes et qu'on jugerait difficilement de leur valeur si on ne les ramenait à une donnée commune, elles présentent les mêmes chiffres sous un autre aspect, la ramie étant prise comme unité.

De tout ceci il résulte : que la ramie est plus longue et plus uniforme que tous les autres filaments, sauf la soie ; qu'elle est plus solide, plus résistante à la traction et à la torsion, comme aussi plus élastique que le chanvre et le lin ; qu'elle est moins souple à la torsion que le coton, et qu'en somme, elle ne le cède qu'à la soie.

Quant à ce qui est des tissus que l'on fabrique avec le china-grass, nous pouvons affirmer qu'ils sont largement aussi beaux que les soieries-organsins. Pallas affirme d'ailleurs, dans la relation de son voyage en Russie, que les Chinois trompent souvent les Russes en leur vendant, pour du damas de soie pure, des étoffes fabriquées avec une chaîne en fil d'ortie et dont la trame seule est en soie véritable.

On lit aussi dans le *The scientific American* d'avril 1872, qu'à la dernière exposition de San Fancisco, on a exhibé des tissus magnifiques tissés avec la filasse de la ramie et pouvant rivaliser avec la soie comme beauté.

Ceci est aussi confirmé par M. Moerman : « Je rappellerai ici, dit-il, ce qu'en a dit le savant et vénérable P. Voisin, l'un des supérieurs du séminaire des Missions Étrangères, à Paris. Celui-

---

(1) Voir la description de cet appareil à la fin de ce volume.

ci a habité pendant douze ans la Chine comme missionnaire, et il a
fait voir un jour à un de mes amis, M. Théodore Mareau de Laval,
ancien représentant en France, un vêtement filé et tissé en Chine
avec la filasse du tchou, ramie ou china-grass ; c'était, m'écrivait
Th. Mareau, une belle toile teinte très-unie et de couleur corbeau,
filée, tissée et teinte en Chine. Le P. Voisin déclara à M. Mareau
que ce tissu est si solide, que le plus souvent, quand à force de le
porter pendant longtemps, la couleur en est devenue affaiblie, on
le fait reteindre ! Ceci ne se fait pas seulement une fois, mais se
renouvelle tous les trois ou quatre ans, à cause que l'étoffe est
presque inusable. Cette remarque est d'autant plus extraordinaire
et frappante, qu'il est bien reconnu que les couleurs qui s'appli-
quent en Chine sur les étoffes sont des couleurs d'une solidité très-
grande. Enfin le P. Voisin ajouta que les chemises faites avec la
toile d'urtica ou ramie, sont si fraîches que cela peut gêner en certains cas ? tandis que comme chaleur, si l'on peut affirmer que la
laine est plus chaude que le coton, et le coton plus chaud que le
lin, ce dernier par contre est plus chaud que l'ortie. »

Ajoutons à tout ceci que, pendant la crise cotonnière amenée par
la guerre d'Amérique, la filature et le tissage du china-grass ont
été essayés en France et qu'on en a obtenu les résultats les plus
satisfaisants. La fin de la crise et les immenses importations de
coton qui en furent la conséquence firent cesser tous essais à cet
égard. Mais il n'en était pas moins vrai que la lumière était faite
à tous égards sur le textile d'expérimentation. Nous concluerons en
citant ces remarquables expériences que nous trouvons résumées
dans un rapport de M. Cordier présenté le 14 avril à la chambre
de commerce de Rouen.

» La longue et douloureuse crise qui continue à sévir sur notre industrie
cotonnière vous a portés depuis longtemps à rechercher les moyens de parer
aux effets si désastreux de la disette du coton. Dès les premiers jours de la
guerre civile qui ensanglante l'Amérique du Nord, vous vous êtes préoccupés

de rechercher s'il n'y aurait pas possibilité de trouver un filament susceptible de remplacer cette matière. Malheureusement la difficulté était grande ; il ne vous suffisait pas de trouver simplement un équivalent qui pût satisfaire aux besoins de la consommation, votre but était surtout de combattre le chômage ; il vous fallait, par conséquent, rencontrer un textile possédant les mêmes qualités que le coton et qui pût se prêter aux mêmes opérations industrielles, autrement dit, qui pût être utilisé sur les métiers qui filent et qui tissent le coton.

De divers côtés vous sont arrivées des propositions, et des types de différente nature vous ont été soumis. Une correspondance volumineuse témoigne des difficultés attachées à la solution de ce problème.

Nous avons fait essayer un duvet brillant et soyeux provenant d'une espèce de chardon très-abondant au Cap-Vert. Cet essai n'a donné aucun résultat satisfaisant.

M. Nourrigat, de Lunel (Hérault), nous a adressé dans une lettre, à la date du 11 Janvier 1862, un spécimen d'une matière fibreuse qui ne pouvait répondre au but que vous vous proposez, pour les raisons suivantes :

» Ce produit est d'un blanc mât satisfaisant, mais il est dur et raide et conserve certaines parties ligneuses qui en rendent l'emploi impossible pour les appareils qui travaillent le coton. De plus, les fibres sont agglomérées et en quelque sorte feutrées.

» Vous avez échangé quelques lettres avec l'inventeur, dans lesquelles vous avez fait connaître ces inconvénients, en invitant votre correspondant à rechercher les moyens qui pourraient les faire disparaître. Depuis lors, vous n'avez plus reçu aucune communication.

» Le 16 août 1863, M. Terwangne, de Lille, vous a fait parvenir dans une lettre deux petits échantillons de *china-grass* ou ortie de Siam, l'un brut et l'autre blanchi. Frappés de la beauté de cette matière et pensant qu'elle pouvait présenter de l'intérêt pour nos industriels, vous avez invité, le 12 août, par la voie des journaux, les manufacturiers de votre circonscription à en faire l'examen.

» Cet avis, reproduit par différents journaux de Paris et de la province, vous a valu une première lettre de MM. Mallard et Bonneau, de Lille, à la date du 24 août, dans laquelle ces Messieurs, revendiquant la priorité de l'invention, vous annonçaient qu'ils se mettaient à votre disposition pour faire toutes les études et tous les essais que notre Chambre jugerait convenables, en vue d'arriver à l'utilisation du *china-grass* sur les métiers qui travaillent le coton. Ces Messieurs nous annonçaient en même temps que des études sem-

blables se poursuivaient par les soins de la Chambre de commerce de Lille,
dans le but de rechercher l'appropriation de cette matière aux machines spéciales à la région roubaisienne.

» Comme les spécimens que vous adressaient ces honorables industriels
étaient insuffisants pour qu'il fût possible de faire une appréciation raisonnée,
vous écrivites, le 29 août 1863, à Son Exc. M. le Ministre de l'Agriculture, du
Commerce et des Travaux publics, afin d'obtenir une quantité suffisante de
matières pour développer les études que vous aviez en vue ; vous réclamiez
en même temps de M. le Ministre une notice sur la culture et la production de
cette plante.

» Le 18 septembre 1863, vous avez reçu de M. le Ministre un ballot de
fils et tissus obtenus avec l'ortie de Chine ; à cet envoi était jointe une note
concernant cette plante que les Chinois appellent *ma*, les Anglais *china-grass*,
que l'on nomme *ramiech* à Java, et qui est connue en botanique sous le nom
d'*urtica nivea* ; de plus, un extrait d'un rapport de la Chambre de commerce
de Lille au sujet des essais tentés sur cette matière.

» A partir de ce moment, une correspondance fréquente s'est établie entre
notre Chambre et MM. Mallard et Bonneau. Le 10 octobre 1863, ces Messieurs
vous ont adressé un petit ballot contenant 1 kilog. 70 décag. de china-grass
désagrégé et préparé pour être mélangé par moitié avec du coton d'Égypte.
Deux de vos collègues, MM. Bertel et A. Cordier, ont bien voulu se charger
d'expérimenter sur cet échantillon. Les observations qu'ils ont faites à la filature, au tissage et à l'impression, sont l'objet de ce rapport.

» Le 14 janvier 1864, votre collègue, M. Bertel, vous a soumis les produits
obtenus à l'aide de l'échantillon du china-grass, ils étaient accompagnés de la
note suivante :

» Essai fait sur un échantillon de *china-grass* désagrégé remis par la
Chambre de commerce pour être filé avec moitié coton *jumel* ;

» Travail difficile et peu concluant à cause du peu de matière confiée, mais
qui serait très-praticable sur une centaine de kilogrammes ;

» Résultat obtenu : 15 bobines tissure N° 28, 10 bobines chaîne N° 30,
15 bobines chaîne N° 22 ;

» Pressentiment en faveur des services que ce filament est appelé à rendre
à l'industrie.

» Aujourd'hui, votre collègue remet une seconde note, plus détaillée sur
les opérations auxquelles il s'est livré :

» Les 1 kilog. 700 gr. de china-grass désagrégé ont été employés de la
manière suivante : mélangés par moitié avec du jumel, d'abord à la carde,

ensuite au laminoir, troisième passage (appelé comprimeur), puis au frotteur en gros, de là au frotteur moyen, et enfin au banc-à-broches, pour être mis au métier à filer. Cette quantité de china-grass désagrégé, quoique mélangée par moitié avec d'autre coton, n'a pu être employée avec la régularite ordinaire et a nécessité un doublage au métier à filer, ce qui prouve qu'avec une quantité suffisante on arrivera, sans nul doute, à un meilleur résultat, quand surtout on régularisera la longueur des soies de l'une et de l'autre matières destinées à être mélangées. Si le résultat obtenu n'est pas satisfaisant, cela est dû à l'impossibilité de distinguer l'apprêt de cette matière mélangée, et, a mon avis, l'emploi de 200 kil. environ est indispensable, parce que alors on pourra monter complètement une série et disposer les machines en conséquence.

» A la séance du 28 janvier, votre collègue vous a apporté une dizaine de mètres de tissus fabriqué avec les bobines que nous mentionnons.

» Un résultat déjà satisfaisant vous a fait décider l'achat de 300 k. china-grass, qui se trouvaient entre les mains d'un négociant de notre place, afin que les opérations fussent amenées à une solution plus concluante. Ces 300 kilog. sont en ce moment entre les mains de MM. Mallard et Bonneau.

» Depuis lors, votre collègue Cordier s'est livré à des expériences concernant le blanchiment et la coloration de ce tissu. Voici les résultats qu'il a constatés :

» Le type de tissu adopté par M. Bertel est similaire au calicot, compte 30, et, par conséquent, disposé pour la fabrication de l'indienne courante de Rouen. Il a été soumis rigoureusement aux mêmes opérations que les échantillons de calicot mis en regard des spécimens de tissus *china-grass*. Voici les résultats comparatifs que nous avons à signaler :

» A. Calicot écru fabriqué avec les cotons employés aujourd'hui, de provenances autres que ceux de la Louisiane. Le mélange china-gras possède un toucher plus doux et en même temps plus ferme, d'où nous pouvons conclure qu'il serait facile de produire des toiles ménages genre cretonne, qui devraient être appréciées par les raisons suivantes ; en chaîne comme en trame, le tissu china-grass offre une résistance, lorsqu'on le déchire, qui lui assure une garantie de solidité supérieure au tissu de tout coton ; de plus, par le mélange du coton, il a le mérite d'être moins conducteur que le lin, le chanvre, et d'être en même temps aussi spongieux que le coton.

» B. Au blanchissage, il se comporte absolument comme le calicot. Un simple passage au séchoir cylindrique lui donne un peu de brillant, qui doit avoir un certain avantage pour usage de linge.

» C, D, E, F, G, H, sont les résultats de l'impression avec les mordants propres à la garancine et teints avec la garancine. Il est impossible de signaler une différence sérieusement appréciable entre le coton pur et le mélange de china-grass.

» I. Violet, teint à la fleur de garance et savonné. Un peu moins d'intensité de couleur.

» J. Fond cachou à la garancine. Également moins d'intensité.

» K. Teinture rouge Andrinople ; l'échantillon de calicot est en jumel pur. Les deux spécimens ont la même pureté et le même brillant de coloris ; le coton pur est moins nourri de ton ; ce peut être le résultat de la différence de poids, car il y a plus de matière textile à teindre dans le china-grass que dans l'échantillon de calicot mis en regard.

» L. M, N. Couleur vapeur, violet d'aniline et rouge fuschine. Le china-grass reflète ces différents teints avec plus d'éclat que le coton.

» O. Teinture au bleu indigo. Résultat bien supérieur pour le china-grass au calicot fabriqué avec les mélanges actuels. Si le calicot manifeste un peu plus d'affinité pour la coloration, il serait facile, avec une trempe de plus , d'arriver au même degré d'intensité.

» Nous ferons la même observation pour les autres couleurs ; il suffirait de modifier les mordants, et l'on arriverait sans peine au coloris des indiennes sur tout coton.

» En résumé , il résulte des expériences auxquelles nous nous sommes livrés sur l'échantillon de china-grass qui nous a été confié :

» 1° Que la manipulation de la matière préparée par MM. Mallard et Bonneau, mélangée avec 50 % de coton jumel , ne présente aucune difficulté sérieuse ni pour la filature, ni pour le tissage, ni pour l'impression, ni pour la teinture, en se servant des machines et outils, ainsi que des procédés généralement employés dans votre région.

» Que le china-grass préparé par MM. Mallard et Bonneau répond autant que possible au but que notre Chambre s'est proposé par les motifs suivants :

» Au point de vue industriel, cette matière est *bien réellement un substitut* de coton (1), la filature et le tissage peuvent l'utiliser (A et B) sans modification dans leur outillage.

» La fabrication des cretonnes, des calicots, des ménages, peut en faire sortir un équivalent (A et B) de leurs articles courants.

---

(1) Le china-grass est bien un substitut du coton , en ce sens qu'il peut lui être substitué mais il est le succédané du lin, puisque comme lui on le récolte en tiges, comme lui on le rouit et on le teille.

» La fabrication des indiennes et des foulards y trouve une matière première remplaçant facilement le calicot : C, D, E, F, G, H, I, J, K, L, M, N, O.

» La fabrication des rouenneries peut également y trouver un équivalent du coton, comme le démontrent les échantillons que nous venons de citer, notamle K et l'O.

» 3° Enfin, au point de vue commercial, cette matière est plus qu'un équivalent du coton, attendu qu'en outre des mérites de ce dernier, elle en possède d'autres qui lui sont propres.

» Il nous reste encore à examiner une dernière appréciation, et celle-ci est importante, si même elle n'est pas la question capitale, à savoir le prix de revient de cette matière.

» Nous nous trouvons en présence d'inventeurs brevetés et par conséquent en possession du monopole de leurs produits. Nous n'avons donc pas à rechercher les frais que nécessite leur procédé, sur lequel nous ne possédons d'ailleurs aucune donnée : nous devons accepter leur déclaration de ce jour, 6 avril, confirmant celle qu'ils ont déjà faite le 19 septembre 1863, par laquelle ils s'engagent à fournir le china-grass, prêt à être cardé avec le coton, au prix maximum de 1 fr. 57 le kilog., ce qui, au cours actuel des cotons, détermine une moyenne de plus de 30 °/₀ au-dessous du coton en laine.

» Rien qu'à ce titre l'invention de MM. Mallard et Bonneau offre une précieuse ressource pour notre industrie cotonnière, eu égard aux circonstances au milieu desquelles nous nous trouvons : mais elle possède des qualités propres qui doivent lui assurer un avenir sérieux ; elle a plus que le mérite d'être un expédient, en ce qu'elle donne naissance à un type nouveau, spécial, qui participe à la fois des qualités du coton et du lin, et qui devra se faire une place particulière dans la consommation ; elle agrandit donc le champ de l'activité de nos industries textiles.

Si nous posons la comparaison d'une manière absolue entre les étoffes en lin et les étoffes en coton, on sait que la différence de prix qui s'établit en temps normal entre ces deux articles est surtout le résultat des manipulations plus compliquées et plus coûteuses que nécessite le travail du lin ; l'invention de MM. Mallard et Bonneau, ayant pour effet d'assimiler industriellement le china-grass au coton ; de ce chef, ils en font essentiellement un article de bas prix, c'est-à-dire entrant dans les conditions qui sont propres à la région normande.

» En conséquence, Messieurs, nous vous proposons les conclusions suivantes:

» D'adresser des félicitations à MM. Mallard et Bonneau pour les résultats qu'ils ont obtenu en rendant le china-grass susceptible d'être cardé et filé avec du coton :

» De leur exprimer toutes nos sympathies pour cette découverte, qui ouvre réellement des perspectives nouvelles à l'industrie textile, d'autant plus que leur procédé, suivant ces inventeurs, est susceptible d'être appliqué à une foule d'autres matières filamenteuses ;

» De leur déclarer que vous verriez avec une vive satisfaction la création, dans votre centre industiel, d'un établissement destiné à préparer le china-grass, ainsi qu'ils en expriment l'intention dans leur lettre du 6 avril courant. »

— Tel était, dans son entier, le rapport présenté par M. Cordier à la Chambre de Commerce de Rouen, sur le *china-grass*, en 1863.

La Chambre, après avoir entendu la lecture de ce rapport, en avait approuvé le contenu et les conclusions, et décidé qu'il serait livré à la publicité par son insertion dans les journaux de Rouen.

CHAPITRE XXXI.

Des Fibres d'Abaca.

On importe, en Angleterre, et nous recevons en France, par voie anglaise, à l'état brut ou manufacturé, des filaments provenant d'arbustes très-différents, que l'on connaît sous le nom générique de *fibres d'abaca*. Les dénominations de *chanvre pitte*, *chanvre de Manille*, *chanvre des Américains*, *chanvre blanc*, *chanvre de Haïti*, en sont synonimes.

Les véritables fibres de ce nom viennent des îles Philippines, et sont produites par l'*agave americana*, auquel on donne souvent le nom d'*aloès pitte*. Mais comme les bananiers dits *musa textilis* et *paradisiaca* fournissent aussi des filaments qu'il est difficile de distinguer de ceux de l'agave ; on en désigne encore les produits sous le nom d'abaca.

Le commerce de ce textile à Manille est relativement aussi important que celui du jute aux Indes anglaises ; il constitue même la principale ressource d'un grand nombre de naturels des Philippines, et quelques-uns des villages de ces îles expédient annuellement 1,500 arrobes en moyenne, soit environ 17 tonnes d'abaca au port principal.

Les premières exportations de cette ville furent d'environ 14 tonnes, en 1818, mais il n'y eût guère de trafic régulier avant l'année 1822, époque à partir de laquelle le commerce de l'abaca ne fit que s'accroître. Les Anglais, qui cherchaient à cette époque de nouvelles matières pour la fabrication du papier, ne purent longtemps méconnaître les qualités de cette fibre. D'après les statistiques officielles publiées en Angleterre, les Philippines auraient expédié, en 1844, 6,234 tonnes; en 1852, 15,296; en 1856, 21,891; en 1859, 168,893; en 1861, 208,980 tonnes, etc., se répartissant entre la Grande-Bretagne et les États-Unis. Actuellement, les arrivages sont d'environ 300,000 tonnes dans tous les ports d'Angleterre et d'Amérique.

*
* *

L'*agave americana* abonde dans les régions volcaniques des îles Philippines, dans la partie comprise entre Luçon et Mindanao; on la rencontre aussi, mais plus rarement, dans les états avoisinants et même dans le Sud jusqu'aux Moluques. C'est une grande plante vivace, à racine fibreuse, ayant le port des espèces du genre aloès, c'est-à-dire présentant des feuilles allongées, aigues, très-épaisses, épineuses sur les bords, réunies en rosette et à tige courte.

Comme son nom l'indique, elle est originaire de l'Amérique, mais elle est aujourd'hui naturalisée et devenue presque indigène dans toute la région méditerranéenne. Elle affectionne alors un sol humide et croît principalement sur les rochers maritimes, dans les endroits exposés au midi. On la cultive aussi pour en faire des haies de clôture autour des champs ou des vignes dans les régions méridionales de l'Europe, en Espagne, en Portugal, dans le royaume de Naples et surtout en Sicile.

Aux Philippines, où l'on cultive l'abaca spécialement pour ses fibres, on en coupe le tronc au bout d'un an ou d'une demi-année de croissance, et toujours avant sa floraison. Les filaments que l'on retire alors des *pétioles* des feuilles, sont de finesse variable, suivant leur disposition naturelle, et d'une longueur de 3 à 4 pieds. Plus le moment est éloigné de l'époque de floraison, plus la filasse est fine, mais moins elle a de longueur. Lorsqu'on tarde trop, il s'élève du milieu des feuilles, avec une étonnante rapidité, une hampe gigantesque qui, dans l'espace d'une quinzaine de jours, atteint jusque 7 à 8 m. d'élévation ; on n'obtient alors que des fibres très-faibles, car la plante s'épuise et périt souvent après avoir développé sa hampe, mais ces fibres sont très-longues, les feuilles ayant dans ce cas de 6 à 8 pieds.

*
* *

Pour extraire l'abaca des tiges de l'agave, on en fend tout d'abord les feuilles dans toute leur longueur, puis après avoir enlevé la pédoncule centrale, on met à part les pétioles pour les faire sécher à l'ombre. Au bout de 24 heures, et après les avoir divisées en bandelettes d'environ trois pouces de large, on enlève grossièrement l'enveloppe qui recouvre les fibres au moyen d'incisions latérales faites à l'aide d'un instrument tranchant. On les racle ensuite jusqu'à ce qu'elles soient à nu, et lorsqu'elles sont suffisamment nettoyées, on les secoue, on les lave, on les sèche. Des femmes sont spécialement occupées à les trier (1).

Les pétioles fournissent divers genres de fibres suivant la place qu'y occupe la filasse brute. Celle que l'on extrait des couches extérieures est dure, forte, et employée dans le pays pour cordages ; les couches intermédiaires donnent un filament plus fin, mais avec lequel on fabrique encore de grosses toiles ; enfin, les couches intérieures fournissent des filaments très-ténus avec lesquels on fait des tissus légers dits *nipis*, mais ici les fibres sont sou-

---

(1) Rappelons ici pour mémoire qu'une prime de 40,000 £ (soit 1 million de francs) fut promise, jadis, par le gouvernement britannique à l'inventeur d'un procédé susceptible d'assouplir convenablement l'aloès ou l'un de ses analogues. Cette remarque nous fait songer que l'on devrait bien commencer par acclimater chez nous cette variété d'aloè de la Chine, avec laquelle se fabrique le tissu appelé *po-to-mah*.

vent battues avec un maillet jusqu'à ce qu'elles soient douces et soyeuses.

— L'abaca est employé comme matière textile aux Indes, à Ceylan, aux Philippines, etc.; il fournit, lorsqu'il est bien préparé, des fibres brillantes, longues de 1 m. 30 à 1 m. 80, d'un blanc ou d'un brun jaunâtre, fines et tenaces ; leur légéreté est de 12 à 30 % plus grande que le chanvre européen, et elles prennent facilement la teinture. On en fabrique, comme nous l'avons dit, des tissus de divers genres, mais on en fait encore des cordes, des sacs, des tapis, des toiles à voile, des étoffes légères pour meubles, en mélange avec le coton.

Aux Philippines, l'orsqu'on a tissé une toile d'abaca, on la trempe dans l'eau chaude pendant 24 heures, puis ensuite dans l'eau froide et l'eau de riz, pour la blanchir et l'assouplir.

En Europe, l'abaca a, sur les marchés anglais, une valeur de 35 à 39 £ la tonne ; on en fait rarement des tissus, mais on le fait souvent entrer dans la corderie et la sparterie de luxe : laisses pour les chiens, cordons de sonnette, cordes à étendre le linge fin, tapis, pantoufles, cabas et sacs pour dames, bourses, porte-cigares, etc.

— Les Mexicains ont aussi leur abaca, mais nous n'en recevons rien en Europe. Ce textile, que l'on récolte à Cuba sous le nom de *piassaba*, et au Mexique sous celui de *maguey*, provient de l'*agave cubensis* plante qui ressemble beaucoup à la précédente, quoique plus petite dans toutes ses parties.

L'*agave fœtida*, sorte d'aloès qui croît dans ces contrées, fournit aussi un fil de consommation locale, assez résistant.

*
* *

Le *bananier*, comme nous l'avons dit, fournit aussi, des pétioles de ses feuilles, des fibres qui sont importées en Europe, au même titre que les fibres de l'agave et sous le nom d'*abaca*. C'est le même arbre qui fournissant le fruit si universellement connu par ses propriétés bienfaisantes, la banane, n'était autre, au dire des premiers chrétiens, que le fameux *lignum vitæ* de la Bible, d'où le nom de *musa paradisiaca* que lui ont donné les botanistes, et dont la traduction est devenue usuelle dans plusieurs langues.

Les propriétés des fibres du bananier ont été découvertes par les Anglais au moment où ils étaient à la recherche des matières premières pour suppléer au chiffon dans la fabrication du papier. Ils reconnurent bientôt qu'ils avaient en leur possession des filaments, non-seulement dignes de leur rendre ce genre de service, mais aussi de figurer sur les marchés à côté des fibres déjà employées. La filasse du bananier ne peut, à ce qu'il paraît, servir même à la fabrication des tissus de moyenne finesse, mais l'expérience a prouvé quels sont les services qu'elle peut rendre dans la corderie et la sparterie, et à ce titre elle est cultivée sur une grande échelle dans les colonies anglaises. A l'exposition de 1855, parurent les premiers échantillons de fibres de bananier, nous reproduirons à ce sujet quelques détails intéressants signalés par M. Tresca :

» Le bananier est l'objet d'études fort sérieuses à la Jamaïque et surtout à la Guyane anglaise. D'après les calculs faits, dans cette dernière colonie, par un propriétaire qui a l'expérience de dix ans de culture sur une surface de 200 hectares, on trouve qu'en exploitant le bananier exclusivement pour sa fibre textile, et en négligeant son fruit, on peut obtenir, en deux ans, après trois coupes de huit en huit mois, 11,250 tiges environ par hectare. Chaque tronc pèse de 33 à 34 kilogs, et toute sa partie solide consiste en fibres reliées entre elles par du tissu cellulaire. Cette partie solide forme le dixième du poids du tronc ; l'eau y est contenue dans la proportion de 90 %, et l'on retire 1 k. 134 de fibre textile propre, et 681 gr. de fibre décolorée. On récolterait donc tous les deux ans par hectare de 20 à 21,000 kil. de matière textile, dans lesquels les fibres propres figureraient pour 12 à 15,000 kil. et les fibres décolorées pour 7 à 8,000 kil. L'entretien d'une plantation de bananier coûte 750 fr. pour les deux ans ; l'enlèvement et le transport des tiges à l'exploitation s'effectuent à raison de 5 fr. pour 100 tiges, soit 562 f. 50 pour ces opérations durant les deux ans. Le total des frais d'exploitation s'élèverait donc à 1,313 f. 50 pour une récolte de 11,250 troncs fournissant de 20 à 21 tiges de fibres textiles. Cela porte à 11 centimes 1/2 le prix de revient du tronc et à 6 centimes 4 celui du kilog de fibres. »

CHAPITRE XXXII.

De l'Alfa.

Nous avons étudié jusqu'ici, le filament le plus remarquable des Indes, le *jute;* les deux principaux textiles de la Chine et des Philippines, le *china-grass* et l'*abaca,* arrêtons-nous un instant à l'examen d'un genre spécial de fibres, qui forment une des principales ressources de l'Algérie française : nous voulons parler de l'*alfa.*

Cette plante, qui se propage dans la plupart des terrains secs de l'Afrique, surtout dans la partie montagneuse, s'expédie en grande quantité en France et en Angleterre, où elle sert à divers usages. La filature anglaise l'emploie en petites quantités sur ses métiers à laine, et le tissage la fait entrer en partie dans la fabrication des alpagas. Mais la confection des filets de pêche, des tapis, de la pâte à papier, en absorbent dans toutes les contrées la majeure partie.

De même que l'abaca, l'alfa provient de diverses plantes. La grande quantité d'exportation nous vient en France sous le nom de *sparte,* et est fournie par le *ligœum spartum,* la filature ne l'emploie pas, mais on confond encore sous ce nom d'alfa, les fibres de l'*arundo festucoïdes* (*dyss* des Arabes), et la filasse que l'on extrait des tiges, que les naturalistes désignent sous les noms de *stipa tenacissima, s. gigantea, s. barbata,* ce sont ces fibres que filent les Anglais.

Nous nous occuperons cependant plus spécialement de l'alfasparte, qui présente beaucoup plus d'importance, toutes ces fibres se préparant d'ailleurs de la même manière que le lin, c'est-à-dire par rouissage et par teillage.

*
* *

L'alfa est récolté en toute saison, suivant les besoins, mais surtout dans les mois de mars et d'avril, d'août et septembre, et il se produit chaque année sans culture. Outre qu'il occupe en Algérie tous les hauts plateaux des trois provinces, on le rencontre encore par milliers d'hectares, depuis les frontières du Maroc jusque celles de la Tunisie, et il s'étend presque indéfiniment dans ces deux pays.

Pour donner une idée du commerce (1) qui se fait en Algérie de

---

(1) Le commerce de l'alfa commence à prendre en Algérie quelque tournure de régularité, et ne peut que devenir, par la diminution des frais de transport et la création actuelle de certains chemins de fer locaux, une source de richesses pour notre colonie. Une brochure du colonel Charrier, commandant supérieur du cercle de Saïda (*l'Alfa des Hauts-Plateaux*), vient de paraître en Algérie, et voici ce que nous y lisons au sujet de l'exploitation de l'alfa durant ces dernières années : « Il est impossible de décorer du nom d'exploitation l'ensemble des travaux auxquels l'alfa a donné lieu depuis quelques années en Algérie. C'est tout simplement l'application à l'alfa des procédés du glanage par lesquels on se procure le chiffon, car la trousse d'alfa qu'apporte l'indigène contient presque toujours une pacotille dont la moitié ne vaut rien.

Jusqu'à présent, le travail européen a consisté à placer une bascule au bord d'une route ou d'un sentier et à attendre que l'alfa vienne y tomber, tout récolté, du dos de quelque bête de somme.

L'Arabe du voisinage qui apprend l'arrivée d'un acheteur, se décide, si, dans le moment même, il a besoin de quelque argent, à sortir de son inertie : — il prend son bâton, pousse devant lui tout le personnel de sa tente : femmes, enfants, etc. etc., et il leur dit : allez! ramassez! On prend tout, on arrache tout, comme on le fait à l'ordinaire pour les animaux ou pour la couchée de l'hôte : — feuilles mortes des récoltes perdues, feuilles mûres, feuilles vertes des récoltes à venir, tiges, épis, racines, tout fait poids !

Le lendemain, l'Arabe apporte à la bascule cette singulière provision. Elle lui est achetée. Il a mis une pierre dans sa charge ; il est vrai que souvent la balance ne fonctionne que sur trois couteaux et pèse à 25 % de diminution. — Bref, on s'entend....

L'acheteur fait sécher, trier grossièrement pour ne pas exagérer son déchet, et par conséquent

ce textile, nous citerons les chiffres d'exportation dans ces dernières années, de la principale douane, celle d'Oran, en faisant remarquer qu'il s'en expédie une égale quantité des ports d'Arzew, Némours, Mostaganem, Mers-el-Kébir, et que les provinces de Constantine et d'Alger, quoique moins importantes sous ce rapport, tendent à se mettre en parallèle avec celle d'Oran.

Années	France	Angleterre
1867	572,679 kil.	4,981,429 kil.
1868	159,885 »	3,164,021 »
1869	1,390,306 »	4,786,756 »
1870	795,478 »	41,674,085 »
1871	1,209,723 »	49,589,121 »

(Le commerce qui se fait en Espagne de cette fibre est moins important, mais encore très-considérable. Entre autres, le port de Las Aguilas, près de Carthagène, en expédie à lui seul 20,000 tonneaux, dont les deux tiers pour Marseille. Quant à l'exportation qui a lieu par les ports de la côte, depuis et y compris Alicante jusqu'à Almérie, elle dépasse annuellement 6,000 tonnes.)

*
* *

L'alfa s'expédie des pays de production brut ou roui. Dans le premier cas, on le fait entrer sans préparation dans la pâte du papier de paille ; dans le second cas, il constitue la matière première du commerce auquel on donne le nom de *sparterie*. On

---

diminuer son gain ; il dirige ensuite sur les magasins de la côte qui font emballer et expédier sans avoir ni le temps, ni les moyens, ni même la possibilité de préparer des produits convenables.

On a ravagé la plante : on l'envoie tout entière, ensuite, au lieu de n'envoyer que sa feuille, et on fournit ainsi au fabricant une matière qui lui impose des frais énormes de triage, etc. »

en fait alors des tapis, des filets de pêche, des bandes tressées
pour nattes, du crin végétal pour matelas et pour meubles, des
paniers, des chaussures et même des coiffures.

La marine espagnole et l'industrie minière emploient encore en
quantités considérables des cordages faits avec l'alfa. Les principales fabriques se trouvent à Alicante, Santa-Pola, Carthagène,
Las Aguilas et Aléric.

L'alfa brut coûtait dernièrement 145 francs la tonne, il se vend
actuellement 160 fr. à Oran (1). Le transport en augmente énormément le prix, l'alfa étant une matière inflammable par fermentation, mais l'établissement devenu certain d'un chemin de fer dans
la région de Sidi-bel-Abès en abaissera le prix d'une manière
sensible.

Un de nos correspondants d'Algérie, M. de Bray, à Guelma,
nous a communiqué le tableau suivant pour ce qui concerne le prix
de revient de l'alfa à Dunkerque ; nous ne pouvons mieux faire que
de le reproduire, ces renseignements pouvant être utiles à ceux
qui, dans nos contrées, s'occupent de la fabrication du papier.

Prix d'achat aux 100 kil. . . . . 16 "
Commission d'achat. 0 25
Décharge, ramassage. déchet 0 30
Mise en balles. 1 50
Transfert du dépôt à quai . . . . " 30
Mise à bord . . . . " 30
D'Oran à Dunkerque 3 50
Débarquement à l'arrivée. . . . . " 30
Courtage au départ et à l'arrivée . . . . . " 05
Chapeau du capitaine . . . . " 05

(1) Les évènéments d'Espagne (1873) l'ont fait monter jusque 190 fr.

CHAPITRE XXXIII.

Textiles secondaires succédanés du Lin.

Nous désignerons sous ce nom les végétaux filamenteux dont les fibres, peu exportées en Europe et employées en grande partie dans leurs pays de production, peuvent être regardées, par leur emploi ou leur préparation, comme les véritables succédanés du lin.

La famille des palmiers nous fournit, dans ce genre, un grand nombre de filaments, parmi lesquels quelques-uns très-remarquables.

Ainsi sont, par exemple, ceux que l'on désigne dans l'Inde ou l'archipel Indien, sous le nom de *gomouti* ou *ejou*, et que la Chine connaît sous le nom de *tsong-li* L'*arenga saccharifera* (*saguerus Rumphii*) duquel ils sont extraits, est très-commun dans toutes ces contrées : chaque arbre y donne au moins 2 kilogr. de fibres. Comme ce textile est d'autant plus élastique et plus tenace qu'il est mouillé, il est fort employé dans la marine chinoise pour la fabrication des cordes, câbles, etc., et des fabriques spéciales en ont été établies aux environs de Ningpo ; la sécheresse lui fait perdre de sa ténacité. Le gomouti entre encore dans la fabrication de brosses, de tapis, etc., que l'on envoie en petites quantités en Amérique et en Europe. Les cordages ne se trouvent qu'à bord des jonques chinoises, des praos malais et des barques de Siam.

On désigne encore dans l'Inde, sous le nom de *bastain*, *khair*, *queir*, d'où en France on a fait *coir*, un textile de couleur rougeâtre, gros et tenace, que l'on extrait du brou filamenteux qui entoure les fruits du palmier (*cocos nucifera*) que l'on connaît sous le nom de *noix de coco* ou simplement *cocos*. Ce tégument, qui recouvre les noix sur une épaisseur de 4 à 5 centimètres, est surtout utilisé en France pour la fabrication des tapis, et en Angleterre pour celle des filets de pêche. On l'emploie encore en Europe, et surtout dans les pays chauds, pour le calfatage des navires, la confection des toiles à emballage, de câbles, etc.

Le dattier (*phœnix dactylifera*), de la même famille, fournit aussi, outre son fruit, dans les pays de production, un filament, dit *lifa*, que l'on extrait du tissu réticulaire qui enveloppe le pied de la palme. Ce textile sert à faire des cordes, à rembourrer le bât des chameaux ; il entre avec le poil de ces animaux dans la confection de toiles à sacs, de tentes, etc., et on en fait encore d'excellentes bourres pour armes à feu.

Chacun connaît enfin toutes les ressources en textiles que peuvent nous fournir les feuilles du palmier nain (*chamœrops utilis*) qui croît en grande abondance en Algérie et dans le midi de l'Europe. Un grand nombre de brevets ont été pris pour la préparation de ces feuilles, qu'ils commencent tous par dégager de la matière glutineuse dont elles sont formées : nous n'entrerons dans aucun détail à ce sujet. Les fibres du palmier nain, dites *yucca*, très-fines, fermes, divisibles, longues de 25 à 40 centimètres, sont très-employées dans la corderie. On en fait encore, dans les pays chauds, avec le poil des chameaux, des tissus grossiers pour tentes et toiles à voile ; elles entrent aussi dans la confection d'un grand nombre d'ouvrages de sparterie : paniers, nattes, corbeilles, chapeaux, éventails, sacs, etc. Nous passons sous silence les essais plus ou moins réussis pour en faire du crin végétal (qui n'a jamais bien remplacé le crin ordinaire par son manque d'élasticité), de la laine végétale, de la pâte à papier, du carton, etc.

*
* *

Parmi les fibres de grande finesse que l'on emploie dans les pays chauds, il en est une très-remarquable, extraite du *bromelia ananas*, et que l'on désigne sous les noms de *pina* ou *pigna*.

« Ces filaments, dit M. Rondot, sont d'une grande finesse, réguliers et résistants. On n'en fait usage pour le tissage que dans les îles Philippines, soit que l'ananas ne donne pas, dans les autres contrées où il abonde, des fibres aussi fines, soit que cette petite industrie n'y ait pas été introduite, par suite des difficultés techniques qu'elle présente.

Le pina vient des provinces de Camarinès, de Boulacan, de Baïangas, dans l'île de Luçon, et de la province d'Iloïla, dans l'île de Panay. C'est aussi dans ces provinces qu'on fait les tissus de pina.

Ces tissus sont lisses, légers, clairs, très-fins, plus fins que la plus fine batiste, et presque transparents. Ils sont de divers genres.

Quand l'étoffe est unie et tout de pina, elle est appelée *nipis de pina* ; elle a de 35 à 42 cent. de large et sa finesse varie de 28 à 42 fils en chaîne et en trame par 5 millimètres.

Dans le *sinamay de pina*, la soie est mariée au pina et forme des bandes longitudinales de couleur. La pièce a 16 mètres de long et 36 à 45 cent. de large : le mètre pèse 16 à 20 grammes. La finesse est de 21/23 fils de chaîne et 15/16 fils de trame par 5 millimètres.

Quand, dans le sinamay à rayures, les bandes de pina portent des dessins brochés de coton, le tissu reçoit le nom de *palinqué* ; il a de 40 à 46 centim. de large, et le mètre pèse de 18 à 21 gram.

Les tissus de pina que l'on rencontre le plus dans le commerce sont en écharpes, en robes et surtout en mouchoirs de nipis brodés au coton avec des jours. Ces broderies sont fort belles, et les dessins en sont généralement très-élégants. On travaille à ces broderies dans la province de Tondo et principalement aux environs de Manille. Le coton à broder est tantôt du coton anglais des N⁰ˢ 80 à 120 du prix de 36 fr. le kil. à Manille, tantôt du coton filé à Paranaqué, près de Malasé.

Ces tissus sont chers. On paie les mouchoirs brodés depuis 10 f. jusqu'à 100 fr. la pièce. Le tissu de pina uni vaut de 1 à 5 fr. le mètre, et le tissu de pina et soie, avec ou sans broché, de 1 f. 50 à 6 fr. le mètre.

Ces tissus servent à la toilette des femmes. Les métisses et les tagales, à Manille, portent des chemisettes faites de sinamay et de palinqué. Les tissus brodés et quelques sinamays sont exportés et sont le plus recherchés en Espagne et à Cuba.

Des botanistes anglais ont avancé qu'il est incertain si les tissus fins dont nous venons de parler sont faits avec les fibres de l'abaca, *musa textilis*, ou avec celles du pina, *bromelia ananas*. Il n'y a pour nous aucun doute à cet égard. Nous avons vu aux Philippines la préparation des filaments de prix et le tissage avec ces filaments. Deux autres espèces de bromelia donnent des filaments fins et soyeux, c'est le *bromelia karatas*, à la Jamaïque, et le *corawa*, à la Guyane anglaise. »

*
* *

On extrait encore du tilleul d'Europe (*tilia europœa*) des fibres que l'on expédie en grande quantité en Angleterre, et qui forment en Russie l'objet d'un commerce des plus importants.

Ces fibres, ou plutôt ces bandelettes fibreuses, dont on fait des tapis, des paillassons, des nattes pour envelopper les balles de lin, etc., sont détachées des arbres en mai ou en juin, au moment où la sève est abondante et où l'écorce se sépare du tronc avec facilité. On abat pour cela les arbres les plus gros, lorsqu'ils ont environ de 6 à 8 pieds de diamètre, et on en arrache le tissu protecteur au moyen d'un instrument tranchant en os. On divise celui-ci en bandelettes de 8 pieds de longueur environ, que l'on attache les unes au-dessus des autres sur des poteaux pour les conserver droites, et que l'on trempe ensuite dans l'eau pour en séparer plus facilement la partie charnue. On sépare alors, des différentes couches de l'écorce, des rubans plus ou moins fins selon la place qu'ils occupent, pour les faire ensuite sécher à l'ombre dans les bois. Au bout de quelques temps, on forme de ces rubans des tresses, des cordes, des chaussures que l'on emploie dans le pays ou que l'on exporte en Europe. Les arbres coupés repoussent très-vite.

En Russie, des populations entières sont occupées dans les bois au travail du tilleul, ce qui fait qu'à certaines époques de l'année, pendant la période de l'écorçage, un grand nombre de villages sont complètement déserts. La même chose arrive dans certaines parties de la Suède, où on en confectionne des filets de pêche.

Les trois quarts des fibres exploitées sont employés dans le pays, un quart seulement est exporté par les ports d'Arkangel, Saint-Pétersbourg et Riga. Cette exportation, que l'on peut actuellement évaluer en moyenne à 14,000,000 de pièces, est répartie dans les proportions suivantes :

Des gouv. de Viatka 6,000,000
            Kostroma 4,000,000
            Kazan 1,000,000
            Nijni-Novogorod 1,000,000
            Vologda, Tambow, Simbirk et Penza 2,000,000

Les immenses forêts dont sont couvertes ces terres fournissent donc annuellement plus de 56,000,000 de nattes à la consommation, et cependant elles sont loin d'être épuisées.

* *
*

Parmi un grand nombre d'autres plantes filamenteuses, l'*ascle-pias gigantea* de Sierra-Leone, que l'on nomme encore *arbre à ouate*, mérite d'être remarqué. On extrait en effet de son écorce ligneuse de couleur fauve, par rouissage et teillage, de magnifiques filaments d'un beau jaune d'or soyeux, fins, très-lisses, d'une longueur uniforme et légèrement frisés. Ces fibres, que l'on a pu admirer aux dernières expositions de Paris, Londres et Vienne, s'allient parfaitement avec la soie, la laine, le coton, dans la fabrication des plus beaux tissus : on en a fait des broderies et des couvertures très-solides. Ordinairement, l'asclepias porte encore des gousses qui, au moment de la maturité, laissent échapper une soie fine, récoltée parfois ; cette soie, qui d'ailleurs a peu de valeur, doit être regardée comme un succédané du coton et non du lin, car elle n'exige aucune préparation et elle n'est formée que de brins très-courts.

Les muriers fournissent aussi des filaments utilisables, non-seulement le murier à papier (*broussonetia papyrifera*), qui croît dans les îles de la mer du sud, la Chine, le Japon, mais encore le murier blanc (*morus alba*) qui est très-commun en Europe. Il y avait à la dernière exposition universelle de Marseille un échantillon de toile fabriquée avec les fibres tirées de l'écorce du murier, qui aurait pu très-bien être confondue avec une toile de chanvre ordinaire. Divers écheveaux de fil et une petite quantité d'écorce ayant seulement subi les premières préparations. accompagnaient cet échantillon.

Signalons encore, dans la famille des tiliacées, la *berrya ammonilla*, qui produit le bois de tricomaly, excellent pour le charronage, mais dont l'écorce sert à confectionner les nattes les plus fines ; dans celle des graminées, les *bambous*, qui procurent en

Chine les tissus appelés *wou-pou* ; dans celle des pandanacées, le grand *pandanus* dont l'écorce, les feuilles et les fruits fournissent autant de matières textiles, toutes trois différentes entre elles.

N'oublions pas non plus le nouveau textile, signalé dernièrement par M. Esteulle à la Société industrielle de Reims, et qui provient d'un arbuste désigné vulgairement du nom de *massette*.

Cette plante comprend trois espèces jouissant des mêmes propriétés, désignées par les naturalistes sous les noms de *typha latifolia, typha minima, typha augustifolia* ; et ses avantages ont été portés à la connaissance du public par M. Dupont de Nîmes. Pour la première fois, en effet, la massette a été exposée en 1873 à Lyon par cet industriel, à l'état brut et sous forme d'échantillons de cordes : le jury d'examen a récompensé son auteur d'une médaille d'argent.

La massette nous paraît destinée, non pas à faire des tissus fins mais à rendre pour certains usages des services identiques à ceux que procurent le jute et le sparte, sur lesquels elle a l'avantage de la modicité du prix de revient ; elle peut, en outre, remplacer dans la confection des cordages et tapis certaines matières qui pourraient être plus utilement utilisées. — En France il est d'autant plus facile d'utiliser cette plante que, d'après les calculs de de l'inventeur, notre pays peut sans difficulté, fournir annuellement 100,000 tonnes de cette filasse.

La massette croît naturellement dans tout le midi de la France, et surtout dans les terrains marécageux. Si on la sème, elle pousse rapidement ; si on la coupe, elle reprend très-vite, et, dans les pays chauds, ses feuilles, qui atteignent une grande longueur, peuvent fournir jusque trois récoltes par an.

D'après M. Esteulle, il paraîtrait que cette plante n'est actuellement utilisée dans le midi que pour le rempaillage des chaises grossières, pour couvertures de cabanes, et dans la tonnellerie pour calfeutrer les intervalles. On l'emploierait encore, lorsque la paille est rare, pour servir de litière aux chevaux, mais, pour cet usage, elle est peu recherchée, car elle pourrit difficilement et ne produit que de très-mauvais fumier.

L'inventeur explique ainsi l'origine de sa découverte : « L'Égypte, dit-il, que j'ai habité pendant quelque temps, m'offrait un vaste champ d'études. Cinquante lieues carrées produisant de la massette et rien que cela, et un sol élastique, sonore, composé d'une quantité de filaments enchevetrés, et qui n'était résistant que par la combinaison de la boue des marais avec ces filaments. La réflexion m'eut bien vite démontré que ces fils provenaient de la plante, unique dans ces parages, et pénétré de cette vérité, je me suis immédiatement mis à l'œuvre, prévoyant qu'un pareil produit serait d'une grande utilité à l'industrie. »

Ce ne fut qu'après de nombreuses recherches que M. Dupont parvint à trouver un moyen économique d'utiliser les filaments de la massette, moyens dont plusieurs brevets pris en France et à l'étranger lui assurent la possession. Après avoir desséché les feuilles, il les soumet à un rouissage de 6 jours, puis à une cuisson de 12 heures dans une dissolution alcaline peu coûteuse ; après cuisson, la matière est broyée sous une meule ou entre des rouleaux, puis lavée à grande eau. On obtient une assez grande quantité de filaments de couleur jaunâtre qui ont jusque 1 m. 50 de long.

M. Dupont n'avait en vue tout d'abord que la fabrication du papier, mais il s'est ensuite assuré que ses produits pouvaient prétendre à mieux, les fibres de la massette supportant sans inconvénient les opérations du blanchiment et de la teinture. Cependant, dans un moment où l'on se tourne de tous côtés pour trouver de quoi suppléer à la pénurie du chiffon, il n'est pas inutile de signaler la réussite des essais de M. Dupont. Car, les papeteries de Pont-l'Évêque ayant sur sa recommandation expresse utilisé seulement les fibres de la massette, en fabriquèrent un papier jaunâtre fibreux, dont les spécimens figuraient à l'exposition de Lyon et qui fut évaluée de 75 à 80 francs les 100 kilogs.

* *

Nous ne continuerons pas l'étude de ces textiles secondaires succédanés du lin, il nous suffira pour terminer de mentionner pour mémoire :

L'*urtica dioïca*, (ortie dioïque), plante vivace, signalée par le Docteur Hermann Grothe, qui atteint dans l'Inde jusque 6 pieds de hauteur et dont on obtient des filaments résistants par le rouissage et le teillage ordinaires. Cent kilogs de tiges vertes, dit ce docteur, livrent 46 kil. de tiges sèches, soit réduites en filasse 32 kil. donnant net 20 kil. de filasse peignée. (Plusieurs auteurs affirment que les fibres de l'*ortie dioïque* étaient autrefois utilisées en Picardie pour le tissage).

L'*hibicus textilis*, que les habitants de la Guyane française appellent *mahot à fleurs roses* et qui fournit les rubans jaune orange qui servent à envelopper les paquets de cigares.

Le *marsdenia tenacissima* (asclepéiacées) dont le Docteur Roxburg apprécie les fibres comme plus solides que celles du chanvre et du china-grass, et dont les habitants des montagnes de Radjmahl se servent pour fabriquer les cordes de leurs arcs.

Le *lynanchum ovalifoliun* (asclépéiacées), qui croît dans le Penaang, dont on extrait un excellent caoutchouc et des filaments très-résistants.

Les *calotropis gigantea, calotropis procea* et *orthantera niminea*; d'après Wight, encore plus tenaces que le marsdenia tenacissima.

Les *galega officinalis* et *galega orientalis* (légumineuses) dont les tiges traitées par le rouissage et le teillage, peuvent être filés et tissées. (Par un brevet spécial, MM. Gillet et Dubois revendiquent comme leur propriété, la découverte de ces qualités textiles.)

Le *gnidia eriocephala*, signalé à Ceylan par M. Thwaites.

Et mille autres plantes plus ou moins connues, dont l'examen nous mènerait trop loin et que nous nous contenterons de citer : l'*althæa cannabina* (alcée à feuilles de chanvre), le *dolichos bulbosus* (ko et lo-ma), l'*apocynum cannabinum* (chanvre indien), le *caladium* (mocou-mocou), le *tillandsia usneoïdes* (barbe espagnole, caragate), les *caryota mitis* et *urens* (crin végétal des Indes), le *sida tiliæfolia* (sida à feuilles de tilleul , chanvre de Chine), le *furcroya gigantea* (fil de faux aloès), le *lavatera arborea* (mauve en arbre), les *hybiscus clypeatus, mutabilis, tilliaceus* et *cannabinus* (id.), l'*abutiton indicum* (mauve textile), les feuilles du *pinus sylvestris* , pin sylvestre (laine de bois), l'*humulus lupulus* (houblon), le *zoskera maritima* (zeegras des côtes d'Afrique), le *lacoua* (pendanées), le *pingouin* (bromeliacées), le *mauritia flexuosa*, le *phellandrium aquaticum* (id.), le *maoutia puya* (urticées), le *sarcochlamys pulcherrima* , les *triumfetta lobata* et *semitribolata* (liliacées), le *daphne cannabina* , le *pandanus odoratissimus* , le *bambusa arundinacea*, le *raphanus sativus*, etc.

En présence de tous ces textiles, nous pouvons nous convaincre d'une chose, c'est que si les nations de l'Occident ont à demander à la science de nouvelles ressources en matières filamenteuses, celle-ci n'aura qu'à choisir, au milieu d'un grand nombre de plantes fibreuses, celles vers lesquelles devront être dirigées les recherches de l'industrie.

Un grand nombre des textiles que nous avons étudiés jusqu'ici n'ont en Europe que l'Angleterre pour débouché. Lorsque la France en désire, elle va les chercher en Grande-Bretagne.

Examinons, dit Thomas Anquetil, si les manufacturiers français sont en mesure de lutter avec avantage contre les manufacturiers anglais touchant la fabrication des étoffes obtenues à l'aide des matières textiles de l'extrême Orient, excepté la soie. Nous aurons le courage de le dire nettement : tant que nos colonies végèteront, tant que le commerce maritime languira, tant que nos débouchés ne se seront pas accrus, tant que les capitaux français seront détournés de ce courant, il en sera des matières textiles exactement comme d'une infinité d'autres produits,—par exemple, le cachou, les gommes, les résines, les vernis, les peaux, les huiles, les essences, les substances tinctoriales, etc., — dont l'importation largement utilisée en Angleterre par suite des ressources prodigieuses qu'elle a su se créer, demeure quasi improductive en France.

Dans l'Inde, l'Indo-Chine, la Malaisie, en Chine et au Japon, l'influence française, commercialement parlant, est presque nulle, quoiqu'on puisse dire. Nos compatriotes sont peu connus ; la confiance est restreinte ; nos armateurs et négociants font leurs opérations de banque et de change à des taux désastreux ; tel capitaine de navire, obligé de relâcher dans certains ports, ne trouverait pas un sou pour réparer ses avaries ; enfin, l'ensemble de nos achats — toujours en dehors de la soie , — se réduit à un chiffre tellement minime que le frêt de retour, par bâtiment français , dépasse parfois du double celui par navire anglais.

Voulez-vous que l'industrie des matières textiles de l'extrême Orient prospère parmi-nous ? sachez utiliser les produits de ces contrées lointaines ; relevez notre marine marchande aux abois ; imprimez une impulsion puissante à nos relations commerciales ; ouvrez de nombreux débouchés ; en un mot : suivez l'exemple de l'Angleterre.

CHAPITRE XXXIV.

Tarifs des Douanes françaises et étrangères (1).

1° DROITS A L'ENTRÉE EN FRANCE POUR LES FILS ET LINS.

Ces droits, établis par le traité de 1860, sont maintenus en vigueur jusqu'au 30 juin 1877.

Les *lins* bruts, teillés ou en étoupes, sont exempts de droits.

Les droits d'entrée aux 100 k. pour les *fils de lin* ou de *chanvre* sont résumés dans le tableau suivant :

CLASSES	NOMBRE de MÈTRES AU KILO	SIMPLES		RETORS		NUMÉROS DES FILS
		Écrus	Blanchis ou teints	Écrus	Blanchis ou teints	
1re classe.	De 6,000 au moins	15 fr.% k.	20 fr.% k.	19,50 % k.	26 fr.% k.	Nos 1 à 10
2e classe.	» 6,000 à 12.000	20 »	27 »	26 »	35,10 »	» 10 à 20
3e classe.	» 12,000 à 24,000	30 »	40 »	39 »	52 »	» 20 à 40
4e classe.	» 24,000 à 36,000	36 »	48 »	46,80 »	62,40 »	» 40 à 60
5e classe.	» 36,000 à 72,000	60 »	80 »	78 »	104 »	» 60 à 120
6e classe.	Au-dessus de 72,000	100 »	133 »	130 »	172,90 »	Au-delà de 120

(1) Pour tout ce qui regarde les droits de Douane à l'entrée en France, les tarifs des pays étrangers, etc., le lecteur consultera avec fruit l'*Annuaire de l'industrie linière* publié sous la direction de M. Gust. Dubar (imp. Petit, à Lille), duquel, d'ailleurs, nous avons extrait tout ce qui concerne ce chapitre.

La dénomination de *fils retors* s'applique à tous les fils ayant subi un retordage quelconque. Il suffit, pour appliquer le droit, de multiplier le nombre de mètres que mesure 1 kil. de fil déclaré par le nombre de bouts de fils simples dont il est composé. Le produit détermine la classe à laquelle ce fil appartient.

— Les *jutes* bruts ou teillés sont exempts comme le lin. Le jute peigné paie 3 fr. aux 100 kil. Les fils de jute sont taxés de la manière suivante :

NOMBRE de MÈTRES AU KILO	FILS ÉCRUS	FILS BLANCHIS OU TEINTS
Moins de 1,400	5 fr. les % kil.	7 fr. les % kil.
De 1,400 à 3,700	6 „	9 „
„ 3,700 à 4,200	7 „	10 „
„ 4,200 à 6,000	10 „	14 „
Plus de 6,000	Régime des fils de lin selon la classe.	

Les fils mixtes où le jute domine suivent le même régime que les fils de jute pur.

Quant aux autres végétaux filamenteux (phormium-tenax, abaca, etc.) ils sont soumis aux droits suivants :

Filaments bruts ou teillés . . . Exempts.
— peignés ou tordus. . . les 100 kil. 1 fr.
Fils . . . . , . . . la valeur, 5 %

(On ne considère pas comme *fils* les mèches d'étoupes grossières n'ayant subi d'autre main-d'œuvre qu'un léger tors à la roue de cordier, et dont on se sert pour la fabrication de grosses toiles d'emballage. Ces mèches suivent le régime de la ficelle, laquelle fait partie des cordages).

— Aux termes de la loi du 6 mars 1841, les fils de lin et de chanvre *de toute sorte* ne peuvent être importés que par les bureaux ci-après : 1° les *ports d'entrepôt réel*, savoir : Abbeville, Agde, Arles, Bayonne, Binic, Bordeaux, Boulogne, Caen, Calais, Cannes, Cette, Cherbourg, Dieppe, Dunkerque, Granville, Gravelines, Le Hâvre, Honfleur, Le Legué, Lorient, Marseille, Morlaix, Nantes, Port-Vendres, La Rochelle, Rochefort, Rouen, Saint-Malo, Saint-Servant, Saint-Valery-sur-Somme, Nice et Toulon ; 2° *les bureaux de frontière de terre* ci-après, savoir : Armentières, Baisieux, Blanc-Misseron, Condé, Entre-deux-Guiers, Halluin, Lille, Pont-de-Beauvoisin, Saint-Laurent-du-Var, Valenciennes et Longwy.

Ils doivent être présentés en paquets séparés, ne contenant chacun que du fil passible du même droit. A défaut de cette séparation, la douane doit percevoir le droit du fil du numéro le plus élevé contenu dans le paquet.

2° DROITS A L'ENTRÉE EN FRANCE POUR LES MACHINES ET PIÈCES DÉTACHÉES DE MACHINES A LIN.

Ne sont considérés comme appareils complets que les seules machines pourvues de tous les organes nécessaires pour qu'elles puissent fonctionner.

	Tarif général.	Tarif convent.
Machines à vapeur fixes	25 fr. °/₀ k.	6 fr.
Mécaniques pour la filature . . .	40	10

	Tarif général.	Tarif convent.
Machines à nettoyer et ouvrir le lin et autres matières textiles . . .	— fr. °/₀ kil.	6 fr.
Cardes non garnies	30	10
Plaques et rubans de cardes sur cuir, caoutchouc, ou sur tissus purs ou mélangés	200	50
Pièces en acier poli, limées, ajustées ou non	200	15
Pièces en fonte, polies, limées, ajustées, suivant le poids . . .	15 à 80	6
Pièces en fer forgé, polies, limées, ajustées ou non, suivant le poids.	60 à 100	10
Pièces en cuivre	200	20
Plaques et rubans de cuir, de caoutchouc et de tissus, spécialement destinés aux cardes (1). . . .	200	20

Les bureaux par lesquels les machines et parties de machines peuvent être exclusivement importées sont, *sur la frontière maritime :* Toulon, Marseille, Cette, Bordeaux, Nantes, Saint-Nazaire, Brest, Morlaix, Saint-Malo, Rouen, Le Hâvre, Dieppe, Boulogne, Calais, Dunkerque, Rochefort, Lorient, Cherbourg, Granville, Honfleur, Abbeville et Saint-Valery-sur-Somme ; *sur la frontière de terre :* Armentières, Lille, Valenciennes, Givet, Pontarlier (station), Saint-Louis, Bellegarde et Verrières de Joux, Longwy, Hendaye, station du chemin de fer franco-espagnol, Trouville.

---

(1) Sont considérées comme **exclusivement** propres à la fabrication des cardes, les plaques ou bandes composées au moins de trois tissus superposés, quelle que soit d'ailleurs leur dimension.

3° DROITS A L'ENTRÉE A L'ÉTRANGER.

— Europe —

Angleterre : exempts.

			Fr.
Autriche : Lin	100 kil.	» 30
Fils { écrus	—	3 75
blanchis	—	12 50
retors	—	30 »

Belgique : Lin : exempt.

Mesurant au kil. 20,000 m. ou
    moins :

Fils (1) { non tors et non teints . .	—	10 »
tors ou teints	—	15 »
Plus de 20,000 mètres :		
non tors et non teints . .	—	20 »
tors ou teints	—	30 »

Espagne : Lin	—	2 70
Fils { tors, à deux ou plusieurs bouts.	—	128 94
autres	—	28 95

---

(1) Un projet de loi ayant pour but de supprimer complètement les droits sur les fils à l'entrée en Belgique, a été présenté par le gouvernement belge au Parlement, au mois de Juillet dernier. La section centrale, nommée par le Parlement pour examiner ce projet, s'est prononcée pour l'adoption. Il est donc probable que dans la prochaine session, le projet sera définitivement voté.

Italie : Lin : exempt.

Fils	simples	écrus, lessivés ou blanchis	100 kil.	11	55
		teints	—	23	10
	retors	écrus, lessivés ou blanchis	—	23	10
		teints	—	34	65

Pays-Bas : Lin : exempt.

Fils	à coudre	—	21	20
	à voile.	—	2	12
	autres : exempts.			

Portugal : Lin

gris	—	0	02
blanc	—	0	07

Fils	simples	écrus	—	1	56
		blanchis	—	2	34
		teints	—	3	12
	retors	écrus	—	6	25
		blanchis	—	9	37
		teints	—	12	50

Russie : Lin : exempt.

Fils.	—	97	67

Suisse : Lin.

Lin.	—	0	60

Fils	de lin ou de chanvre, grossiers, pour toile d'emballage		—	0	60
	filés de lin ou de chanvre	non blanchis, non teints, non retors	—	4	„
		blanchis, teints ou retors.	—	7	„
	de cordonnier (comme filés de lin ou de chanvre).				

478   TARIFS DES DOUANES.

Turquie : Lin : exempt.
  Fils : valeur : 8 %.

Allemagne : Lin : exempt.

Fils	non retors { écrus { à la mécanique 100 kil.	3 75
		à la main: exempts
	blanchis, lessivés ou teints —	12 50
	retors, écrus, blanchis ou teints . —	30 „

— Amérique. —

États-Unis : Lin . . . . la tonne 79 50
  de chanvre . . . . le kil. 0 58

Fils	de lin, pour tapis ne dépassant pas l'écheveau N° 8 et valant jusque 2 fr. 80 le kilog . . valeur	30 %
	de lin, valant plus de 2 fr. 80 le k. —	35 %
	de lin retors, fil à voiles et à emballage . . . . . —	40 %

Chili : Lin : exempt.
  Fils. . . . . — 20 %

République Argentine : Lin : exempt.
  Fils. . . . . — 20 %

— Asie —

Chine : Lin : exempt.
  Fils. . . . . — 5 %

— Colonies françaises —

Réunion. — Fils de lin, chanvre, jute et leurs variétés : 7 % de la valeur sur les marchandises étrangères ; franchise sur les marchandises françaises.

Martinique. — Pas de droit de douane.

Guadeloupe. idem.

Algérie. — Tarif métropolitain.

— Colonies anglaises —

Amérique du Nord	*Canada*	Lin : exempt.			
		Fils	valeur	15 %	
	Terre-Neuve	Lin : exempt.			
		Fils . .	—	13 %	
Indes Occidentales	*Jamaïque*	Lin : exempt.			
		Fils . . .	—	12 1/2 %	
	Trinité	Lin : exempt.			
		Fils . . .	—	8 1/2 %	
Maurice.		Lin : exempt.			
		Fils	—	6 %	
Afrique. — Cap de Bonne-Espérance		Lin : exempt.			
		Fils	—	10 %	
Australie	*Nouvelles Galles du Sud*.	Lin : exempt.			
		Fils	—	5 %	
	Victoria.	Lin : exempt.			
		Fils	—	10 %	
	Australie Occidentale.	Lin : exempt.			
		Fils	—	7 %	

$$\text{Asie.} \begin{cases} \textit{Indes Orientales} \begin{cases} \text{Lin : exempt.} \\ \text{Fils} \ . \ . \ . \ . \ . \ \text{valeur} \ \ 7 \ 1/2\,^\circ/_\circ \end{cases} \\ \textit{Ceylan.} \begin{cases} \text{Lin : exempt.} \\ \text{Fils.} \ . \ . \ . \ . \ . \ . \ \ \ — \ \ \ \ \ 5\,^\circ/_\circ \end{cases} \end{cases}$$

— Colonies espagnoles —

Lin : exempt.

$$\text{Fils} \begin{cases} \text{par navires espagnols} \ \ . \ . \ . \ \ — \ \ 25\,^\circ/_\circ \\ \text{par navires étrangers} \ . \ . \ . \ \ — \ \ 35\,^\circ/_\circ \end{cases}$$

CHAPITRE XXXV.

Instruments de précision employés en filature

I. — APPAREIL PHROSODYNAMIQUE ALCAN

Cet appareil a pour objet de faire connaître l'élasticité et la force qu'ont les fils soumis à une torsion déterminée, et de vérifier en même temps quelle est la véritable torsion qui leur a été donnée en filature.

Il se compose spécialement d'un *dynamomètre* pour opérer la traction suivant l'axe des fils, et d'un *compteur d'ouvraison* qui doit indiquer les nombres de tours par unité de longueur ou la limite de torsion la plus convenable à un produit déterminé.

Deux crochets sont destinés à recevoir les extrémités du fil. Celles-ci sont d'abord passées dans une pince, puis ensuite reliées aux crochets ; ou bien encore, pour rendre la fixation plus facile et plus sûre, l'une des mâchoires de la pince, à articulation, est rapprochée de l'autre au moyen d'une petite vis, lorsque le fil y est engagé

Du côté du compteur, la tige du crochet, munie d'une crémaillère, se meut à l'aide d'une manivelle dont l'axe porte un pignon qui engrène avec elle : une vis, placée sur le côté, permet d'en arrêter la marche à volonté. L'appareil dynamométrique, monté sur des galets, se trouve aussi maintenu en place par le serrage d'une vis.

Par le jeu de la manivelle et du dynamomètre, les deux crochets,
tordeurs ou détordeurs comme on le veut, peuvent être rapprochés
jusqu'au point de contact ou s'éloigner d'une quantité quelconque :
cette longueur est mesurée sur une échelle soigneusement divisée,
pliante pour rendre l'appareil moins encombrant, et qui permet
de cette façon de mesurer des longueurs d'un mètre, bien que
l'instrument se loge dans une boîte de 0 m. 50.

Le *compteur d'ouvraison*, est à cadran et porte deux aiguilles,
l'une très-longue qui fait le tour entier de la graduation, l'autre plus
courte qui enregistre les tours de la grande aiguille. Chacune de
celles-ci est rendue mobile par la rotation de l'un des crochets,
qui donne le mouvement à une petite paire de roues coniques
commandant l'axe de l'aiguille principale.

Pour s'en servir, dans une vérification de torsion par exemple,
après avoir amené les aiguilles à leurs zéros respectifs, on imprime
à l'axe de rotation du crochet du compteur un mouvement de
détorsion en sens inverse de celui de torsion ; et, lorsqu'il y a
parallélisme des fibres, on obtient directement, par l'examen du
cadran, la quantité de tours par unité de longueur, pouce ou décimètre, mesurée.

Lorsqu'on veut au contraire imprimer une torsion déterminée à
une mèche, on rend l'un des deux chariots libres pour arriver
plus facilement au raccourcissement qui doit se produire, et on
l'arrête lorsque l'aiguille indique le nombre voulu de tours. Pour
vérifier quelle est la ténacité du fil ainsi tordu, on met en jeu le
dynamomètre.

Le *dynamomètre* se compose d'une tige, munie d'un côté de l'un
des crochets d'attache, de l'autre d'un poids constant, et sur laquelle
est rapportée une crémaillère engrénant avec un pignon porté par
l'axe vertical d'une aiguille indicatrice.

La difficulté était ici d'enregistrer la résultante vraie de l'action
à laquelle le fil avait été soumis, et de ne pas forcer l'observateur
à saisir au vol la division d'arrêt. Pour cela, le dynamomètre est

construit de telle sorte que la mobilité de l'aiguille n'est possible
qne sous l'influence de la traction, et cela, grâce à la présence d'un
petit taquet placé sous la tige qui, lorsque celle-ci avance, se meut
en même temps et agit sur l'extrémité en équerre de la crémaillère.

L'effet de la réaction est amorti au moyen d'un volant qui, par
l'intermédiaire d'un pignon fixé sur son axe, reçoit l'impulsion
d'une crémaillère circulaire qui correspond au poids de la tige.
L'action rétrograde du système n'imprime alors au volant qu'un
mouvement plus ou moins accéléré, et tout choc est évité.

Pour se servir du dynamomètre, on le fixe de façon qne l'indi-
cateur corresponde au zéro de l'échelle, et on arrête le compteur
à une distance réglée sur la longueur du fil à essayer ; on place
l'aiguille du cadran du dynamomètre au zéro, et on attache le fil
comme nous l'avons indiqué précédemment.

II. — COMPTEUR DE TOURS A ROUES DIFFÉRENTIELLES (1).

Ce petit appareil, usité depuis longtemps dans les arts mécaniques, s'applique facilement au contrôle de la vitesse des
broches de filature ; il suffit pour cela d'y adapter une douille
conique dont on coiffe la tête de la broche ; celle-ci entraîne
dans son mouvement la douille et avec elle tout le système du
compteur. Bien que cet instrument se trouve dans le commerce ,
nous croyons devoir entrer dans quelques détails sur son fonc-

---

(1) La note sur les compteurs de tours nous a été communiquée par M. Albert Thomas ,
ingénieur civil à Lille, et Secrétaire-Adjoint de la Société industrielle du Nord. Nous appelons
l'attention de nos lecteurs sur la description de ces appareils et surtout sur les observations
judicieuses qu'y a ajoutées M. Thomas, au sujet des causes d'erreurs, minimes il est vrai ,
mais réelles , que peuvent présenter ces instruments dans la pratique.

tionnement, parce que la lecture des vitesses obtenues peut donner lieu à des erreurs dont il importe de se garantir.

L'appareil consiste en une vis sans fin actionnée par l'organe même qu'on veut étudier ; cette vis engrène simultanément deux roues dentées dont l'une porte 100 dents, et la seconde, 99 dents.

Lorsque la vis aura fait 100 tours, chacune des deux roues ayant avancé de 100 dents, la première aura fait un tour entier et la seconde un tour et une dent, de sorte qu'à chaque centaine de tours, la seconde roue avancera d'une dent sur la première. Supposons maintenant que les deux roues soient divisées sur leur limbe, l'une en 100 parties, l'autre en 99, et qu'elles tournent devant un repère fixe ; la vis ayant fait N tours, décomposons le nombre en deux parties $N = 100\,c + u$, et soient a et b les nombres indiqués par les repères, a, sur la roue de 100 dents et b, sur celle de 99.

L'avancement de la roue A sera $\dfrac{100\,c + u}{100} = c + \dfrac{u}{100}$ et comme chaque division est de 1/100 de la circonférence, on aura $a = u$, c'est-à-dire que le nombre lu sur la roue A donnera les unités du nombre N. Pendant ce temps la roue B aura marché d'une quantité $\dfrac{100\,c + u}{99} = c + \dfrac{c + u}{99}$ et, en tant que l'on aura $c + u < 99$, il viendra $b = c + u$, d'où $c = b - u = b - a$; c'est-à-dire qu'on aura les centaines de N en retranchant l'un de l'autre les deux nombres lus $b - a$.

Mais il peut arriver qu'on ait $c + a > 99$ et dans ce cas la division donnerait

$$\frac{N}{99} = \frac{100\,c + u}{99} = c + 1 + \frac{c + u - 99}{99}$$

Et l'on aurait $b' = c + u - 99$

D'où $c = b' + 99 - u = b' + 99 + a$

C'est-à-dire que pour obtenir les centaines , il faut ajouter 99 au nombre lu b' avant d'en retrancher le nombre a.

Or, l'instrument se chargera de nous prévenir lui-même du cas où cette correction doit être faite à la seule condition que la durée de l'expérience ne donne pas $N > 9,900$.

En effet de $N < 9,900$, nous tirons

$$c < 99$$

Et $c + u - 99 < 99 + u - 99 \ldots$ ou $b' < u$

On enfin $b' < a$

Ainsi la soustraction $b' - a$ serait arithmétiquement impossible ce qui indique que l'on doit employer la 2ᵉ formule.

$$b' + 99 - a = c.$$

Dans la pratique, les deux roues sont montées concentriquement La roue à 100 dents A est seule visible et tourne librement sur l'axe. La roue B, est solidaire avec l'axe qui porte en avant une aiguille. La roue A porte sur son limbe un cercle à double division et sur le chassis est une aiguille fixe f. — Le cercle divisé comporte 100 divisions. Dans la position de la figure ci-contre, on voit que l'arc $o\,f$ représentera le trajet de la roue A au-delà du dernier tour entier ; par conséquent, le nombre a lu sous l'aiguille f donnera exactement la quantité u, les unités du nombre N.

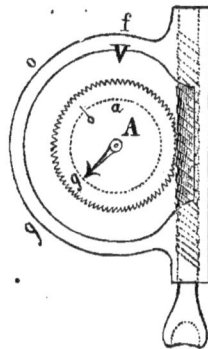

Fig. 34.

L'arc $g\,f$ représentera également le trajet de la roue B au-delà de son dernier tour, et par conséquent l'arc $g\,o$ donnera bien l'avance d'une roue sur l'autre, c'est-à-dire la valeur *géométrique* de la quantité $b - a = c$. Mais il est évident que le nombre g correspondant à l'aiguille ne sera pas exactement égal à c ni même à b.

. Appelons H la circonférence entière, la théorie de l'instrument nous donnera d'une part, arc $g f$: H : : $c + u$: 99; d'autre part, la division centésimale du limbe nous donne :

$$\text{Nombre } g + u : 100 \; : : \text{ arc } g f : \text{H}.$$

D'où :

$$\text{Nombre } (g + u) = \frac{100}{99} (c + u).$$

$$\text{Et } g = c + \frac{c + u}{99}$$

Donc le nombre g sera toujours un peu plus grand que c.

Tant qu'on aura $c + u < 99$ l'erreur sera moindre que 1, et l'on pourra lire les centaines sur la division qui précède immédiatement l'aiguille. Dans le cas contraire il faudrait prendre la division précédente.

Ainsi supposons que la roue se soit arrêtée en laissant la division 23 devant le repère fixe et que l'aiguille tombe entre la 27ᵉ et la 28ᵉ division au-delà du zéro, on aura N = 2723 tours parce que $27 + 23 = 50 < 99$.

Mais si la roue indique 23 aux unités et que l'aiguille marque 78 aux centaines, il ne faudrait pas lire 7823 mais bien 7723 parce que l'on a $78 + 23 = 101 > 99$.

Ce moyen de vérification peut suffire, mais nous allons voir que l'instrument se charge encore de nous prévenir, quand cette correction doit être faite et de nous dispenser de tout calcul.

En effet, lorsque ce cas se présente, il tient à ce que l'expression

$$\frac{\text{N}}{99} = (c + 1) + \frac{c + u - 99}{99} = (c + 1) + \frac{r}{99}$$

C'est-à-dire que l'aiguille a fait un tour entier de plus que la roue A ; l'aiguille et la roue seront donc dans une position analogue à celle de la figure 35, la roue n'est pas encore arrivée à un tour entier, et l'index f marque le nombre a correspondant à l'arc $o\ m\ f$; l'aiguille au contraire a dépassé l'index, et l'arc $g\ f\ o$ d'après lequel on lit le nombre g' se compose de la quantité $g\ f$, excès du trajet sur le tour entier, augmenté de $f\ o$, valeur de l'arc qui reste à parcourir à la roue, en somme

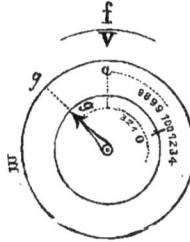

Fig. 35.

$$g\ o\ =\ g\ f\ +\ f\ o\ =\ g\ f\ +\ (H\ -\ o\ m\ g\ ;)$$

Dans le cas dont il s'agit, nous avons déjà vu que le nombre lu b' donnera les centaines c par l'équation

$$c\ =\ b'\ +\ 99\ -\ a$$

construite en supposant que le nombre b' soit le reste absolu de la division $\dfrac{N}{99}$; ce nombre est donc représenté par l'arc $g\ f$ l'arc $o\ m\ g$ continuant à représenter exactement a ou u ;

Les deux expressions $g\ o\ =\ g\ f\ +\ H\ -\ o\ m\ g$

et $c\ =\ b'\ +\ 99\ -\ a$

semblent donc identiques, mais il ne faut pas oublier que le nombre g' sous l'aiguille et correspondant à l'arc $g\ o$ est exprimé en centièmes, de ce qui ramène la 1re expression à

$$g'\ =\ b'\ +\ 100\ -\ a.$$

Et par conséquent $g'\ =\ c\ +\ 1.$

Ou $c'\ =\ g'\ -\ 1.$

C'est-à-dire qu'il faut déduire 1 des centaines indiquées par l'aiguille, *toutes les fois que l'index fixe f se trouve entre l'aiguille et le zéro* comme dans la fig. 35, au lieu de les laisser d'un même côté, comme dans la fig. 34.

III. — ROMAINE MICROMÉTRIQUE SALADIN.

Cet instrument a pour but de déterminer directement le numéro d'un fil quelconque, lin, soie, laine ou coton, et présente l'avantage de pouvoir donner la vérification exacte de petites longueurs, au lieu d'exiger comme d'habitude, quelques centaines de mètres au moins.

La filature de coton jusqu'ici a été à peu près la seule industrie textile qui en ait fait emploi, mais il pourrait tout aussi bien trouver usage dans la filature de lin.

La romaine pour coton a deux échelles, l'une de 40 ^{m}, l'autre de 2 ^{m}. Pour s'en servir on met d'abord l'appareil à bobines sur le pied du dévidoir ; on y place 10 bobines dont chaque fil traverse un crochet correspondant, puis on réunit ceux-ci en faisceau pour les enrouler autour d'une règle tournante verticale, munie de deux pointes à ses extrémités. Saisissant alors le bout du faisceau de coton ainsi que l'une des pointes de cette règle, on fait 4 tours, ce qui donne $4 \times 10 = 40$ mètres que l'on pèse.

Les pointes sont éloignées l'une de l'autre :

de 500 $^m/_m$ pour le N° français coton
423 —   —   anglais coton
385 —   —   belge
357 —   —   laine peignée métrique
250 —   —   laine cardée métrique
166 —   —   lin, jute, étoupe.

Souvent la pointe de la règle est mobile, et on peut déterminer avec une seule romaine, le titre de tous les fils possibles (1).

---

(1) La romaine micrométrique a été appliquée par M. Saladin à la détermination du poids des pièces d'étoffes. Pour cela, il a joint à l'instrument un carré de fer blanc composé de deux parties entre lesquelles on pince un des bords du tissu d'essai pour couper ensuite tout ce

— D'une manière générale, la formule donnant le numéro par la pesée directe est :

$$n = \frac{p'}{l'} \times \frac{l}{p}$$

qui dépasse et obtenir un poids invariable. Le morceau, pesé à la romaine, donne le poids de 50 m., il a 40 cent. carrés et représente la moitié de la superficie d'une étoffe 2/3 de large. Au-dessus du 2/3, la pesée donne d'après un tableau spécial, le poids correspondant.

Pour connaître le numéro de l'un des fils qui composent l'étoffe, on en défait autant qu'il en faut pour en faire 2 ou 40 mètres.

— L'argument est ici $y = m\,p$, étant donnés y poids d'une pièce de superficie S, et p poids de l'échantillon posé dont la surface est s ; d'où $y = \dfrac{S}{s} \times p$.

Dans la romaine Saladin on a pris $\dfrac{S}{s} = 10{,}200$, et on donne avec cet instrument des calibres marqués 70, 80, 90. L'appareil vérifiant des échantillons capables de fournir le poids de pièces ayant 5/8, 2/3 et 3/4 de laize sur 50 m. de long, supposons 35, 40 et 45 m. de superficie ; le côté de ces calibres sera donc :

$$c = \frac{\sqrt{35}}{10{,}200} \quad \frac{\sqrt{40}}{10{,}200} \quad \frac{\sqrt{45}}{10{,}200}$$
$$= 58{,}6 \qquad 62{,}7 \qquad 66{,}5$$

Si un corps de poids p est suspendu à la romaine, il donnera sur la première échelle une indication $x = \dfrac{a}{p}$, d'où $p = \dfrac{a}{x}$, sur la seconde $y = m\,p$. d'où $p = \dfrac{y}{m}$; il en revient :

$$\frac{a}{x} = \frac{y}{m} \quad \text{ou} \quad x\,y = a\,m.$$

Cette observation donne à la fois un moyen très-simple de graduer l'échelle des toiles, de vérifier l'instrument et de déterminer le rapport exact $\dfrac{S}{s}$ sur un instrument acheté. En passant un fil par l'œil du fléau et en le promenant sur la couronne, on vérifie que :

$$x\,y = 204.$$

D'où :

$$m = \frac{S}{s} = \frac{x\,y}{a} = \frac{204}{0{,}02} = 10{,}200.$$

Nous avons refait une division avec $\dfrac{S}{s} = 10{,}000$ ou $x\,y = 200$; elle présente plusieurs avantages. D'abord, l'échantillon taillé sur 10 cent. de côté exactement donne $s = 0{,}01$, et par mètre $S = 100$ m., c'est-à-dire que l'aiguille indique en kilogs le poids de 100 mètres carrés, ou en décagrammes le poids de 1 mètre carré.

Alors, lorsque l'on suspend un corps quelconque, on obtient un poids $p = \dfrac{y}{m} = \dfrac{y}{10\,000}$ et que l'aiguille indique son poids absolu en décigrammes sans autre calcul.

dans laquelle p' et l' sont les unités adoptées pour le numérotage des fils suivant la matière et l'usage du pays, p le poids et l la longueur de l'échantillon pesé.

Pour le coton, par exemple, dans le système suivi à Roubaix, on a $p' = 0$ k.5 ; $l' = 1,000$ m., d'où $\dfrac{p'}{l'} = 0,005$.

Dans la romaine Saladin on a adopté pour cette matière $l = 40$ m. à la graduation de la première échelle et $l' = 2$ m. à la seconde, ce qui donne pour l'instrument :

$$x = \frac{0,02}{p} \text{ et } x' = \frac{0,001}{p}$$

Les mêmes échelles peuvent alors servir à titrer tous autres fils sous la condition de changer la longueur l.

Prenons la laine, par exemple, pour laquelle on a $p' = 0$ k. 5 et $l' = 714$ m. Pour que l'échantillon soit titré par l'instrument, il faut et il suffit dans ce cas que l'on ait :

$$\frac{p'}{l'} \times l = 0,02.$$

Ou bien :

$$l \times 0,02 \times \frac{l'}{p'} = 0,02 \times \frac{714}{0,5} = 28^{m}56.$$

Ou

$$l' = 0,001 \times \frac{l'}{p'} = 1^{m}428.$$

Pour le lin, p' égale 0 k. 453 et l' vaut $274^{m}2$ (300 yards), on a alors :

$$\frac{p'}{l'} = 0,0165$$

Pour se servir de l'échelle à coton graduée sur 0,02, il suffit de prendre

$$l' = \frac{0,02}{0,0165} = 12^{m}125$$

L'argument $x = \dfrac{a}{p}$ donnant $p = \dfrac{a}{x} = \dfrac{0{,}02}{x}$ démontre

qu'on doit avoir le poids absolu d'un corps quelconque en divisant 0,02 par le numéro indiqué

Deux longueurs différentes d'un même fil donnent :

$$\frac{l}{l_1} = \frac{p}{p_1}$$

Suspendues à la romaine, elles donneront les indications :

$$x = \frac{a}{p} \ ; \ x_1 = \frac{a}{p_1}$$

D'où :

$$x = x_1 \times \frac{p_1}{p} = x_1 \times \frac{l_1}{l}$$

Ainsi, le numéro réel x d'un fil dont on emploie une longueur l_1 autre que celle qui a servi à graduer l'échelle, s'obtient en multipliant le numéro obtenu x_1 par le rapport des deux longueurs $\dfrac{l}{l}$

Ce sera ici

Pour la première échelle :

$$x = x_1 \times \frac{l_1}{40}$$

Pour la seconde :

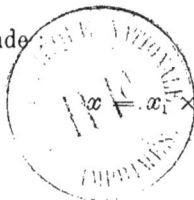

$$x = x_1 \times \frac{l_1}{2}$$

FIN.

TABLE DES MATIÈRES

494   TABLE DES MATIÈRES.

Ch. IV.   **Hâlage. — Teillage à la main.**

Divers modes de hâlage 94

Teillage à la main : instruments employés en Flandre, en
Normandie, en Picardie et en Bretagne 96

Ch. V.   **Teillage mécanique.**

Broie irlandaise proprement dite 110
Teilleuse irlandaise proprement dite 111
Machine à broyer de M. Robert Plummer 111
Machine à broyer et teiller de M. Mac Pherson 112
Machine à teiller de M. Hoffmann 113
Machine de M. L. Terwangne, de Lille 113
Machines de M. Leveau 115
Machine de MM. Delporte et Guéranger 116
Teilleuses Mertens, perfectionnées par M. Leurs 117
Machine à broyer et teiller de MM. Sitger et Cie 119
Machine dite américaine de M. Collyer, de Lille 120
Machines les plus nouvelles : Landry. — Cusson, Moreau, etc. 121
Du teillage sans rouissage 121
Appendice. — Extension de la culture du lin en France par l'amé-
lioration des procédés de rouissage et la propagation du teillage
mécanique 123

Ch. VI.   **De la classification des lins et de leur mode
d'achat dans les pays d'origine.**

Lins français 126
Lins de Belgique 133
Lins de Russie 135
Lins d'Irlande 141
Lins de Hollande 141
Lins d'Algérie 142
Essai de conditionnement des lins 143

Ch. VII. **L'industrie linière à l'étranger.**

§ I. Grande-Bretagne 144
§ II. Russie 146
§ III. Belgique 147
§ IV. Italie 148
§ V. Autriche 149
§ VI. Allemagne 150
§ VII. Espagne 150
§ VIII. Portugal 151
§ IX. Suède 152
§ X. Autres pays d'Europe : Hollande, Suisse, Danemarck,
Turquie, Grèce 153

TABLE DES PLANCHES

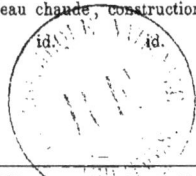

Lille. Imp. Camille Robbe